Electrify Transpor

Decarbonize the

Grid 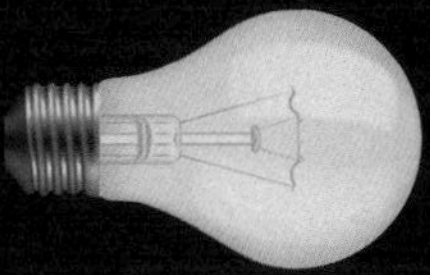 Fix

Protect Nature C

ean Up Industry

Movements into

Health and Equit

on Plan for Solvi

Electrify 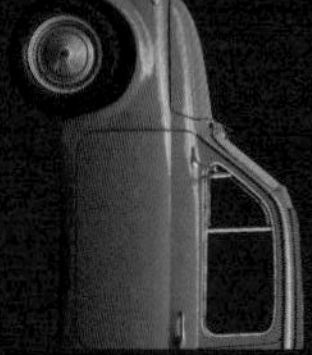 Trans

onize the Grid Fi

スピード・アンド・スケール

気候危機を解決するための
アクションプラン

ジョン・ドーア　土方奈美 訳

Speed & Scale

An Action Plan
for Solving Our
Climate Crisis Now

日本経済新聞出版

スピード・アンド・スケール

気候危機を解決するための アクションプラン

ジョン・ドーア　土方奈美 訳

Speed & Scale

An Action Plan
for Solving Our
Climate Crisis Now

日本経済新聞出版

無条件の愛を与えてくれる
アン、メアリー、エスターへ

著者	ジョン・ドーア
執筆協力	ライアン・パンチャドサラム
チーム	アリックス・バーンズ、ジェフリー・コプロン、ジャスティン・ギリス、アンジャリ・グローバー、クイン・マービン、エバン・シュワルツ
協力団体	クライメート・チャンピオン、クライメート・リアリティ・プロジェクト、カウントダウン、エナジー・イノベーション、環境防衛基金、ワールド・リソース・インスティチュート
編集	トリッシュ・デイリー
デザイン	エミリー・クラーベ、メガン・ナルディニ、ジェシー・リード
原書のカーボン・フットプリント	ネガティブ（-1kg CO_2e）
原書収益金	原書収益の一部は世界の気候問題対策に寄付される

対談者リスト

クリス・アンダーソン（TED）

メアリー・バーラ（ゼネラル・モーターズ）

ジェフ・ベゾス（アマゾン、ベゾス・アースファンド）

デビッド・ブラッド（ジェネレーション・インベストメント・マネジメント）

ケイト・ブラント（アルファベット）

イーサン・ブラウン（ビヨンド・ミート）

マーゴット・ブラウン（環境防衛基金）

アモル・デシュパンデ（ファーマーズ・ビジネス・ネットワーク）

クリスティアナ・フィゲレス（グローバル・オプティミズム）

ラリー・フィンク（ブラックロック）

テイラー・フランシス（ウォーターシェッド）

ビル・ゲイツ（ブレークスルー・エナジー）

ジョナ・ゴールドマン（ブレークスルー・エナジー）

アル・ゴア（クライメート・リアリティ・プロジェクト）

パトリック・グレイヘン（アゴラ・エナギーヴェンデ）

スティーブ・ハンブルク（環境防衛基金）

ハル・ハーベイ（エナジー・イノベーション）

ペール・ヘゲンス（イケア財団）

カラ・ハースト（アマゾン）

サフィーナ・フセイン（エデュケート・ガールズ）

リン・ジュリック（サンラン）

ナット・ケオハネ（環境防衛基金）

ジョン・ケリー（アメリカ国務省）

ジェニファー・キット（クライメート・リーダーシップ・イニシアチブ）

バドリ・コサンダラマン（エンフェーズ）

フレッド・クラップ（環境防衛基金）

ケリー・レビン（ワールド・リソース・インスティチュート）

リンゼイ・レビン（フューチャー・スチュワーズ）

ドーン・リッパート（エレメンタル・エクセレレーター）

エイモリー・ロビンス（ロッキー・マウンテン・インスティチュート）

メガン・マハジャン（エナジー・イノベーション）

ダグ・マクミロン（ウォルマート）

ブルース・ナイルズ（クライメート・インペラティブ）

ロビー・オルビス（エナジー・イノベーション）

スンダー・ピチャイ（アルファベット）

ライアン・ポップル（プロテラ）

ヘンリク・ポールセン（オーステッド）

ローレン・パウエル・ジョブズ（エマーソン・コレクティブ）

ナン・ランソホフ（ストライプ）

カーマイケル・ロバーツ（ブレークスルー・エナジー）

マット・ロジャース（インサイト）

アニュミタ・ライチューダリー（科学環境センター）

ジョナサン・シルバー（グッゲンハイム・パートナーズ）

ジャグディープ・シン（クアンタムスケープ）

アンドリュー・スティア（ベゾス・アースファンド）

エリック・トゥーネ（ブレークスルー・エナジー）

エリック・トゥルーシェビッチ（ブレークスルー・エナジー）

ヤン・ファン・ドッカム（インペラティブ・ベンチャーズ）

ブライアン・フォン・ヘルツェン（気候財団）

ジェームズ・ワキビア（ザ・フリップフロップ・プロジェクト）

テンジー・ウエラン（レインフォレスト・アライアンス）

Table of Contents

Speed & Scale

目次

PART 2 移行を加速させる

本書の行動計画（アクションプラン）を
まとめたポスターは以下からダウンロードできます。

https://bookplus.nikkei.com/atcl/catalog/22/09/22/00399/

はじめに
Prologue

はじめに

「私は怖い。それに怒ってる」

２００６年のことだ。アル・ゴア元副大統領が制作した気候危機に関するドキュメンタリー映画『不都合な真実』の上映に合わせて、私は夕食会を開いた。そこで出席者に1人ずつ、映画の切実なメッセージへの感想を語ってもらった。15歳だった娘のメアリーは自分の番が来ると、持ち前の率直な口調でこう言った。「私は怖い。それに怒ってる」。そしてこう続けた。**「お父さん、この問題を生み出したのはあなたたちの世代よ。ちゃんと解決して」**

テーブルの会話はぴたりとやんだ。全員の目が私に注がれていた。返す言葉がなかった。

ベンチャーキャピタリストである私の仕事は、途方もない機会を見つけ、途方もない挑戦に狙いを定め、途方もない投資をすることだ。私の実績としてよく知られているのは、創業まもないグーグルやアマゾンのような会社を支援したことだろう。だが環境危機に比べれば、私がこれまで見てきた挑戦など取るに足らない。40年間勤めてきたシリコンバレーのベンチャーキャピタル、クライナー・パーキンス創業者の故ユージーン・クライナーは、12カ条のルールを遺した。時の試練に耐えたその教えの1つめにこうある。**「新たなテクノロジーがどれほど画期的に思えても、顧客が実際にそれを望んでいるか確認しなければならない」**。とはいえ環境危機を前に私が思い浮かべるのは、あまり知られていないもう1つのルールだ。**「パニックこそが適切な対応のときもある」**

　今がそのときだ。気候危機を甘く見ることは、もはや許されない。取り返しのつかない悲惨な結末を回避するには、直ちに断固たる行動を起こす必要がある。あの晩を境に、私の世界は大きく変わった。

　クライナー・パーキンスのパートナーたちとともに、私は気候問題を最優先テーマにした。クリーンでサステナブル（持続可能）なテクノロジー、シリコンバレーでいう「クリーンテック」への投資に真剣に取り組むようになった。アル・ゴアを新たにパートナーとして迎えたほどだ。ただアルが強力な援軍になってくれたものの、ゼロエミッション（温室効果ガスの排出ゼロ）投資の旅路は、当初はかなり孤独なものだった。２００７年にｉＰｈｏｎｅが登場すると、私たちはスティーブ・ジョブズに招かれ、アップル本社でモバイルアプリのためのｉファンド設立を発表した。[*1] モバイルアプリを開発するスタートアップ企業からは、次々と魅力的な売り込みが舞い込んだ。すばらしい投資機会がそこらじゅうにごろごろ転がっていた。

そんな状況で、なぜソーラーパネル、電気自動車（ＥＶ）用バッテリー、肉を使わないタンパク源といった未知の領域に相当な投資資金を振り向けたのか。それが会社にとっても地球にとっても正しいことに思えたからだ。クリーンテック市場はいずれ大化けする。正しいことをすれば、会社も成功できると信じていた。

モバイルアプリ、気候問題のどちらにも懐疑的な見方はあったが、私たちは両分野のスタートアップに並行して投資した。モバイルアプリの分野では、あっという間にリターンをもたらした投資先がいくつもあった。一方、気候分野の投資先の出足は鈍く、結局多くが破綻した。どんな分野でも持続性のある会社を立ち上げるのは難しいが、とりわけ気候危機関連でそうした会社を築くのは難しい。

クライナー・パーキンスはメディアからこてんぱんに叩かれた。だが私たちは辛抱強く、粘り強く、創業者のルールを守り抜いた。２０１９年には生き残ったクリーンテックの投資先が次々とホームランをかっ飛ばすようになった。私たちがグリーンベンチャーに投資した10億ドルの価値は、今では30億ドルに膨れあがっている。

だが成功の余韻に浸っているヒマはない。年々、気候時計の針は進んでいる。大気中の炭素量は、すでに安定した気候を維持できる上限を超えている。現在のペースでは、産業革命以前と比較した世界の平均気温上昇幅は、科学者が地球規模の深刻な被害が発生する閾値《しきいち》としている摂氏１・５℃を超えてしまう。急激な地球温暖化の影響は、破壊的なハリケーン、聖書に出てくるような大洪水、制御不能な山火事、殺人的な熱波、極端な旱魃《かんばつ》といったかたちですでにはっきりと現れている。

読者のみなさんに最初にはっきりと警告しなければならない。私たちの炭素排出量削減のペースは、目前に迫った環境被害を逃れるには遅すぎる。２００７年に語ったことを、今もう一度言おう。[*2] **今の私たちの取り組みでは、まったく足りない。**猛烈なスピード（速度）と途方もないスケール（規模）で軌道修正しなければ、破滅的シナリオに直面する。極地の氷冠が溶け出し、沿岸都市は水没する。穀物の収穫量が減少し、大規模な食料不足が起こる。今世紀半ばには、世界で10億人の気候難民が発生する可能性がある。

幸い、この闘いにおいて私たちには強力な味方がいる。イノベーションだ。ここ15年で太陽光発電と風力発電のコストは90%下落した。クリーンエネルギー源は誰も予測しなかったほどの速さで成長している。電池の進歩によってＥＶの航続距離は伸び、コストは低下しつづけている。エネルギー効率の改善によって温室効果ガスの排出量は急速に減少してきた。

すでに多くの優れたソリューションが私たちの掌中にあるものの、その実用化はおよそ必要な水準に達していない。こうしたイノベーションの価格を手の届く水準に抑えるためには、巨額の投資と確固たる政策が必要だ。すでにある技術を普及させ（それも今すぐに）、必要な技術を発明していく必要がある。要するに、**今あるものと新しいものの両方が必要なのだ。**

では、やるべきことをやり遂げるための計画はどこにあるのか。率直に言って、今欠けているのはそれだ。**実行可能な計画**である。たしかに「ネットゼロ」、つまり除去できる量以上の温室効果ガスを発生させない状況を実現する方法は、理論的には山ほどある。ただ、目標を並べただけのリストは計画ではない。選択肢をつらつらと並べたメニューは、それぞれがどれほど優れていても計画とは呼べない。怒りや絶望は計画ではないし、希望や夢も然りだ。

何よりも必要なのは、明確な行動計画（アクションプラン）だ。本書を執筆した理由はそこにある。気候問題とクリーンテックにおける世界トップクラスの専門家の助力を得て、本書では２０５０年までに温室効果ガスの排出量ネットゼロを達成する方法を具体的に示す。土台となるのは、気候問題の先駆者や英雄たち（その多くは本書に登場する）が苦労して勝ち得た成果や教訓だ。正しい、賢明な行動によって新たな道を切り拓いていく人々だ。

計画の価値は、どれほど確実に実行されたかで決まる。この途方もないミッションを達成するには、１つひとつのステップに責任を持たなければならない。私はそれをメンターであり、インテルの伝説的ＣＥＯであったアンディ・グローブから学んだ。**「アイデアを思いつくのは簡単。実行がすべてだ」**という彼の信念が証明されるのを、私は何度も見てきた。

計画を実行するには、正しいツールが必要だ。私は前著『Measure What Matters（メジャー・ホワット・マターズ）』で、アンディ・グローブがインテルで発明したシンプルな、それでいて強力な目標設定方法を紹介した。「ＯＫＲ（目標と主要な結果）」と呼ばれるこの方法は、組織が少数の重要な目標に集中し、すべての階層が同じ方向を見て、野心的結果に向けて能力の限界まで努力し、自らの進歩を測定する、すなわち「重要な目標を測定する《メジャー・ホワット・マターズ》」ためのツールだ。

現代の最も重大な挑戦である気候危機の解決にＯＫＲを使おう、というのが私の主張だ。ただ全力で取りかかる前に（これはオール・オア・ナッシングの挑戦だ。中途半端は許されない）、次の３つの基本的問いに答えておく必要がある。

十分な時間はあるのか。

あると期待しているが、残された時間は急速に減っている。

失敗は許されるのか。

許されない。もうその段階は過ぎた。

十分な資金はあるのか。

現時点ではない。投資家や政府は資金を拡充しているが、クリーン・エコノミーのための技術を開発し、スケール（規模拡大）するために、官民からの資金を大幅に増やす必要がある。何より必要なのは（汚染物質をまき散らす）ダーティエネルギーに投資されている数兆ドルの資金を、クリーンエネルギーの選択肢の拡充やその効率性向上に振り向けることだ。

データははっきりしている。今こそ動き出さなければならない。みなさんとともにネットゼロの未来を築くために、私は持てる時間、リソース、知識をすべて注ぎ込む覚悟だ。ぜひ、私たちの取り組みに参加してほしい（speedandscale.com）。私たちの計画を実行に移すには、全員の力が必要だ。何より重要なのは、計画を比類なきスピードとスケールをもって実行することだ。一番大切なのはそこだ。

本書はすべてのリーダー、他の人々を動かし、ともに行動する力を持つすべての人に向けて書いた。市場の力を味方につけるすべを心得た起業家や企業経営者。地球のために闘う意思を持った政治家や行政の指導者。自らの代表である政治家に圧力をかけられる市民やコミュニティのリーダー。そしてもちろん、気候活動家のグレタ・トゥーンベリやヴァルシニ・プラカシュのような、２０５０年とその先への道筋を示してくれる若い世代のリーダーに向けて。

本書はみなさんの心のなかにいるリーダーに向けて書いた。消費者に行動変容を求めるつもりはない。１人ひとりの行動は必要だし、望ましくもあるが、この壮大な目標に到達するためには、それではとても足りない。**世界規模の**一致団結した集団行動でなければ、限られた時間内にゴールラインを越えられない。

私のような人間が、こんな行動を呼びかけるのに違和感を持つ人もいるかもしれない。私は地球史上最大の汚染者であるアメリカの国民だ。ミズーリ州セントルイス出身の裕福な白人男性で、(故意ではなく過失ではあるが)そもそもこの問題を引き起こした世代に属している。

だがサンフランシスコからさほど遠くない自宅で本書を執筆しながら窓の外の山々に目をやると、山火事によって鮮やかなオレンジ色に染まった空が見えた。[*3] 旱魃と甚大な被害が今ここで起きている、と伝える狼煙《のろし》のようだ。カリフォルニア州だけで毎年何百万エーカーもの森林が燃え、化石燃料による排出量を上回る二酸化炭素を大気中にまき散らしている。これほど悲惨な悪循環もなく、漫然としてはいられない。発信者としてどれほど適性を欠いていても、動かずにはいられない。

この道に足を踏み入れてからの15年で、私も相応の傷を負ってきた。クリーンテック・ベンチャーに必要なのはより多くの資金、ガッツ、時間、そして何より忍耐力だ。その時間軸はほとんどの投資家には耐えられないほど長く、その失敗はことのほか厳しい。しかしその成功は(どれほど数が少なく、まばらでも)あらゆる挫折を補って余りあるほどだ。成功したクリーンテック・ベンチャーは利益を上げるだけではない。地球の傷を癒すのに役立っているのだ。

本書の大部分は、この戦場での私自身と数十人の気候問題リーダーの歩みを集めたものだ。彼らの多くを投資家として支えたことは私の誇りだ。舞台裏を知る人々の言葉からは、２０５０年までにネットゼロを達成する計画の実現性と、それまでに越えなければならないハードルが伝わってくる。より専門的でデータ満載のセクションに差し挟まれた彼らの物語が、読者にとってつかのまの息抜きになればと思う。私は気候危機と向き合う旅路において、問題そのものとそこに携わる人々の両方から刺激を受けてきた。みなさんもそうであることを願っている。

起業家というのは、誰もが可能だと思う以上のことを、誰もが思うより少ないコストで、しかも誰もがありえないと思うようなスピードでやってのけるたくましい人々だ。今日、大胆なリスクテイカーたちは気候問題による世界の終末を避けるため、猛然とイノベーションを生み出し、さまざまなルールを書き換えている。進取の気性に富む彼らのエネルギーを瓶に詰めて、世界中の政府、企業、コミュニティにできるだけ広く行き渡らせる必要がある。

計画があることは、何の保証にもならない。時間切れになる前にネットゼロの未来に移行できるかは定かではない。私は人並み以上に楽観的というわけではないが、

それでも希望を持っている。そして気が長いほうでもない。正しいツールとテクノロジー、的確な政策、そして何よりも科学という武器があれば、まだ勝ち目はある。

今ならば。

ジョン・ドーア　２０２１年７月

Introduction

計画を示そう

What's the Plan?

Introduction

計画を示そう

日本の真珠湾攻撃から3カ月が過ぎた１９４２年3月の肌寒い日。フランクリン・D・ルーズベルト大統領はホワイトハウスに、アメリカ陸軍航空軍のヘンリー（ハップ）・アーノルド司令官を招いた。議題はただ１つ。第2次世界大戦に勝利するための計画だ。それは歴史的意味を持つ挑戦だった。しかも戦況はきわめて厳しかった。地政学を議論したり、考え得るかぎりの戦線を列挙したり、あるいはいきなり細々とした各論に踏み込んでもおかしくはなかった。だがルーズベルトは紙ナフキンをつかむと、計画の要点を３つだけ、ごくシンプルに書き出した。

1　4つの重要地域を押さえる

2　日本を攻撃する

3　占領下のフランスでナチスを倒す

3つの要点はそれぞれ対象が絞られ、なすべき行動が明確で、疑問を差し挟む余地がなかった。ルーズベルトのナフキンには国家の軍事指導者に絶対的に必要なもの、すなわち「明確さ」があった。

計画が成功したのは偶然ではない。会議を終えたアーノルド大将は、ルーズベルト大統領のナフキンをアメリカ国防総省に持ちかえった。ナフキンはDデイ（訳註：1944年のノルマンディー上陸作戦開始日）までトップシークレット扱

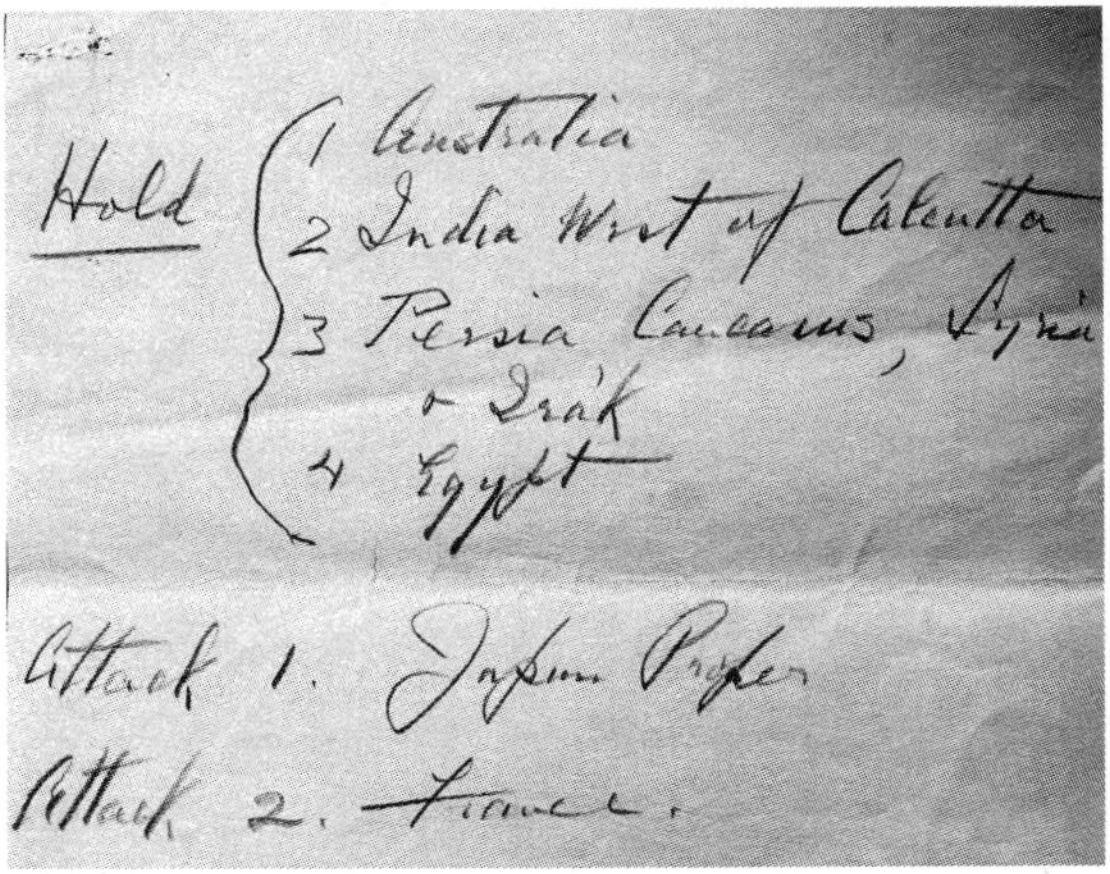

1942年3月、ルーズベルト大統領が紙ナフキンに書いた第2次世界大戦の勝利計画

いで、その後も数十年にわたって機密文書のままだった。２０２０年に起業家で蔵書家のジェイ・ウォーカーがオークションで落札してからは、その書庫に飾られている。
「問題が複雑すぎて、解決のための明確でシンプルな計画などつくれないという人がいたら、ナフキンを見せてこう聞くんだ。『あなたの解決しようとしている問題が、第２次世界大戦よりも複雑だって言うんですか？』と」。そうウォーカーは話す。

温室効果ガスとは何か

温室効果ガスは大気中に存在し、熱を吸収するガスだ。太陽はエネルギーを放射する。日陰から一歩出るとよくわかる。そのエネルギーの一部は地表が吸収し、再び地球の外に向かって放出する。[*1] 大気の主成分である窒素や酸素は、この熱エネルギーをそのまま宇宙へと通過させる。それに対して結合が緩く、複雑な分子である温室効果ガスは、エネルギーの一部を蓄積し、再び地表へ戻す。このように太陽から直接降り注ぐ熱に加えて、地表を温めるのが「温室効果」ガスだ。

生命に温かさは不可欠で、多少の温室効果ガスは必要だ。しかし増えすぎるのは問題だ。このうち最も量の多い二酸化炭素は無臭で、目には見えず、うんざりするほど長持ちする。ひとたび排気管や煙突から放出されると、数世紀にわたって大気中にとどまる。

メタンガスはまたタイプが違う。天然ガスの主成分で、家庭の暖房やガス調理器の火を点けるのに使われる。牛も大量のメタンを放出する。大気中にとどまる期間は二酸化炭素と比べてはるかに短いが、短期的に蓄積する熱量は何倍も多い。

地表を温めるガスは他にもある。肥料の副産物である亜酸化窒素や、広く使われている冷媒などだ。そのすべてが「二酸化炭素換算排出量（CO_2e）」という単一の尺度で測られる。この統一的尺度を使うと、さまざまなガスの温暖化への影響を説明し、有意義な比較をすることができる。

大気中にはどれだけの温室効果ガスがあるのか

産業革命以前は大気中の分子１００万個中、二酸化炭素換算で約２８３個分（２８３ｐｐｍ）の温室効果ガスが含まれていた。[*2] 気候変動に関する政府間パネル（ＩＰＣＣ）は２０１８年、この値を１００万個中、４８５個以下（４８５ｐｐｍ）に抑える必要があると警告した。問題は私たちがすでにこの閾値を上回り、１００万個あたり５００個（５００ｐｐｍ）を超えていることだ（世界中の80カ所の収集場所で集めたデータを、アメリカ海洋大気庁が厳密に測定している[*3]）。

気候問題による世界の終末を回避するためには、これ以上の温室効果ガスの蓄積を防ぎ、大気中の分子100万個あたりの温室効果ガスを二酸化炭素換算で430個（430ppm）以下に戻し、その水準に保つ必要がある。

地球規模で評価するとき、温室効果ガスの総量は通常ギガトン（10億トン）単位で表す。1ギガトンは完全装備の空母1万艦の重さに匹敵する。[*4] 排出量で見ると、約500リットルのガソリンを燃焼させると、二酸化炭素換算で1トンの温室効果ガスが発生する。[*5] 1万2000世帯の1年分の電力を化石燃料で賄うと10万トン。20万台のガソリン車を1年間あたり平均約1万9000キロメートル走らせると100万トン。220カ所の石炭

大気中の二酸化炭素濃度は過去200年で劇的に上昇している

各年の二酸化炭素（CO_2）の濃度、百万分率（ppm）

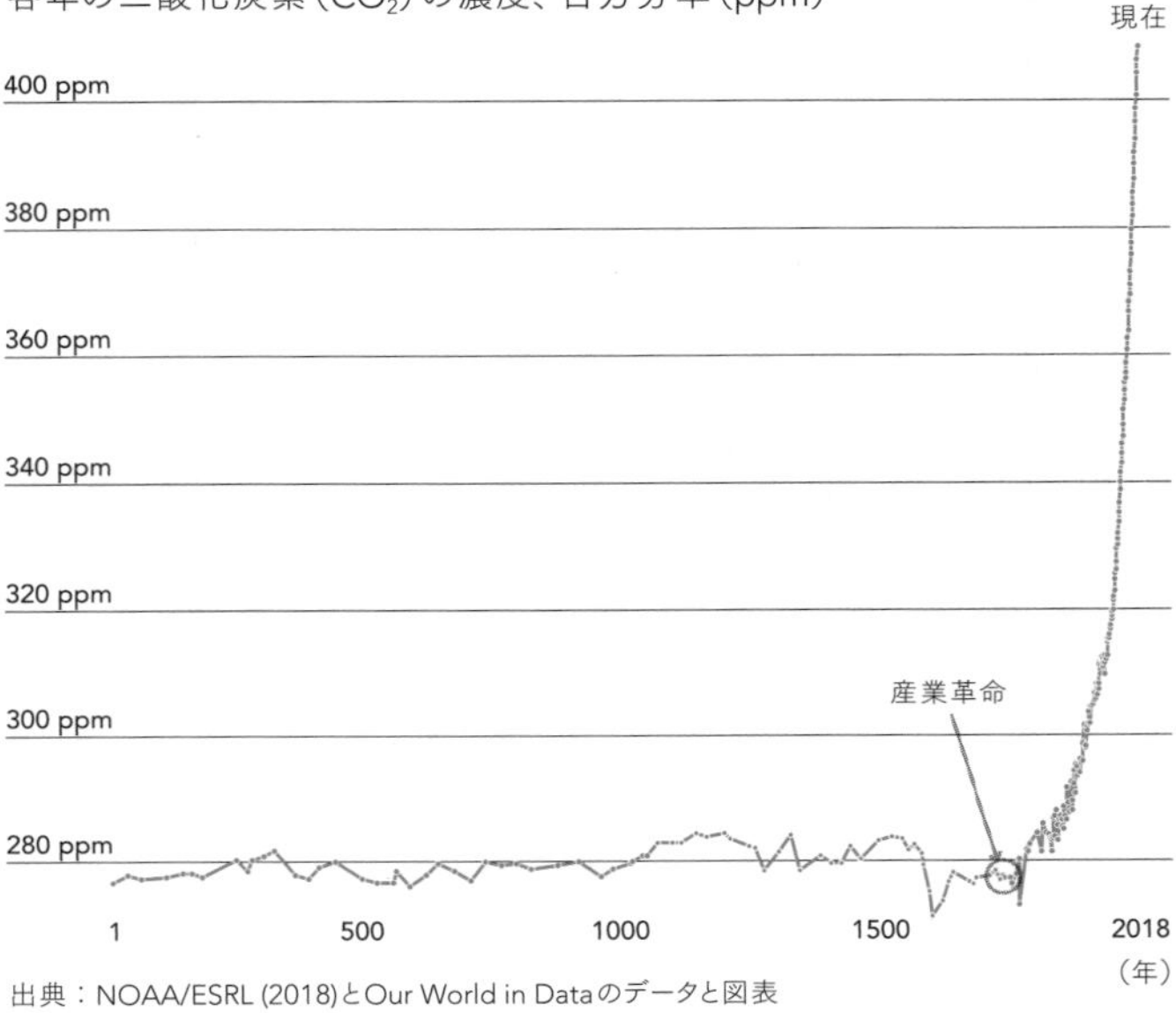

出典：NOAA/ESRL (2018)とOur World in Dataのデータと図表

火力発電所を1年間稼働させると、1ギガトン。こんな具合に人間が生み出す1年分の温室効果ガスは、二酸化炭素換算で59ギガトンに達する。

気温上昇は1・5℃という閾値をはるかに超えるだろう。

We will far exceed our 1.5°C limit.

なぜこのような数字が重要なのか

野放図な温室効果ガスの排出によって、地球温暖化は急激に進んでいる。総じてみると１８８０年以降、地球の平均気温は約１℃上昇してきた。[*6] 大した数字には思えないかもしれないが、このささやかな変化が途方もない影響を引き起こす。

現在の気候危機は、長い時間をかけて醸成されてきた。産業革命の幕開け以来、化石燃料の使用をはじめさまざまな人間の活動によって、１・６兆トンの温室効果ガスが大気中に放出されてきた。そのうち半分が１９９０年以降のものだ。[*7] 自動車や飛行機で移動したことがある人、ランチにチーズバーガーを食べた人、あるいは暖房で心地良く温まった自宅で過ごしている人。私たちのほとんどが、問題の一端を担っている。

温室効果ガスが大気圏に到達する**手前で**放出量を劇的に減らす以外に、生態系の崩壊を食い止め、地球が居住不可能な惑星になるのを食い止める手立てはない。２１００年に向けた厳しい予測を見てみよう。

さまざまな研究によると、地球の温度が４℃上昇すると南半球を中心に世界経済に破壊的影響が起こる。[*8] その規模は２００８年の世界金融危機をはるかに超え、しかも収束することはない。恒久的な気候恐慌が始まる。

政策シナリオ、排出量、温度範囲の予測

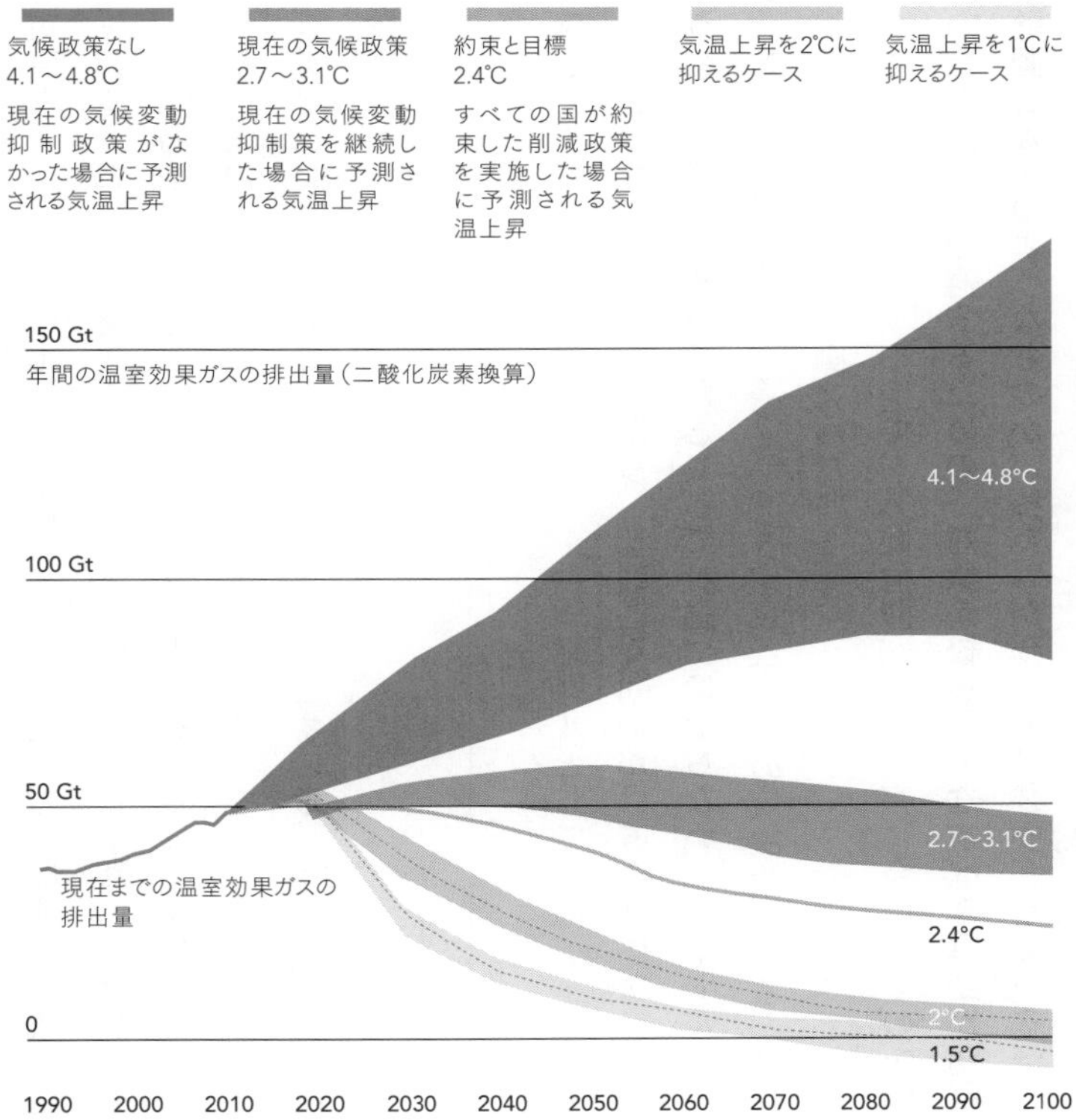

出典：Climate Action TrackerとOur World in Dataのデータと図表

しかし正直なところ、このような警告を聞いても大方の人は地球を救うために動き出すことはないだろう。80年先の予測など人間の脳が理解するには遠すぎる。たかだか2~3℃温暖化が進むと言われても、不安を感じるほど深刻なことには思えない。これが最大の障害なのだ。ロードマップ（行程表）を示さなければ、多くの人はなかなか変革にコミットしない。真の変化を起こすには、明確で実現可能な計画が必要なのだ。

「計画を示してくれないか？」ベンチャーキャピタルとして数億ドルを幅広い気候問題ソリューションに投資した頃から、私はこう問いかけるようになった。すでに述べたように、解決策をそろえたところで計画にはならない。ビートルズが『レボリューション』で両者の違いをこう歌っている。「本物の解決策があるとあなたは言う。ぼくらが知りたいのは計画なんだ[*9]」

では私たちは具体的にどうやって、気候危機が気候災害に発展するのを防ぐのか。**目前に迫った大惨事を回避するための、対象が絞られ、なすべき行動が明確で、測定可能な計画とはどのようなものか。**私たちが今切実に必要としている紙ナフキンはどこにある？

私はしばらく前からこうした問いに頭を悩ませてきた。ここ15年、このきわめて複雑な問題に関する文献には片っ端から目を通してきた。気候変動を抑えるための理論や実践における世界的権威の意見も聞いてきた。学べば学ぶほど不安は高まった。２００９年にはこの不安をアメリカ連邦議会上院の委員会で共有した。連邦政府の誤った政策と研究開発資金の不足によってエネルギー技術革命の前進が阻まれている、と訴えたのだ。

翌年にはクリーンテック・イノベーションのネットワークを構築するため、パートナーとともに気候危機に関するワークショップを開催した。ノーベル物理学賞を受賞し、当時アメリカのエネルギー長官だったスティーブン・チューをはじめ、アル・ゴア、サリー・ベンソン、アビー・コーエン、トム・フリードマン、ハル・ハーベイ、エイモリー・ロビンスなど気候問題や経済学の世界的権威が一堂に会した。

問題のスケールが明らかになるのにともない、クライナー・パーキンスはクリーンテック投資のポートフォリオ全体に占める割合を約10％から半分近くに引き上げた。それと同時に私はカリフォルニア州議会に対し、先進的な気候・エネルギー政策を提案するようになった。ＴＥＤに登壇して気候変動と投資について熱く語り、多くの人にこの闘いに加わってほしいと訴えた。[*10]

アメリカ・エネルギー・イノベーション・カウンシルの創設メンバーとして、アメリカ政府に気候問題に関する研究開発資金の増額を働きかけた。仲間達とブラジルを訪れ、サトウキビからバイオ燃料を製造する研究所や工場を見学した。モハベ砂漠の太陽熱発電所にも足を運んだ。アマゾンの熱帯雨林を歩き、カリフォルニアの風力タービンにも登った。ホワイトハウスでオバマ大統領と面会した。粘り強い働きかけが実り、エネルギー高等研究計画局（ＡＲＰＡ－Ｅ）という新たな連邦政府機関を設立するための政府予算のほか、アーリーステージ企業向けの融資保証も確保できた。

国際的に見ると、２０１５年のパリ協定は世界中の国々にそれぞれの排出削減目標の公表を求めた。歴史的進歩と言える。しかし気候問題担当大統領特使のジョン・ケリーが指摘したように、各国の約束した内容は力不足だった。パリでの約束がすべて完全に履行されたとしても、世界の気温は２１００年までに３℃以上上昇することになる。[*11]それでは世界的災害が起こる転換点を大きく上回ってしまう。

包括的計画を求めて、私はさまざまな選択肢を分析した資料を数えきれないほど読み込んだ。なかには厳格な科学的文献もあれば、とことん楽観的なもの、反対に希望のない陰鬱なものもあった。読んでいると混乱し、圧倒されそうになる。しかし新しい世代の企業が成功するよう支援するベンチャーキャピタルという仕事を通じて学んだことがある。**壮大な計画を遂行するためには、明確で測定可能な目標が必要だ、と。**私は初めての著書で、ＯＫＲ（目標と主要な結果）という手法がさまざまな組織を成功に導いてきたことを書いた。そこにはグーグルからビル＆メリンダ・ゲイツ財団まで、ささやかなスタートアップからフォーチュン500に名を連ねる大企業までが含まれている。この手法が世界的危機にも役立つはずだ。

ＯＫＲは「目標と主要な結果（Objectives and Key Results）」の略だ。達成しなければならない目標を構成する2つの重要な要素、つまり「何を」と「どうやって」に注目する。目標（Ｏ）とは単純に**何を**達成しようとしているかだ。そして主要な結果（ＫＲ）とはその目標に**どうやって**到達するかであり、通常は目標（Ｏ）をより詳細な目標に落とし込んだものだ。

優れた目標（Ｏ）は重大な意義があり、なすべき行動が明確で、永続性があり、人の心を奮い立たせる。1つひとつの目標は入念に選択・設定された複数の主要な結果に支えられている。優れた主要な結果（ＫＲ）とは、具体的で、期限が明確で、野

ＯＫＲについて詳しく知りたい読者には、次のウェブサイトが参考になる。
whatmatters.com

心的（かつ現実的）で、なにより測定可能で検証可能でなければならない。

ＯＫＲはやるべきことをすべて詰め込むためのものではない。むしろ最も重要なこと、必要不可欠な少数の行動、あるいは特定の課題に集中するためのものだ。自らの進捗を追跡する手段でもある。そして野心的だが達成可能な目標に手を伸ばし、高みを目指すための仕掛けでもある。

私たちのゴールラインはネットゼロだ。「ネット（差し引き）」という言葉が付いているのは、排出削減だけで温室効果ガスの増加をゼロにする現実的方法はないからだ。抑制が難しい排出源から放出される温室効果ガスの除去および貯留のために自然や技術に頼ることも必要だ。しかしここではっきりさせておきたいのは、「いつか」大気をきれいにすることを言い訳に「今」化石燃料を燃やしつづけるのは許されないということだ。私たちがこれから取り組むべき最大の課題は、温室効果ガスの排出削減である。

本書の掲げる最上位ＯＫＲは、２０５０年までに温室効果ガスの排出量ネットゼロを達成すること、そして重要なマイルストーン（通過点）として２０３０年までにそれを半分達成することだ。この途方もない挑戦において、ＯＫＲは私たちが目標を見失わず、現実的に取り組みを進めていく助けになるだろう。非現実的な約束をするのを防いでくれるだろう。キラキラしたまばゆいもの、一見すばらしいもののコスト競争力がなくスケールも難しいイノベーションに目を奪われないようにしてくれるだろう。数値目標に責任を持たせることで、希望という細い葦《あし》に頼ろうとする誘惑から遠ざけてくれる。そのおかげで私たちは規模も成果も最も大きい機会、限られた時間内にネットゼロに到達できるような機会にとことん集中できるはずだ。

　すでに述べたとおり、世界の温室効果ガスの二酸化炭素換算排出量は年59ギガトンだ。[*12] これまでのやり方を続けていると、この数字はさらに膨らみ、年65〜90ギガトンに達する見込みだ（しかしこれまでのやり方を続けていたら、誰もこれまでのような暮らしはできなくなる）。論理

温室効果ガスの内訳

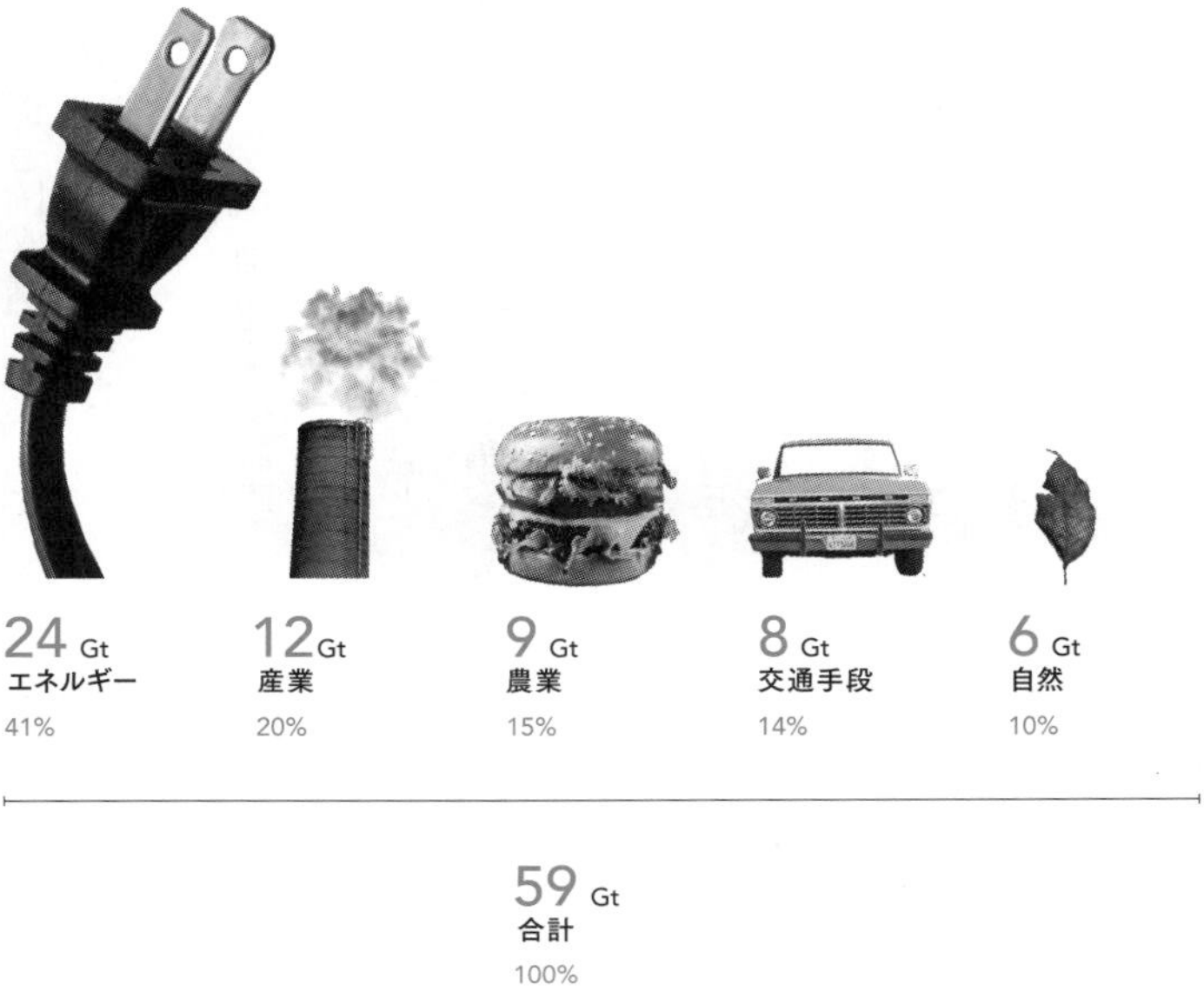

的にも公平性の観点からも、地球の排出量の大部分を占めている国々は、真っ先に積極的な削減に取り組むべきだ。先進国が模範を示せば、途上国がクリーンエネルギーのコストを引き下げる参考になる。

私たちの目標は、気候変動に関する政府間パネル（IPCC）、国連環境計画（UNEP）、そしてパリ協定で交渉にあたった各国代表の計算に沿うものだ。この3つの会議体は、それぞれ産業革命前の水準から1・5℃、1・8℃、2℃の気温上昇を引き起こす排出量を算出している。**本書では目標をシンプルにするため、最も野心的な目標である「気温上昇を1・5℃以下にとどめる」というターゲットに合わせて主要な結果を設定した。**気候災害を回避できる可能性が最も高くなるシナリオだ。とはいえ科学者はそれで確実に避けられるとは言っていない。だからこそ迅速に行動を起こす必要がある。

それでは私たちの計画を示そう。気候危機を解決するための「スピード&スケール計画」だ。ルーズベルト大統領が紙ナフキンに鉛筆で書いたものと同じように、この計画もシンプルだ。掲げられた目標がどれほど困難なものかを感じさせない。本当に紙ナフキン1枚に収まってしまう。

「これまでのやり方」を続けた場合の排出量をもっと低く見ている予測の多くは、現在の政策が継続されることを想定している。しかしアメリカの状況を見ても、現在の政策がそのまま続く保証はない。

2050年までにネットゼロを達成する

1　交通の電化

2　電力の脱炭素化

3　食料の見直し

4　自然保護

5　産業をクリーンにする

6　炭素除去

使用するもの：政治と政策、ムーブメント、イノベーション、投資

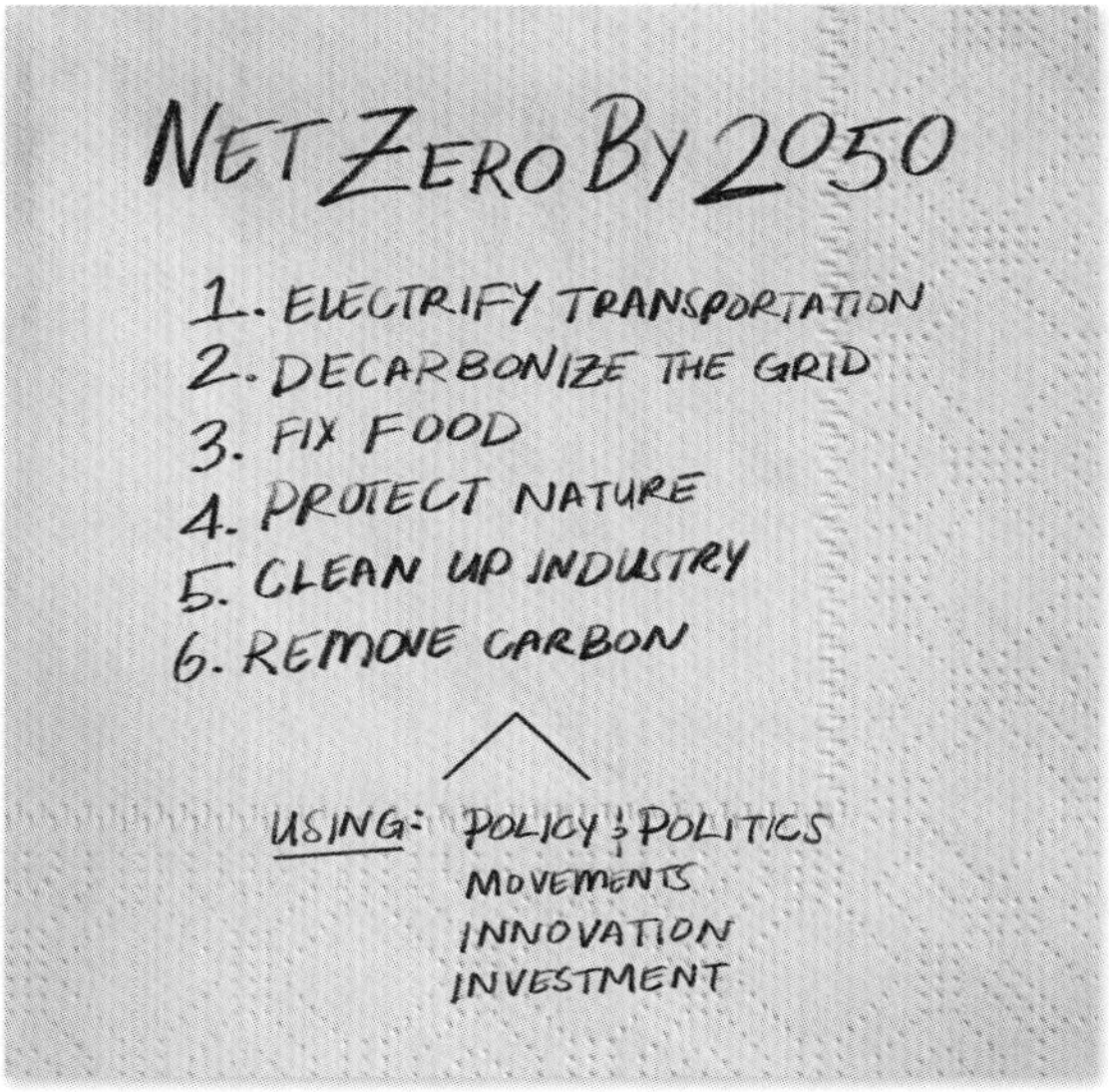

紙ナフキンの上部に並ぶ項目1〜6は「2050年までにネットゼロを達成して気候危機を解決する」という最上位目標を支える柱だ。その1つひとつが複雑な問題でもあり、それぞれに1章を割いて説明する。これが本書の第1部「排出量をゼロにする」だ。その下に並んでいるのが、気候行動のスピードを高めるための「加速要因」のリストだ。各要因に1章、全4章から成るのが第2部「移行を加速させる」だ。

　主要な結果を作成するのに、政策専門家、起業家、科学者をはじめとする気候分野のリーダーたちの協力を仰いだ。誰もが持てる時間と知恵を快く提供してくれた。プロジェクト・ドローダウン、環境防衛基金、エナジー・イノベーション、ワールド・リソース・インスティチュート、RMI（旧ロッキー・マウンテン・インスティチュート）、ブレークスルー・エナジーに所属する専門家たちの推奨する解決策やゴールへの道筋にも大いに刺激を受けた。

　ルーズベルト大統領の流儀に倣い、私たちも明確・簡潔を心がける。

「交通の電化」とは、ガソリンやディーゼル・エンジンをプラグイン式の電動自転車、自動車、トラック、バスに転換することだ（第1章）。

「電力の脱炭素化」とは、化石燃料から太陽光、風力など排出ゼロの電源に転換することだ（第2章）。

「食料の見直し」とは、炭素を豊富に含んだ表土の回復、施肥の改善、消費者に排出量の低いタンパク源の摂取を促し、牛肉の消費を減らすよう働きかけること、そして食品廃棄を減らすことだ（第3章）。

「自然保護」とは森林、土壌、海洋への介入と保護を指す（第4章）。

「産業をクリーンにする」とは、すべての製造業、とりわけセメント産業と鉄鋼業での劇的な排出削減を指す（第5章）。

「炭素除去」とは、自然界および技術的なソリューションを活用した大気中の二酸化炭素の除去と長期的貯留を指す（第6章）。

4つの加速要因とは、以下の取り組みによってここに挙げたソリューションの実施を速めることを指す。

↓重要な公共政策の実施（第7章）

↓ムーブメント（社会運動）**からアクション**（行動）**への転換**（第8章）

↓強力なテクノロジーの発明とスケール（第9章）

↓大規模な資本投入（第10章）

失敗は許されないため、ここに挙げた目標（O）にはそれぞれ測定可能な主要な結果（KR）が設定されている。私たちの取り組みがどれほどうまくいっているのか、速度を高める必要があるのか、軌道修正が必要なのか。それを確認するため、こうしたマイルストーンに照らして進捗度合いを追跡するのだ。

私はここに挙げた目標はすべて達成可能だと信じているが、確実なものは1つもない。主要な結果のいくつかは大幅に上回る一方、残りは未達になるかもしれない。2050年までにネットゼロを達成できるなら、それでもかまわない。それは私たちが未来の世代に対して背負っている負債であり、完済する義務がある。

ここに挙げた目標は、世界中の優秀な気候研究者のネットワークから生み出された研究成果に基づいている。あまりに長い間、荒野で叫ぶ彼らの声は誰の耳にも届かなかった。それが今、このギリギリのタイミングで権力と影響力と資金力のある人々が耳を傾けはじめた。炭素排出源とどこでどのように排出を削減すべきかに関する本書の推計は、彼らの業績を参考にしている。

公正を期すために、ここで1つ指摘しておこう。大気中にどれだけの温室効果ガスが蓄積されているかはかなり正確にわかっているが、現在の排出量（国別、産業別）には一定の不確実性がある。私たちが目標とする削減量は、目の前の危機にどう立ち向かうべきかという真摯な見解の1つに過ぎない。

ビジネスにおいてたいてい正解は複数ある、というのが私の学んだ教訓だ。公共政策や気

スピード＆スケール計画：ネットゼロへの道筋

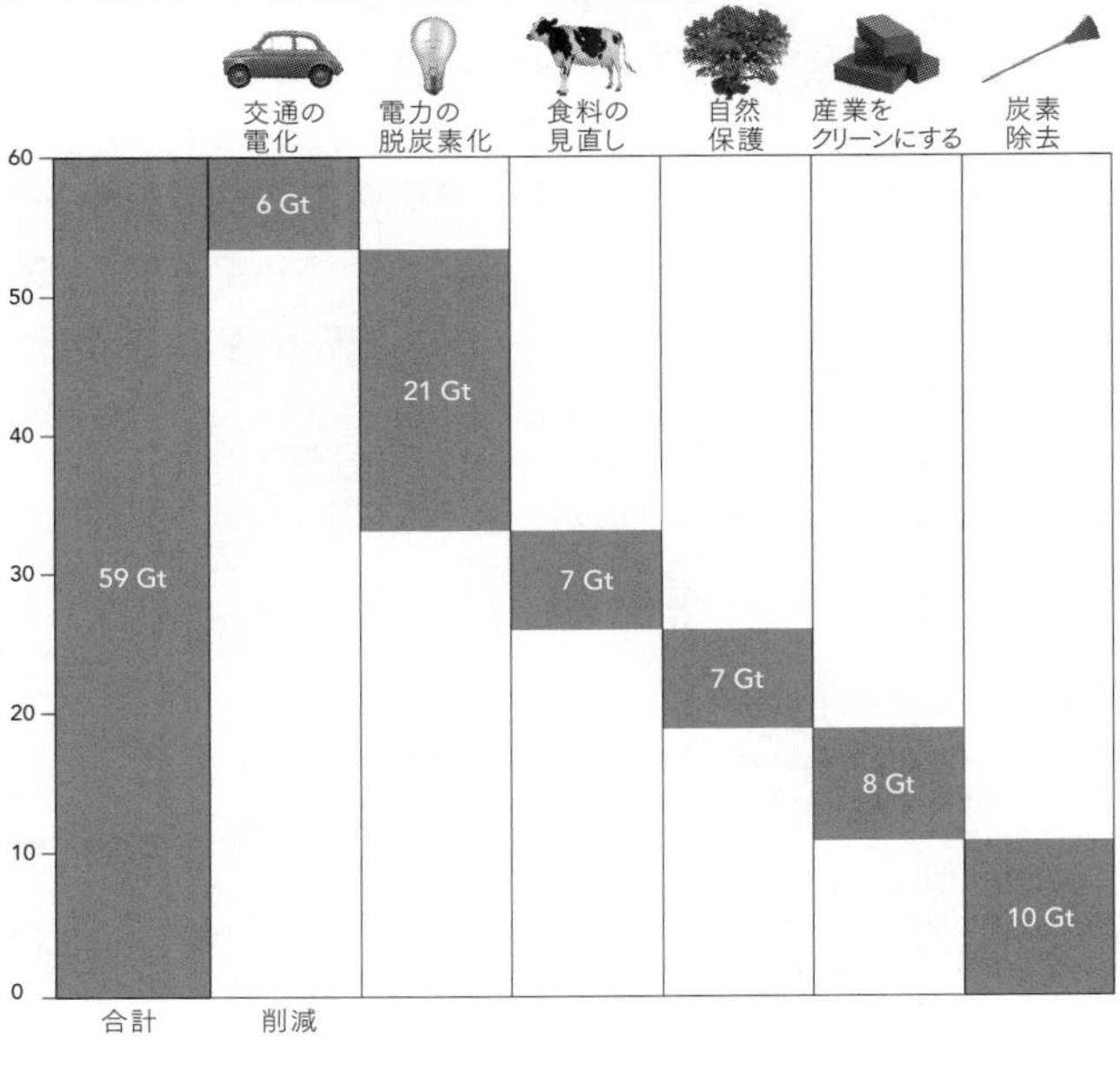

候ソリューションについても同じことが言える。スピード&スケール計画は今回の危機を乗り切るための唯一の正解ではないが、現実的なバランスが取れた計画だと考えている。とんでもなく野心的だが、しっかりと現実に根ざしている。さまざまな意味で、これはＯＫＲの究極の応用例といえる。ネットゼロ達成以上に大胆な目標を、私はこれまで見たことがない。

控えめに言っても、私たちは危険な状態にある。何が腹立たしいかと言えば、このような状況は防げたことだ。40年前、エクソンの科学者だったジェームズ・ブラックが化石燃料、炭素レベルの上昇、気候温暖化という点

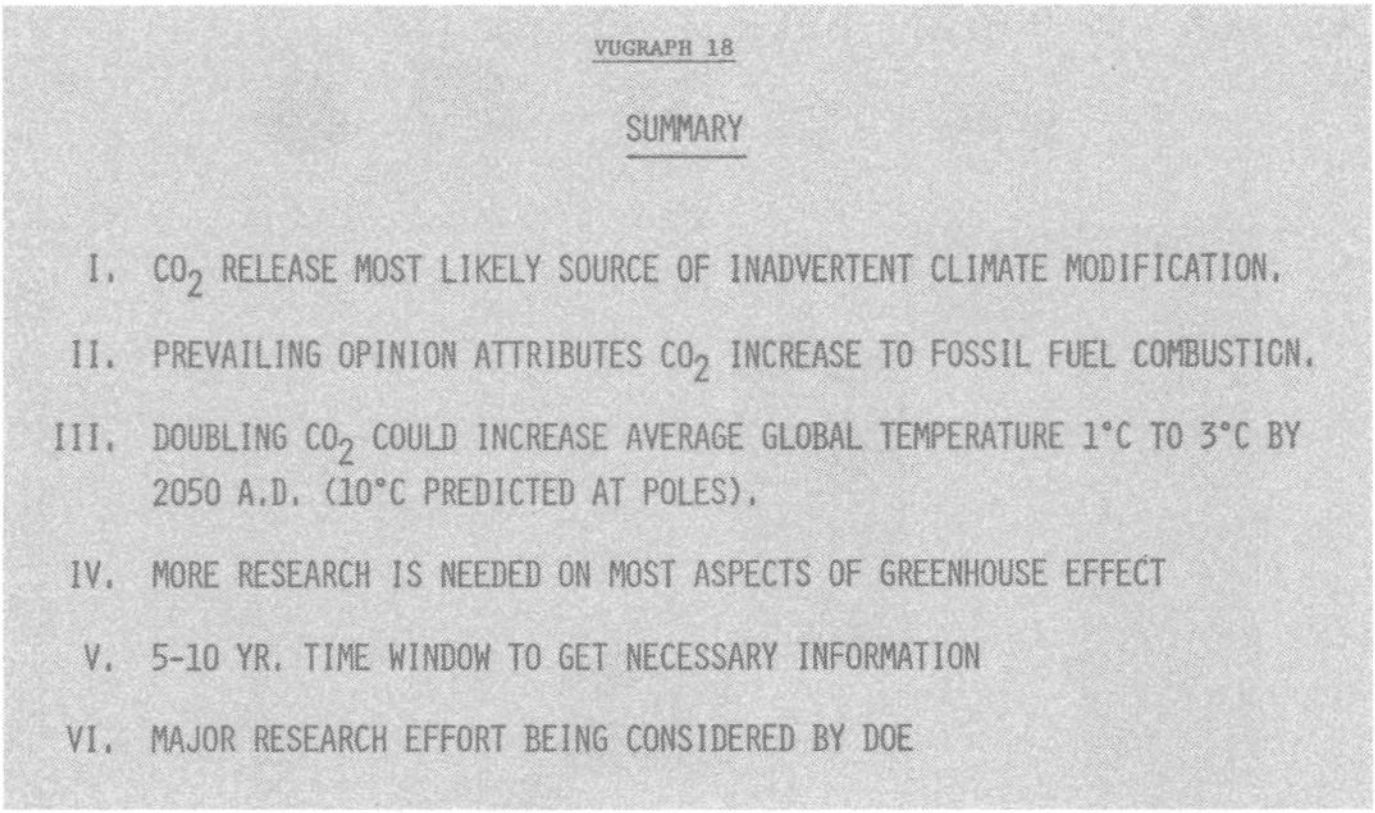
VUGRAPH 18

SUMMARY

I. CO_2 RELEASE MOST LIKELY SOURCE OF INADVERTENT CLIMATE MODIFICATION.

II. PREVAILING OPINION ATTRIBUTES CO_2 INCREASE TO FOSSIL FUEL COMBUSTION.

III. DOUBLING CO_2 COULD INCREASE AVERAGE GLOBAL TEMPERATURE 1°C TO 3°C BY 2050 A.D. (10°C PREDICTED AT POLES).

IV. MORE RESEARCH IS NEEDED ON MOST ASPECTS OF GREENHOUSE EFFECT

V. 5-10 YR. TIME WINDOW TO GET NECESSARY INFORMATION

VI. MAJOR RESEARCH EFFORT BEING CONSIDERED BY DOE

1978年、エクソン社内のプレゼンテーションで使われた資料の一部

I. CO_2排出が不慮の気候変化の原因である可能性が最も高い
II. CO_2の排出量増加と化石燃料の使用を結びつける言説が広まっている
III. CO_2排出量が2倍になれば、地球の平均気温が2050年までに1〜3℃上昇する可能性がある（南極と北極の気温は10℃上昇すると予想される）
IV. 温室効果のほとんどの側面について、さらなる研究が必要である
V. 必要な情報を収集する時間窓は5〜10年
VI. 主要な研究は米エネルギー省によって検討されている

と点を結び付けた。

その時点なら、この難局を緩やかに脱する方法があったはずだ。たとえば10年で10％ずつ排出量を削減していく、といった具合に。だがエクソン（その後合併してエクソンモービル）が気候変動否定派の急先鋒となるなかで、科学者の分析は無視され、さらなる研究は抑圧された。二十数年前、アル・ゴアが大統領選で敗北し、ジョージ・W・ブッシュが大統領に就任した時点なら、10年で約25％のペースで排出を削減していけば危機を回避できたかもしれない。

だがもう遅い。中途半端な対策では不十分だ。ＩＰＣＣによると、不利な状況を跳ね返し、気温上昇を１・５℃に抑えるためには、４００ギガトン以上はもう放出できない。それが私たちのカーボンバジェット（炭素排出許容量）だが、今のペースではこの10年のうちに超過してしまう。**今すぐ思い切った行動に出るしかない。**２０３０年までに排出量を50％削減し、あと50％は２０５０年までに削減しなければならない。なぜなら、こちらの準備が整っているか否かとは関係なく、取り返しのつかない気候災害が間近に迫っているからだ。

ネットゼロの未来への扉を開けるための戦略を考えよう。気候変動へのインパクトの大きい順に並べると、次のようになる。

オバマ大統領は私たちの直面する課題を、持ち前の的確な表現力でこう語っている。「私たちは気候変動の影響を実感する初めての世代であり、それに対して何らかの手を打つことのできる最後の世代でもある」

1　**削減**（排出量を大幅に減らす）

2　**節約**（エネルギー利用を効率化する）

3　**除去**（蓄積された温室効果ガスを取り除く）

まず交通の電化や電力の脱炭素化により、温室効果ガスを排出しないようにすることが、最も重要な行動指針であることに変わりはない。それが今すぐ何ギガトンもの温室効果ガスを減らすための最も手っ取り早く、最も確実な方法だからだ。その次がエネルギー利用の効率化、すなわちエネルギーのインプット1単位あたりのアウトプットを増やすことだ。

3番目の戦略が、自然あるいは技術を使った炭素の除去と長期的貯留だ。これはとりわけ交通、産業界、農業などからのやむを得ない排出への対応策だ。世界最高の技術をもって努力しても、予見できる未来にこのような排出はゼロにはならない。しかし二酸化炭素除去は、排出削減やエネルギー使用の効率化の代わりではなく、重要な補完的要素であることを付言する必要がある。ここに挙げた3つの取り組みを同時並行的に進めていく必要がある。

スピード&スケール計画はあらゆる国の政府および産業界の指導者に対し、気候問題に関して公正と公平を強く意識するよう求める。移行を公正に進めるためには、途上国と先進国の差異を認識しなければならない。化石燃料の使用を削減する能力やその速度を左右する経済力には、大きな格差がある。化石燃料によって生活を支えられている数百万人の労働者の存在を忘れてはならない。グリーンな未来において、彼らに再教育と質の高い雇用機会を与えなければならない。

最後に、気候関連の格差は国内にも存在することを認識する必要がある。化石燃料による大気汚染の影響は、貧しいコミュニティや有色人種のコミュニティに偏っている。誰よりも危機に対する責任がなく、また誰よりもその危害から身を守るすべを持たない人々だ。炭素集約型産業から最も被害を受けてきた人々も、すでに進んでいるエネルギー源転換の恩恵を正当に享受できるようにしなければならない。クリーンテクノロジーは新たなスタートを後押しできる。石炭火力発電所を閉鎖する一方、クリーンテクノロジーを衰退しつつあるコミュニティを再生し、労働者に関連分野での仕事に転身させるきっかけとすることができる。かけがえのない大気圏をタダで使い放題の下水道のようにみなし、炭素、メタンなどの温室効果ガスを垂れ流しつづけるのはやめなければならない。

スピード&スケール計画は、温室効果ガスの排出を徹底的に削減するよう設計されていることを改めて強調したい。私たちが温暖化する世界に適応するための計画ではない。たしかに気候変動はすでに進んでいる。そしてこれまで以上に激しいハリケーン、サイクロン、山火事、洪水、旱魃に対して、都市や農地を守るために投資が必要なのも事実だ。しかし今、地球温暖化を抑えるために努力するほど、それほど大がかりな適応を求められなくなる。

伝説の強盗ウィリー・サットンは銀行ばかりを狙った理由を問われ、「そこにカネがあるから」と答えたとされる。私たちも排出量がたっぷりあるところを狙う必要がある。**ギガトン単位の削減を目指すのだ。**それは排出量の多い上位20カ国に狙いを定めることを意味する。この20カ国だけで、世界の温室効果ガス排出量の80%を占める。とりわけ排出量の3分の2近くを占める上位5カ国をターゲットとすべきだ。[*13] 中国、アメリカ、ＥＵ（およびイギリス）、インド、ロシアだ。

２０２１年6月時点で、少なくとも14カ国（ドイツ、カナダ、イギリス、フランスなど）が２０５０年までのネットゼロ達成に向けて排出量を徐々に減らしていく法律を制定したり、法案を出したりしている。[*14] 問題はこうした国々の排出量を合算しても、世界全体の約17％にしかならないことだ。

ようやく最近になって、最も排出量の多い国々が目標を表明しはじめた。バイデン政権の気候行動計画は、２０５０年までのネットゼロを掲げている。従来のアメリカの政策と比べると、驚くべき転換だ。ＥＵも同じ目標を掲げた。中国は２０６０年までのネットゼロを国家目標とすると宣言した。私たちから見ると10年遅すぎるが、少なくとも交渉の土台はできた。インドとロシアはまだ確固たるネットゼロの公約を掲げていない。それでも国際舞台でようやく多少希望の光が見えてきた。残るは一番重要な遂行の問題だ。

数十年にわたる野放図な炭素排出を抑制するコストは、軽いものではないだろう。しかし積極的な行動を先送りするほうが、今すぐ取りかかるよりはるかに高くつくのははっきりしている。気候政策の専門家として国際的に評価の高いハル・ハーベイは、それをこんな言葉で表現する。**「今は地球を救うほうが、滅ぼすより安くつく」。**かつてクリーンテクノロジーへの投資はリスクが高い、あるいは軽はずみな行動と見られていたが、ようやく経済成長への近道だという認識が生まれつつある。

私が本書を執筆している今、世界は新型コロナウイルス感染症危機の只中《ただなか》にある。世界の死者数は恐ろしく、受け入れがたい水準に達している。パンデミックは最悪の事態が起こる**前に**行動することがどれほど重要かを改めて示した。同じことが気候危機についても言える。１つひとつの予防策が、想像もできないような苦痛を回避する手立てとなる。

パンデミックが蔓延した２０２０年、当たり前の暮らしがぴたりと止まった。ただ新型コロナをめぐってさまざまな行動制限が課されたものの、世界の年間温室効果ガス排出量はわずか２・３ギガトン、約６％減少しただけだった。ほどなくして、このわずかな減少も消失した。炭素汚染は一気に元に戻った。[*15] 短期的な排出量の減少は病の進展を多少遅らせるかもしれないが、それで気候危機が解決するわけではない。

私たちが取り組むべき課題は明確だ。行動の必要性がこれほど高まったことはない。タイムリミットの前にネットゼロを達成できれば、誇りを持ってこの惑星を子供たちと未来の世代に引き継ぐことができる。

だから今、動きはじめよう。比類なきスピードとスケールで。

Chapter 1

交通を電化する

Electrify Transportation

Chapter 1

交通を電化する

ベンチャーキャピタルの世界には古い言い習わしがある。**「車輪の付いたものには投資するな」**だ。クリーンテック投資に力を入れ出して間もない２００７年、クライナー・パーキンスはこの掟《おきて》を破るべきか検討した。ＥＶの会社を支援するべきだろうか、と。優秀な人たちからも投資をやめたほうがいいと忠告された。ここ1世紀あまりで１０００を超える自動車会社が設立されたものの、そのほとんどが消滅した。大失敗に終わったものも少なくない。デロリアンを覚えている読者もいるかもしれない。

クライナーはアストンマーティンやＢＭＷで実績を挙げたすばらしいデザイナーであるヘンリク・フィスカーと投資話を進めていた。ヘンリクはデンマーク出身だが、ロサンゼルスに住んでいた。最初のミーティングでは、まず富裕層向けのＥＶを製造し、それから価格カーブを下っていき、本当に儲かる中間層向け市場に移行するという戦略計画を描いた。フィスカー・オートモーティブ社はリスクを最小化するため、自動車のフレームだけを造るつもりだった。最も高価な部品であるバッテリーは資金力豊富なＡ１２３システムズと契約し、ＭＩＴの高名な学者であるイェット・ミン・チャンが開発したテクノロジーを使ったものを採用する予定だった。

それとほぼ同時期に、２人の技術者がクライナーに接触してきた。スタートアップの社名は伝説的な発明家ニコラ・テスラから取ったという。２人が組んだ相手はペイパルで大成功を収めた起業家のイーロン・マスクで、莫大な資金を投じたマスクは同社の会長に収まっていた。こんな経緯でイーロンが自らのアイデアを売り込むためクライナーにやってきた。

私たちはイーロンの３ステップの事業計画を気に入った。テスラはまずハイエンド（最高級）のスポーツカー《ロードスター》を製造し、ＥＶが実現可能で、**そのうえ**かっこいいことを世に示すつもりだった。資金調達さえできたら、すぐに製造を開始する準備ができていた。次の段階がＢＭＷやメルセデスと競合する高級セダン《モデルＳ》だ。そして最終段階として事業開始から10年ほど経過したら、大衆市場向けの低コストＥＶを発売する。

時間軸がこれほど長いことは、私には気にならなかった。というよりテスラの計画で気になるところは１つもなかった。戦略的に健全で、すばらしい計画だと思った。ただたとえクライナーにフィスカーとテスラの両方に投資する資金力があったとしても、それは正しい選択ではないだろう。両者は競合するので、クライナーは利益相反に陥る。どちらか１つを選ばなければならない。

そして私たちは判断を誤った。本当に大きな誤りだった。フィスカーを選んだことで、史上最高レベルのリターンを得られたはずの投資機会を逃したのだ。今でも思い出すと胸が痛む。テスラを選んでいれば、ワクワクするような経験ができただろう。ただクライナーがその恩恵に浴することはできなかったものの、私はテスラがこの世界に生み出した成果に胸を躍らせている。イーロンはスタートアップとして稀に見る苦境を幾度も切り抜け、うまく会社を導いてきた。

テスラは自らが成功するだけでなく、自動車産業全体の進歩も推し進めた。ＥＶ市場を守り立てるため、競合企業に特許を快く開放したのだ。[*1] ２０１９年には世界

２００７年にテスラにシードキャピタル１００万ドルを投資していたら、今その価値は10億ドルを超えているはずだ。

で販売されるEVの5台に1台がテスラ車になっていた。[2] 2020年には50万台を売った。[3] 株式の時価総額は約6000億ドルと、自動車産業の2番手以下の4社の合算より多い。[4] なによりもすばらしいのは、イーロンが世界の主要な自動車メーカーをEV生産の拡大に駆り立てたことだ。まさに典型的なドミノ効果だ。EVの販売台数が1台増えるごとにスピード&スケール計画にはプラスに働く。

　ではクライナーが選んだ会社のほうはどうなったか。2012年、高級EV《フィスカー・カルマ》は華々しいデビューを飾った。洗練されたゴージャスな車だった。だが価格(10万ドル超)から性能までさまざまな理由から売れなかった。[5] フィスカーの狙った市場が立ち上がる前に、成功確実と見られていたバッ

電気自動車の人気は高まっている

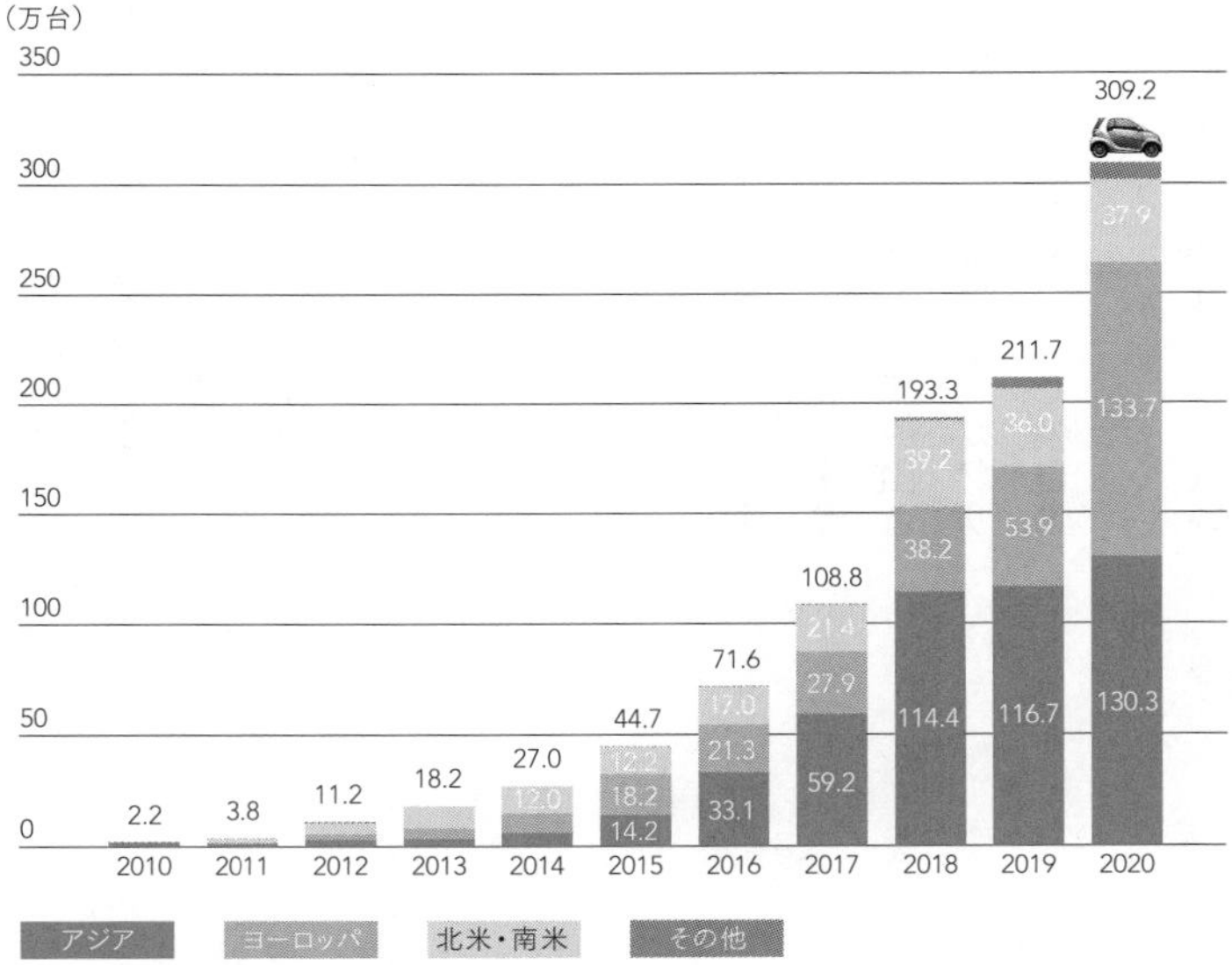

出典：BloombergNEFのデータと図表

テリーメーカーのＡ１２３システムズが破綻した。2台で火災が発生したのをきっかけに、リコールが起きた。[*6] わずかに残っていた希望が打ち砕かれたのは２０１２年10月。ニュージャージー州ニューアークの港にハリケーン・サンディが襲来し、ヨーロッパから運ばれてきていた３０００万ドル相当の《カルマ》のプラグイン・ハイブリッド車が水没した。３００台以上が損害を受け、このうち16台が爆発した。[*7] フィスカーは本格的に立ち上がる前に潰れてしまった。

交通セクターの削減策

世界の排出量を59ギガトンからネットゼロへと削減するスピード&スケール計画では、排出源を大きく5つのカテゴリーにまとめている。交通、エネルギー、農業、自然、産業だ。１つめの目標である「交通の電化」は、主に排気ガスとして放出される8ギガトンを標的にしている。この目標を達成するためには、世界中のガソリンとディーゼルを動力源とする車両を、２０５０年までにゼロエミッションの自動車、トラック、バスに切り替える必要がある。

交通の電化はすでに進行している。２０２１年1月時点で、１０００万台近い

EVが世界中の道路を走っている。[8] しかしこのテクノロジーのスケールは予定より遅れており、しかも**進歩はうんざりするほど遅い。これを加速しなければならない。**世界の自動車の走行距離は年々伸びている。EVの人気が高まっているとはいえ、これからの20年で内燃式自動車の走行距離は現在の水準にとどまると予想されている。[9] 変化の速度が遅いのは、EVがまだ利便性とコスト面でガソリン車やディーゼル車に太刀打ちできないからだ。新車の平均寿命は長いもので12年に達し、世界の車両の入れ替わりペースは信じられないほど遅くなった。[10] 内燃式自動車は今後も長期間にわたり炭素を吐き出しつづけることだろう。

　交通の完全な電化のインパクトはどれほど強調しても足りないほどで、しかもそれは気

今日、道を走る車の9割が化石燃料で動いている

候変動に限ったものではない。排気管や火力発電所から放出される微粒子は、毎年アメリカだけで35万人の若すぎる死の原因となっており、[*11] 世界中では若すぎる死の原因の5分の1を占める。アメリカ環境保護庁によると、この微粒子汚染は心臓病と肺がんと結びついている。[*12] 交通の電化は私たちのネットゼロ計画の中核を成すだけではない。とりわけ貧しい国々や有色人種のコミュニティを脅かす、死に至る病を防ぐのに不可欠だ。まさに生死にかかわる問題なのだ。

交通からの温室効果ガスの排出をゼロにする取り組みには、複数の主要な結果（KR）を設定した。優れたKRとは誰でも入手できる公開データを使って測定・検証できるものだ。すべてのKRを達成できれば、間違いなく目標を達成できる。このケースでは交通セクターの排出量を年2ギガトンまで減らすことを目標とした。

価格に関するKR（1・1）は、EVにとって困難な壁を突破することを目指す。内燃エンジン車との価格と性能面でのパリティ（等価性・同等性）達成である。EVが乗用車市場の大部分を抑えるためには、多くの人の手の届くようになる必要がある。炭素排出量の多い製品の代わりに、より高い金額を支払って「グリーンな」製品を購入するとき、この差額は「グリーンプレミアム」と呼ばれる。私にこの言葉を教えてくれたのはビル・ゲイツだ。ほとんどの人は選択肢を与えられた場合、エネルギー

主要な結果に示した削減量の単位はギガトンである。例えばKR1・4は5ギガトンの削減をもたらす。

目標1　交通の電化

2050年までに交通からの温室効果ガス排出量を年8ギガトンから年2ギガトンに削減する。

KR1.1

価格

アメリカでは2024年までに（3万5000ドル）、インドと中国では2030年までに（1万1000ドル）、EVが新しい内燃エンジン車との価格・性能パリティを達成する。

KR1.2

自家用車

世界で購入される自家用車のうち、2030年までに50%、2040年までに95%をEVにする。

KR1.3

バスとトラック

2025年までに新規のバスはすべて電動にし、2030年までには中型および大型トラックの30%、2045年までにはトラックの95%をゼロエミッション車両にする。

KR1.4

走行距離

2040年までに世界の道路上の走行距離（2輪車、3輪車、4輪車、バス、トラックをすべて含む）の50%をEVが占め、2050年にはその割合を95%にする。

↓ 5 Gt

KR1.5

航空機

2025年までに飛行距離の20%において低炭素燃料を使用し、2040年には同40%をカーボン・ニュートラルな燃料にする。

↓ 0.3 Gt

KR1.6

船舶

2030年までに新たに建造する船舶をすべて「ゼロ仕様」に変更する。

↓ 0.6 Gt

のためにプレミアムを払わない、あるいは払えないことが市場では証明されてきた。*13 投資ファンド、ブレークスルー・エナジーの技術責任者であるエリック・トゥーネはこう語る。「消費者はクリーン燃料の価格が1リットルあたり1セントでも高ければ安いほうの選択肢をとる。比較対象が世界一汚染度の高いタールサンドから抽出された石油であってもプレミアムは払わない」。そしてプレミアムを払う意思がある人でも、見返りとして性能が優れていることを期待する。

アーリーアダプター（初期採用者）や意識の高い市民だけに頼っていては、ネットゼロは達成できない。市場がEV支持に傾くようにするためには、同等の価格で**より優れた**性能を実現する必要がある。この点において**グリー**

グリーンプレミアムは産業によって大きく異なる

「グリーン」（炭素ゼロあるいは低炭素）価格	伝統的製品の価格	グリーンプレミアム	
電力 *14	$0.15/kWh*	$0.13/kWh**	$0.02/kWh（15%）
EV（乗用車、米国価格）*15	$36,500（シボレー・ボルト）	$25,045（トヨタ・カムリ）	$11,455***（46%）
長距離トラック、輸送燃料 *16	1ガロン$3.18****（B99 バイオディーゼル）	1ガロン$2.64（ディーゼル）	1ガロン$0.54（20%）
セメント *17	1トン$224	1トン$128	1トン$96（75%）
航空燃料 *18	1ガロン$9.21	1ガロン$1.84	1ガロン$7.37（400%）
往復航空券（エコノミークラス、サンフランシスコ～ハワイ *19	チケット1枚$1069	チケット1枚$327	チケット1枚$742（227%）
ハンバーガーパテ（ビーフ）*20	1ポンド$8.29*****	1ポンド$4.46	1ポンド$3.83（86%）

*　家庭用太陽光電力契約
**　流通コストを含む世界の平均消費者価格
***　インセンティブを含めない
****　1ガロンは約3.79リットル
*****　1ポンドは約453グラム
出典：複数の資料による。巻末の原註を参照

ンプレミアムはそれぞれの問題の難易度を示すざっくりとした指標になる。[21] 言葉を換えれば、ＥＶ、食品、セメントといった各分野でネットゼロを達成するのにどれだけの努力が必要かを示す指標だ。

自家用車に関するKR（1・2）は、２０３０年までに新車販売の過半数をＥＶが占めるようにすることを目指す。どう見ても、かなり困難な目標だ。先見性のある公共政策のおかげで、ヨーロッパの一部では私たちが必要とする未来が今、生まれつつある。ノルウェーではすでにＥＶが新車販売台数の75％を占める。[22] 中国ではこの比率が５％を超え、販売台数では世界最大のＥＶ市場となった。[23] 中国の大都市では新車販売の５台に１台がＥＶだ。一方、世界最大のＥＶメーカー、テスラを擁するア

走行距離に占めるEVの割合はどの分野でも低水準にとどまる

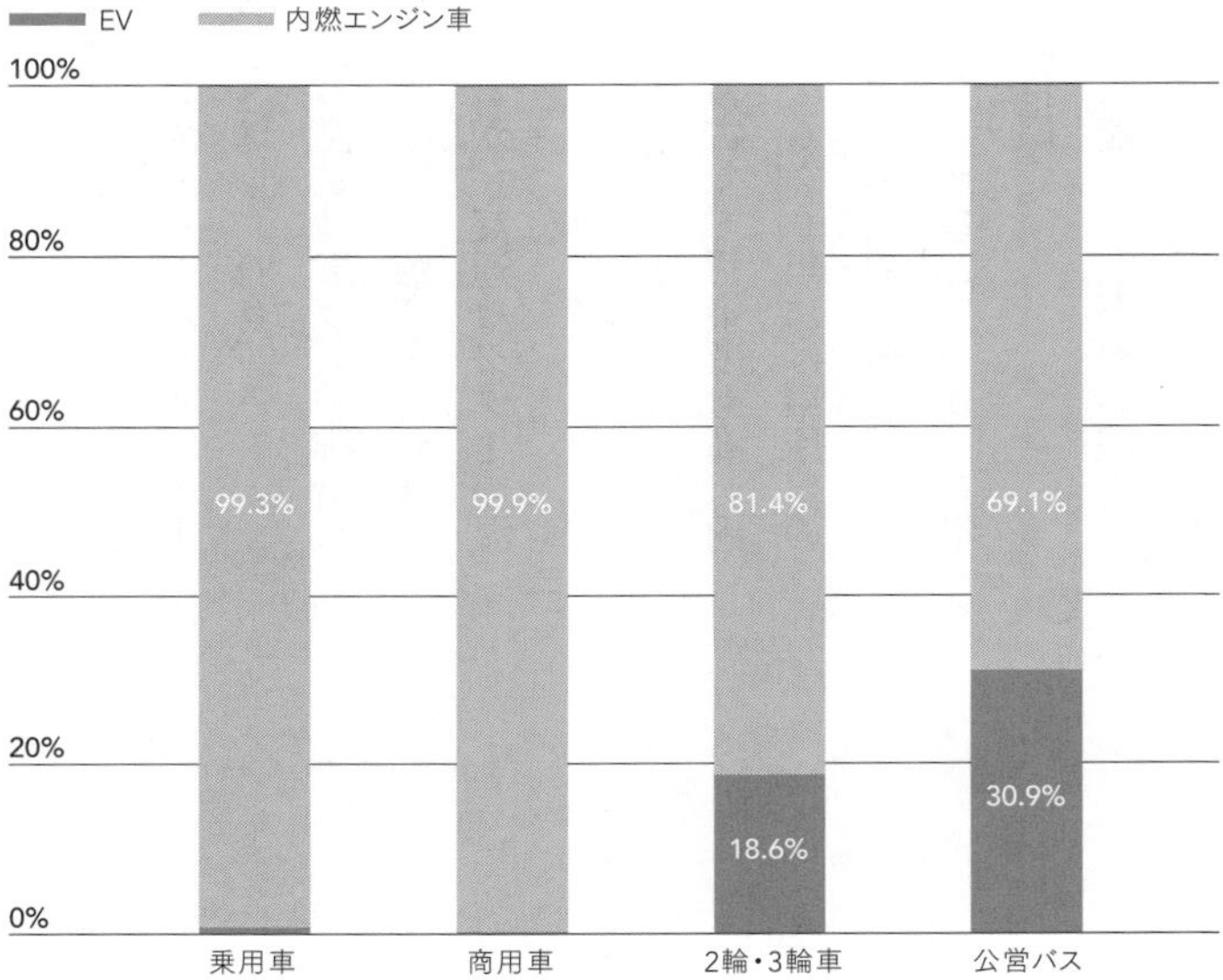

出典：Our World in DataとWikipediaのデータと図表

メリカでは、ＥＶ比率はわずか2％にとどまる。

既存の大手自動車メーカーの目にも今後の成長ははっきり見えている。フォルクスワーゲンは２０２５年までにＥＶ化に８５０億ドルを投資する。[*24] ゼネラル・モーターズ（GM）、フォード、現代も製品のＥＶ化に積極的に投資している。

バスとトラックに関するＫＲ（1・3）は、途方もない量の温室効果ガスを排出しているにもかかわらず、乗用車ほど注目されない2種類の乗り物に照準を合わせている。バスとトラックは道路を走行する車両の10％を占めるが、[*25] 交通セクターの温室効果ガス排出量では30％を占める。[*26]

走行距離に関するＫＲ（1・4）は、ほかのどのＫＲよりも排出削減に直結する。総走行距離に注目することで、登場したばかりのＥＶから一番古くて汚染度も高い内燃車まで、すべての車両を網羅する。世界全体で見ると、２０２０年には乗用車の走行距離のうちＥＶが占める割合は1％に満たなかった。[*27] 毎年の世界の総走行距離が約21兆キロメートルを超えるという途方もないスケールを考えると、２０５０年までにこの割合を１００％にするというのはかなり野心的目標だ。

航空機に関するＫＲ（1・5）は、航空産業に対し、持続可能な航空燃料の採用を加速するよう求める。目標は２０２５年までに全飛行距離の20％で、低炭素燃料が使われるようにすることだ。より長期的スパンでは、合成燃料、電気、あるいは水素を燃料とする省エネ型の機体を使ったカーボン・ニュートラルなフライトの実現に向けて投資する必要がある。

船舶に関するKR（1・6）は、貨物船と客船による海上交通の排出量をさらに積極的に削減するよう求める。重油燃料は大量の二酸化炭素と硫黄酸化物を放出する。その3分の2以上が海洋から約４００キロメートル以内で放出されるため、数億人が有害な汚染物質にさらされている。[*28]

ばら積み貨物船の耐用年数は通常15年とされ[*29]、海洋セクターの脱炭素化は特に困難が予想される。私たちが目指すべき方向は、海洋セクターに既存の船舶をよりクリーンな動力源で動く「ゼロエミッション仕様」に改修するよう促すことだ。それと並行して、より省エネ型のエンジンの採用、船体（ハル）や推進システムの更新、汚染微粒子が大気中に放出される前に回収するフィルター[*30]の追加などにより、船舶からの排出量を抑えることができる。

GMにとって良いことは……

1953年、GMの最高経営責任者（CEO）だったチャールズ・ウィルソンは、ドワイト・アイゼンハワー大統領から国防長官に指名された。保有していた大量のGM株を売却しない、と宣言したウィルソンに対し、ある連邦上院議員が利益相反の可能性はないのか、という至極まっとうな疑問をぶつけた。それに対するウィルソンの答えは有名だ。「そんな状況は想像できない。なぜなら私はずっとアメリカにとって良いことはGMにとっても良いことであり、その逆もまた然りだと考えてきたからだ[*31]」。その後長きにわたり、ウィルソンの発言は（多少形を変えながらも）GMや産業界全体を称賛あるいは嘲笑するために引用されてきた。ただアメリカ最大の自動車メーカーである同社が、アメリカの経済、場合によっては国家のアイデンティティにまで大きな影響を与えてきたのは間違いない。

GMは二度ほど失敗を繰り返したのち、ゼロエミッション・ソリューションの開発で主導的役割を果たすようになった。まず1996年に初の商用電気自動車《EV1》を発売した。航続距離は80キロメートル。『ワイアード』誌はこの車を「実用性に欠ける貧弱な代物で、成功の見込みはない」と書いた。GMはカリフォルニア州を中心に約１０００台を出荷したが、その後リコールし、製造中止にした。

　ＧＭが再びＥＶに挑戦したのはその15年後のことだ。中流層向けのプラグイン（家庭で充電できる）ハイブリッド車の《シボレー・ヴォルト（Volt）》だ。この車は２０１１年、『モーター・トレンド』誌の「カー・オブ・ザ・イヤー」賞を受賞した。それから4年、《ヴォルト》は日産《リーフ》とアメリカで最もよく売れたプラグイン車の座を争った。２０１６年には同じシボレーブランドからもう１つ、中間層向けの完全電気自動車《ボルト（Bolt）》を発売した。これはテスラ《モデル３》への対抗馬だった。

　それでもＧＭのＥＶ生産計画は、テスラや他のグローバルなライバル企業に後れを取っていた。だが２０２０年3月、ＧＭは自社のスケールメリットを活かした大胆な方向転換を発表し、世間を驚かせた。前向きなニュースの第1弾は、高エネルギー密度で大型のＥＶ用バッテリー・プラットフォーム《アルティアム》のお披露目だった。同年11月には、２０２５年までにＥＶを新たに30車種そろえると発表した。それ以上に衝撃的だったのはメアリー・バーラＣＥＯが表明した、２０３５年にはＧＭが１１２年にわたって続けてきた内燃エンジン式自動車の製造を終了する、という計画だ。

メアリー・バーラ

Mary Barra

ゼネラル・モーターズ　ＣＥＯ

きっかけは全国のお客様との対話だった。ＥＶに対する見方が変わりつつあることに、私たちは気づいた。**「ＥＶの航続距離が延び、充電インフラが整い、私のニーズを満たす車種があり、手の届く価格になれば、検討してもいい」**と。

こんな声があらゆるところから聞こえてきた。そこで私たちは新たなムーブメントが生まれつつある、と判断した。手ごろな価格の重要性を考えると、ＧＭが重要な役割を果たしうることもわかった。交通の電化を進めるには、自家用車を1台しか持たない層にも買ってもらわなければならない。家族の2台目、3台目、4台目ではなく、唯一の車を求める層だ。そこで私たちはこの変化を主導すること、しか

も世界的に、大きなスケールで取り組むことを決意した。

これは途方もない成長機会だ。私たちはゼロエミッション型の自動運転ライドシェアにもEVを供給し、1マイルあたりのコストを3ドルから1ドルに引き下げたい。アメリカ国防総省の検討用に電化のコンセプトも作成した。商用車の分野では、フェデックス・エクスプレスなどにEV配送車やラストマイル・ソリューションを販売している。

最終的に重要なのは業務遂行力だ。当社のチームや工場にノウハウはある。電化は、いまやコアコンピテンシーとなった。私たちは顧客を理解しており、これを成し遂げるリソースもある。

ただ、まずはイノベーションを続ける必要がある。たとえばバッテリーのコストを一段と下げるといったことだ。本格的な充電インフラも必要だ。エジソン電気協会とは、電気料金が最も低い時間帯である午前2時から5時までに充電をシフトするなど、エネルギー管理のあり方について議論もしている。これから生み出さなければならないイノベーションは山積みだ。

カリフォルニア州の小都市が、新たなガソリンスタンドの建設を禁止したというニュースを読んだ。ほんの2年前には考えられないようなことだ。ただバイデン政権のＥＶ普及目標などを見ても、私たちが取り組みを加速させなければならないのは明白だ。しかも社会格差を生じさせず、公平に進めていく必要がある。ＥＶを万人のものにしなければならない。誰ひとり置き去りにしてはならない。

市場のリーダーであるためには、まずは顧客にしっかり集中する必要がある。次に気候変動や公平性といった企業の社会的責任を考えるべきだ。正しいことをしたいという意思が必要であり、実は従業員もそれを期待している。

ステークホルダー資本主義と株主資本主義は二者択一ではない。両者は密接に結びついている。私たちの支持母体は従業員、ディーラー、サプライヤー、地域社会、政府、そして株主や顧客だ。意思決定をする際には、これらすべてのステークホルダーへの影響を理解しなければならない。ＣＥＯになって気づいたのだが、正しいミッションにフォーカスしているときには優れた意思決定を下せるものだ。

正しいことをしたいという意思が必要であり、実は従業員もそれを期待している。

You need to be willing to do the right thing — and frankly, your employees expect it.

政策を通じて普及を加速させる

自家用車に関するＫＲ（1・2）を達成するためには、ＥＶの販売を急いで増やさなければならない。２０３０年までに販売台数の大多数をＥＶにするという目標を達成するためには、２０２５年までに世界の販売台数の3分の1をＥＶにする必要があり、きわめて短期間に大幅にＥＶの採用率を増やさなければいけないことになる。第7章で見ていくように新たな政策の実施がきわめて重要になる。ただ移行を促進するためには、既存の3つの政策を早急に強化しなければならない。

第一に、主に税額控除や税還付といった金銭的インセンティブを充実させる必要がある。ＥＶを購入する際のグリーンプレミアムと、長期的にガソリン費用を節約できるまでの時間差を埋めるための施策だ。２００９年に導入された最大７５００ドルの連邦政府による税額控除の目的はまさにこれだった。ただもっと賢い方法がある。控除対象を新型ＥＶの初期購入者に限定するのではなく、ＥＶのメーカー希望小売価格がガソリン車と同等以下になるまで控除の段階的廃止は先送りすべきだ。メアリー・バーラが指摘するように「いち早くリスクを取ろうとする消費者にペナルティを科してはならない」。

第二に、内燃エンジンの消滅を加速させるためには、その所有者に転売ではなく廃車を促す金銭的インセンティブが必要だ。２００９年に導入された「キャッシュ・フォー・クランカー制度」（訳註：エコカー買替補助金。一定条件を満たした燃費の悪い車を廃車にして低燃費車に買い替えた場合に対象となる）の内容を見直し、補助を充実させれば、数百万台のガソリン車を低いコストで道路上から排除できる。

第三に、**究極の運輸政策として内燃エンジン車の販売を完全に禁止する。**より穏当な表現をするなら「ＥＶ販売の義務化」だ。この措置だけで、自動車産業全体で必要な排出量削減の4分の3を達成できる。少なくともヨーロッパの8カ国、イスラエル、カナダがガソリン車を禁止する方針を表明している。中国はそのスケジュールを詰めている。カリフォルニア州のギャビン・ニューサム知事は２０３５年にガソリン車の販売を禁止する行政命令に署名[*32]、他にも11人の知事がバイデン大統領に国レベルで同様の措置を求めている。

こうした政策が実を結ぶのを待つあいだは、すべてのガソリン車やハイブリッド車の燃費基準を引き上げていく必要がある。炭素を排出する乗用車、トラック、バスは、同量のガソリンでより長い距離を走らなければならない。

なぜＥＶバス市場が最初に変化したのか

あらゆる交通手段のなかでＥＶ技術の採用が最も進んでいるのがバスだ。ディーゼル・エンジンを使ったバスの大気汚染度が高いことを考えれば、とりわけ世界の交通渋滞の激しい大都市ではＥＶへの転換は急務だ。中国沿岸部の深圳《しんせん》の自動車メーカー、比亜迪（ＢＹＤ）の躍進は、優れた起業家が政府の支援を受けられれば、グリーン企業がどれほど目覚ましい成果を挙げられるかを示す事例といえる。

ＢＹＤ創業者兼ＣＥＯの王伝福が育ったのは、中国でも指折りの貧しい地方だ。10代で孤児になった王は年長の兄姉に育てられ、大学に進学し、エンジニアとなった。１９９５年に起業し、「Build Your Dreams（夢をカタチにする）」の頭文字をとって社名をＢＹＤとした。それから四半世紀後、王は中国の大富豪リストに名を連ねるまでになった。

携帯電話用電池の会社として出発したＢＹＤは、タブレットやノートパソコン用の電池から太陽光発電用の蓄電池へと事業を拡大していった。香港株式市場に上場し、２００３年には自動車製造子会社を設立した。電池製造と比べてはるかにリスクが高い事業だ。しかし王には切り札があった。[*33] 中国政府の後押しだ。そのおかげでＢＹＤは世界のＥＶ市場でテスラの向こうを張る存在となった。

　中国を代表する都市の多くが、大気汚染に苦しんでいるのは誰の目にも明らかだ。気候問題に積極的な王のリーダーシップの下、ＢＹＤは安価なコンパクトカーと同時にＥＶバスを開発することでこの問題に対応しようとした。その結果、ＢＹＤは中国の混雑する道路から何千台ものディーゼル・エンジン車をお払い箱にした。人口１３００万人の深圳では、バスとタクシーは１００％の電化を達成し、配送車の電化率も１００％に近づいている。

　中国のバス市場のエピソードは、公共政策にどれほどイノベーションとその採用を加速させる力があるかを物語っている。電池寿命の制約と充電ステーションの不足を克服するため、中国政府はＢＹＤに10億ドル以上の助成金や補助金を給付したほか、消

深圳では完全電化バスが1300万人の市民の足となる

費者にはＥＶ購入に金銭的インセンティブを与えた。中国政府は製造業強化に向けて「メイド・イン・チャイナ２０２５」という戦略計画を掲げており、ＢＹＤはその柱である「世界のＥＶ市場のリーダーになる」という５００億ドルを賭けた計画の中核的存在に成長した。公共部門が研究開発、税額控除、充電ステーションへの資金援助を打ち出したことで、少なくとも４００社がＥＶ事業に参入した。[*34]

　こうした動きに注目した投資家の１人がウォーレン・バフェットで、ＢＹＤの株式の10％を取得した。バフェットがお墨付きを与えたことで、また別の扉も開いた。２０１３年にはロサンゼルスから北へ１１０キロメートルほど離れたランカスターの市長が、ＢＹＤ初のアメリカ工場を誘致した。２０１６年にはＢＹＤはカリフォルニア州全域の都市や町に何百台ものＥＶバスを供給していた。２０１７年にＢＹＤがカリフォルニアの製造拠点を拡充した際、竣工式の取材に訪れた全国メディアはなかった。だが共和党員で連邦議会下院院内総務のケビン・マッカーシーは式典に出席した。工場が選挙区にあったからだ。マッカーシーをはじめとする出席者は、１２００人を雇用し、年間最大１５００台のバスを生産するというＢＹＤの計画に賛辞を贈った。

困難な目標を達成する――ＥＶバスメーカー、プロテラの物語

自治体、学校、空港などで使われるディーゼル・エンジンのバスは、騒音と汚染物質をまき散らす20世紀の遺物であり、できるだけ早急に姿を消す必要がある。アメリカでその旗振り役となっている起業家がデール・ヒルだ。起業家としてのふりだしは、デンバーにあった圧縮天然ガス（ＣＮＧ）バスメーカーの再建だった。ＣＮＧはディーゼルよりはクリーンだが、やはり二酸化炭素を排出する。そこで２００４年にはＥＶバスの専業メーカーになるという大胆な決断を下した。社名も「地球のために」を意味する「プロテラ」に変更した。

ＥＶバス専業への転換は容易ではなかった。会社が立ち上がって5年後の２００９年、プロテラの電力1キロワット時あたりのバッテリーコストは１２００ドルに高止まりしていた。ディーゼル・バスとコストを同等にするためには、これを40％以上引き下げて７００ドルほどに近づけなければならないことは明らかだった。徐々に技術の改善や低コスト化が進むなか、ヒルは試作品を自治体の購買担当者に見せはじめた。

しかしＥＶバスの車両コストは数十万ドルに達し、その製造には莫大な資本が必

要となる。市場の成長速度は鈍く、購買の決定には何年もかかる可能性があった。

　２０１０年、クライナー・パーキンスでクリーンテック投資を担当するライアン・ポップルとブルック・ポーターという2人のパートナーが、プロテラを支援すべきだと訴えた。2人はＥＶ技術の潜在用途を調べた結果、ここに機会があると気づいたのだ。バスは稼働率が高く（年間の走行距離が長い）、燃費がおそろしく低いことで知られる（ガソリン1リットルあたり2・6キロメートル未満）。だからこそ電化の対象として理想的だったのだ。

　特に熱心だったのがライアンだ。イラク戦争でアメリカ陸軍の小隊長を務め、その後入社したテスラでは持ち前の集中力と規律を活かし、財務担当ディレクターとしてイーロン・マスクら経営陣が２００８年の不況を乗り切るのに貢献した。世界がネットゼロ経済に転換するために何が必要か、ライアンはよくわかっていた。プロテラを暫定ＣＥＯとして支援するのに最適な人材だった。

ライアン・ポップル

Ryan Popple

ビジネスの世界にも不運な出来事はある。だがイラクでのそれとは比較にならない。イラクにおけるリスクとは、狙撃手、迫撃砲、道端に仕掛けられた爆弾との遭遇だ。私は従軍中、親友の1人を戦闘中に失った。思い出を語る追悼の言葉が見つからなかった。彼のヘルメットとブーツとライフル銃を故郷から遠く離れた砂漠にそっと置いた。

　この経験によって、私は答えのない疑問を抱え込むことになった。戦争の成果とはいったい何だったのか。それは犠牲に見合うものだったのか。なぜアメリカはあの地域でこれほど頻繁に紛争に巻き込まれるのか。

1つはっきりわかっていたのは、中東地域の問題が近い将来解決する見込みはなく、それでも世界の原油価格はこの地域からの供給によって決まるという事実だ。クウェートの港ではイラク攻撃のための戦車や重機を積んだ戦艦が行き交う間にも、石油タンカーが出入りしていた。

祖国に帰還する頃には、アメリカは中東からの石油輸入に依存できるなどとゆめゆめ考えるべきではないと確信するようになっていた。当時26歳だった私は、アメリカの石油への依存度を下げることに強い関心を抱くようになった。

ハーバード経営大学院に入学した私の目に、クリーンテックほど魅力的な世界はなかった。卒業するとバイオ燃料を手がけるスタートアップ企業に就職した。ＥＶ産業はまだ存在していなかった。勤務先はガソリンの代替として穀物を原料とするエタノールを開発しようとしていたが、ものになるとは思えなかった。流通は従来型の石油会社とガス会社が支配していた。そして詰まるところエタノールも内燃機関で燃焼させるわけで、そのエネルギーの大部分はムダになる。

2007年5月、妻のジェンから『ヴァニティ・フェア』誌のグリーン特集号を見せられた。「テスラって会社、知ってる？」と。魅力的な会社のようで、しかも自動車の電化は理にかなっていると思った。早速、履歴書を送り、採用された。従業員番号は２５０番あたりだったと思う。すばらしく優秀な人材がそろっていたが、それでも数々の壁にぶつかった。最初に発売した《ロードスター》は製造に問題を抱えた。注文した顧客はしびれを切らし、手付金の返却を求めた。

そんななか大不況が起きた。財務担当ディレクターとして大不況の荒波を乗り切ったのは、おそらく生涯で最も困難な仕事だっただろう。不況期に1台10万ドルするスポーツカーを売っていると、あらゆる逆風にさらされているような気になる。テスラでは顧客から前払いで手付金を受け取ると、その大半を製造ではなく開発に充てていた。製造を始めればキャッシュフローがマイナスになることはわかっていた。

私たちは車両のコスト構造に具体的目標を定めることでこの難局を乗り越えた。幸い、政策もＥＶに有利に変化した。２０１０年初頭には《ロードスター》の製造が安定し、《モデルＳ》も発表し、米エネルギー省から「先端技術車輌製造融資」も確保し、株式公開も申請した。

すると突然、私のところにリクルーターから電話がかかってきた。「あるベンチャーキャピタル会社で、クリーンテック・ポートフォリオを立ち上げる新たなポジションがある」という。「クライナー・パーキンス以外に興味はない」と答えると、「それならぜひランチしましょう」という返事が返ってきた。

こうして私はクライナー・パーキンスのグリーンチームに加わった。会社初のクリーンテック・ファンドの運営メンバーとして、交通セクターに集中してほしいと言われた。自分が強い関心を持っている分野で影響力を発揮するチャンスだった。フィスカー・オートモーティブへの投資が厳しい状況にあったことは、会社として乗用車以外に目を向ける動機づけとなった。乗用車以外のＥＶ市場では絶対に投資機会を逃したくなかった。

そこで私たちはこう自問した。「バッテリーの価格が下がったら、他には何が起こるだろう」と。電化のバリュープロポジション（顧客にとっての価値）は、公共交通手段のほうが高いことに私は気づいた。走行距離が長く、燃費の悪いディーゼル車を使っている都市部のバスが最たる例だった。

中国の国家エネルギー委員会はすでにそれを理解していた。いわく「われわれはまずバスを電化する」と。そして都市部のバスに膨大な助成金やインセンティブを投下した。ＢＹＤが生まれたのもこのためだ。他にＥＶバスを手がけている会社はいないか。私は市場に目を凝らしはじめた。

私は創業者をとても尊敬している。２０１０年に個人のアメックスカードを元手にコロラド州でプロテラを興したデール・ヒルと会った。クライナーがシリーズＡ

投資ラウンドで投資した時点で、プロテラの従業員は１００人に満たず、顧客は１社しかなかった。私は２年間、取締役会のアドバイザーを務めた。

プロテラは多くのスタートアップが経験する状況に陥った。技術は優れているのに、なかなか事業として成立しなかったのだ。私はプロテラが新たなＣＥＯを探す夏の間だけ、暫定ＣＥＯを務めることになった。

会社が直面する課題を理解した私は、それを解決しようと決意を固めた。10年後に目覚めて、街中をＥＶバスが当たり前のように走っている光景を見て後悔したくなかったからだ。子供に「お父さんも昔ＥＶバスの会社で働いていたよね？」などと言われるのはごめんだった。そこで私はＣＥＯに手を挙げた。

バッテリーが安くなったら、何が起こるだろう？

What else is going to happen when batteries get cheaper?

２０１４年にプロテラのＣＥＯに就任すると、ライアンは何十という都市の購買責任者に会うため四方八方に足を運んだ。フィードバックは甘くはなかったが、率直で有益だった。プロテラのＥＶバスへの評価は全般的に高かったが、まだ試験段階にあり、価格がさらに下がって性能が向上するまで購入するつもりはないという意見が大勢を占めた。「集中しよう。たった1つだけを、世界中の誰よりもうまくやろう」とライアンは社員に言い続けた。自分たちなら地球上で最高のＥＶバスをつくれると信じていたからだ。

クライナー・パーキンスがフィスカーとプロテラを通じて学んだように、**ＥＶで最も重要な要素はバッテリーだ。**ライアンの訴えを受けて、私たちは投資を拡充し、サンフランシスコ空港近くのバーリンゲームに新たなバッテリーの製造と研究開発の拠点を設立した。

次はバッテリーのエネルギー密度を高めるノウハウを持ったエンジニアを採用しなければならない。問題はそのような人材は私たちの知るかぎりアメリカで３人しかおらず、しかも全員がテスラで働いていたことだ。その１人であるダスティン・

グレースが最高技術責任者（CTO）としてプロテラに入社してくれた。プロテラの次世代バッテリーの開発は順調に進んだ……と言いたいところだが、プロジェクトは急停止することになる。

ライアン・ポップル

新しいバッテリーの容量は1回の充電あたり１００キロワット時と、負荷の大きいさまざまな用途に十分なものだった。だが実用的なＥＶバスには、容量を４００キロワット時に増やす必要があった。それから1年かけて２５０キロワット時まで増やしたが、その頃からバッテリーパックの1つがうまく動作しなくなった。だが（ＣＥＯである）私はその事実を知らされていなかった。

２０１５年末のある日、研究開発エリアの隅で、２人の技術者が不安げな顔でうろうろしているのを見かけた。私はピンチに強いタイプなので、「どうした？」と尋ねた。２人はうつむいたまま「あなたにこんなことを言うべきかわからないけれど、心配なんだ」と言う。そして開発中のバッテリーの欠陥を直すほうが、それを捨てて一から開発をやり直すより高くつく、と打ち明けてくれた。

私は深刻なジレンマに直面した。バッテリー開発をやり直すとなると、まとまった収益が入ってくる時期はさらに2年先になる。顧客はバスの完成を今か今かと待っており、不満は高まっていた。既存のプログラムを継続しながら問題を解決するほうが楽だっただろう。

これほど重要な判断を、私だけで下すことはできなかった。取締役会レベルの、それも会社始まって以来最も重大な取締役会の判断だった。私は当事者である技術陣に状況を説明させ、その間ひと言も口を挟まなかった。ダスティン・グレースは、技術陣にはバス市場を１００％電化する自信があると語った。だがそれには開発に投じた18カ月分の資本を含むすべてを一度捨てて、最初からやり直すしかない、と。

私はこう発言した。「結論はこうだ。ここはぐっと我慢しよう。収益を先送りして、資本調達をする必要がある」。プロテラはすでに1億ドル近くを調達していたが、さらに多くの資本が必要だった。取締役は席を蹴って出ていくかもしれないと覚悟した。そうなればこの会社も、そしてアメリカ国内でＥＶバス製造業を立ち上げるチャンスも消滅する。だが取締役会は私たちを支えてくれた。私の提案に賛成票を投じてくれたのだ。

２０１７年、プロテラは会社の運命を左右するロードテストを開始した。１回の充電でＥＶバスはどれだけ走行できるのか。第三者機関が測定者となり、試験コースで2人のドライバーが交代しながら全長12メートルのバスを運転し、航続距離を測った。バッテリーの残量が完全にゼロになった時点で、追加充電なしの航続距離はそれまでのＥＶバスの世界記録をはるかに上回る、１７７２キロメートルに達していた。

この成功によってプロテラは多くの契約を獲得した。ロサンゼルス、シアトル、ロンドン、パリ、メキシコシティなど何十という大都市の首長が、２０２５年までに購入するバスのすべてをゼロエミッション型にすると宣言した。

ここはぐっと我慢しよう。

We need to bite the bullet.

プロテラのバッテリー計画を一からやり直すのは困難な決断だったが、絶対的に正しいことだった。プロテラの次の世代のバスは、スチールを炭素繊維に切り替えたことで約１８００キログラム軽量化できた。《カタリスト》と命名されたこの新たな車台は、1回の充電で約５６０キロメートル走行した。バス用バッテリーの性能が飛躍的に向上するなか、バスをすべてＥＶ車両に切り替えるというアイデアの魅力は高まった。公共交通の運営者は総所有コストを重視する。ＥＶバスはディーゼル・バスと比べてメンテナンスと燃料コストが大幅に少ないため、公共バスの平均的な耐用年数とされる12年間で総額７万３０００〜17万３０００ドルのコスト減が見込める。[*35] さらに内燃エンジン式乗用車27台分の炭素排出量も削減できる。[*36]

プロテラの旅路は始まったばかりだ。２０２１年時点で全米43州でプロテラのＥＶバスが走っているが、[*37] 市場の拡大余地はまだ大きい。アメリカの公共バス車両のうち、ＥＶ

プロテラのEVスクールバスは燃費（電費）、運用コスト、ゼロエミッションのすべての面で優れている

バスの占める割合はわずか2%と、中国の25%を大幅に下回る。[*38] 公共バスやスクールバスの大多数はまだディーゼル・エンジンで走っている。だが２０２５年までにＥＶバスは競争入札で全勝できるようになり、２０３０年にはアメリカのバスはすべてＥＶになると私たちは考えている。スピード&スケール計画の柱となる、野心的だが現実的なＫＲだ。

バッテリー技術の向上は、幅広い交通手段の電化を促すだろう。乗用車の場合、最初に成功したのは高性能のスポーツカーだった。商用車の分野では、バスがドミノの最初の１枚となった。プロテラは今、自社のＥＶ技術を配送車や長距離トラックへと拡大している。このほど世界最大の商用車メーカーであるダイムラーと初の業務提携を結んだ。プロテラ取締役のブルック・ポーターの言葉を引用しよう。

「ディーゼルの時代は終わった」

コスト低下と同時に性能を向上させる

より高性能で安価なバッテリーは、必要なブレークスルーのリストのトップに位置する。大幅な進歩はあったが、その試みはまだ初期段階にある。私はパソコン産業で同じような現象が起こるのを間近で見た。１９７４年のことで、ライス大学を卒業したばかりの私は、大学で学んだ電気工学の知識を活かしたいと思っていた。そこでシリコンバレーへ向かい、世界初の8ビット・マイクロプロセッサを開発していたインテルに職を得た。インテルはマイクロチップを安価にして普及させることで、コンピューティングを万人のものにすることを目指していた。

インテル共同創業者でカリフォルニア工科大学が誇る化学者ゴードン・ムーアは、コンピューターチップの性能を倍々ペースで永遠に向上させられると考えた。そして1枚のシリコンウエハーに搭載できるトランジスタの数は、ほぼ2年ごとに倍増すると提唱した。その実現に向けて努力していた私たち社員に

ムーアの法則が示す潜在成長力

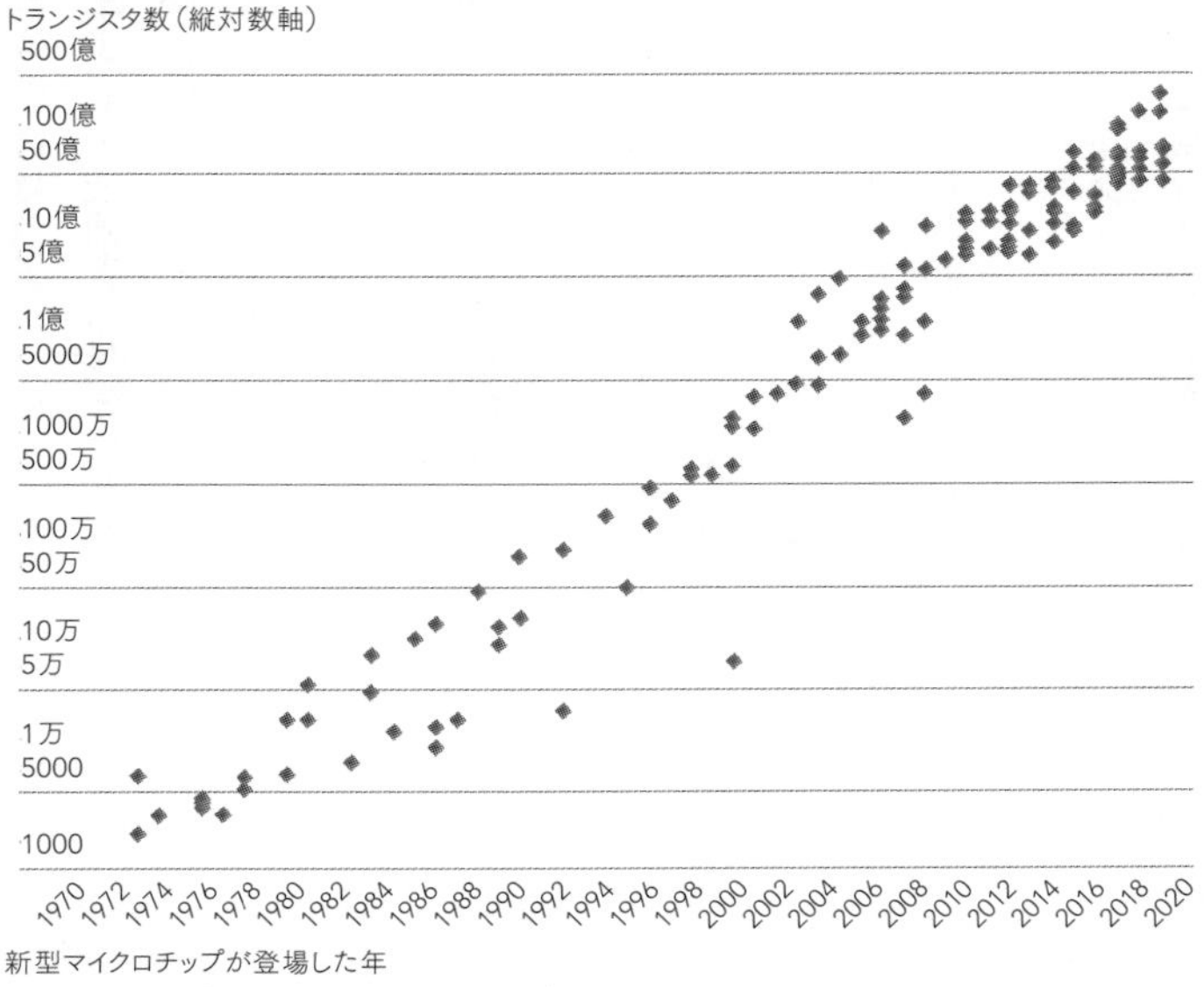

出典：ウィキペディアとOur World in Dataのデータと図表

とっても、驚くべき主張だった。**やがて「ムーアの法則」と呼ばれるようになったこの現象は、あらかじめ定められた宿命ではない。何千人もの技術者の長年にわたるたゆみない努力の蓄積だ。**それを支えたのは物理学、化学、パターン転写、回路、設計、ロボティクス、パッケージングなどイノベーションのエコシステムだ。

新しい世代のマイクロプロセッサが生まれるたびにゴードン・ムーアの予想の正しさが証明され、それはより高性能で安価なコンピュータの実現につながった。年間数百台単位しか売れていなかった機械（ユニバック）が、数千台単位で売れるようになり（メインフレームやミニコンピュータ）、それがまもなく数十万台単位（アップルⅡ）、数百万台単位（ＩＢＭパソコンやＭａｃ）、そして最終的に数十億台単位（ｉＰｈｏｎｅやアンドロイド端末）になった。ここ半世紀で、ムーアの法則は世界経済を変え、企業と個人の日常を隅々まで変えた。

残念ながら、ムーアの法則は再生可能エネルギーには当てはまらない。材料や技術に関する課題が大きく異なるからだ。しかしバッテリーその他の重要な技術の進歩を予測する方法が他にないだろうか。

実は、方法はある。**「ライトの法則」だ。**１９２５年、カーチス・エアロプレーン社の主席技術者を務めていたのは、ＭＩＴ出身のセオドア・ライトだ（かの有名なライト兄弟とは無関係）。ライトは航空機メーカーが製造能力を倍増させるたびに、コストもそれに応じて着実に低下していくと予想した。たとえばまず１０００機の航空機を製造し、次の１０００機を製造したときにコストが15％下がったら、次に生産数が倍増したとき（４０００機になったとき）にはまた15％コストが低下するというのだ。ライトの法則は生産数に基づいてコストを予測するのに役立つ。ライトは第２次世界大戦中に航空業界のリーダーとなり、その後はコーネル大学の学長代理となった。ライトの法則はムーアのそれほど有名にはならなかったが、予測能力では引けを取らない。

それからずっと後になってサンタフェ研究所が、ライトの法則はテレビからキッチン家

ライトの法則：ソーラーシステム設置台数の増加に伴いソーラーシステムの価格は低下した*

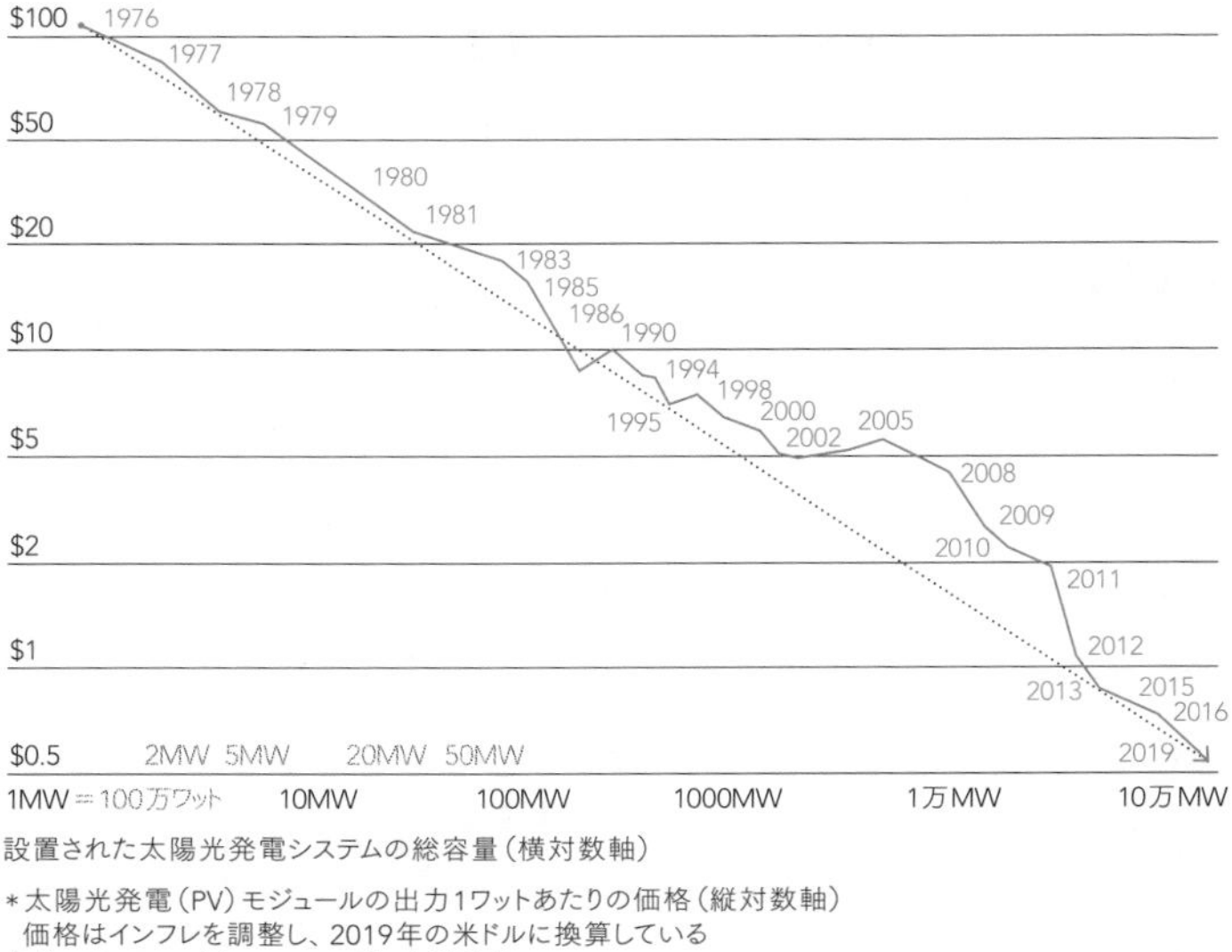

設置された太陽光発電システムの総容量（横対数軸）

＊太陽光発電（PV）モジュールの出力1ワットあたりの価格（縦対数軸）
価格はインフレを調整し、2019年の米ドルに換算している
出典：Our World in Dataのデータと図表

電まで62種の技術のコスト曲線に応用可能であることを示した。[39] これをＥＶ用バッテリーに当てはめてみると、衝撃的結果が浮かび上がる。２００５年に初期のＥＶベンチャーの製品が世に出た頃、バッテリーは少なくとも6万ドルした。それでも利益が出たのは、テスラやフィスカーの初期モデルのような1台10万ドルを超える高級車や高級スポーツカーだけだった。その後ライトの法則に従い、バッテリーパックの生産量が倍増するごとにコストは35％低下した。[40] ２０２１年にはほぼ同じ容量のパックのコストは８０００ドルまで低下していた。[41] 突如としてＥＶは内燃エンジン車とコスト的に競争できるところまで安くなったのだ。

ライトの法則：バッテリー
リチウム電池の価格の推移

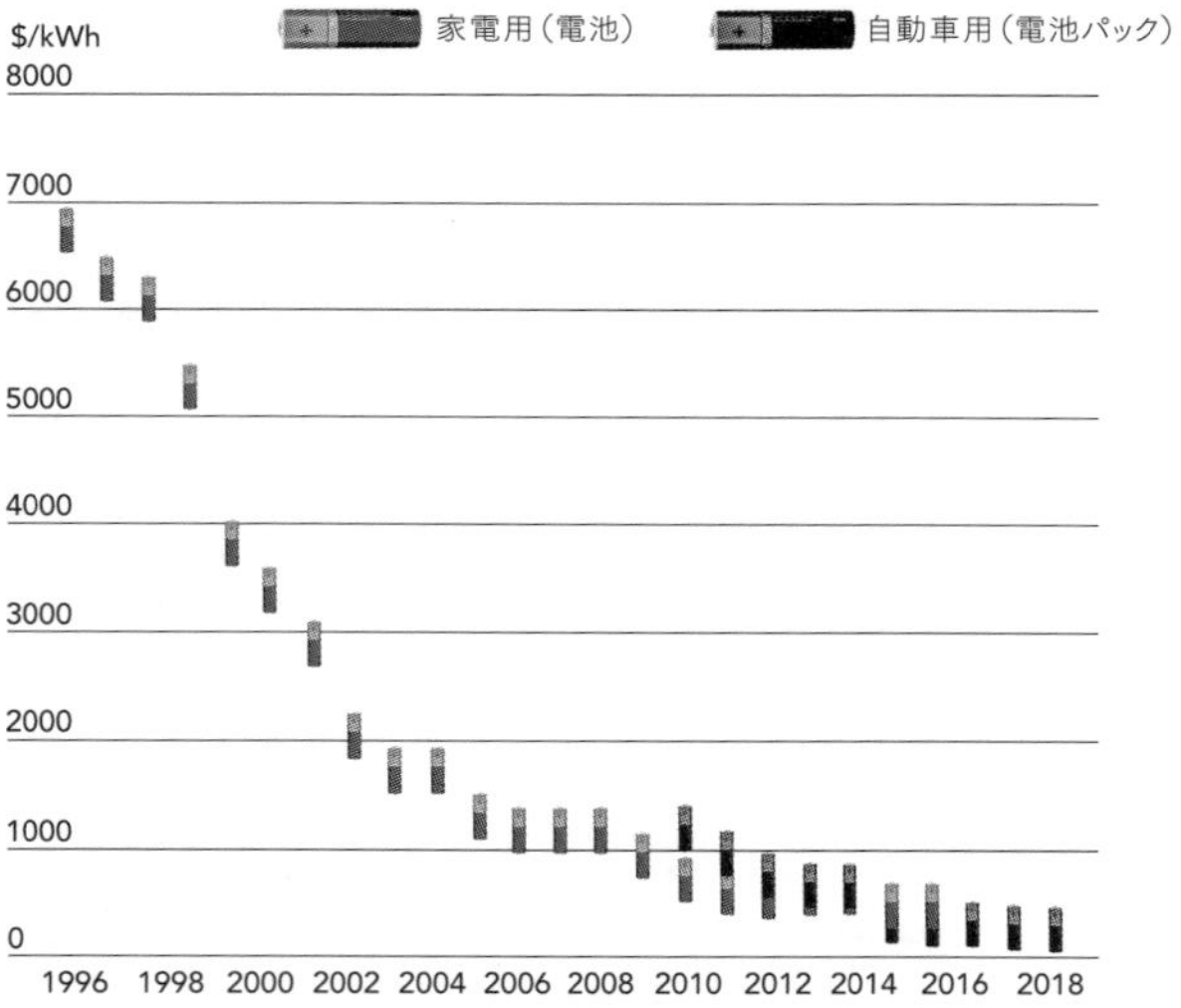

出典：IEAのデータと図表

フォードの稲妻

２０２１年５月、フォードは44年連続でアメリカで販売台数トップのピックアップトラック《Ｆ－１５０》の初のＥＶ仕様を発表した。[*42] 連邦政府の税額控除７５００ドルを引くと、エントリーモデルの価格は２０２２年春の発売時点で３万２５００ドルを切る見込みだ。カリフォルニア州やニューヨーク州など、ＥＶに対して追加の還付金を出す州ではさらに安くなる。

ＥＶ仕様の《Ｆ－１５０》に付けられた《ライトニング（稲妻）》という呼称は、誇張でも何でもない。航続距離は約３７０キロメートルで、わずか４・４秒で速度ゼロから時速96キロメートルに加速する。「コイツはおそろしく速いな」とは、試乗車でフォードの試験コースを（ご機嫌に）１周したバイデン大統領の言葉だ。フォードは年間およそ90万台の《Ｆ－１５０ライトニング》を出荷することから、これを《Ｔ型フォード》に匹敵する決定的ターニングポイントと見る人も多い。**「自動車産業の未来はＥＶにある。もう後戻りはできない」と大統領は語った。**[*43]

《Ｆ－１５０ライトニング》は単なるトラックではない。汎用的かつマルチタスク可能、しかもきわめて可搬性の高い発電機だ。フォードによると、停電時には一軒家の電力を３日間まかなえるという。電気プラグ用のコンセントは11口あるので、夜の作業現場でも電動ノコギリ、セメントミキサー、照明の電源になる。しかも一度に、だ。『アトランティック』誌が書いたように、ＥＶの本質は「車輪の付いた巨大なバッテリー」[*44]なのだ。

ただ少なくともアメリカではＥＶの乗用車はガソリン車と価格パリティに近づきつつあるものの、世界中で手ごろなＥＶを供給するためには引きつづき積極的かつ革新的なコスト削減が必要だ。インドで最も人気のある《マルチ・スイフト》の販売価格は８６００ドルから1万２６００ドルと、西欧やアメリカの乗用車の平均価格のおよそ3分の1だ。[*45]途上国でグリーンプレミアムをなくすために、今後どのような進歩が登場するだろうか。バッテリーの密度を高めるのが一案。材料や設計によって車両の重量を抑え、生涯コストを下げ、航続距離を伸ばすのも一案だ。

ご機嫌でフォードの《F－150ライトニング》に試乗するバイデン大統領

先進国では車を購入する人の間で依然として根強い「走行距離不安症」、すなわち走行中にバッテリーがなくなるのではないかという不安を克服する必要がある。平均的なアメリカのドライバーは１日あたり約43キロメートルしか運転しないにもかかわらず[*46]、車を購入する時には連休や夏休みなどの長旅に必要な「最長距離」を参考にする人が多い。ＥＶの乗用車とバスの航続距離はどちらもだいたい約５６０キロメートル、つまり高速道路を約６時間連続して走行するくらいだ。現在のバッテリーのイノベーションのペースが続けば、航続距離は確実に約８００キロメートルまで伸びるだろう。それ以上に長い距離を走る場合、そしてトレーラートラック用には、さらに高性能なバッテリーが必要だ。

交通手段を電化するのは、たしかに野心的目標だ。しかしクリーンなＥＶを動かす電気が、石炭や天然ガスを燃やす火力発電所から来ていれば、その効果は大幅に減ってしまう。簡単に言えば**電力の脱炭素化なくして、交通手段の脱炭素化はできない。**これが次章のテーマだ。

スピード＆スケール計画：ネットゼロへの道筋

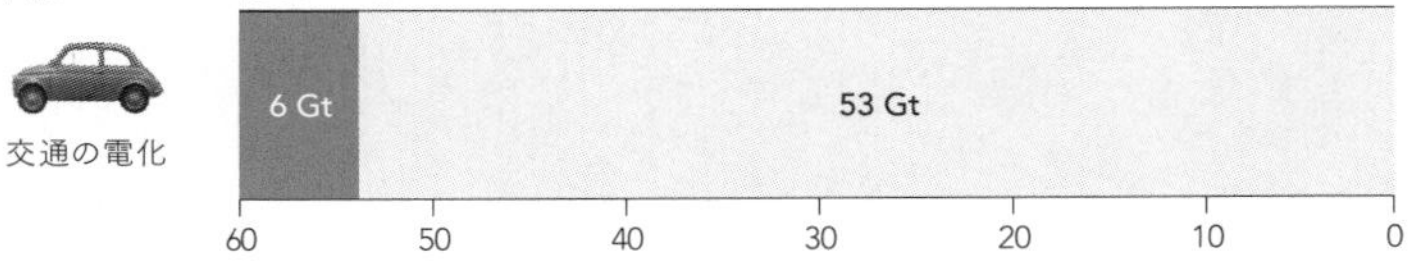

Chapter 2

電力の脱炭素化

Decarbonize the Grid

Chapter 2

電力の脱炭素化

トーマス・エジソンはかつてこう語った。「長期的に考えれば、私は太陽と太陽光発電に資金を投じる[*1]」。だがエジソンの時代には、資金を投じる対象がなかった。巨大な発電用タービンのブレード（羽根）を蒸気で押すため、常に湯を沸かしつづけるための現実的選択肢は石炭だけだった。だが今は事情が違う。化石燃料は住宅や事業所につながった送電網に電気を送る、いくつもの電源の1つに過ぎない。

それにもかかわらず、今世紀初頭も石炭火力発電所が依然として世界の発電量で最大のシェアを占めていた。長年ドイツ連邦議員を務めたヘルマン・シーアが、ドイツは主要国の先陣を切って太陽光発電と風力発電を拡充すべきだと主張したのはそんなときだ。シーアは風車で自宅の電力をまかなっている。再生可能エネルギーを動力とする社会というそのビジョンを、ドン・キホーテ的と見る者もいた。だがシーアには戦略があった。再生可能エネルギーのコストを下げるために特別な補助金を使うのだ。

１９９０年代を通じて、長期的に石炭の使用を削減し、原子力発電所も段階的に閉鎖するというシーアの呼びかけは、エネルギー産業の既存勢力から激しい反発を受けた。だがシーアは譲らなかった。

国際再生可能エネルギー機関（ＩＲＥＮＥ）を設立し、エネルギー分野の起業家の組織「ユーロソーラー」の会長になった。

しかし国内政治のしがらみを前に、こうした努力は実を結ばなかった。かつて近代5種競技のドイツ代表チームのメンバーだったシーアは、自らの法案を通すには5種競技（水泳、フェンシング、馬術、ラン、射撃）のスキルをすべて足し合わせたくらいの政治力が必要だ、と内輪の場で冗談を言ったこともある（射撃の狙いを誰に定めるかは言わなかった）。２０００年には連邦議会でこう言い切った。「化石燃料は気候災害を生み出した。化石燃料と原子力を再生可能エネルギーに置き換えることが唯一の現実的選択肢だ」

同僚議員が関心を示さなかったため、シーアはこんな過激な比喩を口にした。「化石燃料と核燃料は放火魔であり、再生可能エネルギーは消火器だ」。シーアの粘り強い努力のおかげで、法案はようやく通過した。この「シーア法」によって**世界初の大規模な太陽光・風力発電の国内取引市場が設立された。**その発想はシンプルかつ秀逸で、効果的だった。一般の住宅所有者、余剰農地のある農家、屋上スペースが空いている小売業者など、文字どおり誰でもソーラーパネルや風車を設置し、発電した電気を電力会社の送電網に流すことができた。その見返りとして電力会社はあらかじめ決められた価格（20年間固定）を支払う。自家発電をする人々は年間の売電収入を事前に計算できるので、必要な資材を購入するために銀行融資を受けられる。

シーア法は電気の買取価格を1キロワット時60セントと、相場の4倍の水準に設定している。[*2] この追加コストは家庭用や事業用の電気料金に上乗せされる。ただ上乗せ金は制度開始時点で一般家庭でも月10ドルに満たない。声の大きい少数派は上乗せ金という考えに反対したが、ドイツ国民の大半は数千人分の雇用創出が見込まれたこの計画を支持した。[*3]

お金の流れが変化し、クリーンな電力もその対象となった。まもなく山腹に風力タービンが並ぶようになった。ソーラーパネルが住宅地の屋根を覆うようになった。高速道路に沿って延々と、スカイブルーの太陽電池が並んだ。バイエルン地方で畜産業を営むハインリッヒ・ガートナーは５００万ユーロの融資を受け、所有地に1万台のソーラーパネルを設置した。[*4] そこから見込まれる売電収入は、畜産業のそれを超えていた。

シーアの計画の支柱となっていたのは、いくつかのシンプルな目標、本書で「主要な結果」と呼んでいるものだ。そこには２０１０年までに電力のうち再生可能エネルギーの占める割合を10%に、２０２０年には20%にするといったことが含まれている。

計画の最も重要な構成要素は風力発電と太陽光発電だが、水力発電、地熱発電、バイオマス発電もそれを支える役割を果たす。２００６年にはドイツの再生可能エネルギーの実験は、シーアの目標の達成に向けて順調に進んでいた。だが鉱山労働の雇用が失われていくことが政治問題化した。また電気料金が増加するなかで、不満を抱く消費者も出てきた。シーアは逆風に屈せず、気候変動データやシーア計画を支持する世論調査の結果を示しつづけた。

ドイツで太陽光発電と風力発電が拡大するにつれて、コスト削減の魔法が効きはじめた。新しいビジネスモデルが誕生し、グリーンプレミアム（グリーンエネルギーのための追加コスト）は縮小しはじめた。ある時期には再生可能エネルギーへの需要が急増し、製造ブームが起きたほどだ。新たに誕生した「ソーラーバレー」工業地帯はほとんどが旧東独地域にある。ソーラーパネルの設計や製造は、雇用不足に悩むこの地域で30万人分の雇用を生み出した。[*5] 十分な投資資金を集めた複数の太陽光発電スタートアップは、株式市場ですばらしいデビューを飾った。

あの無邪気な時代には、ソーラーパネルの会社を立ち上げるのはすばらしいアイデアに思えた。私も身に覚えがある。クライナー・パーキンスもその頃、7社のソーラーパネル・ベンチャーに出資し、のちに後悔することになった。

ドイツで市場が拡大するなか、アメリカも動き出した。ソーラーパネルが発明されたのは１９５０年代のアメリカだが、当初はこの技術を拡大させるためにほとんど手を打たなかった。ドイツでシーア法が施行されると、環境活動家がアメリカ各州を次々と説得し、電力会社に多少の再生可能エネルギーの受け入れを義務づけるとともに、太陽光発電の買取価格を魅力的な水準に設定させた。ほんの数年前には取るに足らないニッチ市場であった風力発電と太陽光発電へのニーズは急拡大しはじめた。

だが世界をリードするはずのドイツの政策は、政治家が期待していたような新たな雇用計画につながらなかった。理由は簡単だ。ドイツでソーラーパネルの巨大市場が生まれつつあることに中国が目を留めたからだ。中国メーカーは政府からの資本援助を得てドイツにやってくると、国内のライバルメーカーから市場を奪った。安価な中国製ソーラーパネルはアメリカ市場もひっくり返した。クライナー・パーキンスの投資先が成功しなかった主な理由はここにある。

中国での太陽光発電の拡大ぶりは目をみはるものだ。政府はスタートアップ企業だけではなく、競争力を高めるため研究開発にも資金を投じた。中国の大小あらゆる地域に突如としてソーラーパネル・スタートアップが誕生した。中国政府は太陽光発電を未来の戦略産業と見て、主導権をとる決意を固めた。

ソーラーパネルの価格が低下すると、需要は急拡大した

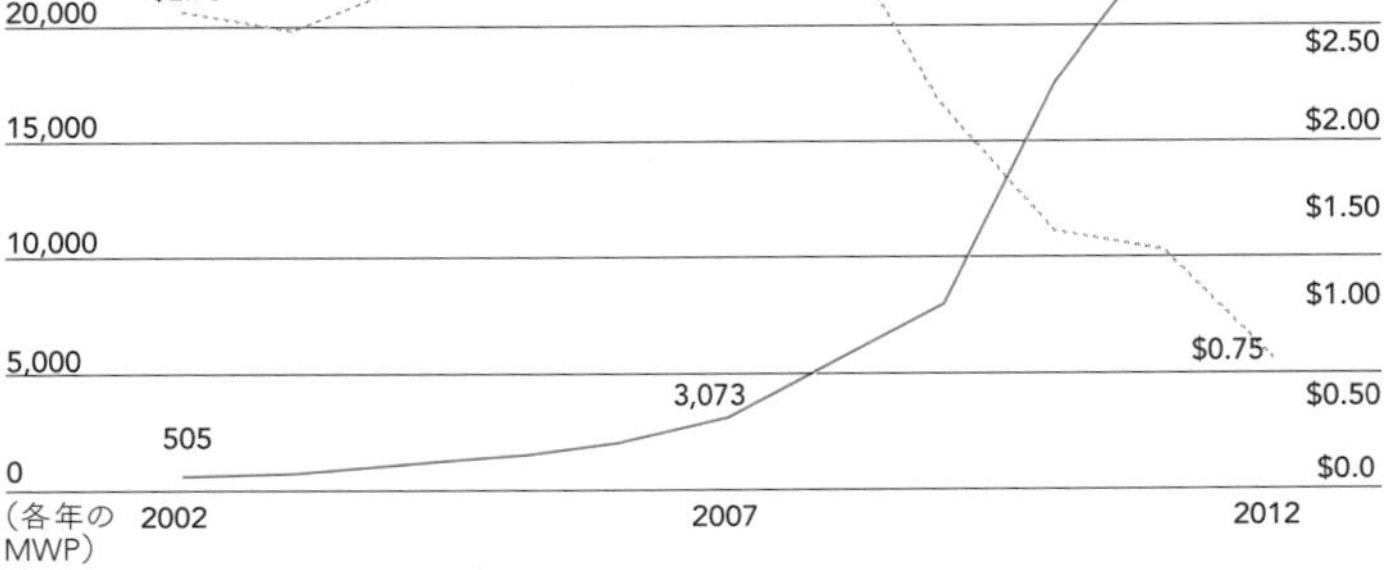

出典：Renewable Energy Worldのデータと図表

アメリカやドイツのメーカーは技術的に優れたソーラーパネルの特許をいくつか保有しており、中国勢に対抗することもできたかもしれないが、両国政府は国内のソーラー企業の存続を支援するためにほとんど手を打たなかった。結局中国が世界のパネル市場の70%を抑えた。[*6]

他の投資家と同じように、私もドイツの実験の波及効果や中国の太陽光発電市場への怒濤の進撃の影響を予測できなかった。ソーラーパネルの販売量が拡大すると、激しい価格競争が起きた。２０１０年から２０２０年の間に、発電量１ワットあたりのパネル価格は2ドルから20セントへと急落した。[*7] クライナー・パーキンスが出資したソーラー企業7社のうち6社が破綻した。投資が紙くずになったこの経験を通じて、私たちはまたしても教訓を学んだ。「価格がすべてのコモディティへの投資は慎重に。他国の政府が補助金を出しているときはなおさらだ」

再びドイツに話を戻そう。太陽光発電は国内での製造業の雇用創出にはつながらなかったが、ソーラーパネル設置への需要は高まるばかりだった。パネル価格が急落し、それにともなって電力の卸売価格が急落しても、太陽光発電事業者やパネル設置者へのクリーンエネルギー補助金は高水準に維持されていた。連邦議会が補助金を廃止した２０１０年代半ば、ドイツの多くの電力会社では利益があっという間に消えた。化石燃料を使う火力発電所の稼ぎ時である日中の太陽光発電量は増える一方で、それが電力会社の収益を蝕んだ。各社は雇用削減と事業再編を余儀なくされ、火力発電所の大幅な減損を実施し、クリーンエネルギーに軸足を移さなければならなかった。電力に投資していた自治体政府は公共サービスの縮小に追い込まれた。市場の変化にともなうコラテラルダメージ（副次的被害）は甚大だった。

ただシーア法は完璧ではなかったとはいえ、クリーンエネルギー技術の普及を後押しし、価格を手ごろな水準に引き下げるうえで**適切な時期に適切な政策を実施することがきわめて重要だ**と示したのは事実だ（変化を無視する既存勢力への訓戒の役割も果たした）。ドイツの実験のおかげで、安価なソーラーパネルはいまや世界中で手に入るようになった。シンクタンク、エナジー・イノベーションCEOのハル・ハーベイはこう語る。**「あれはドイツから世界への贈り物だったんだ」**

２０１０年、ドイツでは電源のうち再生可能エネルギーが占める割合が、当初の10%という目標を大幅に上回る16%に達した。残念ながらこの年、シーアは心不全で亡くなった。3年後に娘のニナ・シーアが連邦議員に選出され、環境委員会のメンバーとなった。ニナは２０２１年までに再生可能エネルギーへの補助金を段階的に廃止する法案を支持した。もはや補助金は不要になったからだ。さらに２０３８

年までに石炭火力を廃止するという案を賛成多数で成立させるのにも一役買った。

２０１９年、ドイツでは発電量の42％を再生可能エネルギーが占めるようになった。主要な産業国で史上初めて、再生可能エネルギーが「発電量の過半数」を占めるまであと一歩となったのだ。[*8] そして２０２０年夏、それが実現した。新型コロナウイルス感染症のパンデミックによって電力需要が全体的に落ち込むなか、太陽光発電はほぼフル稼働した。人口およそ８０００万人のドイツで、再生可能エネルギーは平均56％を占める最大の電源となった。[*9]

シーア法が可決されて以降、ドイツの発電による炭素排出量はほぼ半減した。父が生きてこの日を迎えられれば、とニナ・シーアは話す。

排出ゼロのエネルギーを増やす

電力業界は炭素排出量年間24ギガトンと、世界全体の3分の1以上を占める最大の排出源だ。 電力会社がなければ、私たちは住宅やオフィスで暖房をつけることも、料理をすることも、ＥＶを充電することもできない。改めて言うまでもないが、電気はエネルギーを「発生」させるのではなく「運ぶ」のだ。化石燃料からエネルギーを得ているかぎり、車などを電化しても排出ゼロにはならない。ただ電気をつくるために必ずしも何かを燃焼させる必要はない。電気は水、風、太陽光からもつくれる。電力の脱炭素化とクリーンエネルギーへの転換は、スピード&スケール計画の実現に向けた最重要課題だ。

太陽光発電や風力発電の問題は、太陽が照り、風が吹かなければ発電できないことだ。電源を完全に脱炭素化するためには、太陽が沈み、風が収まったときに使える予備電源が必要だ。電力を余っている地域から足りない地域に融通するため、的確な予測が必要だ。地熱や水力などオンデマンド型の再生可能エネルギーがギャップを埋める必要がある。全体として数時間から数日間の需要をまかなう安価な短期的電力と、長期的備蓄用の蓄電設備が必要だ。

電力業界がスピード&スケール計画の主要な結果を実現するためには、今後さらに安価なクリーン技術を開発する必要がある。豊かな国と貧しい国の違いを踏まえ、エネルギー不足に悩む国々の対応期限には幅を持たせている。

私たちのトッププライオリティは**ゼロエミッションに関するKR（２・１）**だ。２０２５年には世界の電力の50%をゼロエミッションの電源でまかない、２０３５年までにその比率を90%にすることを求める（２０２０年は38%）。解決策には風力と太陽光発電で需要を満たせないときの支えとして、原子力発電が含まれる。核燃料の炭素排出量は実質的にゼロだが、厳密には再生可能エネルギーではない。放射性物質の量には限りがあるからだ。原子力発電所は数十年稼働し、今後もグローバルな電源ミックスの一部であり続けるだろう。しかしこの技術のコストは上昇しつづける一方、他の選択肢は安価になっており、将来的にその役割は縮小するかもしれない。

原子力発電をより安全にするための研究開発を強化する必要がある。その一方で、発電所建設を加速するように規制を変更することが、２０５０年までにネットゼロを達成するのに役立つかもしれない。原子力分野の取り組みには一刻の猶予もない。再生可能エネルギーの発電システムは数週間で設置できるが、原子力発電所を建設し稼働させるまでには10年以上かかる。

各国は電力による炭素排出量ゼロへの道筋を、それぞれ選択しなければならない。ドイツのように石炭や天然ガスとともに原子力発電も段階的に廃止する国もあるだ

目標2　電力の脱炭素化

2050年までに発電と暖房による温室効果ガス排出量を24ギガトンから3ギガトンに削減する。

KR2.1

ゼロエミッション

2025年には世界の電力の50%をゼロエミッションの電源でまかない、2035年までにその比率を90%にする（2020年は38%）。*

↓ 16.5 Gt

KR2.2

太陽光発電と風力発電

2025年には100%の国で、炭素を排出する電源より太陽光と風力の発電設備を建設・運用するほうが安価になる（2020年時点では67%）。

KR2.3

蓄電

2025年までに短期間（4～24時間）の蓄電コストを1キロワット時あたり50ドル未満、2030年までに長期間（14～30日間）の蓄電コストを1キロワット時あたり10ドルにする。

KR2.4

石炭と天然ガス

2021年以降は石炭あるいは天然ガスを使う火力発電所の新設をゼロにする。既存の石炭火力発電所は2025年までに、ガス火力発電所は2035年までに廃炉にするか、炭素排出をゼロにする。*

KR2.5

メタンガス排出

2025年までに石炭、石油、天然ガスの採掘場でメタンガスの漏出、ベント（直接放出）、フレア（余剰ガスの焼却）をゼロにする。

↓ 3 Gt

KR2.6

暖房と調理

2040年までに暖房と調理でのガスや石油の使用を半減させる。*

↓ 1.5 Gt

KR2.7

クリーン・エコノミー

化石燃料への依存を抑え、エネルギー効率を向上させて、2035年までにクリーンエネルギー生産性（GDP÷化石燃料消費）を4倍にする。

---

*これは先進国の対応期限であり、途上国での主要な目標の達成にはもう少し時間がかかる見込み（5～10年後）。

ろう。だがフランスや中国の選択は違うかもしれない。アメリカでは28州に原子力発電所がある。[*10] 電力の3分の1を原子力でまかなうバージニア州では、２０２０年にネットゼロ計画を法制化する際に、原子力をゼロエミッション電源に含めた。私たちのスピード&スケール計画も同様だ。

大気中に温室効果ガスを放出しなければ、どの技術を採用しようとかまわない。大規模なダムを中心とする水力発電は、すでに世界の発電量の16%を占める。[*11] 風力は同6%、太陽光は4%だ。[*12] アメリカでは気候が乾燥していて日照時間の多い南西部は太陽光発電にうってつけである一方、突風の吹く国の中央部は風力タービンに適している。アイスランドは実質的に電力のほぼすべてを再生可能な水力あるいは地熱でまかなう。この壮大な転換を成し遂げるためには、それぞれの国や地域が地理的強みを活かす必要がある。

２つめの**太陽光発電と風力発電に関するＫＲ**（2・2）は、すでに達成しつつある。アメリカ、中国、インド、南アフリカ、南米、西ヨーロッパなど世界の3分の2では、新設電源として最も安価なのは再生可能エネルギーだ。[*13] しかし私たちの計画は、２０２５年までには世界中で太陽光発電と風力発電のコストを下げるというさらに大きなＫＲを掲げている。

価格低下と発電容量の増加とともに再生可能エネルギーは成長

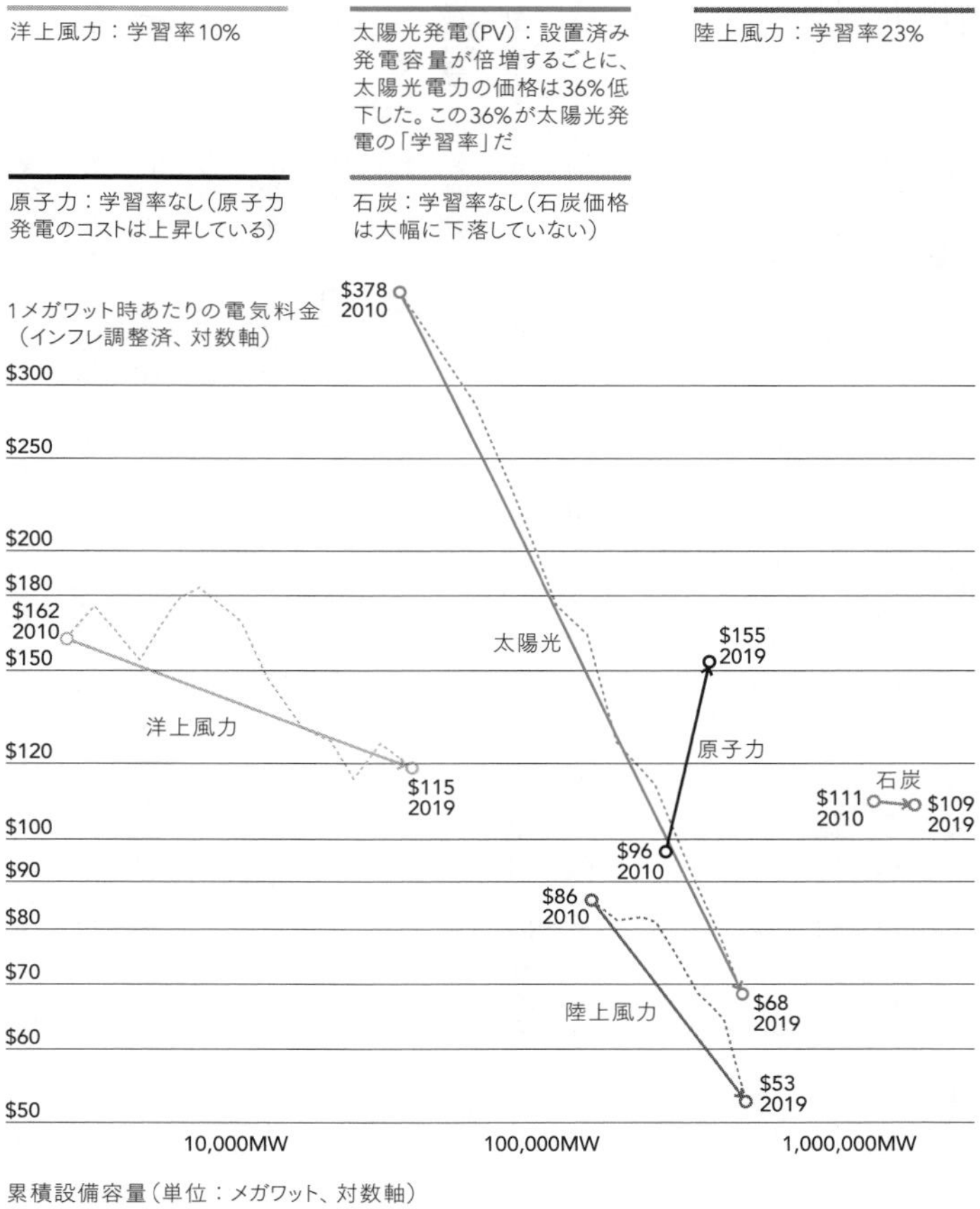

出典：IRENA、ラザード、IAEA、グローバルエナジーモニターのデータおよびOur World in Dataの図表

3つめの**蓄電に関するKR（2・3）**は、蓄電池から送出されるエネルギーの価格を、現在の電力価格と競争力のある水準にすることだ。そのためには低コストの電源に加えて、具体的目標価格を達成するような革新的な蓄電技術が必要だ。送電網に電力を送り続けるためには、その両方が必要だ。

石炭と天然ガスに関するKR（2・4）は、化石燃料を使った発電との決別を意味する。途方もなく困難な課題だ。世界全体で新たな石炭、石油、ガスの開発を直ちに終了すべきだ。[*14]供給能力はすでに十分にあり、需要は徐々に減らしていく必要がある。先進国では天然ガス火力発電所の建設を止め、新たな石炭火力発電所の設置は今後も回避すべきだ。続いて、既存の化石燃料を燃やす発電所の段階的廃止にシフトしていく。稼働しつづける発電所については、炭素除去技術によって排出を除去できるかもしれない。

途上国ではこの主要な結果の実現には、さらに5～10年はかかるだろう。信頼性の高い電力供給がないさらに貧しい国々では、既存のクリーンエネルギー技術では国民の目の前のニーズを満たすこと、あるいは安定的電力供給は不可能かもしれない。そうしたケースでは新たなガス火力発電所の建設も正当な判断かもしれないが、その場合は２０４０年までに廃止するか炭素排出をゼロにすることが前提条件となる。

全体として先進国の役割は、再生可能エネルギーのコストを下げること、グリーンプレミアムをなくすこと、クリーンエネルギー投資に資金を振り向けること、そしてまず自国の脱炭素化を進めて範を示すことだ。途上国には時代遅れの化石燃料モデルを一気に飛び越え、直接クリーンで安価な電源を活用する機会が生まれるかもしれない。富裕国や世界銀行から投資があれば、その飛躍を加速できる。最初から正しい発電インフラを構築するほうが、過去の過ちを後から修正するより容易で安上がりだ。

今後の展開は定かではないが、**石炭火力発電所という概念に別れを告げる時が来た。**２０２１年５月、国際エネルギー機関（ＩＥＡ）がネットゼロ、そして世界のエネルギーシステムの「全面的転換」を明確に呼びかけた[15]のに対応し、Ｇ７（主要７カ国）はその年の末までに「排出削減対策を講じていない石炭火力発電所への政府による国際的な直接支援を停止する」ことに合意した[16]。アメリカとＥＵが主導したこの誓約は、再生可能エネルギーの電源構成比が２０２６年までに石炭を、２０３０年までに天然ガスを追い抜くのに役立つだろう[17]。

メタンガス排出に関するＫＲ（２・５）[18]は、メタンガスの一時的放出に焦点を当て、

2025年までに産業部門からのメタンガスの漏出と意図的放出を現在の3ギガトンからゼロにすることを目指す。既存の規制を厳格に適用し、採掘サイトの運営管理や旧式の油井、鉱山、フラッキングサイトの制限を徹底すべきだ。

暖房と調理に関するKR（2・6）は、建物に設置された石油やガス暖房を、電気式暖房ユニットや調理システムに切り替えることを目指す。最新の電動ヒートポンプは暖房効率を3〜4倍に高めることができ[*19]、冷暖房システムの代替として信頼性が高い。電磁調理器（IH）は屋内大気汚染の最大の原因であったガスコンロの代替としてプロの料理人の心をつかんだ。このKRは消費者に犠牲ではなく、近代化を求めている。

ゼロエミッション・エコノミーとは、化石燃料を退けつつ、経済成長を持続させる方法だ。国のクリーンエネルギー生産性とは、国内総生産（GDP）をその国の化石燃料消費で割った数値だ。**クリーン・エコノミーに関するKR（2・7）**は、各国のクリーンエネルギー生産性を2035年までに4倍にすることを目指す。

排出量上位20カ国のうち、クリーンエネルギー生産性が最も高いのはフランスだ。最大の理由は同国では電源の70％を原子力発電が占めることだ。サウジアラビアやロシアは最も低い部類に入る。両者は依然として石油と天然ガスに依存しており、電源の多様化が進んでいない。クリーンエネルギー生産性はよりクリーンな電源に転換するか、化石燃料の使用を効率化することで改善できる。

精緻に構築されたOKRでは常にそうであるように、スピード&スケール計画の目標を確実に達成するためには、主要な結果（KR）をすべて達成する必要がある。どれか1つ欠けてもダメだ。ありがたいことに太陽から地球に降り注ぐエネルギーのたった1時間分で、人間の1年分の需要をまかなえる。[*20] 数十年にわたって失敗を繰り返した末に、太陽光発電は今、風力を含めたあらゆる技術を超えつつある。[*21]

ソーラービジネスモデルを生み出すサンランの事例

近年の太陽光発電の急成長は、積極的にスケールす

ヨーロッパはより少ない排出量で、より多くの経済生産を生み出している

化石燃料消費1EJ（エクサジュール）あたりのGDP（億ドル）

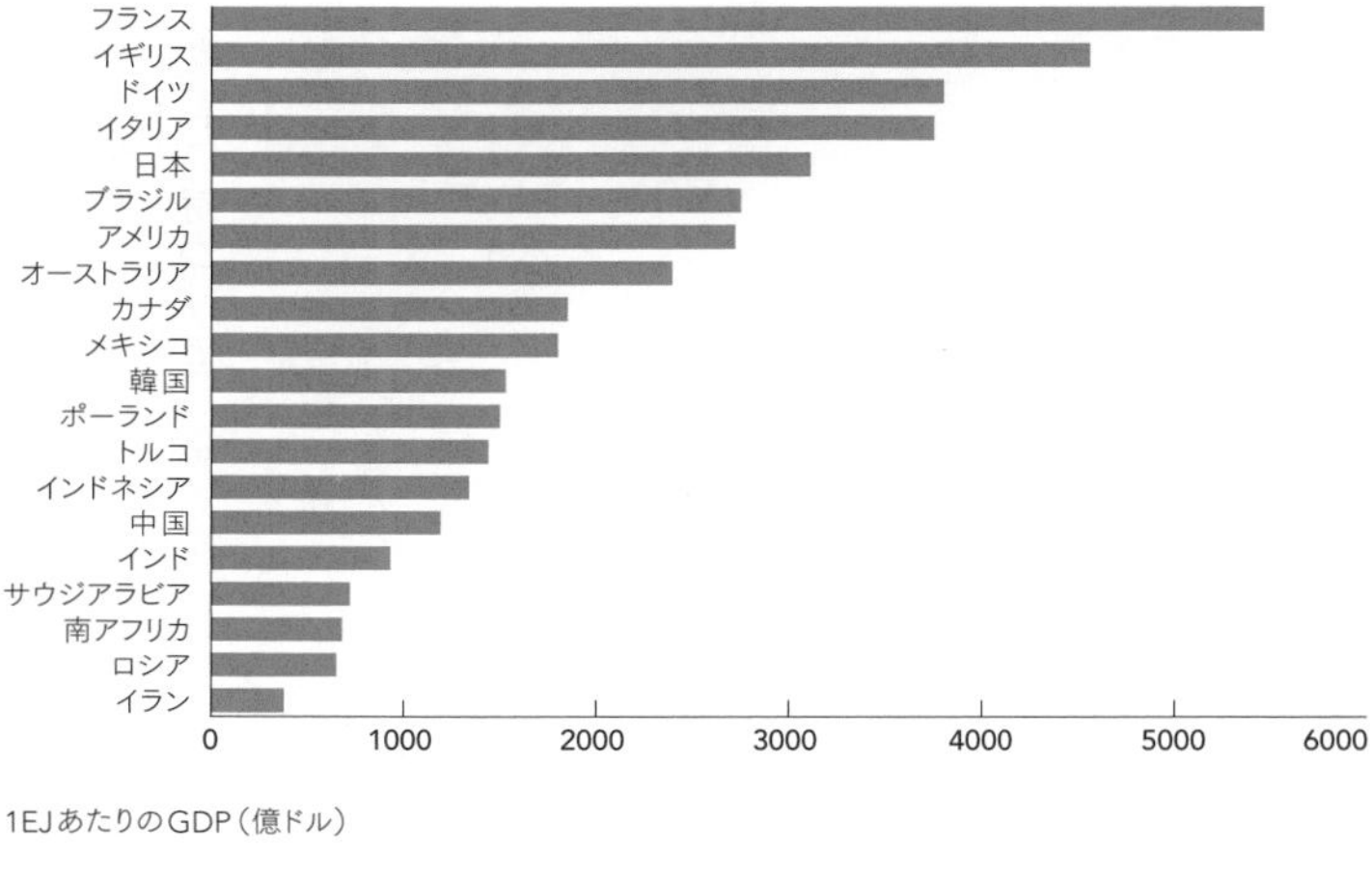

る優れたビジネスモデルがもたらした部分が大きい。リン・ジュリックはサンフランシスコのスタートアップ、サンランのCEOとして、新たなビジネスモデルの構築を草創期から担ってきた。2020年時点で同社は全米30万世帯を顧客に持つ。

リン・ジュリック

Lynn Jurich

幼い頃、私は図書館の伝記コーナーを片っ端から読んだ。長い時間をかけて世の中に大きな影響を与えた人たちに興味があったのだ。

その後スタンフォード大学に進み、さらにビジネススクールで学んだ。ビジネススクールでは複雑な問題を理解する手段として金融を熱心に学んだ。マネーの仕組みを理解せずに、重大な社会的課題を解決することはできない。

世界的金融機関で夏季インターンの仕事を得た私は、香港と上海で働いた。２００６年当時はどちらも建設ラッシュの真っ只中で、街中にクレーンが林立していた。はるか下界の道路を歩く私はスモッグに包まれ、汚染物質を吸い込んでいた。

夏のスモッグを生み出していたのは、立ち並ぶオフィスビルの空調のために石炭を燃やす火力発電所だ。冬のスモッグは小さな住宅を温める暖房用の石炭から来ていた。システムそのものが化石燃料に依拠していたが、どうみても無理があった。

化石燃料を再生可能エネルギーに置き換えるための技術は存在していたが、この転換を効率的に遂行するのは相当な力仕事になりそうだった。この先50年のキャリアを考えたとき、自分はここで貢献したいと思った。必ずしも太陽光発電を仕事にしようとしていたわけではなく、むしろ分散発電システムに興味があった。

当時、法人向けに分散発電システムを提供するサン・エジソンというスタートアップが注目を集めていた。高級スーパー《ホールフーズ》、家電販売店《ベストバイ》、ディスカウントストア《ウォルマート》などに、先行投資ゼロで店舗の屋根にソーラーパネルを設置し、店の電気や冷蔵設備の電力をまかなえるようにしていた。一方店側はサン・エジソンに固定料金を20年間にわたって支払う契約を結ぶ。収入が予測できるため、サン・エジソンは資金調達や借り入れによって事業資金を確保することができた。

法人市場よりもしがらみが少なそうであるにもかかわらず、個人、つまり住宅市場で同じようなサービスを手がけている会社はなかった。私は個人向け金融に精通していたエド・フェンスター、ナット・クリーマーという2人の共同創業者と手を組んだ。官僚的な大企業と長々と契約交渉をする代わりに、住宅所有者を1人ずつ口説き落とそう、というアイデアだ。

2000年代初頭、太陽光発電のハードウエア（モジュールと太陽電池セル）市場は盛り上がっていたが、私たちはそこに参戦しようとは思わなかった。そうではなく、太陽光発電を設置する「方法」で勝負しようと考えた。太陽光発電の特徴はマイクロオーナーシップとスケールの可能性にある。ここなら発電コストのパリティを実現できるはずだ。住宅所有者が電力会社に頼らず、電気を自給自足できるようにして、分散発電システムを構築するのだ。

「サービスとしてのソフトウエア（SaaS）」ならぬ、住宅向けの「サービスとしてのソーラー」を提供するサンランを立ち上げるため、友人や親族から資金を借りた。小売店の駐車場では、駐まっている車のワイパーにチラシを挟んだ。農家が野菜やチーズを売りに来る「ファーマーズ・マーケット」では、買い物する母親たちに太陽光発電の魅力をアピールした。創業当初から太陽光発電の人気には助けられてきた。世論調査は太陽光発電への支持が高いことを示していたので、あとは消費者と直接話をするだけだ。控えめにいって、消費者は既存の電力会社のファンではなかった。

初期の契約者には気候問題に貢献したいという思いもあったが、何より自律性、すなわち自分が自分の電力会社になり、支出を抑えられるという感覚を持ちたいと考えていた。初期費用の負担はゼロで、長期間にわたって電力コストを固定できた。たとえて言えば、誰かがあなたの自宅の裏庭にタダでガソリンの給油ポンプを設置し、未来永劫1リットル30セントでいいよ、と約束してくれるようなものだ。あなたならそのような契約を1年だけで終わらせたいか、それとも長期間したいか。こうしてサンランは住宅所有者から20年契約を獲得していった。

ソーラーシステムを設置する初期費用をまかなうため、私たちは資金調達をした。当初約5万ドルだった1戸あたりの設置費用は、その後大幅に低下した。顧客とは電力購入契約を結び、そこにシステムのメンテナンスや修理費用も含めた。調達した自己資本はパネルを仕入れ、設置し、消費者に需要があることを証明するのに使った。忍耐のいる仕事だったが、順調に進んでいた。

だが２００８年の大不況の打撃は大きかった。住宅ローンバブルが弾けたのだ。住宅保有者の信用に依拠している会社に出資しようという投資家などいなくなった。一方、顧客にとって最大のリスクはサンランが倒産することだった。幸い、私たちはリーマン・ブラザースが破綻する前日に出資契約をまとめることができた。かろうじて調達した資金で大不況を乗り切ることができた。

ビジネスモデルの観点から言えば、住宅を１軒１軒回るというのは時間がかかりそうだ。それこそサンランのモデルだったが、実際には法人市場よりも速くスケールできた。全米10州でできるだけ営業地域を広げた。消費者は電気を自給自足できるようになり、それを見て「自分も」と思う消費者は増えていった。

２０１３年にはようやく安定的に利益が出るようになり、取締役会は株式公開の機が熟したと判断した。私にとっては難しい判断だった。夫のブラッドと結婚して９年が過ぎていたが、子供を持つべきか迷っていた。ブラッドも起業家だったので、私たちはお互い常に資金調達や危機対応に奔走していた。子供を持つ機など熟しそうもなかった。私はすでに35歳で、子供を持つなら今しかないとブラッドとともに腹をくった。私は妊娠し、結局出産と株式公開のタイミングは見事に重なった。

私たちは住宅所有者に電気の自給自足を可能にしている。

We could empower homeowners to generate their own energy.

当時、太陽光発電と風力発電は世界中でゆっくりと市場シェアを拡大していた。とはいえ状況は厳しかった。いちはやく太陽光発電に参入した企業は、政界とパイプを持つ電力会社に陰で足を引っ張られることも多かった。しかしサンランの「サービスとしてのソーラー」モデルは瞬く間に市場に浸透した。２０１５年のナスダックでの新規株式公開を通じて、同社は全米11州で事業を展開するための資金2億５０００万ドルを調達した。創業初期からの出資者は相当な投資リターンを手にした。

サンランは「サービスとしてのソーラー」のビジネスモデルをてこに全米最大の屋上太陽光発電システムの設置事業者となった

リン・ジュリック

電力会社は従来のやり方にとらわれ、電気について顧客を啓発する必要性を感じていない。サンランが創業した頃には、9割の人が太陽光発電は最もコストの高い電源だと考えていた。それが事実ではなくなって何年も経つのに、いまだに多くの人がそうした固定観念にとらわれている。

電力業界のモデルは完全に破綻しており、市場はあまりに細分化されている。送電網は電気を届けるチャネルとして、一方通行の設計になっている。太陽が照っているとき、太陽光発電システムを設置した住宅では発電量が使用量を上回る。「ネットメータリング」（訳註：太陽光発電システムを設置した住宅所有者が電力の消費量を発電量で相殺できる仕組み）[*22]と呼ばれる政策を導入している全米38州では、電力会社は住宅から太陽光発電で生み出された電気を買い取り、他の家庭に融通する義務を課せられている。だがこうした送電網の運営会社が、再生可能エネルギーの発電量が多すぎて、すべて送電網に受け入れるのは不可能だと主張することも多い。電力会社には分散型発送電システムをつくるインセンティブが働かないので、規制当局がルールを変更すべきだ。

電力会社は供給を需要とマッチングさせる必要があり、太陽光発電の間欠性にどう対応するかは頭の痛い問題だ。ピーク時とオフピーク時に電気をどうつくるか、知恵を絞らなければならない。消費者も自動車や衣類乾燥の時間帯を賢く選ばなければならない。

解決策の1つが、電力会社の需要対応能力を向上させることだ。もう1つがすべての住宅用電気システムに蓄電池を組み込み、住宅所有者が夜間あるいは翌日使うための電気を蓄えておけるようにすることだ。これを大規模に実施できれば「バーチャル発電所」を構築できる。

興味深い事例が、住宅の30%が太陽光発電システムと蓄電池を備えているハワイだ。これだけのスケールがあれば、サンランは電力会社より安価で信頼性の高いサービスを提供できる。今ではすべての住宅に蓄電池を設置し、このビジネスモデルに対応できる送電網を整備すべきだと確信している。

現時点でサンランは22州で事業を展開している。子会社で住宅用ソーラーを手掛けるテスラをも上回る、アメリカ最大の屋上ソーラーシステム設置会社となった。私は太陽光発電事業者をみな仲間だと思っている。誰もがあらゆるものを電化するのが社会の進むべき道だと信じており、ともにそんな未来を実現しようとしているからだ。要は分散型発電システムへの移行である。この未来像への確信は、サンランを立ち上げた当時より今のほうが揺るぎないものとなっている。

リン・ジュリックらの奮闘のおかげで、２０２１年にアメリカで設置された太陽光発電システムの容量は１００ギガワットに達した。[*23] アメリカの4倍の国民を擁する中国のそれは２４０ギガワットだ。インドは当初２０２２年までに20ギガワットを目標としていたが、4年前倒しで達成し、現在は２０３０年までに太陽光発電設備容量を４５０ギガワットに引き上げようとしている。[*24] 世界全体で見れば太陽光発電設備容量は1テラワット（1兆ワット＝１０００ギガワット）という歴史的マイルストーンに近づいている。ただこのような急速な前進にもかかわらず、根本的な政策変更がなければネットゼロ目標は達成できないだろう。

リン・ジュリック

地球温暖化という観点では、すでに気候災害を回避するための1・5℃という上限に迫りつつある。だから今すぐ、完璧に近い重大な決断を下しはじめなければならない。１９５０年代のアメリカは全国的高速道路網を信じられないようなスピードで建設した。アイゼンハワー大統領は偉大なリーダーだった。太陽光発電システムを発電に適したすべての屋上に設置するため、戦時下に近いアプローチが必要だ。

そのためには既存の電力会社だけではなく、消費者を動かすようなインセンティブをつくらなければならない。あらゆる建物の電力を、屋上ソーラーシステムと蓄電池でまかなうべきだ。発電した電気はＥＶの充電や、天然ガスや石油ではなく電動ポンプやコンプレッサで動く冷暖房機器に使う。

必要な技術はすでにある。蓄電池のコストは低下しつづけている。誰もがインドや中国は何をすべきかといった話をしているが、アメリカが範を示せば、両国はそれ以上のスピードで変化するだろう。

これまで成長を妨げてきた要因は、惰性だ。変化しないほうが楽だからだ。既存のプレーヤーは縄張りを守るため、規則や事務手続きを煩雑にする。

できるだけ早急に太陽光発電システムの設置を、自宅にキッチン設備を入れるのと同じぐらい当たり前のことにしよう。ソーラーシステムを来週設置したいという住宅所有者がいれば、それに対応できるような体制が必要だ。御影石のキッチンカウンターと同じように、住宅の価格に太陽光発電システムを含めるなど、すべての新築住宅の備え付け設備にするべきだ。

太陽光発電システムの住宅への設置をとにかく簡単かつ安価にする必要があり、実際そうなりつつある。電化という新世界は、人々に犠牲を強いるものではない。割高な費用を支払うことなく、望みどおりの家を手に入れることができる。しかも太陽光を使って電気を自給自足しながら。

風力発電の行方

太陽光発電と風力発電は最も成長の著しい電源なので、両者は市場シェアを奪い合う関係にあると思われるかもしれない。だが現実は違う。両者にはもともと相互補完的性質があるからだ。ソーラーパネルは日中に発電する。一方、風力タービンは、風力が強まる夜間のほうが発電量は大きくなる傾向がある。ある意味では、風力も太陽エネルギーの一種ととらえることもできる。地形に変化があるため、太陽光による地表の温まり方にはバラツキがある。温かい空気が上昇すると、気圧の低いスポットが生まれる。気圧の高いところから低いところに空気が流れることで風となる。

太陽光と風力はビジネスモデルの面でも相互補完的だ。太陽光は分散型発電への転換を加速させるのに対し、風力発電は集中型だ。風力は発電者と交渉して有利な購入契約を結び、調達した電気を顧客に届けるという、電力会社が最も得意とする能力を活かせる分野だ。化石燃料をはじめ電力会社が手がける大規模な電源のなかで、風力は最も成長力が高い[*25]。

アメリカでは大手電力会社が参入したこともあり、長年風力が太陽光を上回る市場シェアを維持してきた。石油産出量の多いメキシコ湾に面したテキサス州は石油産業の中心地だ。起業家を優遇する州の政策もあり、長年風力発電においてもアメリカの中心だった。２００６年にはテキサス州中部でホースホロー風力エネルギーセンターが稼働した。７３５メガワットの発電能力があり、建設当時は世界最大の風力発電所だった（その後は同センターの27倍の規模を持つ中国の甘粛《カンスー》風力発電所など、さらに大きな風力発電所ができている）[*26]。

この間、風力発電技術は飛躍的進歩を遂げてきた。ブレードは長くなり、タービンは高くなった。製造能力が倍増すると、タービンの新設コストは半減した。風力発電のコストが鉄道で石炭を運ぶ運送コストを下回ったので、送電網に風力を組み入れるのは当然の成り行きだった。

だが陸上風力の今後の成長にはいくつかの壁がある[*27]。送電のボトルネック、電力会社の制約、利用可能な土地の不足、新たな発電所建設への住民の反対運動だ。風力の新たなフロンティアは海の上にある。先見性に優れたデンマークの経営者はここを舞台に、財政危機を新たな環境ビジネスの好機に変えた。

オーステッドの洋上革命

世界初の洋上風力発電所は、ささやかな実験として始まった。１９９１年、デンマークの国営電力会社デニッシュ・オイル＆ナチュラルガス（ＤＯＮＧ）がバルト海に浮かぶ小さな島の沿岸に11基の風力タービンを設置した。最も近い町にちなんでヴィンデビー洋上風力発電所と名づけられたこの施設は、完成時に5メガワットの発電能力があった。規模から見ればデンマークの電力需要のわずか1％に過ぎない、ちっぽけなプロジェクトだった。

２０００年代に入ると、風力発電の成長は起業家精神あふれる新興企業が牽引《けんいん》するようになった。国有企業のＤＯＮＧは石油とガスを主軸とする電力会社としての地位を固めるため、競合企業と合併した。だが２０１２年、６０００人の従業員を擁するこの大企業は財政危機に直面した。アメリカでシェールガス開発が盛り上がり、天然ガスの生産量は記録的水準に達した。そのあおりでガス価格はわずか4年で85％も下落した。[*28] デンマークで電気を使用する消費者にはありがたい話だが、ＤＯＮＧの利益は急減した。スタンダード＆プアーズ（S&P）はＤＯＮＧの信用格付けの見通しを「ネガティブ」とし、ＣＥＯは辞任した。

その後任を取締役会はエネルギー業界の外に求めた。白羽の矢を立てたヘンリク・ポールセンは当時45歳。かつてデンマークの伝説的イノベーター企業レゴのトップとして、経営立て直しに成功していた。ＤＯＮＧの将来がどう見ても明るくない状況下で、ポールセンは財務基盤の強化と新たな成長戦略を求められた。

２０１２年当時、洋上風力発電市場は存在しないも同然だった。コストはあり得ないほど高かった。洋上に基礎を造る作業はリスクが高く、それに加えて海辺の住宅を所有する富裕層からの反発もあった。

ポールセンは次々と厳しい選択を迫られた。別の経営者ならパニックに陥り、天然ガス相場が回復するまで整理解雇に走ったかもしれない。だがポールセンは違った。この危機を、企業を根本的に変える好機ととらえたのだ。

1991年にデンマーク沖に建設された世界初の洋上風力発電所

ＤＯＮＧは２００６年にデンマークの他の電力5社と合併し、総合石油・ガス・電力会社となった。この時点ではまだ化石燃料が事業の柱だった。

ヘンリク・ポールセン

Henrik Poulsen

２０１２年８月に私がＤＯＮＧに入社した直後、会社は厳しい危機に直面した。Ｓ＆ＰはＤＯＮＧの社債の格付けを引き下げた。ヨーロッパの他の電力会社の多くも厳しい圧力にさらされていた。従来型の発電事業の採算は急激に悪化していた。アメリカのシェールガス・ブームのあおりで、液化天然ガスとガス備蓄には猛烈な価格下落圧力がかかった。

新たな行動計画が必要とされていることは明白だった。自分たちに競争力があり、将来の市場成長が見込める分野を探すため、事業を１つずつ、その資産１つひとつに至るまで丹念に吟味していった。

債務を削減するため、膨大な数の非中核事業を売却する計画を固めた。まったく新しい会社を創る必要があった。気候変動に立ち向かうため、ブラックからグリーンなエネルギーに軸足を移す必要がある、と私は固く信じていた。ＤＯＮＧの成長戦略として伸ばしていくと決めた事業はたった１つ、洋上風力発電だけだ。

洋上風力発電において、ＤＯＮＧには独自の強みがあると私は考えていた。先駆者としての優位性もあった。ここに全力で取り組むしかない。

大胆な改革が簡単であったためしはない。私たちは既存の洋上風力発電所をすべて調べた。経営陣はあらゆるコストとデータを精査した。洋上風力のコストはおそろしく高かった。陸上風力の2倍以上だ。

化石燃料を使った発電とのコスト競争に勝てる水準まで洋上風力のコストを下げるため、思い切ったコストダウン計画を策定した。風力発電所をタービンから送電インフラまで、設置、運営から保守管理まで、構成要素に分解していったのだ。

洋上風力発電能力を徐々に高めていくため、使用するタービンを少しずつ大型化した。サプライヤーと協力しながら新たなタービンを設置するたびにコストを引き下げていった。

２０１４年、ＤＯＮＧはイギリスの洋上風力発電プロジェクトの入札に次々と参加した。業界最大規模の入札事業であり、このうち3件を獲得した。そのおかげでコスト削減計画を継続するだけの事業規模を確保することができた。

設置コストについては２０２０年までに発電量1メガワット時あたり１００ユーロにするという目標を設定した。その目標は前倒しで達成し、２０１６年には同60ユーロまで下がった。わずか4年で洋上風力発電のコストを60%下げるという、自分たちも想像しなかったような成果を挙げたのだ。ミッションを掲げて業界全体、サプライチェーン全体を味方につけたとき、驚くべき力が生まれた。

その後私たちはＤＯＮＧという名称を捨て、電流が磁場を生み出すことを発見したデンマークの伝説的物理学者ハンス・クリスティアン・エルステッドにちなんでオーステッドに社名を変更した。

DONGの成長戦略として伸ばしていくと決めた事業はたった1つ、洋上風力発電だけだ。

There was only one business we decided to develop, and that was offshore wind.

新たな市場が生まれた当初は、ほとんど競争がないことが多い。最初に参入した者が圧倒的有利な立場を獲得する。風力発電の場合、デンマークには先行企業が2社ある。産業用設備を製造するヴェスタスは、風力タービンの製造にいち早く参入し、今では世界最大手になった。[*29]

だが洋上が陸よりもスケール可能な立地であると最初に気づいたのはオーステッドだ。同社の初期の風力発電所はいずれも発電能力は４００メガワット前後だったが。この新規事業には成長力と収益力があった。２０１６年の株式公開時の時価総額は１５０億ドル。それが4年後には５００億ドルに達した。ヨーロッパ各国の政府が洋上風力発電に興味を示すなか、他の企業も参入し、業界全体のコスト引き下げに寄与している。

ヘンリク・ポールセン

世界のあちこちでプロジェクトが決まったことで、洋上風力発電所の設計と建設を工業化することが可能になった。それぞれを単発の案件ではなく、標準的生産ラインとしてとらえられるようになったのだ。こうしてヨーロッパからアジア、さらには北米の洋上へと積極的に事業展開する勢いと自信が生まれた。

アメリカでそれなりの規模のある洋上風力発電市場が成立するのか、定かではなかったが、ボストンに北米本部を開設した。その後、ロードアイランド州の沖合に開設されたアメリカ初の風力発電所ブロック・アイランド・ウィンドファームの入札で勝者となった会社を買収した。今では年間4万トンの二酸化炭素排出量を削減する。乗用車15万台分に匹敵する量だ。

それ以降、世界中で洋上風力発電市場が次々と立ち上がり、オーステッドも入札案件のかなりの割合を獲得してきた。何よりすばらしいのは、私たちが社員に新たなスキルの習得を支援し、新たな活躍の場を与えられたことだ。風力発電事業の道のりは平坦ではなかったが、このミッションが会社に新たな目的意識を与えてくれた。

2020年までにオーステッドが発電する電力の90%が再生可能エネルギーになった。[*30] 会社の二酸化炭素排出量は70%減少し、世界経済フォーラムから「世界一サス

テナブルな会社」に選ばれた。[*31] 現在は世界最大の洋上風力発電開発会社として、成長著しい世界市場の3分の1を抑える。**過去からの脱却を目指すすべての化石燃料会社にとって、オーステッドは最高のロールモデルといえる。**

大型化がカギ
オーステッドは風力タービンの大型化により発電量を伸ばしてきた

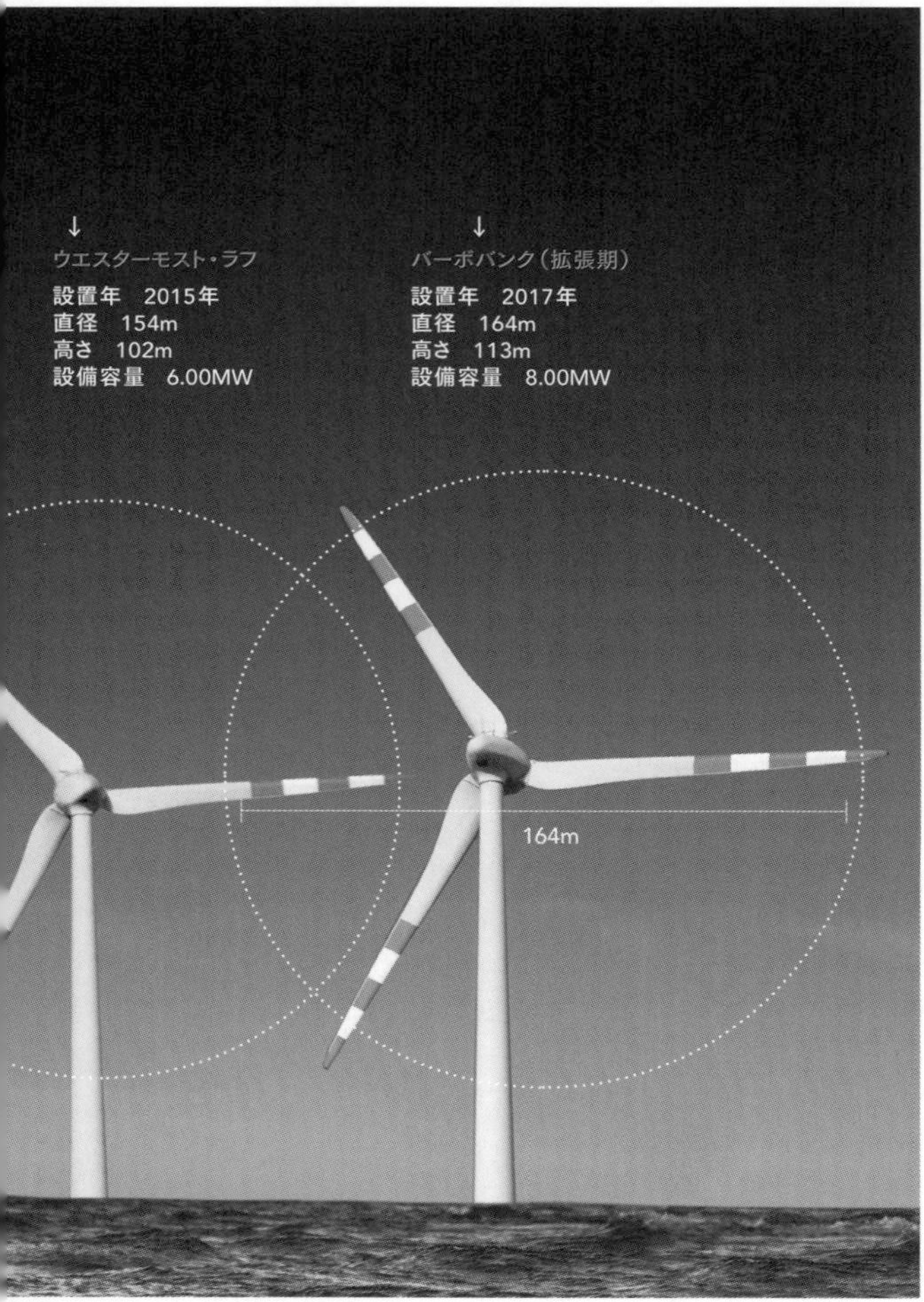

ボーイング747-8
76m
アンホルト
設置年　2013年
直径　120m
高さ　82m
設備容量　3.60M
ヴィンデビー
設置年　1991年
直径　35m
高さ　35m
設備容量　0.45MW
ミドルグランデン
設置年　2001年
直径　76m
高さ　64m
設備容量 2.00MW
ナイステッド
設置年　2003年
直径　82m
高さ　69m
設備容量　2.30MW
ホーンスレブ（第2期）
設置年　2010年
直径　93m
高さ　68m
設備容量　2.30MW

天然ガスの不都合な真実

２０２０年4月、環境防衛基金（ＥＤＦ）は、アメリカ最大の石油・天然ガスの採掘・掘削地であるテキサス州西部のパーミアン盆地で、重大な排出問題が発生していると報告した。ＥＤＦのチーフサイエンティストであるスティーブ・ハンブルクは、衛星画像や監視ドローン、赤外線カメラ付きヘリコプターなど、メタンガスの排出をモニタリングするネットワークから送られてくる画像やデータに驚愕した。そして危機感を募らせた。「アメリカの主要産地で、これほどの温室効果ガスの排出が測定されたのは初めてだ」と報告している。*32 漏出していたのはきわめて環境負荷の高いメタンガスで、パーミアン盆地の天然ガス総生産量の４％に相当した。

この途方もない漏出事件は、リアルタイムの正確な測定が温室効果ガス排出を削減・抑制する取り組みをどれほど後押しするか物語っている。それから何日も経たないうちに、ＥＤＦは漏出の責任を負うべき石油・ガス会社と規制当局に、漏出を止める行動を求める法的文書を送り付けた。

かつてカンザス大学やブラウン大学で環境科学の教授を務めたこともあるスティーブ・ハンブルクの人生は、気候変動に関する政府間パネル（ＩＰＣＣ）で背筋が寒く

天然ガスの成分の最大90％を占めるメタンガスは、同量の二酸化炭素と比べて熱を閉じ込める作用が30倍以上高い。

なるような報告書を責任者として次々と発表したことで大きく変わった。この業績により、ハンブルクらは２００７年のノーベル平和賞を受賞した。翌年ＥＤＦから誘いを受けたハンブルクは、気候問題のために直接行動するチャンスだと思った。そこでブラウン大学の名誉ある教授職を擲《なげう》ち、現場や空へと飛び出した。

　ＥＤＦの看板プロジェクトが、専用の衛星を使ってメタンガスの排出を追跡・測定する「メタンＳＡＴ」だ。２０２３年にはアメリカとニュージーランドの合同宇宙ミッションがスペースＸの協力を受けて、《ファルコン９》ロケットでこの専用衛星を低地球軌道に打ち上げる。「メタンＳＡＴ」は上空から世界中の石油、天然ガス、石炭採掘場からのメタン放出に目を光らせると同時に、畜産場や埋め立て地の生ごみから発生するギガトン単位のメタンも追跡する。気候危機への取り組みが進むなかで、リアルタイムのグローバルな排出測定に注目が集まるのは確実だ。

スティーブ・ハンブルク

Steve Hamburg

「メタンＳＡＴ」プロジェクトは、メタンガスの排出を数値化するためデータを集め、調査するところから始まった。私たちが入手したデータのスナップショットは、それまでどの機関が集めたものより充実していた。しかし私たちが求めていたのは動画や連続データで、しかも特定の場所ではなく世界中の情報が必要だった。

今でもデータを収集できない場所は世界中にたくさんある。上空に飛行機を飛ばす、あるいは地上からチームを送り込みたくても許可が下りないのだ。

そこで衛星の出番となる。私は長年、メタンガス排出を大規模かつ正確に測定するなら専用の衛星が必要だと主張してきた。

私たちはまず、どのようなデータを収集する必要があるか、そして宇宙からの追跡でどれほど精密なデータが得られるかを話し合った。それからハーバード大学とスミソニアン天体観測所に足を運び、「こんなものをつくれないか」「こんなことは技術的に可能なのか」と尋ねた。すると彼らははっと息をのみ、こう言った。「実はもうすぐ新しい技術が出てくるんだ」と。

　そこで「それならやってみようじゃないか」となった。すべての要素をホワイトボードに書き出したところ「できるはずだ。この衛星は造れる」という結論が出た。

こうしてプロジェクトが始まった。

メタンガス放出を追跡するのが時間との勝負になるのは、地球温暖化効果がきわめて高く、またその寿命が比較的短いためだ。産業革命以前、大気中のメタンガス濃度は７２２ｐｐｂだった。それが今日では2倍以上になった。人為的メタンガス放出を２０２５年までに25%、２０３０年までに45%削減できれば、私たちが生きている間に地球温暖化を止めるのに役立つ。[*33]

航空機に設置されたメタン・センサーから個人宅で実施された調査までの幅広いデータから、メタンガス漏出は石油と天然ガスの生産過程だけでなく、家庭用コンロで使うまでのサプライチェーンの全段階で起きていることがわかっている。[*34]私たちが早急に自宅のガス調理器を電気式に切り替えれば、追加的メタン漏出をなくすことができる。

１９８４年以来ＥＤＦ会長を務めるフレッド・クラップの最大の課題は、これは厳戒警報級の危機であると同時にまれにみるチャンスだというメッセージを世の中に伝えることだ。ＥＤＦには環境保護の長く輝かしい伝統があり、その歩みは敗北よりも多くの勝利に彩られている。ガソリンの無鉛化や危険な殺虫剤ＤＤＴの禁止において、ＥＤＦは中心的役割を果たした。今日では世界的な非営利組織として７００人のフルタイム従業員を擁し、年間予算規模は2億２５００万ドルに達する。

メタンガス放出を追跡するのが時間との勝負になるのは、地球温暖化効果がきわめて高いためだ。

The urgency of hunting down methane stems from its potency in warming the planet.

フレッド・クラップ

Fred Krupp

　メタンは温室効果ガスとしてきわめて大きな即時的影響がある。科学者や政策立案者は脱炭素化とは完全に切り離して、メタンガスそのものの削減に取り組む重要性に目覚めつつある。メタンは大気中からの拡散が早く、二酸化炭素が大気中に１００年以上とどまるのに対して約10年で消失する。このため２０２５年、２０３０年のメタンガス削減目標を達成すれば、温暖化を抑制できるだけでなく、その直後から**冷却効果**も見込める。

　この問題の緊急性を顕著に示すのが、北極海の夏の海氷面積だ。メタン放出の抑制なくして海氷減少を止めることはできない。ここでいうメタンには畜産と酪農から発生する分も含まれてはいるが、ＥＤＦの標的は石油と天然ガス産業だ。メタンガスを抑制し、フィードバックループを止める機会は目の前にある。それをしなければ北極海の海氷はほぼ完全に消失する可能性がある。

幸い石油・ガス産業はすでにこの問題を認識している。エクソンモービル、シェブロン、シェル、ＢＰ、サウジアラムコ、そしてブラジルのペトロブラス、ノルウェーのエクイノールなど主要プレーヤーはすでに削減目標を設定している。また各社は「石油・ガス気候イニシアチブ（ＯＧＣＩ）」という投資コンソーシアムを設立し、メタン濃度の低下にコミットし、２０３０年までに恒常的フレアを廃止することに賛同している。

残念ながらＯＧＣＩには株式公開企業しか参加しておらず、ロシアやイラン、メキシコ、インドネシア、中国の国営企業は含まれていない。これは外交を通じて解決しなければならない問題だ。あらゆる会社が直ちにメタンガスの漏出とそれ以外の稼働中の一時的放出を止める必要がある。

化石燃料会社には業界の中期目標にとどまらず、個別に**取り組みのペースを上げ、２０２５年までにメタン排出をゼロにする計画を策定してもらわなければならない。**石油・ガス会社に必要なのは、現場での測定と監視、設備のアップグレードに向けた戦略だ。多くの会社がいまだにバルブを流れるガスの圧力に応じてメタンを放出するよう**「設計された」**バルブを使っている。この旧式の設備をガスを逃さない近代的バルブに交換するのは簡単だ。技術はすでに存在しており、バルブ１個あたりの費用はわずか３００ドルだ。[*35]

業界が責任を果たそうと動き出すなか、「メタンＳＡＴ」は放置されたまま報告もされない漏出を検知することに力を入れる。一時的放出を法的に禁止し、取り締まりを強化する必要がある。

オバマ政権最終盤の２０１６年、アメリカ環境保護庁がすべての新設石油・ガス開発サイトを対象に、漏出の探知と修繕を義務づけるメタン汚染防止法案をまとめた。しかしトランプ政権が施行を先延ばしするなか、アメリカのフラッキングサイトからの漏出は２０１８年から２０２０年にかけて急増した。[*36]　２０２１年４月、バイデン政権は放棄された坑口からの漏出など、メタン漏出対策をインフラ法案の中核要素に位置づけた。

国や規制当局は採掘・掘削活動の統制にもっと厳しい姿勢でのぞむべきだ。新設か既設かを問わず、あらゆる施設で漏出を適切に管理するよう法律を厳正に施行しなければならない。「漏出のなかには意図的なものもある」とフレッド・クラップは指摘する。安全上および経済的理由から余剰ガスを施設内で焼却する行為はフレアと呼ばれるが[*37]、これは不必要な排出であるうえに天然ガスの浪費なので、厳格に規制すべきだ。メタンを大気中に直接放出するオープン・ベントは完全に禁止しなければならない。

すべてを電化する

カリフォルニア州を誇らしく思う住民の1人として、4期にわたり知事を務めたジェリー・ブラウンには拍手を贈りたい。気候問題が世界的関心事になるはるか前から、ブラウンは環境保護の先頭に立ち、数々の「世界初」の法律を成立させてきた。1977年には屋上ソーラーパネルの設置に対する税控除という先例のない制度をつくった。翌年には建物と家電に初の燃費基準を設けた。1979年には世界で最も厳しいスモッグ対策、有鉛ガソリンの禁止、原子力発電のモラトリアム（稼働停止措置）、海底油田の掘削禁止の法案に署名した。

世界の国々と比較しても経済規模は第5位に入るカリフォルニア州だが、改革の手を緩めることはなかった。２００３年にアーノルド・シュワルツェネッガーが知事に選出されると、先進的な気候対策は超党派の取り組みとなった。シュワルツェネッガー知事が２０５０年までに温室効果ガスを80％削減するという目標を掲げる「地球温暖化対策法（AB32）」に署名したことで、カリフォルニア州は気候問題における押しも押されもしない世界的リーダーとなった。

２０１１年に知事に復帰したジェリー・ブラウンは、前回の知事時代からの宿願である画期的法案に署名した。翌年に退任を控えた２０１８年、２０３０年までに電力の60％をクリーンエネルギーに、２０４５年までにその比率を１００％に引き上げる知事令に署名したのだ。電力の１００％をクリーンエネルギーでまかなうと宣言した地域としては世界最大である。

だが国単位で見ると、アメリカは相当立ち遅れている。住宅やレストランのほぼ半分は、依然としてガスレンジやガスコンロを使っている。[*38] 料理人の多くは電気式コンロに切り替えるのに及び腰で、ガス会社は生活者の化石燃料志向を煽るようなマーケティングキャンペーンを展開している。

だが非営利の消費者団体コンシューマー・レポートによる包括的実験では、加熱する、煮込む、焼くといったほとんどの調理作業において、オール電化のＩＨレンジのほうがガスレンジより性能が高いことが示された。ＩＨ調理器は炎の代わりに磁力線を発生させてエネルギーを生み出し、鍋やフライパンを温める。火口がないのでガスレンジより安全で、大気中に放出される有害な煙も少ない。「店に大型ＩＨレンジを設置して正解だった。ガスには絶対戻らない」と、ミシュランの星を獲得したロンドンのレストラン《ピジン》の共同オーナー、ジェームズ・ラムスデンは語る。トーマス・ケラー、リック・ベイレス、ミン・ツァイといったスーパースターシェフもＩＨ派だ。あらゆる地域の建築基準で、新築の建物ではＩＨの設置を義務づけるべきだ。既存の建物には優遇策を設け、徐々にＩＨへの転換が進むよう促すといい。

オール電化のIHレンジの性能はほとんどの調理作業においてガスレンジをしのぐ

すばらしきエネルギーの未来

調理器具、住宅の暖房、自家用車が電化されれば、多くの州で長年横ばいだった電力需要は再び増加するだろう。**将来的な負荷に備えるため、そして太陽光や風力といった多様な電源からの電気の流入に備えるため、送電網をアップグレードする必要がある。**アメリカの送電網はどう見ても老朽化している。リアルタイムに需要に対応し、高圧線を使って長距離送電を実施するためには、送電網の大幅な改修が必要だ。

電力会社のなかには、他社に先駆けてこうした取り組みを進めているところもある。数千台のサーモスタットに埋め込まれた半導体チップとソフトウエアをつないだ「デマンドレスポンス（需要応答）システム」を導入した会社も何社かある。地域の電力需要が逼迫したとき、「スマート・グリッド」が空調を抑えることに同意した消費者に料金の払い戻しをする仕組みを取り入れ、ピーク時の電力使用量を抑えられるようにしている。もう1つのアプローチが「ネットメータリング」だ[*39]。屋上ソーラーシステムを設置している住宅の発電量が消費量を上回ったとき、余剰電力を送電網に送り込めるようにする。太陽光発電システムを設置した家庭の電気料金を削減するだけでなく、地球にもやさしい仕組みだ。

世界中でゼロエミッション・エネルギーの発電量が急増する一方で、さらに重大な課題が生じている。現在、世界の発電量は2万7000テラワット時だが[*40]、近い将来これではまったく需要を満たせなくなるのだ。国際エネルギー機関（IEA）の推計では、電気自動車の台数が数千万台増加するなど、2050年には少なくとも5万テラワット時の発電設備容量が必要になる。イーロン・マスクやリン・ジュリックが当初から理解していたように、住宅に太陽光発電システムを設置すると、ガレージがガソリンスタンドになる。

住宅に太陽光発電システムが設置されると、自宅ガレージがガソリンスタンドになる。

With solar homes, people's garages become their gas stations.

エネルギー効率を高める

長い間、国家経済の成長はエネルギー使用量の増加と連動していた。一定額のＧＤＰを生み出すのに必要な電力はおおよそ決まっている、と多くの人が信じていた。それに一石を投じたのが、オックスフォード大学出身の物理学者、エイモリー・ロビンスだ。電気使用量を大幅に減らしても経済成長は実現できる、と主張したのだ。ロビンスは１９８２年、エネルギー効率向上を推進するロッキー・マウンテン・インスティチュートの共同設立者となった。コロラド州オールド・スノーマスにある自宅は太陽光発電で電力の99％をまかない、省エネ設計の見本になっている。暖炉なしで1年中バナナを栽培する温室まであるのだ。

ロビンスはエネルギー効率が大幅に上昇することは容易に予測でき、それがゼロエミッションの未来への移行を加速するはずだと語る。一例がＬＥＤ照明で、従来型の電球から切り替えることで電気消費量を75％削減できる。[*41] パイプやダクトの設計を効率化すれば、ポンプやファンのシステムの摩擦を90％削減できる。[*42]

２０１０年、ニューヨーク市のエンパイアステートビルから改修のコンサルティングを依頼されたロッキー・マウンテン・インスティチュートは、38％の節電が可能であることを示した。[43] すると他の有名なビルからも続々と依頼が舞い込んだ。「必ずしも技術が改善したわけではない」とロビンスは指摘する。「改善したのはデザインだ。既存の技術をどのように組み合わせるかという選択の問題だ」。エンパイアステートビルでのエネルギー効率の改善は、窓の断熱化、放射障壁の追加、冷暖房システムの最適化がもたらした。あらゆるオフィスビルや家庭でも同じことができる。

アメリカでは電力消費の75%近くを建物が占める。[44] 現在は暖房と冷房で別の機器が使われることが多い。暖房には天然ガスや石油を使ったヒーター、冷房には電気式のエアコンだ。次の大きなステップは古い暖房機を捨て去り、冷暖房を1台でこなす電動ヒートポンプを設置することだ。[45] 優秀な電動ヒートポンプ・システムは暖房と冷房の両方を担い、しかも電力エネルギー1単位を3単位以上の熱エネルギーに転換できる。大型の建物には産業用ヒートポンプがある。この技術はまだ費用は高いものの、すでにみなさんの自宅近くのディーラーで販売されているはずだ。

たいていの人は旧式の冷暖房機器が壊れるまでヒートポンプのことなど考えない。しかし電力会社が隙間充填材、断熱化、「エネルギースター」[46] の省エネ認証付き冷暖房機器への切り替えを促したときのように、ガス機器をヒートポンプに置き換えるのにインセンティブを出すことはできるはずだ。２０１９年だけでエネルギースターの認証制度によって、アメリカ国民の電気料金支出は３９０億ドル抑えられ、国全体の５％に相当する３億９０００万トンの温室効果ガスの排出が抑えられた。**２０１８年時点で、アメリカはエネルギー効率でドイツ、イタリア、フランス、イギリスなどの後塵を拝し、世界第10位という情けない立場にある。**[*47] アメリカ全体がカリフォルニア州と同じペースでエネルギー効率を向上させていたら、現在の二酸化炭素排出量を24％抑えられていたはずだ。[*48]

この分野のポテンシャルの大部分は、まだ手つかずのまま残されている。次世代のエネルギー効率の上昇分は１９７０年代以降のそれを凌駕する、とロビンスは見る。

既存の大手電力会社は来るべき破壊的変化を前にひどく無防備な状態にある。規制の変化からスマートで効率的な送電網まで、さまざまな要因を足し合わせると２０２０年代が終わるまでにこの業界の売上高は半減する可能性がある。屋上ソーラーシステムの設置台数が増えるにつれて、従来の電力会社の収入は減っていく。

送電網は旧式の非効率な化石燃料モデル、すなわち集権型で一方通行で、供給を重視し需要のピーク時には頼りないシステムからゆっくりと変化しつつある。再生可能エネルギーを中心とする未来のスマートな送電網は、分散型で双方向で、顧客重視だ。より効率的であると同時に、レジリエンスも高い。１つ壁となるのは、太陽光と風力発電の間欠性を補い、需要に応じて電気を供給するのに十分な蓄電能力の構築だ。ただ再生可能エネルギーのコスト低下が続けば、送電網には顧客ニーズや地域特性に応じて、より多くのクリーンな電源と蓄電能力を追加していくことができるだろう。調達、エネルギー効率の向上、電気料金体系の１つひとつの変化が、クリーンな送電網の実現に向けた一歩になる。

　これからの30年で人類が成し遂げる新たなエネルギーモデルへの転換は、すばらしい偉業になるだろう。**最終的には化石燃料を使う全発電所を閉鎖する必要がある。**天然ガスは段階的に削減し、石炭は過去のものとする。これは既定路線だ。目標はできるだけ多くの国々で、できるだけ早急に、電力システムを１００％排出ゼロにすることだ。

　ただ地球の気候を守るためには、エネルギー以外の分野にも視野を広げる必要がある。とりわけ食料問題だ。私たちが何を食べるか、それをどのように生産するかが、世界の温室効果ガス排出の相当部分にかかわっている。次章ではネットゼロの未来を実現するために、食料・農業システムをどう変えるべきかを見ていこう。

スピード＆スケール計画：ネットゼロへの道筋

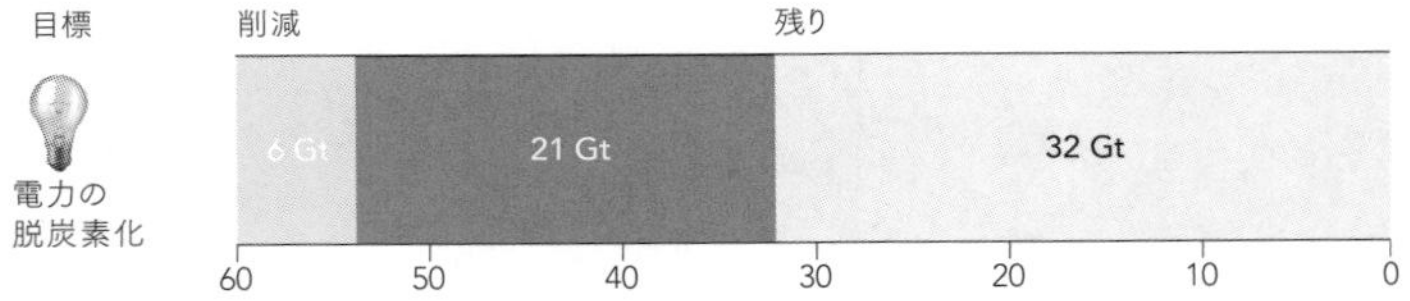

最終的には化石燃料を使う
全発電所を閉鎖する必要がある。
天然ガスは段階的に削減し、
石炭は過去のものとする。
これは既定路線だ。

Ultimately, every fossil fuel power plant will need to be shuttered.
Natural gas must be phased down, and coal consigned to the past —
there is no way around it.

Chapter 3

食料の見直し

Fix Food

Chapter 3

食料の見直し

ドキュメンタリー映画『不都合な真実』が公開されると、気候危機にかつてないほどの関心が集まり、発電や交通の脱炭素化を進めるための抜本的対策を模索する動きが始まった。私がクリーンテック・ソリューション投資に乗り出すはるか以前から、アル・ゴアは公の場で不法な炭素排出を続ける者たちを非難し、有望な技術への支持を呼びかけてきた。アメリカ連邦下院議員に選出されたばかりの頃、28歳の若さで気候変動に関する初の議会公聴会を開かせてから50年。アルは自らの原点に立ち戻った。今回活動の焦点とするのは、気候変動対策のなかでも最も有望な分

野の１つ、食料の生産方法の改善だ。

アルは子供の頃、毎年夏になるとテネシー州カーセージ近郊で家族が経営する農場「ケニーフォーク・ファーム」で働いた。アルバート・ゴア・シニアは息子を連れて農場を歩きながら、一番上質な土のある場所を教えた。川沿いの低地の土は、黒く湿っていた。息子のアルはその土を両手ですくいあげてみた。「黒い土が最高の土なんだ。父は私にそう教えてくれた」とアルは語る。

父の教えを忘れたことはなかったが、「なぜ」豊かな土は黒いのか、その理由を知るのにそれから50年もかかってしまったことが恥ずかしい、と打ち明ける。土が黒い理由は炭素だ。「炭素は密度が高いので、土のなかのあらゆる生物に栄養が行き渡るんだ。しかも炭素には保水効果があり、黒い土ほど水分を保持できる」

顕微鏡レベルで起きていることが、最終的には地球レベルで起きることを左右する。地球の表土は２５００ギガト

テネシー州カーセージにあるケニーフォーク・ファームに立つアル・ゴア

ンの炭素を貯留している、とアルは指摘する。[*1] これは大気中に蓄えられた量の3倍以上にあたる。**ネットゼロを達成するためには土壌がさらに多くの炭素を吸収する必要がある。**改善の余地はきわめて大きいが、私たちは目下、誤った方向に進んでいる。地球の表土は危うい状態にある。過去1世紀にわたり、その3分の1が劣化している。[*2]

ケニーフォーク・ファームに戻ったアルは今、未来の農場の標準となるべき農業のあり方を実践している。「農地全体から納屋、食料生産、住宅に至るまで、すべてが100％再生可能エネルギーで動いている。でも農場で一番重要な要素は表土だ」とアルは語る。栽培するのがレタスでもカボチャでもメロンでも、やるべきことは同じだ。植物と微生物との相互作用を活性化するため、土壌をできるだけ炭素をたっぷり含んだ状態に保つのだ。

1930年代にはきわめて有害な農業活動によってテキサス、オクラホマ、カンザス各州の大平原地帯で土壌劣化が進み、表土の大部分が乾燥し、風で舞い上がるようになった。熱を帯びた砂嵐が建物の上にまで達し、空を覆った。この「ダストボウル」の時代以降、脆い表土を守るうえでの輪作やカバークロップ（被覆作物）の重要性について、私たちは多くを学んできた。この失敗を糧として、リジェネラティブ（環境再生型）農業運動が広がった。
　従来型の農業で使われる耕耘《こううん》機は、土壌の結合組織を引き裂き、自然の生態系を破壊し、二酸化炭素を大気中に放出する。窒素をたっぷり含む肥料は、すでにダメージを受けた土からさらに生産力を引き出そうとする。そのうえ農薬や除草剤がまかれ、川や水源に化学物質が流れ込み、貴重な微生物が死滅する。工業的肥料から発生する亜酸化窒素は、二酸化炭素の３００倍もの熱を閉じ込め、大気中に１００年以上もとどまる。肥料だけで二酸化炭素2ギガトン分の炭素排出になる。[*3]
　すべて足し合わせると、危機的な炭素排出の15％に相当する年間およそ9ギガトンが工業型農業、畜産（特に肉用牛生産）、コメの生産、そして肥料や食品廃棄物からの排出など、食料システムに起因するものだ。[*4] ネットゼロを達成するためには、農業やフードシステムの仕組みを抜本的に改革しなければならない。
　２０５０年には世界人口は現在の70億人から１００億人近くに膨らむ。中産階級の増加によって、肉や乳製品の需要は増加

1930年代、農地の土壌劣化が進み、アメリカ中南部の大平原地帯では「ダストボウル」が吹き荒れた

するだろう。誰もが十分な食料を得られるようにするためには、食料生産をカロリーベースで2010年より60%増やす必要がある。[*5] 以下のOKRには、それに必要なスピードとスケールを織り込んだ。

あらゆる人に十分な食べ物を供給する一方、農業からの排出を削減するためには、ここに挙げた5つの要因すべてに対処しなければならない。**農地の土壌に関するKR（3・1）**は、表土の炭素含有量を基準に、土壌の健全性を改善することを目標とする。リジェネラティブ農業の普及を加速させることで、炭素含有量を高められる。リジェネラティブ農業が広く実践されるようになれば、年2ギガトンの二酸化炭素が土壌に吸収されるようになる。[*6]

肥料に関するKR（3・2）は、現在の二酸化炭素換算排出量が年2ギガトンにもなる窒素ベースの肥料の使用を制限するためのものだ。新たな施肥方法や、施肥のタイミングや位置を精緻化することで、農家は収穫量に影響を及ぼさずに排出を削減できる。それに加えて化石燃料を使わずに肥料を生産する方法を生み出す必要がある。こうした取り組みを合わせれば、二酸化炭素と亜酸化窒素を半減できる可能性がある。

消費に関するKR（3・3）は、牛肉や乳製品の消費を減らすことで、畜産（とりわ

目標3　食料の見直し

2050年までに農業からの温室効果ガス排出量を9ギガトンから2ギガトンに削減する。

KR3.1

農地の土壌

表土の炭素含有量を最低3%に引き上げるような活動を通じて土壌の健全性を高める。

↓ 2 Gt

KR3.2

肥料

2050年までに肥料からの排出量を半減するため、窒素系肥料の過剰な使用をやめ、よりグリーンな代替品を開発する。

↓ 0.5 Gt

KR3.3

消費

排出量の少ないタンパク源を普及させ、牛肉と乳製品の年間消費量を2030年までに25%、2050年までに50%削減する。

↓ 3 Gt

KR3.4

コメ

稲作農業からのメタンガスと亜酸化窒素の排出量を2050年までに50%削減する。

↓ 0.5 Gt

KR3.5

食品廃棄物

食料生産に占める食品廃棄物の割合を、現在の33%から10%に引き下げる。

↓ 1 Gt

け畜牛）による炭素排出を減らすことを目指す。そのためには牛肉や乳製品に対抗できる植物ベースの代替品の質を高め、スケールし、排出量の多い食品からの移行を進める必要がある。炭素排出量の表示や食生活ガイドラインを示せば、消費者がより良い食品の選択を促すことができる。

稲作のメタン排出に関するKR（3・4）は、世界の多くの国の主食であるコメの必要生産量をまかないつつ、水田からのメタン排出を抑えることを目指す。

食品廃棄物に関するKR（3・5）は、生産や輸送の過程で、あるいは小売店や消費者によって廃棄される食品からの炭素排出を抑えようとするものだ。今日、世界で生産される食品の3分の1が無駄になっている。[*7] そのほとんどが埋め立てごみとなり、二酸化炭素換算排出量は2ギガトン近くに達する。[*8] 大部分がメタンガスだ。食品廃棄物の削減は、生産段階の環境負荷も抑える。食品をムダにするのは、その生産に使われた電力や水もムダにすることに等しい。

表土の比類なきポテンシャル

なぜ土壌がそれほど重要なのか理解するためには、その働きを理解する必要がある。土は長い時間をかけてつくられる。[*9] 炭素をたくさん含んだ植物や動物の死骸が昆虫やヤスデによって分解され、それがさらにバクテリアに分解される。こうして生み出された有機物は炭素を貯蔵し、植物の栄養分にもなる。ダメージを受けていない健康な土のなかには、植物の根っこや菌類、ミミズがつくるたくさんの孔《あな》が網の目のように広がっている。[*10] この微細なトンネルのおかげで植物の根は土の奥深くまで伸びていくことができ、また土が水を保持する力も高まり渇水への抵抗力が高まる。

リジェネラティブ農業とは、土壌が炭素を貯留する能力を高めるような農法および放牧の方法を、協調的に組み合わせたものだ。

有機物を再生産し、土壌の生物多様性を回復させるのだ。リジェネラティブ農業では伝統的な耕起・耕耘（農地を耕し、整地する）作業を控える。地中にある有機物が酸素にさらされ、分解が早まり、二酸化炭素が大気中に放出されるのを防ぐためだ。その代わりに不耕起農家は表土に浅く、トウモロコシの穀粒くらいの小さな穴を何千個と開けていく。作物の種は表土へのダメージを最低限に抑えながらまいていく。根は地中深くまで伸びるようになり、その過程でより多くの栄養分や水分を吸収していく。リジェネラティブ農業が世界の農地に占める割合は２００４年には７％未満だったが、[*11]今では不耕起農業はアメリカでは21％に拡大し、[*12]南米の農地では過半を占めるまでに広がっている。[*13]

実は不耕起農家が実践しているのは、何世紀にもわたって有効性が証明されてきた農法だ。ただヴァーツラフ・スミルが指摘するように、産業革命以降、人口増加が進むなかで、既存の耕作地の収穫量を高めるより、新たに農地を開拓したほうが、人手がかからなくなった。[*14]19世紀にはこの傾向が加速した。農家は劣化した土壌を豊かにするより、森林を伐採し、草原を焼き払って作付面積を増やしていった。20世紀になると農業の工業化が進み、既存の農地の収穫量が増え、単位面積あたりの利益は増えたが、その代償として炭素排出が増加した。

リジェネラティブ農業は化学肥料や農薬に依存する近代的農業への挑戦だ。農家はクローバーのようなカ

耕起を減らすことが根や土壌を健康にする

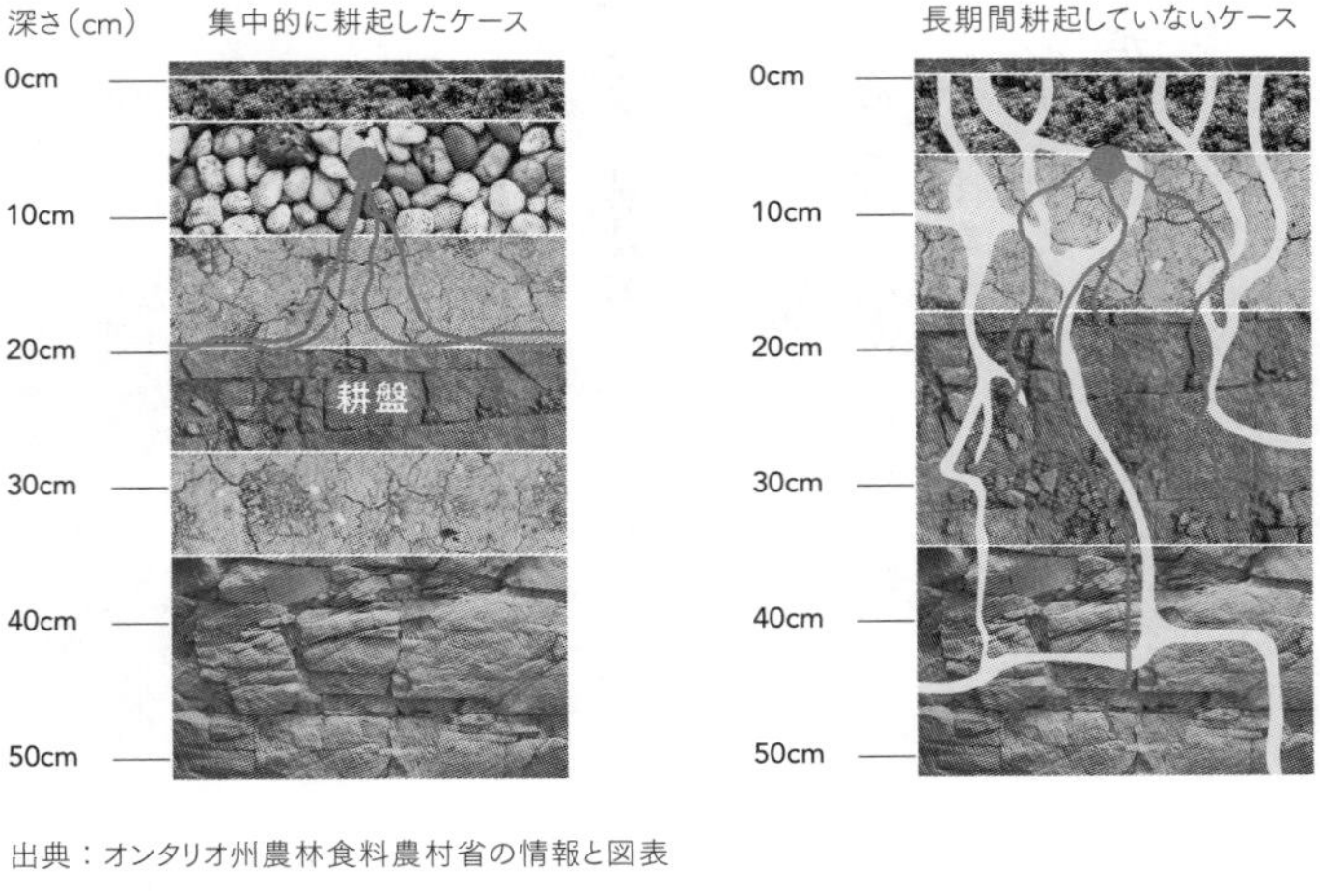

出典：オンタリオ州農林食料農村省の情報と図表

リジェネラティブ農業

リジェネラティブ農業では農地の健全性を高めるような栽培方法を実践する

生物多様性を高める

土壌の栄養分や自然な分解を促進し、害虫を捕食する益虫を引き寄せる

カバークロップ

商品作物の収穫後に栽培される植物で、放牧された牛などが食べることもあれば、それ自体が商品作物になることもある

輪作

土壌から失われるものと、補充されるもののバランスが自然にとれるように作物を選定する

畜産を統合する

動物と植物を組み合わせ、循環的エコシステムを構築する

農薬と化学肥料を最小限にする

化学物質は生物多様性を破壊し、流出により河川を汚染する

耕耘を最小限にする

土壌への介入を最小限にとどめることで、土壌の健全性が高まり、浸食を防止できる

出典：EITフード

バークロップを使って土壌に養分を与え、雑草が生えるのを防ぐ。カバークロップが枯れたら堆肥となり、自然な腐葉土と養分の層ができる。世界の農地の25%にカバークロップを植えれば、大気中から年間０・５ギガトンの二酸化炭素を吸収すると同時に、渇水を防ぐのに役立つ。[*15] ２０１９年にはアメリカだけで約8万１０００平方キロメートルの農地が洪水被害を受けた後、休閑地となった。[*16] リジェネラティブ農業では洪水があってもより多くの土壌を保持できるため、水が引けば再び農地を使用できる。

昔ながらの再生的手法といえる輪作は、土壌に不可欠な養分を回復させる。放牧の管理を適切に行えば、化学肥料を家畜の糞尿堆肥に置き換えられる。両者を組み合わせれば、年によって牧草地の一部を休ませる輪換放牧を実施できる。リジェネラティブ農業でよく使われるもう1つの手法が、放牧地に森林を含める林間放牧だ。「牧草地を歩いているとよくわかるが、木があるほうが農地は豊かになる」とアル・ゴアは語る。

総合的に考えれば、リジェネラティブ農業のほうが工業型農業よりも収益力は高まる可能性がある。それにもかかわらず大規模な工業型農業生産者は現状を維持しようとする。短期的な移行費用が多くの農家に負担できないほど高額になることも

森林の間伐をきちんと実施すると、夏の暑さからくる放牧動物のストレスがやわらぎ、下草の生育に十分な太陽光が差し込む。樹木は木材となり、草は干し草やバイオ燃料になるなど、林間放牧は農家の収入源を多様化する効果もある。

ある。リジェネラティブ農業への移行を加速するためには、政府が農家や起業家にこうした新たな解決策を採用するためのインセンティブを提供しなければならない。

過剰な肥料の使用をやめる

亜酸化窒素は大気中に熱を閉じ込める作用が大きく、温室効果ガスのなかでも特に有害だ。[*17] 量は比較的少ないものの、世界の排出量の5%を占める。亜酸化窒素のほとんどは、アメリカのトウモロコシ農家が好んで使う肥料から発生している。天然肥料の多くも亜酸化窒素を含んでおり、代替品としてあまり好ましくない。

ワールド・リソース・インスティチュートによると、亜酸化窒素の排出はマメ科植物のようなカバークロップによって抑えることができる。[*18] マメ科植物が育む微生物が大気中から窒素を吸収して、植物が取り込めるかたちに換えるからだ。農業版タイムリリース・カプセルともいえる硝化抑制剤を使えば、亜酸化窒素の排出をさらに抑制する効果がある。

自動車の燃費基準を参考に、政府が窒素効率の基準を設ければ、肥料会社は農地における自社製品の影響をクリーンにするよう努力するだろう。基準を金銭的インセンティブと組み合わせれば、効果はさらに大きくなる。

化石燃料由来の水素と大気中の窒素を融合させ、アンモニアを発生させる合成肥料の製造プロセスは、炭素を大量に放出する。[19] 高熱と超高圧を必要とするからだ。よりクリーンな代替品として、世界中の会社が太陽光や風力から「グリーンなアンモニア」をつくろうとしている。短期的には肥料の使用を減らすことが排出削減につながる。[20] 長期的には排出を大幅に削減するため、よりクリーンな合成肥料の製造方法を開発する必要がある。

メタンの脅威

私は高校時代の夏休み、《バーガーシェフ》というファストフード店でアルバイトをしたことがある。ハンバーガーづくりに優れた腕前を発揮したので、店長に就職を勧められたほどだ。「ドーア、キミはハンバーガーとの相性が抜群だ」と（きょうだいにこの発言を伝えたら爆笑された）。この仕事から私は2つの重要なことを学んだ。1つひとつの仕事をきっちりやること、そしてアメリカ人のハンバーガーへの深い愛だ。

だが一般的な食品のなかで圧倒的に炭素排出量が多いのが肉牛だと学んだのはずっと後のことだ。

アメリカの国民1人あたりの牛肉消費量は、アルゼンチンに次ぐ世界第2位だ。[*21] 一般的なアメリカ人は毎年、自らの体重を上回る赤身肉（牛や豚など）や鶏肉を消費する。[*22] その量は平均およそ100キログラムにのぼる。ファストフード業界にとってはありがたい話で、世界全体の売上高6480億ドルのうち、3分の1をアメリカが占める。[*23] この大盛況のビジネスの炭素排出量を考えると、問題の深刻さがわかるだろう。

気候危機についてまじめに議論しようと思えば、メタンガスの問題は避けて通れない。その大部分は畜産と食品廃棄物から発生している。両者を足し合わせると温室効果ガス全体の12%、二酸化炭素換算で年7ギガトンに達する。[*24] 容易に推察できるが、とりわけ牛が最大の排出源で、4・6ギガトン。[*25] **世界中で飼育されている10億頭の牛が1つの国だとすると、中国とアメリカに次ぐ世界第3位の排出「国」となる。**肉牛と乳牛だけで家畜類からの排出の3分の2以上を占め、豚、鶏、羊、ヤギ、アヒルなど他のすべての家畜を足し合わせた以上の気候への脅威となっている。

ハンバーガーを食べるとき、あるいはペパロニピザを食べるとき、炭素排出のことを考える人などまずいない。しかしこのような日々の食事は、牛の餌となる穀物を育てる肥料から、牛の消化プロセス（ゲップなど）[26]に至るまで、生産サイクルの各段階で途方もない量の炭素を排出する。それに加えて体重５００キログラムの乳牛が日々排出する約36キログラムの糞尿[27]からも炭素は発生する。

　農地の75%は、私たちの食料となる動物の肥育や飼料の栽培に充てられている。[28]しかし家畜から得られるタンパク質は、世界のタンパク質の37%、カロリー数ではわずか18%を占めるに過ぎない。[29]大量の温室効果ガスを吐き出すというだけでなく、畜産は採算も効率も悪い栄養源だ。

　世界のカロリー需要が高まるなかで、利用可能な土地はますます希少になっていく。世界人口の相当部分の所得が上昇すれば、食肉や乳製品への需要も高まるだろう。それによって農地や放牧用の土地を開拓する圧力が高まり、森林破壊の大きな要因となる。ネットゼロの実現にとっては二重にマイナスだ。１つは家畜からのメタンガスの排出、もう１つは樹木が焼却あるいは腐敗していくときに発生する炭素だ（スピード&スケール計画には、あらゆる森林破壊を止めることが含まれている。これは次章のテーマだ）。

　気候変動に関する文献のほとんどは、食料生産における大規模な排出削減には悲

食品1キログラムあたりの炭素排出量

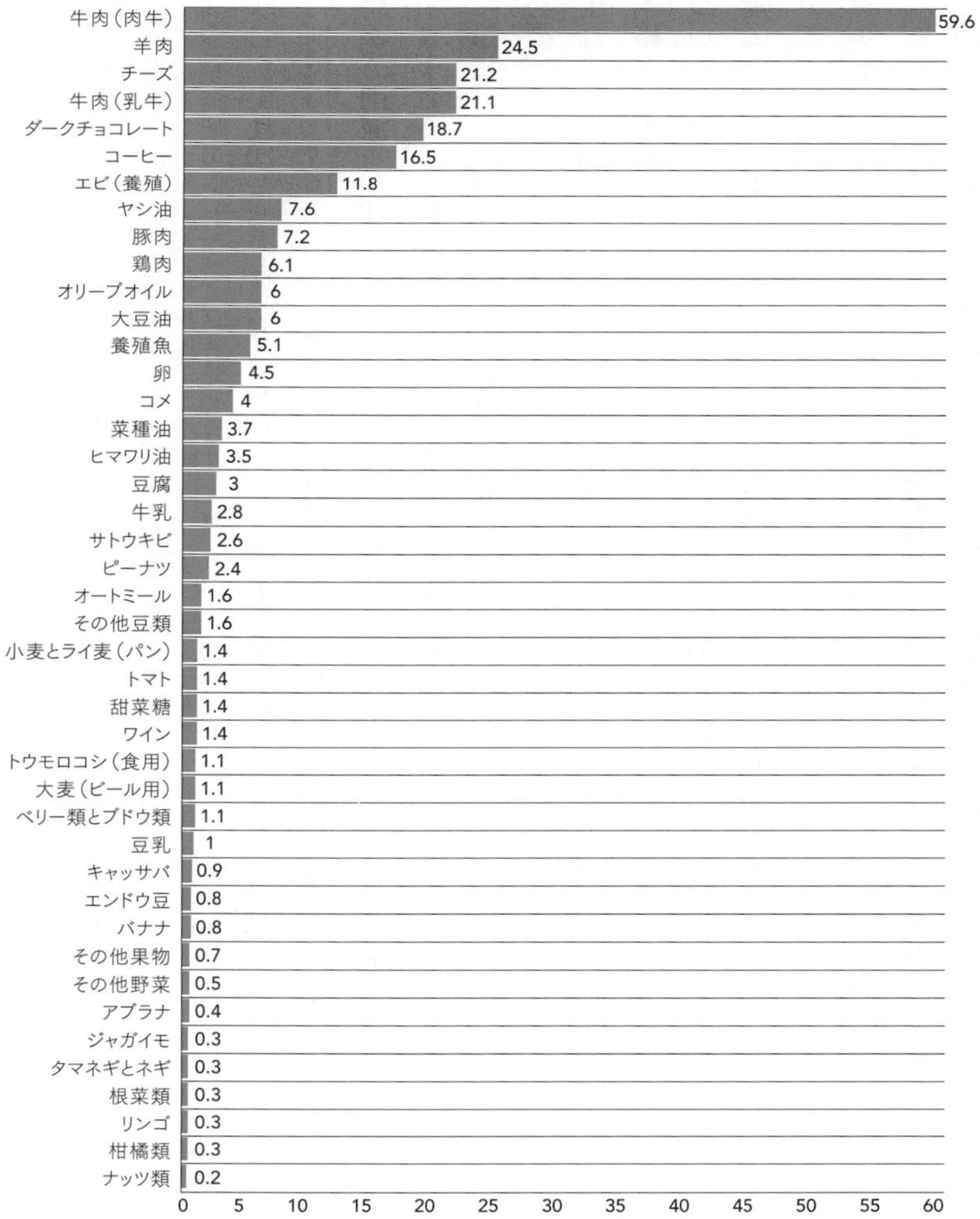

温室効果ガスの値はサプライチェーン全体の排出量を反映している

出典：ジョセフ・プーアとトーマス・ネメセクのデータおよびOur World in Dataの図表

観的だ。私もその難しさを軽く見るつもりはない。２０５０年までに地球人口は１００億人近くに達し、その誰もが食べたいものを食べたいと願う。ここまで見てきたように、とりわけアメリカ人は牛肉やチーズが大好きだ。

ではどうすれば人々の食欲を満たしつつ、畜産や農業からの炭素排出をギガトン単位で削減できるのか。この分野からの温室効果ガスを完全にゼロにすることはできないが、削減を加速し、２０５０年までに年間2ギガトンという対処可能な水準まで引き下げることは間違いなく可能だ。しかしこのような部分的緩和を達成するにも、市場、イノベーション、教育、政策、測定といったさまざまな要因を集結させる必要がある。

変化はすでに始まっている。植物ベースのタンパク源は、食肉の有力な代替品として本格的に市販されるようになった。こうした炭素排出の少ない食品の食味は改善しつづけており、トップレベルのものは牛肉や豚肉と遜色ない水準に近づいている。幅広いスーパーやレストランで入手可能になっており、しかも急速にスケールしている。

供給サイドを見ると、家畜の飼料に天然の添加物を混ぜることで、腸からの炭素排出（例のゲップ問題）を抑える有望な研究が進んでいる。カリフォルニア大学デービス校の研究によると、飼料に少量の海藻を混ぜることで、炭素排出をなんと82％も抑えることができるという。[30]

　教育も非常に強力な手段だ。アメリカ食品医薬品局が1994年に始めた栄養成分表示は、健康な食生活の推進に結びついている。[31]アメリカ人の平均摂取カロリーは7％減少し、野菜の摂取量は14％増加した。同じような方法で、気候に関する食品表示によって、消費者に地球にやさしい選択を促し、低炭素食品の市場拡大につなげられるかもしれない。デューク大学の研究では、消費者は「食品からの炭素排出を過小評価しており、食品表示によって選択を支援できる」ことが明らかになっている。[32]

　2019年にはデンマークが他国に先駆けて、食品を販売する店舗での「環境価格表示」を提案した。[33]「食品は個人が気候変動と闘うための最も強力な手段だ」と、気候表示を採用したレストランチェーン、ジャストサラダのサンドラ・ヌーナン最高サステナビリティ責任者は語

気候への影響を明確に表示することが消費者の選択の指針となる

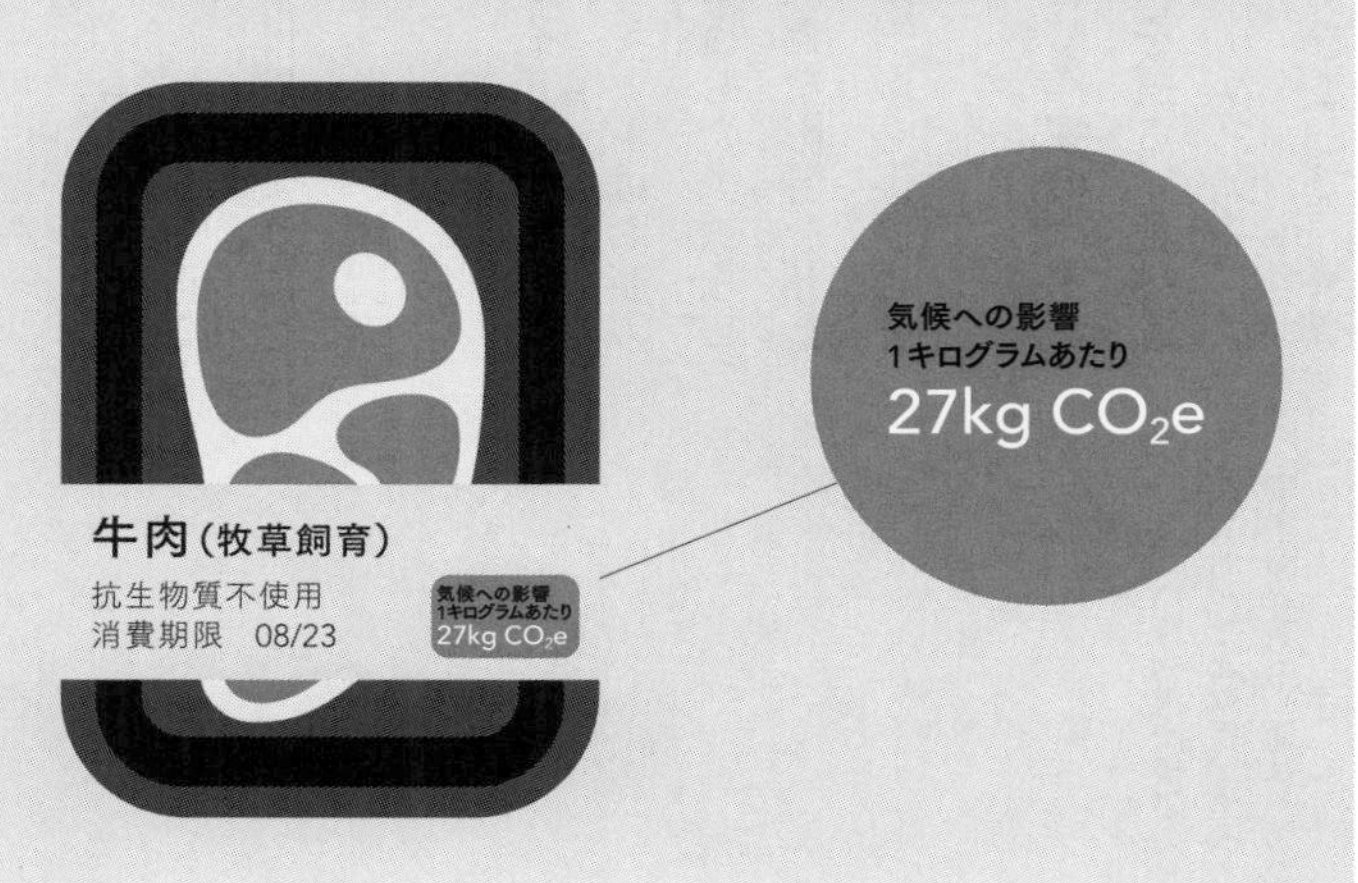

る。

　２０２０年、アメリカの大規模チェーン店《パネラ・ブレッド》は「気候にやさしい」食品表示を始めた。ワールド・リソース・インスティチュートと組み、低炭素メニューに「クールフード・ミール（優れた食材を使用）[*34]」マークを付けるようにしたのだ。それに加えて炭素排出量の数値データをわかりやすく表示すれば、消費者の意思決定にさらに役立つはずだ。

　１９９２年にアメリカ農務省は、国として初の公式な食生活のガイドラインとなる「正しい食生活のピラミッド」を発表した。２０１１年にはピラミッドはお皿の図に変化した。２０２０年には一段と野菜や穀物中心になった。こうした公式なガイドラインは学校給食や社員食堂、個人の選択など国民の食事に大きな影響を与えてきた。消費者に牛肉や乳製品を避け、植物ベースのタンパク質の摂取を促すことで、政策立案者は低炭素食品の需要を喚起できるかもしれない。

　気候に最適化された食事とは、どのようなものだろう。植物学者で作家のマイケル・ポーランのシンプルなアドバイスはこうだ。「栄養のある食べ物を摂る。食べ過ぎない。主に植物を選ぶ」。ジョンズ・ホプキンス大学の研究は「3分の2ヴィーガン・ダイエット[*35]」、すなわち肉や乳製品の摂取を1日1食分に制限することで、家畜

美味しい植物肉や植物ミルク製品ができれば、食べる量を制限する必要は一切ない。

気候にやさしい食生活：果物と野菜をたっぷり、
動物性タンパク質は控えめに

出典：カナダ政府

からの炭素排出を60%も抑えられるとしている。

ハンバーガーを再発明する——ビヨンド・ミートの物語

２０１０年、クライナー・パーキンスの若きパートナーであるアモル・デシュパンデが、世界的な食料不足に関する報道を読んで危機感を募らせ、植物性タンパク質で肉の食感や食味を再現する技術を探しはじめた。その年の暮れ、ちょうど私が牛からの炭素排出の重大さに気づきはじめた頃、アモルはイーサン・ブラウンという長身の男性をプレゼンテーションに招いた。身長１９５センチ、ジーンズにＴシャツ姿のイーサンの印象は強烈だった。私が何よりも感銘を受けたのは「植物ベースのマクドナルドをつくる」という彼のビジョンと、「本物の肉」と味の面でも勝負できる、１００％天然の植物ベースのハンバーガーをつくることへの情熱だ。

イーサン・ブラウン

Ethan Brown

父がメリーランド大学の教授だったので、私はワシントンＤＣとメリーランド州カレッジパークで育った。父は都会的な暮らしが好きではなかったので、ひまさえあればメリーランド州の山間部に所有していた農場で過ごした。農場を買ったのは余暇を楽しむため、そして自然保護のためだったが、もともと起業家精神あふれる父だったので、すぐに１００頭のホルスタイン種を飼育し、牛乳を生産するようになった。

私は自宅や納屋、小川や森で出会う動物たちに夢中になった。最初に抱いた将来の夢は、獣医になることだった。

子供時代の私はよく肉を食べた。この体格からもわかるように、おそらく大方の人よりたくさん食べただろう。お気に入りのファストフード・メニューの1つが、地元の名店《ロイ・ロジャース》のハムとチーズがたっぷり入った《ダブルRバー・バーガー》だ。成長するにつれて、農場での楽しい時間を思うと、食べ物（ハム、チーズ、牛肉）とその原料となった動物たちを切り離して考えられなくなった。

時計の針を一気に20代前半まで進めよう。あるとき私はメリーランド大学の父の研究室で、父と進路について話し合っていた。父はとても大切な問いを投げかけた。「世界で一番大切な問題はなんだい？」。私は気候変動だと思った。気候が崩れたら、他のすべてが成り立たなくなる。

そこで大学を卒業し、しばらく海外で働いた後、私は気候にやさしいクリーンエネルギーの分野で働くことにした。順調にキャリアを積み、結婚し、子供が生まれ、住宅ローンを組んだ。そんなか2つの要因が重なった。1つは30代に入った頃、自分の子供たちをとりまく食料システムが昔とほぼ変わっていないことに気づき、彼らがかつての私と同じようなジレンマや限られた選択肢に直面するのかと思うと、いたたまれない気持ちになったことだ。もう1つは動物や農業に対する個人的関心と、エネルギーや気候問題を専門とするキャリアが重なりはじめたことだ。たとえばクリーンテックのカンファレンスに出ると、数千人の専門家が集まって燃料電池やリチウムイオン電池のエネルギー効率や密度をいかに高めるかという議論をした後、そろって夕食にステーキを食べに行ったりする。家畜から大量の炭素が排出されることを知っていた私は、ステーキ皿の上で途方もないソリューションが発見されるのを待っているような気がした。

20代の末には、私の食生活は完全に植物ベースになっていた。現在のビヨンド・ミートの原型として、最初に思い描いたのは植物ベースのマクドナルドだった。だが間もなく必要なのは店以上に優れたプロダクトであることに気づいた。優れたプロダクトを実現するためには、「肉の代用品」を考えていてはダメだ。私自身がエネルギー業界で目の当たりにしてきたように、科学と技術を応用し、大規模な資金を投じて、「代替品」や「代用品」から発想を転換する必要がある。植物から肉そのもの、すなわち植物肉をつくることを目指すべきだ。

決定的なブレークスルーとなったのは、肉をその原料となった動物（鶏、牛、豚など）から考えるのではなく、成分から考えるように視点を切り替えたことだ。突き詰めれば、肉は5つの要素に行き着く。アミノ酸、脂質、少量の炭水化物、微量元素、そしてもちろん水だ。動物は植物を食べ、それを筋肉細胞、すなわち私たちの言う肉に換える。だが今日の技術をもってすれば、動物というバイオリアクターを使う代わりに、こうした主要な材料を直接植物から取り出すことができる。そして動物以外のシステムを使い、そうした材料を組み合わせて肉というおなじみの構造をつくればいい。

私は世界中に目を凝らし、このソリューションに役立ちそうな技術を探した。ようやく見つけたのが、植物性タンパク質の結合を分解し、筋肉と同じような筋構造に組み立て直す方法を研究していたミズーリ大学の２人の研究者だ。会社を立ち上げた２００９年に私は２人と連絡をとり、自己紹介をした。じっくり話し合った末に、幸い２人は私と組むことを了承してくれた。それからメリーランド大学に追加的研究への支援を求めた。２つの大学の協力を得て、数年の歳月を経て有望な試作品が完成した。

イーサンはクライナー・パーキンスにやってきて私たちに自らのビジョンを伝えるまでに、すでに親族や友人から借りたお金で古い病院の建物のなかに実験用キッチンをつくっていた。イーサンとの交流が深まると、これほどまっすぐな人には会っ

たことがないと思うようになった。多くの人たちに肉を焼き、味わうという大好きな経験を続けさせてあげたい、ただしそれを肉の代わりに豆類や種子油を使って実現するのだという目標にコミットしていた。最もサステナブルな穀物を選び、そこから抽出したタンパク質で牛肉と同じ生化学的特徴を持つ「肉」をつくる。牛は一切使わない。イーサンは風貌こそかつてのヒッピーのようだったが、科学と消費者の試食調査に裏打ちされた健全な事業計画を持っていた。しかも私たちは会社名に惚れ込んだ。「ビヨンド・ミート（肉の先へ）」。クライナー・パーキンスは誕生したばかりのイーサンの会社にとって、初めての大口出資者となった。

イーサン・ブラウン

創業から何年か過ぎ、その間良い時期も悪い時期もあった。私は25万ドルあまりの自己資金を投じたが、ビヨンド・ミートを本物のビジネスにするためには数百万ドルの資金が必要だった。クライナー・パーキンスのチームがリスクを取ってくれたおかげで、他の投資家も出資してくれ、ビヨンド・ミートはようやく動き出した。

２００９年末に牛肉（のような）製品を市場に投入したものの、筋構造と食味の両面で私自身が画期的と思える植物ベースのチキンフィンガーを発売できたのは

2012年のことだ。高級スーパー《ホールフーズ》が総菜セクションで大々的に売り出してくれたうえに、マーク・ビットマンがニューヨーク・タイムズ紙日曜版で特集記事を書いてくれた。しかもアーティストの手による頭部がブロッコリーの鶏のイラスト付きで。ビヨンド・ミートにとって最高の思い出だ。

2016年には精肉コーナーで《ビヨンド・バーガー》を販売しはじめた。牛を原料とする牛肉のすぐ隣で売られるのだ。最初は《ホールフーズ》だけだった販路はその後全米に、今では世界に広がっている。100%天然の素材からつくられ、消費者が調理する生の状態で提供されているこの製品は、当社にとって新たなブレークスルーだった。バージョン3・0を発売する現時点でも、《ビヨンド・バーガー》(およびその他の当社製品)と動物性タンパク質でできた本物との間には相当なギャップがある。「ビヨンド・ミート・ラピッド」や「レレントレス・イノベーション・プログラム」を立ち上げ、差を埋めようとしているところだ。幸い、いつの日か本物の肉と完璧に見分けがつかない製品をつくるまでに、材料面で壁の突き当たることはなさそうだ。

2019年には再び大きな成果が得られた。マクドナルドがカナダのオンタリオ州西部にある一部の店舗で、私たちが開発した専用のパティを実験的に使用しはじめたのだ。ある晩トロントで遅くまでミーティングをした後、私は2時間ほどかけて車で複数の店を回り、ビヨンド・ミートの製品を食べてみた。本当に美味しく、私はその時間を心ゆくまで楽しんだ。駐車場に戻ったときには途方もない感謝と安堵に襲われた。かつては夢に過ぎなかったことが、いまや現実になったのだ。

成長するためには、もっと資本が必要だ。株式を公開すべき時が来ていた。2019年5月の上場初日、私を含めて誰もが驚いた。公募価格の2倍以上の初値が付き、それから数カ月で株価は4倍になったのだ。突如としてビヨンド・ミートの名は知れ渡った。

人類の祖先が動物の肉を食べはじめたのは、200万年以上前のことだ。この食物の選択と、のちの火の使用の発明によって栄養素密度が高まった。それまで大量の草や植物を食べていたのが、サバンナでエネルギーバーを発見したようなものだ。それほど多くの素材を消化し

ビヨンド・ミートは2024年までに牛肉を使ったハンバーガーとの価格パリティの実現を目指している

なくて済むようになり、人間の胃は縮小した。急成長を遂げる脳が使用できるエネルギーが増え、脳の大きさは倍になった。今日、私たちはこの頭脳と技術を使って「肉」を動物から切り離し、自らの健康、気候、天然資源、そして動物の福祉を改善することができる。それは私たち自身のためであり、また未来の世代のためでもある。まさに革命的変化であり、それが私と仲間たちに尽きることのないエネルギーを与えてくれる。

ビヨンド・ミートの販売先は80カ国11万８０００カ所に達した。そこには広大な中国市場も含まれている。世界最大規模の外食店チェーンであるマクドナルドやヤム・ブランズとは戦略的なグローバル契約を結んだ。ただこれはほんの始まりに過ぎない。最近の消費者調査では、植物ベースのハンバーガーを購入する顧客の90％以上がヴィーガン（完全菜食主義者）でもベジタリアンでもなかった。[*36] 市場の広がりは植物肉の持続性のあらわれだ。このカテゴリーは２０２０年に前年比45％成長した。[*37] 成長曲線に頭打ちの兆しはない。[*38] ビヨンド・ミートの新たな目標は、２０２４年までに牛肉との価格パリティを実現することだ。[*39]

気候問題の解決に挑むイーサン・ブラウンが身を置くのは、きわめて競争の激しい業界だ。ビヨンド・ミートの最大のライバルはインポッシブル・フーズだ。同社は「ヘム」と呼ばれる大豆から抽出される血液のような分子を使い、独自のバーガーを開発した。２０１９年にはバーガー・キングが全世界で《インポッシブル・ワッパー》を発売した。この年、新たに市場に参入したのがタイソン・フーズで、看板製品は豆のタンパク質からつくったチキン風ナゲットだ。国内の大手食肉メーカーはこうした流れに抗おうとせず、むしろ自らの市場シェアの確保に乗り出している。植物肉はパック詰め食肉市場の３％近くを占めるまでになった。これは植物性ミルクの10年前の状況に近い。

培養肉（合成肉、研究室育ち、あるいは細胞ベース肉などとも呼ばれる）も未来の代替タンパク質市場の一角を占める。動物の筋肉、脂肪、結合組織の生検をして、取り出した細胞を栄養分豊富な血清で培養する。こうして合成された肉はヴィーガンでもベジタリアンでもなく、価格も動物由来の自然肉より高い。だがその生産が広がれば、炭素排出量を削減できる可能性がある。メイヨークリニックの心臓専門医で、アップサイド・フーズのCEO兼共同設立者も務めるウマ・ヴァレティは、同社の自己再生細胞技術によって「食肉生産プロセスにおける動物の犠牲を完全になくすことができる」と語る。[*40]

乳製品のジレンマ

消費者を本物の肉から植物肉に転向させるのは望み薄だと思う人は、スーパーのミルク売り場の最近の変化を考えてみてほしい。すでにアメリカのミルク売上高の15%を、オート麦、大豆、アーモンドなどの植物由来の原料からつくられた製品が占めている。[*41] 植物性ミルクのグリーンプレミアムがゼロに近づくなか、市場シェアは年々高まっている。消費者がどの植物性ミルクを選んでも、酪農でつくられた牛乳よりも炭素排出、土地の使用、水の使用という3つの重要指標において環境への負荷は抑えられる。

とはいえ牛乳は酪農関連の炭素排出のごく一部を占めるに過ぎないことを指摘しておくべきだろう。最も問題なのはチーズだ。牛乳、羊肉に次いで、炭素排出の最も多い食品だ。[*42] 世界の売上高で見ると、人気なのはモッツァレラチーズだ。ふつうのピザ2枚分に相当するモッツァレラチーズ（1ポンド、約450グラム）をつくるのに4・5リットルの牛乳が必要だ。これは乳牛1頭からとれる1日分の乳量だが、1頭の牛からは年間約113キログラムのメタンガスが排出される。[*43]

牛乳の代替品は本格的に普及しはじめたが、チーズの優れた代替品はまだ見つかっていない。私から見ると、ナッツや大豆からつくった牛乳を使わないチーズ代替品はまだ合格点に達していない。だが食品分野のイノベーターが早晩、もっと良いものを生み出してくれると確信している。

稲作の刷新

食品と気候に関する議論のテーマは肉の消費に偏りがちだが、一見罪のない主食であるコメも大きな炭素排出源となっている。コメは30億人以上の食生活の中心にあり[*44]、世界全体のカロリー消費の20％を占める。それと同時に世界のメタン排出の12％を占める（この数値はもっと高いとする推計もある[*45]）。

稲作は一般的に水田で行われる。雑草の生育を抑え、収穫量も増えるとされる方法だ。残念ながら水田は、空気のない状態で分解されていく有機質を食べ、メタンガスを発生させる微生物にとって理想的住処だ。

厄介な問題だが、解決策は生まれつつある。今日、数百万軒の小規模農家で改良された稲

作方法が実践されている。一定の時間をおいて田に水をはることでメタンガスの排出を抑えるという方法で、常時水をはるより地球にやさしい。メタンガス排出量を最大3分の2減らすことに加えて、この方法ではコメ農家の収穫量が倍増し、利益が大幅に増える。しかし、1つ問題がある。温室効果が二酸化炭素より300倍強力な亜酸化窒素の排出量が劇的に増加するのだ。[*46]

この問題を解決するためには、水田の水位を細かく監視し、管理することが重要だ。水位を浅くし、窒素と有機物を管理することで、メタンガスと亜酸化窒素のシーソー効果を抑え、温室効果ガスの排出を最大90%減らすことができる。[*47]

持続可能な稲作で最も重要なのは、水使用

コメは世界30億人以上の主食となっている

量の大きな変動を避けることだ。主要なコメの流通業者は、常時湛水を行わない農家からの仕入れ量を増やしている。大手コメブランド《アンクル・ベンズ》の親会社であるマースは、２０２０年にこうした農家からの調達が99％に達した。[*48] 国連が支援する持続可能なコメ・プラットフォームは、消費者に農家と気候問題の両方に好ましいコメの購入を促すため、認証ロゴを発行している。

　低炭素型の稲作への転換は「これとこれだけやればいい」といった単純な作業ではない。水田の浅水管理を普及させるには、何億人という生産者と緊密に連携する必要がある。長年行ってきた農法から転換してもらうためには、収穫量と収益性が伸びると納得してもらわなければならない。さらなる研究、教育、測定が必要だ。ただ気候危機を緩和するための数多くのソリューションのなかでも、これは比較的低いコストで途方もないリターンが得られる方法だ。

供給サイドの補助金を見直す

　大きな進展があったとはいえ、今のままでは農業からの排出削減目標を達成できない。好ましい兆しがある一方で、重大な障害もある。２０１０年以降、人口増加が続く一方、世界の牛の頭数は横ばいだった。[49] アメリカでは牛乳の価格が下落し、[50] 酪農家の収入は減った。規模縮小を進める農家もあれば、土地を売却あるいは別の用途に転用する農家もある。

だが畜産や酪農からの炭素排出問題が自然と解決することはないだろう。ほとんどの国は農家に補助金を出している。２０１９年にアメリカが農業生産者に支払った支援金は４９０億ドルに達し、ここには酪農産業への多額の補助金も含まれる。[51] 中国（１８６０億ドル）やＥＵ（１０１０億ドル）の支出はさらに多かった。

今こそ現状を打破すべきときだ。食品産業の低炭素化を推進するのだ。農家が新たな作物に転換するには支援が必要だ。第一の原則として、政府の補助金はより持続可能な農業へシフトすべきだ。「リジェネラティブ農業への参入を希望する農家は増えている。収益性が高まるだけでなく、農家の資産の90%を占める土地の保護にもつながるからだ」とファーマーズ・ビジネス・ネットワークのアモル・デシュパンデは指摘する。牧草地を需要の大きい穀物へと転換することで、農家は農場の価値をさらに高められるという。

つまるところ食料システムの見直しは、農家の収益力にも地球にもプラスだ。「食料はあらゆるサステナビリティへの挑戦のなかでも最も優先度が高い」と、ワールド・リソース・インスティチュートの科学・研究バイスプレジデント、ジャネット・ランガナサンは語る。「食料システムを大幅に見直さなければ、地球の気温上昇を2℃にとどめることさえ難しくなる」

食品廃棄物に目を向ける

農業からの炭素排出を劇的に減らすためには、食料システムのもう1つの重大な課題に取り組まなければならない。食品廃棄物だ。**毎年、世界の食品のなんと33%が廃棄されている。**[*52] 所得の高い国ほど廃棄は多い。すべて合わせると世界の炭素排出のうち2ギガトンが食品廃棄物から生じている。一方、世界で8億人以上が栄養不良だ。[*53] 要するに、あまりに多くの食品が消費されずに捨てられる一方、あまりに多くの人が十分な食べ物を入手できない状況がある。

低所得国での食品廃棄は、ほとんどが意図せざるものだ。不適切な保管体制、貧弱な設備や包装、あるいは悪天候などの結果である。収穫前に食物が腐ってしまったり、買い手に届くまでにダメになってしまったりと、廃棄のほとんどがサプライチェーンの初期段階に起こる。

対照的にアメリカでは、消費者が食べ物の35%を捨てている。[*54] 年間の廃棄は２４００億ドル分、[*55] 1世帯あたり２０００ドル近くにのぼる。大きな原因となっているのが分かりにくい消費期限表示で、まだ安全で食べられる食品が捨てられている。小売段階で見栄え上の理由で食品が不適格とされることも廃棄を増やす原因となっている。

この世界的不均衡を是正するためには、多様な解決策が必要だ。豊かな国々が取り組むべきことには、食品表示の標準化、自治体による堆肥化計画、国民に向けた意識向上キャンペーンなどが含まれる。また小売業者、貧困層に食料援助を実施するフードバンク、それぞれのサプライチェーンを巻き込み、効率的に食品廃棄を削減するプログラムも必要だ。

フランスは２０１５年、大手食品スーパーに対して、慈善団体に寄付できる売れ残り食品を廃棄することを禁止した。毎日２７００店以上のスーパーが、消費期限の近い食品を全国80カ所の倉庫に送っており、年間４万６０００トンの食品が廃棄を免れている。[*56] フードバンクへの寄付は20%以上増加した。

こうした努力はすばらしいが、サプライチェーンのもっと上流で介入しなければならない。先進国では食肉処理場、農場、流通センターなどで多くの廃棄が発生しているケースが多い。もっと貧しい国々では、食品の保管、加工、輸送インフラを改善することが最大の解決策となる。保管用の袋、サイロ、あるいは木箱の質を高めるといったコストの低い方法でも大きな効果が見込まれる。生産者と買い手との明確なコミュニケーションや無駄のない連携も忘れてはならない。

　政府は民間部門と協力しながら、進捗を追跡するためのしっかりとした測定と報告の仕組みを整える必要がある。食品廃棄を防ぐことの優先度が高まれば、１ギガトンの炭素排出削減という目標も達成できるだろう。

土地の生産性を高める

　食料システムの脱炭素化は困難だが、そのインパクトはきわめて大きい。食料を見直すことで、農業からの炭素排出を大幅に減らし、気候安定化、健康な暮らし、飢餓の削減に向けて大きく前進できる。

　消費者がより良い選択をできるように、食べ物と温室効果ガス排出のつながりについて、さらなる啓発活動が必要だ。リジェネラティブ農業におけるさらなるイノベーションが必要だ。そして農業生産者、サプライヤー、食品会社、小売業、レストラン、そしてなにより消費者にサステナブルな選択を促すために、今より（はるかに）多くの資金を投じる必要がある。

食料を見直すことで、農業からの炭素排出を大幅に減らせる。

By fixing food, we will substantially cut agricultural emissions.

解決策の1つが、農業の生産性と効率性を高めることだ。貴重な資源にダメージを与えずに私たちが必要とするさまざまな食べ物を育てるために、単位面積あたりの収穫量、カロリー数を増やす必要がある。ここ半世紀、アメリカの農業はそうした方向に進んできた。[*57] 効率性が高まることで、牛肉1キログラム、牛乳1リットルを生産するのに必要な土地や水の量は減少してきた。[*58] 世界中の公共部門が果たすべき役割は大きい。研究開発を促すことで、生産性を一段と高めることができる。優れた政策によって農家が森林や草原を耕作地に転換するのを防ぐこともできる。

2050年には、人類は大きなツケの支払期限を迎える。すでに述べたように、人口増加に対応するには、生産するカロリー数を50%以上増やさなければならない。[*59] 人々のニーズを満たしつつ、炭素排出を削減し、大切な生態系を守るというのはとてつもなく困難な課題だ。しかしより生産的で再生的な農業を実践し、施肥の精度を高め、低炭素型の食生活を奨励し、食品廃棄を削減すれば、**気候への負荷を減らしつつ食事を楽しめる。それこそ私たちの目指すべき道だ。**

スピード＆スケール計画：ネットゼロへの道筋

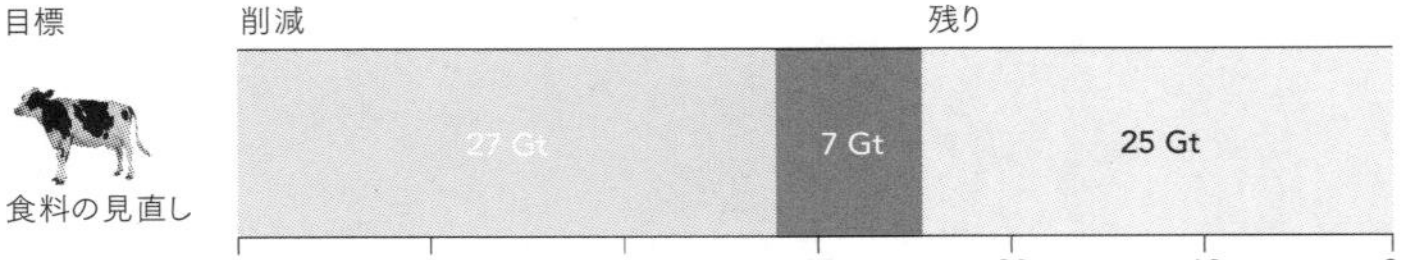

Chapter 4

自然保護

Protect Nature

Chapter 4

自然保護

私は問題に直面したら、エンジニアらしく解決したいと思うタイプだ。まず全体を見て、それから構成要素を細かく見ていく。ライス大学在学中は古い音響装置を分解して、キャンパスのラジオ局《KTRU》用に組み立てなおした。コンサートの音響に転用したこともあり、そこで1つ重要なルールを学んだ。ステージを設営するときによくある失敗が、マイクとスピーカーの距離を十分にとらないことだ。するとおなじみの「キーン」という、耳をつんざくような高音のノイズが発生する。これが「フィードバックループ」と呼ばれる問題だ。スピーカーから出てくる音

をマイクが拾い、それを再びスピーカーが増幅する。それをまたマイクが拾い、さらに大きな音でスピーカーから出てくる。フィードバックループが発生したら、マイクのスイッチを切るか、スピーカーを切るしかない。そうしないと音が果てしなく増幅されて設備が壊れ、ついでに私たちの耳までおかしくなってしまう。

今日、地球の気候には危険なフィードバックループがいくつもある。**その行き着く先は最新の気候モデルでも説明しきれない、恐ろしい未知の領域だ。**起こりつつある被害を理解するために、地球を巨大な、恐ろしく精巧な機械と考えてみよう。大気中の炭素濃度が高まり、地球温暖化が進む。気温が上昇し、森林から水分が吸い上げられる。高い気温と乾燥が重なって発火し、山火事が広がる。すると樹木に蓄えられていた炭素が大気中に放出され、気温がさらに上昇する。私たちが置かれているのは、そんな厳しい状況だ。

フィードバックループは止まらない。炭素排出という根本原因のスイッチを切らないかぎり、地球温暖化のループは収拾のつかない大惨事に発展する。生態系全体が不安定化する。森林はもちろん、農地やサバンナ、河川の流域や海洋まで、すべてだ。環境の攪乱《かくらん》が長期間にわたって続けば、取り返しがつかなくなる。この点で最も重大な危機に瀕しており、地球全体に大きな影響を及ぼすおそれがあるのが北

大気
大気海洋ガス交換
海洋表層
光合成
呼吸と分解
海底堆積物
海洋深層
堆積岩（石灰岩）

炭素は地表、大気、海洋を循環する

人間活動による排出　自然の炭素フラックス（炭素移動）　蓄積された炭素

出典：米エネルギー省生物・環境研究情報システム

極圏の地下に広がる永久凍土だ。温暖化にともなう気温上昇によって凍土が溶け出せば、数十億年にわたって凍土のなかにとらわれてきた植物を微生物が分解する。二酸化炭素とメタンガスが大気中に放出される。このプロセスが始まれば、一時停止ボタンを押すことも炭素を土のなかに戻すこともできない。[*1] このまま放置すれば永久凍土が溶け出し、これまで炭素を吸収してきた北極圏が、大きな排出源となる。

フィードバックループによって地球が住めない惑星になるのを防ぐには、炭素サイクルを安定化させなければならない。地球には自然な満ち引きがある。樹木は二酸化炭素を吸収し、酸素を放出する。海洋や土壌は膨大な量の炭素を吸収する。岩石も同じだ。産業革命以前の自然な炭素サイクルのバランスがとれていた時代、大気中には２８０ｐｐｍの二酸化炭素が含まれていた。[*2] その後、人間は熱や蒸気、電気を得るために石炭を燃やしはじめた。交通手段では石油を燃やした。まもなく二酸化炭素の排出は地球が吸収し、貯留できる量を超え、大気中の二酸化炭素濃度が上昇しはじめた。１７００年代半ばから50%上昇し、しかもそのペースは年々加速している。[*3]

今日の炭素レベルの上昇は、地球規模の危機が続々と発生する前兆だ。地球の「カーボンシンク」（土壌、森林、海洋）は大気中から炭素を取り込む。だがいずれもその負担に耐え切れなくなりつつある。工業化、化石燃料による汚染、さまざまな有害な活動によって、カーボンシンクが人間による炭素排出を吸収する能力が脅かされている。私たちが暮らし方を変えなければ、わずかに残されたネットゼロに到達する可能性を潰してしまう。気候による大惨事を本気で避けようと思うのなら、地球の3つのカーボンシンクが本来の機能を果たすように、回復させなければならない。

どうすればこの途方もない難題を解決できるだろうか。「ダーウィンの後継者」と呼ばれた偉大な昆虫学者、エドワード・オズボーン・ウィルソンのビジョンが参考になるかもしれない。２０１６年、70年におよぶ輝かしいキャリアの締めくくりに、ウィルソンは世界への贈り物として『ハーフ・アース』という本を書いた。そこで地球の生物多様性を維持するための窮余の策として、地球の面積の半分を自然界のために確保することを提唱している。「ハーフ・アースの提案は、問題の重大性に見合う緊急対策の第一歩となる。**環境のうちまだ生きている部分を救い、さらに人類の存続に必要な気候の安定を実現するには、地球の半分かそれ以上を蓄えとして確**

保しておく以外に道はないと確信している」[*4]

ウィルソンの大胆な提案とは、地球のカーボンサイクルを正常化し、暴走する気候のフィードバックループのプラグを引っこ抜くという最重要目的を達成するため、すべての海洋、森林、土地の50%を保護するというものだ。

人類が暮らせる惑星は1つしかない。人類と地球の関係を根本的に見直すというのは、土地の使用と開発に関する凝り固まったパターンを破壊することを意味する。地域に住む人々に配慮し、気候の公平性の問題に対処しなければならない。資源に対するグローバルな需要と環境保護の必要性のトレードオフは避けられない。いずれも容易に解決できる問題ではない。だが本格的な気候災害を防ごうとするならば、自然と敵対するのではなく共生する必要がある。

炭素サイクルのバランスを回復させるには、3つの目標すべてを達成しなければならない。**森林に関するKR（4・1）**は、人間による森林破壊を2030年までに劇的に減らし、伐採や焼却する以上の植林を目指す。森林保護は木々の皆伐を止め、これから何世紀にもわたって保護していくために政治的・経済的支援を提供するところから始まる。持続可能な方法で伐採された木材だけが市場に流入するように、規制、監視、認証制度を厳格にする必要がある。

植林をすれば森林破壊は防げるという考えは魅力的だが、いくつか考えるべき要因がある。樹木が最もよく育つのはどこか。それは周囲の土地にどのような影響を与えるか。樹木の寿命は。植林をしなかった場合何が起こるのか。

目標4　自然保護

2050年までに自然界からの温室効果ガス排出量を6ギガトンから−1ギガトンに転換する。

KR4.1

森林

2030年までに森林破壊のネットゼロを達成する。原生林の破壊行為・伐採に終止符を打つ。

↓ 6 Gt

KR4.2

海洋

深海底引き網漁を廃止し、2030年までに少なくとも30%、2050年までに50%の海洋を保護する。

↓ 1 Gt

KR4.3

陸地

自然保護区を現在の15%から2030年までに30%、2050年までに50%に拡大する。

海洋に関するKR（4・2）は、海洋の破壊に終止符を打つことを目指す。沿岸部の海中には炭素を吸収する海洋植物の森が広がっているので、汚染や有害な漁法から保護しなければならない。深海に重なる海底堆積物の層は、地球上で最も多くの炭素を貯留する。こうした海域での過度な底引き網漁（重い網を海底で引きずっていく漁法）によって海中に二酸化炭素が放出され、その一部がめぐりめぐって大気中にも流入する。２０５０年までに深海底引き網漁を全面的に禁止し、全海洋の50％を保護する必要がある。

陸地に関するKR（4・3）は、ツンドラや氷冠から草原、泥炭地、サバンナに至るまであらゆる陸地について、２０３０年までに30％、２０５０年までに50％を保護することを目指す。２０２０年の保護地が15％であることを考えると、途方もなく厳しい目標だ。[*5]

本章で見ていく3つのKRを足し合わせると、現在の危機的状況から炭素排出を7ギガトン、割合にして13％削減できる。KRを達成するためには、政府による大胆なアクション、民間部門の英雄的なイノベーションや投資、そして慈善団体による集中的取り組みが必要だ。

本章の根底にある重要なテーマは、気候の公平性だ。人間が自然を破壊する際、通常は燃料、食料、あるいは住居を得るなど正当な理由がある。今日多くの人にとって、森林の皆伐は生活を維持するための最善の策だ。公正な自然保護計画には、対象となる地域の住民が収入を得て、家族を養うための有効な代替策を含めなければならない。単に何かを禁止すれば気候危機を脱却できるわけではなく、大所高所からの解決策は役に立たない。豊かな国、企業、慈善事業家が、炭素バランスを回復させる対策にかかる費用を自国だけでなく、貧しい国においても負担しなければならない。

森林の未来

世界の森林の惨状はここ数十年、新聞で大きく取り上げられてきた。燃え盛るアマゾンの森林、近年のカリフォルニア州の山火事などのニュースがひっきりなしに報じられ、感覚が鈍ってしまいそうだ。だが森林の重要性、それが失われるとどうなるかを理解している人はあまりに少ない。

まずは基本的なところから始めよう。樹木は大気中から炭素を取り込み、若木から成長するにつれて徐々に蓄える量は増えていく。それは１００年、あるいはそれ以上、木の命が尽きるまでその内部に貯留されている。意図的か否かにかかわらず、木が燃えると、内部に貯留されていた炭素は大気中に放出される。森林破壊は地球温暖化の原因であると同時に結果なのだ。

数字を見ると、空恐ろしくなる。世界では6秒ごとにフットボール場1個分の森林が失われている。[*6] 伐採や山火事などあらゆる森林破壊を足し合わせると、年間6ギガトンの二酸化炭素が排出されている。[*7] これは世界の全排出量の約10%を占める。

熱帯地域での森林破壊がとりわけ問題なのは、そこで多種多様な野生生物が暮らしていることに加えて、膨大な炭素が貯留されているからだ。アマゾンの熱帯雨林だけでも、760億トンの炭素を抱えている。[*8] ワールド・リソース・インスティチュートによると、熱帯雨林の破壊による炭素排出を国家のそれと比較すると、中国とアメリカに次ぐ世界第3位になるという。[*9]

森林危機の解決は時間との勝負だ、と環境防衛基金の気候責任者だったナット・ケオハネは指摘する。**「熱帯雨林を今保護しなければ、10年後にはその機会さえなくなる」**

樹木は家畜や農作物を育てるスペースを確保するため、木材や紙をつくるため、あるいは道路やダムをつくるために伐採される。森林破壊は増加する世界人口の胃袋を満たすため、農地の需要が拡大している結果でもある。どう見ても土地は足りない。猛烈な森林伐採を防ぎつつ２０５０年に１００億人の世界人口の食料を確保しようと思えば、既存の農地の生産性を高め、牛肉のような炭素排出量の多い食品の消費を抑えなければならない。第3章でふれたように、食料生産からの炭素排出を削減し、飼料添加物の使用や施肥の精密化といったイノベーションへの投資を促すような政策を実施しなければならない。

ただ、ここに挙げた対策をすべて実施しても、まだ足りない。

森林破壊を止めるためには、森林保護への行動変容を促すような金銭的インセンティブが必要だ。重要なのは、そうした資金援助が木を伐採することで生計を立てている人々の手に渡ることだ。森林を破壊することで得ている収入を代替する、あるいはそれを上回るような補償をしなければ、森林を救うことはできない。そして何より、各国が森林を保護するような政策を徹底しなければならない。

国連は２００７年、途上国での森林減少・劣化に由来する炭素排出の削減を目指すメカニズム「ＲＥＤＤ＋（レッドプラス）」を発表した。その発想は途上国が森林を保護できるように、先進国が経済的支援を実施するというシンプルなものだ。だが資金不足に加えて、グローバルな炭素価格が定まっていなかったことから、ほとん

森林破壊は地域の生態系と地球の炭素サイクルの両方にダメージを与える

ど効果を発揮していない。熱帯林からの排出は、むしろREDD+の発足以降増加している。豊かな国が約束した資金援助を実施するまで、REDD+のようなプログラムは目立った変化をもたらさないだろう。

スケールの大きい効果的な公共政策が欠如するなか、民間部門ではその不足を埋めようと、企業が公的組織や民間団体にお金を払い、森林を保護するプログラムを立ち上げるなどしてきた。抑制された排出は「オフセット（相殺）」と呼ばれ[*10]、企業はそれを購入することで排出を相殺し、カーボン・ニュートラルに近づくことができる。このテーマについては第6章で詳しく見ていくが、ここではこうしたプログラムには追加性（排出は本当に避けられたのか）、耐久性（樹木の寿命はどれくらいか）、検証可能性（プログラムは本当に目的を達成しているのか）などの観点から、さまざまな批判も出ていることを指摘しておこう。

手遅れにならないうちに森林破壊を食い止めるには、質の高い森林保護の取り組みにもっと多くの資金を確保する必要がある。プログラムがうまくいっていることを検証するために、さらに透明性を高めなければならない。衛星データや認証制度の質を高めることも欠かせない。最後に、政府は経済的インセンティブと厳格な法的保護を政策の二本柱に、森林破壊の防止に強くコミットしていかなければならな

熱帯雨林の破壊が世界の森林減少の主因となっている

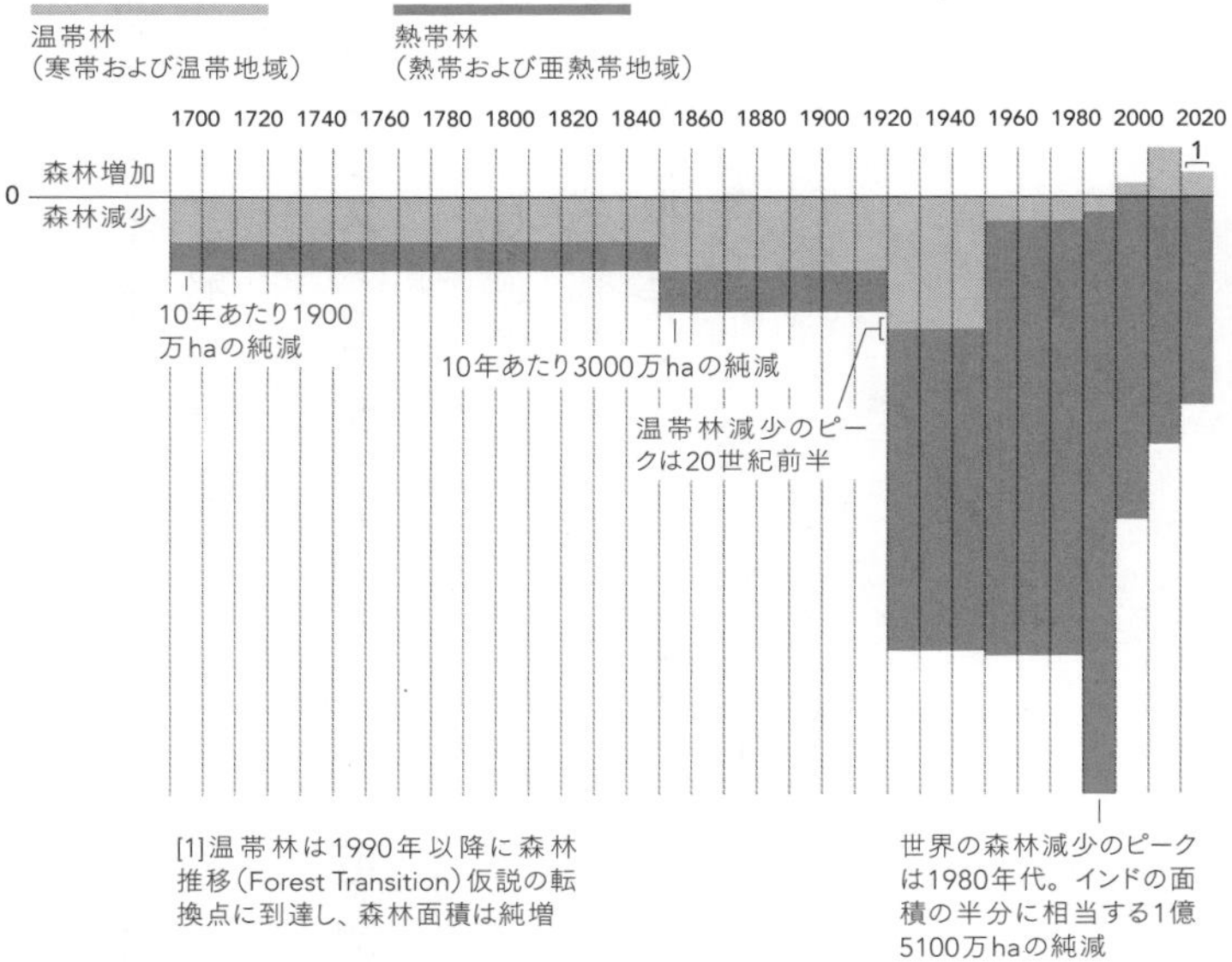

温帯林と熱帯林の分布

出典：Michael Williamsの*Deforesting the Earth*（『地球の森林破壊』[未邦訳]）と国連食糧農業機関「世界森林資源評価2020」のデータ、Our World in Dataの図表

い。

先見性のあるリーダーシップのお手本となるのが、森林破壊の克服に向けて市場メカニズムに基づく解決策を生み出した国際的な非営利組織だ。

レインフォレスト・アライアンス――持続可能な農業の市場をつくる

2000年、自然保護活動家のテンジー・ウエランは生物多様性と人々の暮らしを守るための非営利組織、レインフォレスト・アライアンスの代表に就任した。当時、気候変動は取るに足らないテーマとみなされ、メディアや政府の関心は低かった。そんななかテンジーは大胆な目標を設定した。数十億ドル規模の市場を生み出し、世界の熱帯雨林を守る、というのがそれだ。

テンジー・ウエラン

Tensie Whelan

私はニューヨーク市の出身だが、家族はバーモント州に農場を所有しており、そこでキャンプや釣りを楽しんだ。自然史博物館で勤務していた父からは自然について多くを教わった。母はスペイン語を話すことができ、刑事司法制度の改革に取り組んでいた。母方の祖父母はメキシコシティに住んでおり、私はそこで貧困を目の当たりにした。

社会人になると、スウェーデンにある国際的な環境系学術誌の編集者となり、その後は南米でジャーナリストとして森林破壊を含めた持続可能な開発問題を取材した。そこで住民は邪悪だからではなく、経済的必要性に迫られて森林を伐採するの

だと知った。

その頃大きな関心を集めていたのが、マクドナルドがコスタリカから牛肉を調達していた問題だ。そのおかげでアメリカのハンバーガーの価格は抑えられたが、放牧地を広げるために森林伐採が進んだ。環境に関心のある人々は、マクドナルドなどにコスタリカからの牛肉の調達をやめさせるため、製品をボイコットした。しかしそれでも森林破壊は止まらなかった。コスタリカの人々が生活の糧を得るため焼き畑農業を始めたからだ。この一件をきっかけに、私は人々に持続可能な生計手段を選んでもらう方法を考えるようになった。

レインフォレスト・アライアンスはダニエル・カッツが設立した。毎分およそ20万平方メートルの熱帯雨林が破壊され、日々2ダースもの種が失われているという記事を読み、行動を起こしたのだ。

ダニエルはカジノで儲けたお金で専門家を集めたカンファレンスを開いた。そこでまとまったのが二本柱の行動計画だ。第一に、ボイコットの代わりに、サステナブルな製品の購入を促すような前向きなキャンペーンを実行する。第二に、市場で流通する持続可能な製品の認証マークをつくる。消費者向けの表示にはカエルのイラストを選んだ。カエルの生息個体数が多いことは健全な生態系の象徴だからだ。

レインフォレスト・アライアンス認証マークは、その製品が持続可能な生産や調達を行っていることを示す。

レインフォレスト・アライアンスの最初の実績となったのは、コスタリカのサステナブルなバナナ農場の認証だ。続いてグアテマラでコーヒー農場、さらにエクアドルでココア認証のプログラムを立ち上げた。

住民は経済的必要性に迫られて森林を伐採するのだと知った。

I saw people cut down trees due to economic pressures.

　１９９０年代に入ると、森林破壊を止める取り組みには相当な進展が見られたが[*11]、テンジーから見れば遅すぎた。途上国で地域の農家や先住民の協力を仰ぐため、農家を１軒１軒訪ね歩くのは時間がかかる困難な作業だった。テンジーは熱帯雨林を破壊ではなく保護した人たちにはお金を渡すことを約束した。そして農家の信頼を勝ち取り、協力者は年々増えていった。レインフォレスト・アライアンスのプログラムは参加農場に安全な労働条件と公正な報酬を義務づけていたので、農場で働く人々のあいだでも支持が広がった。

　そんななか突破口が開けた。世界最大規模のバナナ会社であるチキータがフェアな事業活動を目指し、強制労働を排除したサプライヤーとだけ取引すると決定したのだ。チキータの所有する農場はすべてレインフォレスト・アライアンスの認証を受けた。森林を傷つけたり、労働力を搾取したりすることなく生産することを約束したのだ。世界屈指の有名ブランドの協力を得たことで、状況は一変した。チキータとのパートナーシップによって、レインフォレスト・アライアンスは環境保護の分野において最も有名な非営利組織の仲間入りを果たした。サステナブルな農法をスケールしていくことが、ウエランの最優先課題となった。

テンジー・ウエラン

レインフォレスト・アライアンスは従業員35人、年間予算４５０万ドルの組織にしては、あまりにも多くのプログラムを手がけていた。大企業や有力ブランドが次々と資金を提供しはじめたこともあり、迅速にスケールする方法を見つけなければならなかった。

チキータのバナナ生産の認証作業が完了するまでに10年近くがかかった。私の在任中、他のバナナメーカーも生産方法を見直し、レインフォレスト・アライアンスと協力するようになった。同時にコーヒーとココアの認証制度もスケールしつつあった。必要な資金を調達し、認知度を高めるためにも、レインフォレスト・アライアンス認証マークを使用する企業やブランドからライセンス料を徴収しはじめた。

さらに森で暮らす先住民のコミュニティとも協力し、彼らがカーボンクレジットやそれ以外の生態系を守るための活動に対して、現金を受け取れるようにした（ブランドや企業からの現金給付）。大企業から小規模な生産者へ流れる資金を増やす必要があった。

私たちは売上高３００億ドルを誇る巨大食品メーカー、クラフトフーズ[*12]のＣＥＯだったロジャー・デロメディを招き、レインフォレスト・アライアンスの活動を実際に見てもらった。エルサルバドルを訪問したロジャーを現地の農家と引き合わせ、自分たちが何を変えたか、その結果うまくいったこと、いかなかったことを語ってもらった。ロジャーは持続可能な農法が経済的、環境的、社会的にどのような好ましい影響を及ぼすかを理解した。

その結果、クラフトは自社ブランドの多くでレインフォレスト・アライアンス認証を受けた生産者からの調達を増やすと約束した。それから5年も経たずに、クラフトでは製品の25%がサステナブルな原料を使っているという認証を受けるまでになった。カーボン・フットプリント（炭素排出量）は15%減少した。[*13]

２００６年、レインフォレスト・アライアンスは大きな目標を達成した。認証を受けたブランドの年間売上高の合計が10億ドルに達したのだ。

続いてユニリーバから社内の「持続可能な農業アドバイザリーボード」に招かれた。ユニリーバの独自基準は、レインフォレスト・アライアンスのものと一致する部分が多かった。とりわけ同社が関心を持っていたのは、《リプトン》はじめ20ブランド近くを展開する紅茶だった。こちらから紅茶についてレインフォレスト・アライアンス認証を受けるべきだと説得したのではなく、ユニリーバのほうから紅茶市場にも事業を拡げてほしいと説得された。

これはケニアの何千という小規模な紅茶生産者に大きな影響を与えた。さらにアメリカに紅茶を輸出するアルゼンチンの生産者の環境対策も改善した。続いてマースと組み、持続可能なココアの生産に乗り出した。

このようにレインフォレスト・アライアンスの活動はバナナから大きく広がっていった。世界の紅茶の20%、ココアの14%、コーヒーの６%に認証を与え、サプライチェーン全体を通じて５０００社の持続可能な原料調達を支えている。すべてを足し合わせると、世界の農業用森林の約７%において、地域の生産者が持続可能な農法を実践するのを支援している。

生態系を守る努力をした生産者に現金を給付する試みを通じて、レインフォレスト・アライアンスは成果報酬の概念を浸透させた。要するに、炭素に値段をつけたのだ。２０１５年にウエランはレインフォレスト・アライアンスを退職し、ニューヨーク大学スターン経営大学院でサステナブル・ビジネスセンターの責任者となった。レインフォレスト・アライアンスのたゆみない努力の甲斐あって、森林破壊は少なくとも一時的には減少傾向になった。２０００年から２０１５年のあいだに、炭

素排出は4ギガトンから3ギガトンへと25%減少した。[*14]

ニューヨーク大学に移って以降、ウエランは企業のサステナビリティ支出を評価するための説得力のある指標を構築してきた。[*15] 従業員の定着率、顧客のロイヤリティ、企業の評価額などが改善しているか追跡するのだ。

実際にデータを集めるのは外部機関だ。持続可能な開発国際研究所（IISD）は、認証を受けた製品についてアニュアルレポートを発行している。ニューヨーク大学は小売段階で製品のバーコードデータを収集する会社と組み、消費者行動に関する有益な知見を得ようとしている。

テンジー・ウエラン

ニューヨーク大学に移った当初、私が強い関心を持っていたのは「グリーンギャップ」、つまりサステナビリティについての消費者の価値観と、実際の購買行動のズレだ。意識調査の結果ではなく、現実の数字が欲しかった。

そこで5年にわたり、消費財分野の36の製品カテゴリーの7万点以上の日用品と食品についてデータを集めた。「植物由来」「有機」あるいは「遺伝子組み換え原料不使用」など、従来製品と比べてサステナブルと表示されるすべての製品を調べた。

その結果、この5年間の消費財市場の成長の55％は、サステナビリティをうたった製品がもたらしたことがわかった。さらにこうした製品の価格には平均39％のプレミアムが付いていた。つまりグリーンであることはマイナスではなくプラスだったのだ。

消費者の多くはクリーンエネルギーやEVのためにグリーンプレミアムを負担するのには消極的だが、サステナブルな食品に多少余分なお金を支払うことには前向きだった。

２０１５年にまとまったパリ協定では、世界の森林について過去に例のないような言及があった。「締約国は森林を含む温室効果ガスの吸収源および貯留源を適切に保全し、強化するための措置を講じるべきである」[16]。さらに熱帯雨林をはじめとする天然のカーボンシンクを保護するため、各国政府や非政府組織が「成果型報酬」を取り入れるべきだ、と具体的に踏み込んでいる。

　森林破壊を止めるためには、今とは比較にならないほどの投資が必要だ。世界規模で見ると、**森林破壊を推進する資金が森林保護のための資金の40倍ある。**[17]とはいえ時代の流れがグリーンな方向へ変化しはじめたことを示す兆しもある。２０２１年４月にバイデン大統領が招集した「気候リーダーズサミット」では、官民の代表が大規模な森林保護と持続可能な開発のために２０２１年末までに少なくとも10億ドルを集めると宣言した。その恩恵は先住民や森で暮らすコミュニティに振り向けられるだろう。これが地球の森林を救うための勝利の方程式かもしれない。投資を増やし、透明性と基準を高め、その監督を世界の大地を守ることにかけては誰よりも優れた能力を持つ人々に委ねるのだ。

先住民のリーダーシップ

気候災害を回避するのに有効な施策のなかで、最も過小評価されているのが先住民の権利、土地、生活様式を保護することかもしれない。先住民は世界人口のわずか5％に過ぎないが、その居住地域には世界の生物多様性の80％が含まれている。[18] 少なくとも12億エーカー（約486万平方キロメートル）の森林が含まれ、[19] 380億トンの炭素を貯留する。ただ先住民の役割はこうした数値ではおよそ測れないものだ。先住民の伝統は自然や生態系を大切にし、良好な関係を育むという思想に根ざしている。その知恵や生活様式は、人類が地球温暖化を緩和し、またそれに適応するうえで不可欠なものとなるだろう。

数字で見ると、先住民の生活様式の効用は一目瞭然だ。先住民のコミュニティが管理している森林では、周囲の森林（国の保護林を含む）と比べて喪失ペースが2分の1から3分の1にとどまる。[20] ワールド・リソース・インスティチュートによると「アマゾン先住民の権利が保証された土地は、炭素を貯留し、水を濾過《ろか》することで汚染を減らし、土壌を固定することで浸食や洪水を抑制するなど、自国、地域、世界レベルで幅広い生態系サービスを提供している」。

これからの数百年も先住民に森林保護の役割を担ってもらうためには、彼らの土地を法的に保護してその保有権を認めなければならない。気候問題の関係者はこれを「土地保有権の確実性」の原則と呼ぶ。

ブラジル、ボリビア、コロンビアにまたがるアマゾン川流域では、土地保有権を認めることで1エーカー（約4000平方メートル）あたり最大4000ドル、20年間で1兆ドル以上のプラス効果が生じた。[*21] 一方、土地保有を実現するためにかかったコストはその1％ほどだ。先住民の土地を法的に保護することで、**アマゾン一帯に固定されている炭素の55％をそのままの状態で維持できる。**炭素排出の増加を防ぎ、地球を守るための最も費用対効果の高い対策の1つだ。[*22]

海を元気にする

世界の海洋は人間が呼吸する酸素の半分と、食料となる魚類資源を生み出す。[*23] 気候を制御するうえで、海ほど重要な役割を果たすものはない。海が豊かになり、存続することはきわめて重要だ。

だが現実には海は様変わりした。数十年にわたって人間が汚染しつづけてきたツケがまわってきたのだ。１９６０年代から科学者は、海洋の炭素吸収がわずかではあるがはっきりと減少していることに気づいていた。こうしたデータと、海洋の酸性度が高まっているエビデンスを目にしたロジャー・ルベルは、この問題を研究しなければならないと思った。カリフォルニア州ラホーヤにあるスクリップス海洋研究所に所属する先駆的な気候科学者であったルベルは、地球が人為的な温暖化に苦しんでいるという結論を導き出した。ハーバード大学の客員教授となったルベルの教え子の１人が若き日のアル・ゴアで、ルベルはゴアにとってメンターとなった。海洋が二酸化炭素を吸収しにくくなっていることを示す概念として「ルベルファクター」という言葉が使われるようになった。

　海と大気とのあいだには、自然な炭素の交換がある。大昔から炭素を相互にやりとりしてきたのだ。しかし大気中の炭素濃度が上昇してからの数世紀、海は受け手の側にまわり、放出する以上に吸収してきた[*24]。化石燃料から大気中への放出されるものに加えて、海洋での過剰な漁業、掘削、開発によって放出される膨大な炭素が、海中の生態系や堆積物に蓄積されてきた。

　その結果、海の生物の大半が住む沿岸部に近い海域で、問題が生じている[*25]。海藻、サンゴ礁、マングローブはいずれも人間の横暴の犠牲になってきた。人間がこうした破壊行為をやめれば、毎年大気中に放出される炭素を１ギガトン抑えられる。[26] そしてもう１つ、大陸棚の先に広がる、地球表面の50%を占める深海部だ。[27] 深海底堆積物には陸地の貯留分の数千倍もの炭素が蓄えられている。[28] 深海での採掘や漁業はこの堆積層を荒らし、そこに蓄えられた炭素を放出させる。[29] この結果、海洋の酸性度が上昇し、一部の貝類は溶けてしまうほどだ。とりわけ悪影響が大きいのが底引き網漁だ。海底で巨大な網を引きずっていくこの漁法により、海中に１・５ギガトンの二酸化炭素が放出される。[30] このうちどれだけが大気中に放出されるか、まだ研究結果は出ていない。

　地球の海は、２つの面から攻撃を受けている。まず上からは大気が、下からは海底が、炭素を吸収せよと迫ってくる。それと同時に、海洋プラスチックはさらに広い海域の、さらに深くに拡散し、海の生き物がそれを飲み込んでいる。１９８０年には世界の漁業資源の10%だった乱獲は、今では33%まで広がった。とりわけ問題が多いのが中国、インド、インドネシアだ。海水の温暖化と酸性度の上昇により、２０５０年には世界のサンゴ礁の90%が消失しかねないという悲劇的状況にある。中国はすでにバリアリーフ（堡礁）の80%を失った。世界最大のサンゴ礁であるオーストラリアのグレートバリアリーフは、海水温の上昇が引き起こす「白化現象」によっ

海洋の酸性度は産業革命以前と比べて、平均約25%上昇した。

てその半分以上を失った。[*31]

海洋の酸性化の要因として圧倒的に大きいのは、大気中から海に吸収される二酸化炭素だ。ネットゼロを達成し、大気中の二酸化炭素を減らすことで、海洋温暖化と酸性化を止めることができる。それと同時に海洋の保護区を拡大することで、海からの炭素排出を削減できる。

メキシコの奇跡

こうした取り組みの旗振り役となっているのが、海洋保護の第一人者である海洋生態学者のエンリク・サラだ。スペイン北部のコスタ・ブラバで生まれ育ったサラにとり、海洋保護に人生を賭けるのは自然な選択だった。バルセロナ大学で生物学を学び、生態学で博士号を取得すると、スクリプス海洋研究所の教授に就任した。

１９９９年、サラはメキシコのバハ・カリフォルニア半島にある、カボ・プルモを訪れた。かつては豊かな生態系が広がっていた海底は、海の砂漠と化していた。漁業者の漁獲量は落ち込み、生活は立ちゆかなくなった。かつて魚たちの餌になり、また大量の炭素を吸収していた海洋植物は消滅した。追い詰められた漁業者は、誰も予想もしなかったような行動に出た。サラは当時の状況をＴＥＤトークでこう語っている。「わずかに残された魚を獲るために漁に出る時間を増やす代わりに、漁を完全にやめたのだ。そして海の国立公園をつくり、禁漁区とした[*32]」

それから10年後、この水中の不毛の地は生命と色彩のあふれる万華鏡となった。大型の捕食者であるハタ、サメ、アジまで戻ってきた。「原始の海のような状態が戻ってきた。この先見性のある漁業者や町の所得は、経済成長と観光によって以前より増えている」とサラは指摘した。

サラは研究者のポストを手放し、ナショナルジオグラフィック協会の職員として自然保護活動に打ち込むようになった。そして自然科学者のマイク・フェイと組み、中央アフリカのガボンの大統領を説得して国立海洋公園のネットワークの設立にこぎつけた。２００８年、サラとフェイは海洋に残されている自然を記録し、各国政府とその保護に向けて協力する「原始の海」プロジェクトを立ち上げた。各地の風光明媚な保護区の総面積はカナダの半分に達し、今では各国の法律や規制の下で完全に保護されている。

「これは未来の海の可能性を示している」とサラは語る。「なぜなら海洋には途方もない再生力があるからだ。人間はただ、危険にさらされている多くの場所を保護するだけでいい。そうすれば海は自然に野生に戻り、再び生命に満ちあふれるから」。この物語の教訓はシンプルだ。「経済的利益と保護がうまくかみ合えば、奇跡が起こる」

近年、沿岸部の海洋保護区の数は増えたとはいえ、乱獲などさまざまな破壊行為から完全に保護されている海域はわずか７％に過ぎない。スピード&スケール計画を成功させるには、２０３０年までに海域の少なくとも30％、２０５０年までに50％を保護下に置く必要がある。「海洋保護区の設定は効果がある。それは明白だ[*33]」と《ナショナル・パブリック・ラジオ（ＮＰＲ）》は報じている。「漁業禁止をしっかり施行すると、魚の数が急激に増え、周辺の海域で働く漁業者に明らかな恩恵をもたらすことが研究によって繰り返し示されている。海洋保護区を大幅に拡大することが、漁業を持続可能にする唯一の方法だと多くの専門家が考えている」

漁業の大部分は近海で行われるが、外洋で行われるものも多い。深海での漁業にはほとんど規制がかかっていない。地域の規制当局は沿岸部の漁業を取り締まることはできるが、陸地から離れるほどルールは曖昧になり、徹底されない。

サラが今、注力するのが、おそろしく破壊的な漁法である底引き網漁だ。「スーパートロール船と呼ばれる最大規模の漁船は、７４７型ジェット機を12機も収容できるほど大きな網を使う。この巨大な網は、何千年も前から存在する海山の深海サンゴを含めて通り道にあるものをすべて破壊する」。衛星データからロシア、中国、台湾、日本、韓国、スペインだけで遠洋漁業の80％近くを占めることが明らかになっている。[34] こうした国々の政府は大型船の購入に金銭的インセンティブを出し、底引き網漁を補助している。

サラの分析では、遠洋漁業の漁場の半数以上は、年間40億ドルにものぼる補助金に支えられている。「原始の海」プロジェクトは底引き網漁を国際的に禁止すべきだと主張している。[35] 有力な海洋科学者の支持を得て、国連の会議でも議論されたこの禁止措置により、世界の魚の供給量が減少することはない。

温暖化の進む世界で、海を守ろうとする

底引き網漁は海底堆積物の炭素を海中に放出する

人々は苦戦を強いられている。サンゴ礁や海の動植物は今でも危険にさらされている。**気候変動のフィードバックループは依然止まらない。**要するに、もっと真剣な世界的コミットメントが必要なのだ。２０１６年、24カ国とＥＵは、南極のロス海を保護するため、同海域での商業漁業を35年間禁止することで合意した。署名国には中国、日本、ロシア、スペインが含まれている。このような保護策を広げることで、海が無数の生物種を育む本来の役割を取り戻す手助けができるかもしれない。

昆布を育てる

海を救うことはまだ可能だが、取り組みは待ったなしだ。私にとって永遠のヒーローであるゴードン・ムーア（前述の「ムーアの法則」の提唱者）は、カリフォルニア州モントレー湾の海中昆布の森を回復させることを目指すベイ財団にその才能と資金を注ぎ込んだ。海中の昆布は、陸上の同じ規模の森の20倍以上の二酸化炭素を吸収する。[*36] モントレー湾にはかつてラッコが多数生息していたが、17世紀から18世紀にかけての毛皮取引によって激減した。ラッコがいなくなったために、その好物であるウニが増殖し、昆布の大部分を食べ尽くしてしまった。１９８０年代に始まった保護活動によって、ラッコの生息数は回復した。ウニの数も再び抑えられ、モントレー湾の昆布の森は次第にかつての輝きを取り戻した。生態系は回復されたのだ。

昆布の森の回復は、海の年間炭素吸収量を増やす１つの手段になり得る。その海面に近い部分は、光合成によって二酸化炭素を取り込む。植物のなかでも最も成長の速い部類に入り、１日約60センチも伸びる。19世紀半ば、ビーグル号の航海で昆布と出会ったチャールズ・ダーウィンはこう書いている。「このすばらしい水生林を、どうしても陸生林と比較してしまう。昆布のおかげで存在している多種多様な生き物の数は驚異的だ」

２０１７年、プロジェクト・ドローダウンは新たに数十万エーカーもの広大な昆布の森を育てるという計画について、未来の気候問題の有望な解決策であり、「未来の希望」と指摘した[*37]。デンマークのオーフス大学の海洋生態学教授ドルテ・クラウス・イェンセンによると、栄養分をたっぷり含んだ昆布が深さ約９００メートルを超える海底に沈むと、そこに含まれる炭素は「永遠に貯留される[*38]」。

ワールド・リソース・インスティチュートの食料プログラムの技術責任者であるティモシー・サーチンガーは、昆布の森は「食料生産に使える貴重な土地を使わない、効率的な炭素交換方法だ」と指摘する。歴史を振り返ると、二酸化炭素を吸収するバイオマスは、陸地で栽培されてきた。昆布は農業と競合しない炭素除去の手段となる可能性がある。

ここで登場するのが、マサチューセッツ州ウッズ・ホールとオーストラリアのクイーンズランドを拠点とする地球惑星科学者、ブライアン・フォン・ヘルツェンが考案した「海洋持続型農場」だ。フォン・ヘルツェンの設立した非営利団体、気候財団は、昆布養殖用の網を開発した。再生可能エネルギーで動くポンプで、海底から養分を豊富に含んだ水を吸い上げる。２０２０年時点でフィリピンに小規模な試験網を設置し、オーストラリア沿岸では養殖用に約90平方メートルの網を設計している。そして少なくともその10倍の規模の網をフィリピンで設置するための資金を集めている。

フォン・ヘルツェンの壮大な野望と比べれば、現在の事業規模はささやかなものだ。だがその事業モデルは理にかなっている。養殖した海藻や、個体数の増加した魚

昆布の森は炭素を吸収し、海底に安全に貯留する能力を持つ海藻農場だ

類を出荷することで、養殖業者は4年で養殖設備の設置費用を回収できる。フォン・ヘルツェンのようなイノベーターがこの活動を世界の海の1％、すなわちオーストラリアの半分の面積にスケールできたら、年間1ギガトンの二酸化炭素を吸収する昆布の森ができる。

魅力的なビジョンだ。だが昆布の森がネットゼロの達成に役立つと確信を持って言い切るには、より大規模な実験によって有効性を証明する必要があるだろう。

泥炭地の底力

地球最大の炭素貯留層は、湿地帯からツンドラ、極地の氷冠とその下の凍った土壌（永久凍土）まで広がっている。この天然のカーボンシンクは、何万年ものあいだ炭素を捕捉し、隔離してきた。

カーボンシンクのなかでもとりわけ知られていない、それでいて最も重要なのが泥炭地だ。泥炭は泥水を含んだ粘度の高い物質で、昔から燃料に使われてきた。**泥炭地は地球上で海に次いで2番目に多くの炭素を貯留する。**[*39] 泥炭層が損なわれると、その影響は大気に及ぶ。たとえば乾燥した泥炭地は地表面積の0・3％を占めるに過ぎないが、人為的二酸化炭素排出の5％を占める。[*40]

森林保護の取り組みと並行して、泥炭地の乾燥化を禁止するためのモラトリアム（一時禁止措置）も実施されている。インドネシアでは開始したばかりのモラトリアムから好ましい結果が出ている。泥炭地の保護と回復をスケールするためには、インセンティブ、継続的監視、厳格な基準が必要だ。

生物多様性でカーボン・レジリエンスを高める

大地、森林、海洋を再生するのは、地球の生物多様性、すなわち生態系を繁栄させる何百万という種を保護することに等しい。生き

炭素排出による甚大な被害を避けるためには、泥炭地を保護する必要がある

物は相互に依存している。ある種が失われれば、別の種の存続が脅かされる。１つの種が絶滅すると、生態系は予想もしなかったような、そして目に見えないかたちで変化する可能性がある。工業型農業によって虫や微生物が死滅すると、有機物を消費しなくなる。土壌に炭素を吐き出さなくなる。イエローストーン国立公園では、オオカミの小さな群れによってエルク（シカの一種）の頭数がコントロールされている。エルクはアスペン（ポプラの一種）が成長する前の苗木を食べるので、オオカミが死滅すればエルクの頭数が増えすぎ、アスペンの苗木が食べ尽くされ、やがて公園内の木々が消滅するだろう。オオカミはオオカミらしく生きることで森を守っているのだ。

生態系とその生物多様性が抹殺される「エコサイド」の脅威が高まるというのが気候危機の本質だ。地球には８００万～９００万種の動植物が存在するとされる。[*41]人類が登場する以前は、１年で失われるのは１００万種あたり１種だけだった。それが20世紀初頭には、１００万種あたり12種ほどになり、そのペースは高まる一方だ。**今日では１００万種以上が絶滅の危機に瀕している。**[*42]アメリカの昆虫学者、エドワード・オズボーン・ウィルソンは最悪の事態が起こるのはこれからだ、と指摘する。「絶滅種が増えれば生物多様性は転換点に達し、生態系そのものが崩壊する可能性がある」

アメリカの大地や種を保護するうえで大きな役割を果たしているのが内務省国立公園局だ。小説家で環境保護活動家のウォレス・ステグナーは、国立公園局は「アメリカ人が生み出した最高のアイデアだ」と語っている。このアメリカの先例を取り入れた国は多い。

ただ自然保護活動家がすばらしい成果を挙げてきたにもかかわらず、種の絶滅のペースは依然としてきわめて高い。野生動植物の生息地は攻撃にさらされている。どうすれば生態系の回復を後押しできるだろうか。

難題に挑む――30×30と50×50

魔法のような秩序ある地球のメカニズムには、つくづく感心させられる。炭素サイクルは測定可能なプロセスで、しかもバランスの立て直しが急務だ。ウィルソンの言うように、気候災害を回避するためには、クリーンエネルギーへの移行と同じぐらい熱心に自然の再生に取り組まなければならない。

２０１８年、地球の面積の半分を自然に戻すというウィルソンの「ハーフ・アース」の提案に対応し、ナショナルジオグラフィック協会が「キャンペーン・フォー・ネイチャー」を立ち上げた。科学者、起業家、先住民、環境保護活動のリーダーらによる協力組織だ。ウィルソンは2050年までに地球の半分を保護することを目標としているが、キャンペーン・フォー・ネイチャーはさらに短期的な目標を設定している。2030年までに地球の30％を保護することだ。気候変動に対処するとともに、「種の大量絶滅危機を回避する」ために、最低限これだけはやらなければならないというラインだ。[*43] 2021年、バイデン政権はアメリカが国家としてこの目標を支持することを表明した。

スピード&スケール計画はこの短期、長期両方の目標の達成を目指す。緊急対策としての「30×30（2030年までに30％）」、そして地球の命運を左右する必達目標の「50×50（2050年までに50％）」だ。飛行機を操縦するとき、最低速度に到達しなければ離陸はできない。最低速度に到達できて初めて自信を持って最終目的地に向けた航路を描ける。

大地、森林、海洋という自然の3領域すべてが、ネットゼロという目標を達成するのにきわめて重要な意味を持つ。地球のカーボンシンクはいずれも気候安定化と気候災害、生物多様性と大量絶滅の分水嶺にある。人類も絶滅の危機に瀕している

生物種の1つだ。人類そのものが今、進化の木の枝先から落ちてしまいそうな危険な状態にある。だが絶望する前に、思い出してほしい。どれほど取り返しのつかない状況にあると思われていた生態系でも、回復の努力が実を結ぶケースがあることを、私たちは幾度も見てきた。

総合的に考えると、１万１０００年前に最後の氷河期が終わって以来、人類はとても幸せな時期を過ごしてきた。寒すぎもせず、暑すぎもしない適温の惑星で繁栄を遂げてきた。ウィルソンはこう書いている。「人類という種が受け継いだ美しい世界ができるまでに38億年の歳月がかかった。私たちは生き物世界の守り人だ。もうこれ以上の危害を加えてはならない」。このシンプルでわかりやすい道徳的教訓を、私たちはもう十分学んだはずだ。

スピード＆スケール計画：ネットゼロへの道筋

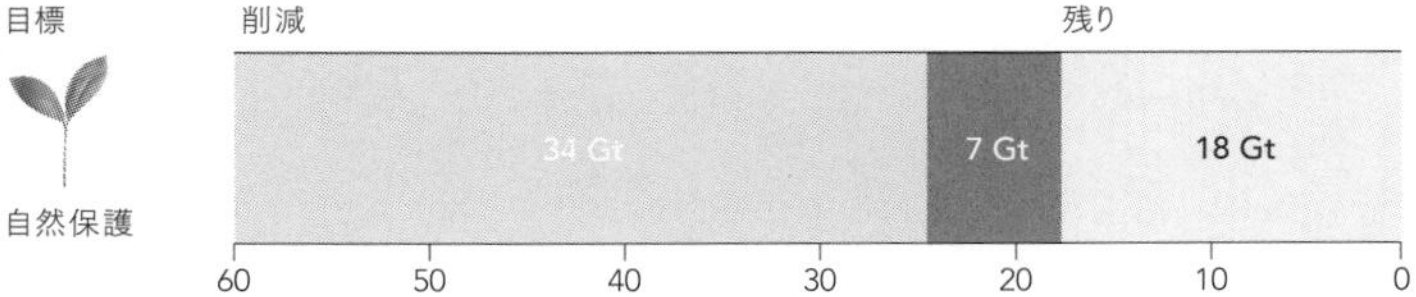

Chapter 5

産業をクリーンにする

Clean Up Industry

Chapter 5

産業をクリーンにする

ジェームズ・ワキビアが「プラスチック禁止運動の旗手」への道を歩みはじめたのは25歳のときだ。[*1] ケニア4番目の都市ナクル市出身のフォトジャーナリストであるワキビアのキャリアの出発点は、ズーム付きカメラを手に街中を歩き回った経験だ。撮影したのは日常の風景だ。朝開店の準備をする店、学校へ向かう子供たち。そしてもちろん自然だ。ケニアの自然の美しさはよく知られる。ブログに撮影した写真を載せたところ、すぐに仕事が舞い込むようになった。「写真のおかげで世界がよく見えるようになった。写真が私に立ち止まり、撮影し、問いを投げかける勇気を

くれた[*2]」

２０１１年のある日。ワキビアは地元のごみ捨て場を通りかかった。スーパーのレジ袋が山積みになっていて、一部が道路まで飛んでいた。ワキビアは近隣の湖や池のほとりを埋め尽くしているペットボトルの写真を撮った。そんな光景を心底嫌だと思ったからだ。２０１３年にはごみ捨て場の移転を訴える署名運動を始めた。だが市の職員は関心を示さず、訴えを拒否した。

この事件はほんの始まりに過ぎなかった。ツイッターにハッシュタグ「#BanPlasticsKE」を立てると、数千人のフォロワーが集まった。ワキビアはアメリカの有名なフォーク歌手で環境活動家のピート・シーガーの言葉を好んで引用した。「削減、再利用、修理、改造、修復、仕立て直し、転売、リサイクル、あるいはコンポスト。それができないなら製造過程から制限、再設計、排除するべきだ」。ワキビア自身のスローガンはもっと簡潔だ。「プラスチック、少ないことは良いことだ」。ごみ捨て場を通りかかった日から4年後、ワキビアはもっと大胆な目標に全精力を注ぎ込むようになった。ナクル市に世界の都市に先駆けてレジ袋、ペットボトル、使い捨て食器などの使い捨てプラスチックを全面禁止するよう訴えたのだ。

今回のワキビアの訴えは、ケニアの環境・地域開発相、ジュディ・ワクングの目にとまった。ワクング大臣はワキビアのアイデアに惚れ込み、それを国として法制化するために尽力した。ワクングはこれを経済的にも必要な政策だと訴えた。ケニアの乳牛の半数が胃のなかにプラスチックを抱えており、そのために牛乳の生産量が抑えられている、と。2017年、ケニアは世界で最も厳しい使い捨てプラスチック禁止法を成立させた。[*3]「ここまでの成果は期待していなかった。最高のニュースだ」とワキビアは喜ぶ。

ケニアは違反者に厳しい罰則を設けている。プラスチック（ビニール）袋を製造、輸入、あるいは販売しているのが見つかると、最大4万ドルの罰金か、最大4年間刑務所に入ることになる。禁止された袋を使っているのが見つかったら500ドルの罰金か最大1年の刑務所行きだ。

ジェームズ・ワキビアはケニアのプラスチック汚染に戦いを挑み、勝利した

政府は本気だ。すでに違反者数百人が罰金刑を受け、10人以上が刑務所に入った。政府によると、法律ができてから18カ月も経たないうちに国民の80%がプラスチック袋の使用をやめた。[*4] ＢＢＣはこのすばらしい成果を世界に報じた。ワキビアは国連環境計画から表彰された。[*5]

小さな国が環境保護法を成立させようとすると、強大な勢力を敵にまわすことになる。禁止しようとしている素材を製造するのが巨大な多国籍企業で、しかもその素材が何百という用途に使われているならなおさらだ。映画『卒業』にはダスティン・ホフマン演じる主人公の若者に、実業家がこう語りかける有名なシーンがある。「１つだけ教えてやろう。プラスチックだ。プラスチックにはすばらしい未来がある」。[*6] 映画が制作された１９６７年当時プラスチックはまだ普及しはじめたばかりで、便利だが最終的にはとんでもなく有害であることが判明するのはまだ先のことだった。

プラスチックは二度、環境を汚染する。まずは製造段階で、そして廃棄される段階で。石油と天然ガスを原料とするだけでなく、製造過程で二酸化炭素を排出する。人類が生み出したプラスチックの半分はここ15年で製造されたという事実は未来に暗い影を落とす。[*7] 問題は工業的スケールで、加速度的に悪化している。

ケニアで禁止されたプラスチックから道路に架けられたコンクリート製の橋、高層ビルに使われている鋼鉄まで、**人間がつくりだすものはすべて製造段階で炭素を排出する。**発電を脱炭素化し、交通を電化しても、それらを製造する過程で温室効果ガスが出てしまう。直接的な熱源として使われる化石燃料から発生するものもあれば、製造過程での化学反応から生じるものもある。

炭素排出を削減するために、あらゆる産業で確実に実践できる方法がある。１つめが原材料の使用量を削減することだ。構造物に使用するコンクリートを減らせば、大気中に放出される二酸化炭素は減少する。２つめがリサイクルと再利用だ。繊維製品を回収して再生繊維にすることで、ゼロから生産しなくて済む。３つめは代替熱源の使用だ。鉄を溶かすのに必要な熱を電気でまかなえば、再生可能なエネルギー源を活用できる。そして最後の、非常に重要な方法が発明だ。コンポスト（堆肥）化できる包装容器を発明すれば、埋め立て地が包装容器であふれかえるのを防げる。

製造業から排出される二酸化炭素は12ギガトン、世界の排出量のおよそ20%を占め、大気に大きな負荷をかけている。**鉄鋼に関するKR（5・1）**は、製造業最大の排出源（4ギガトン）を標的とし、世界の鉄鋼メーカーに製造過程での化石燃料の使用を削減する製法や技術の開発を求める。[*8] **セメントに関するKR（5・2）**は、およ

目標5　産業をクリーンにする

2050年までに産業からの温室効果ガス排出量を12ギガトンから4ギガトンに削減する。

KR5.1

鉄鋼

鉄鋼生産の炭素集約度(CI)を2030年までに50%、2040年までに90%削減する。

↓ 3 Gt

KR5.2

セメント

セメント生産の炭素集約度を2030年までに25%、2040年までに90%削減する。

↓ 2 Gt

KR5.3

その他産業

その他の産業（プラスチック、化学、製紙、アルミ、ガラス、アパレル）からの排出を2050年までに80%削減する。

↓ 3 Gt

そ3ギガトンを排出するセメント製造を対象とする。[*9] 今日、鉄鋼とセメントの製造は中国企業に、そして中国における急激な都市化と建設ラッシュに左右されている。この2つの巨大産業の脱炭素化を進めるには、新たな製法と技術が途上国から見て理にかなったものでなければならない。

プラスチック、化学、製紙、アルミ、ガラス、アパレルの各産業は、いずれも直接的熱源として化石燃料を使用している。こうした製品の多くは最終的に焼却され、さらに多くの炭素を排出する。**その他産業に関するKR（5・3）**は、原料使用の削減、リサイクル、代替熱源、発明という産業共通の方法を活用し、炭素排出の大幅な削減を目指す。

もちろん、言うは易く行うは難しだ。本章ではまず消費者に最も直接的かかわりの大きいプラスチックとアパレル産業に目を向ける。続いて産業全般の脱炭素化に役立つ代替熱源を見ていく。そして最後に最大の難関である、鉄鋼とコンクリートという最大の排出源について考えていく。

これは避けて通れない道だ。産業からの排出を削減しなければ、人口とエネルギー需要の増加に比例して炭素排出は急増する。

プラスチックの弊害

プラスチックは年間1・4ギガトンの炭素を排出する化学産業の一部だ。わずか20社の国際的ポリマーメーカーが、使い捨てプラスチックごみの半分以上を生み出している。その最上位にいるのがアメリカのエクソンモービルとダウ、そして中国の中国石油化工（シノペック）だ。人類の存亡がかかった今、こうした企業は気候を犠牲にして化石燃料を使い続けるか、それとも持続可能な未来への移行を主導するか、選択しなければならない。

使い捨てプラスチックを禁止するためには代替品が必要だ。プラスチック袋は無漂白の紙でつくった袋や、リサイクル・ペットボトルからつくった再利用可能な袋で代替できる。コンポスト可能な繊維を使えば、丈夫な食器やストロー、包装容器をつくることができる。飲料については、店頭で販売する製品はガラスやアルミ製の容器を使い、カフェなどで持ちかえる場合はコンポスト可能なカップで提供するというシンプルな解決策がある。みなさんは史上最大のリサイクルの成功例をご存じだろうか。スーパーやコンビニで売られている飲み切りサイズのアルミ缶だ。これまでアメリカで製造されたアルミの75％近くが今日でも使われている。[*10]「サーキュラー・エコノミー（循環型経済）」の可能性を示す例といえるだろう。

プラスチックをめぐる現在の危機的状況は、かつては有望と思われた2つの解決策が（少なくとも現時点では）失敗に終わった結果である。1つはプラスチックのリサイクルだ。プラスチック・リサイクルは広く普及し、ルールもよく守られたものの、市場は崩壊してしまった。長年アメリカのプラスチックごみを受け入れてきた国々（主に中国とマレーシア）はごみ捨て場として使われることに消極的になってきた。比較的最近まで、中国は年間７００万トンのプラスチックごみを輸入してきた[*11]。しかしリサイクル会社がプラスチックごみを投棄したことで水路が汚染されたことから門戸を閉ざした[*12]。リサイクル会社は利益が減るのを嫌い、品質基準を満たさないプラスチックごみを河川に捨ててしまったのだ。世界のリサイクル・システムははっきり言ってめちゃくちゃだ。

アメリカの場合、混乱の責任は主に石油業界とプラスチック業界にある。しかもその失策は意図的なものだった。１９８９年、両業界が**すべての**プラスチック製品にリサイクルマークを付けるようロビー活動を展開したのは[*13]、それによってリサイクル制度そのものが機能をしなくなるのを見越してのことだ（1から7までの識別コードはとにかくわかりにくかった）[*14]。結果としてアメリカの消費者は困惑し、リサイクルできないアイテムや食べ物の付着した空き容器など、すべてをプラスチック用ごみ箱に捨てるようになった。[*15]

リサイクル制度を機能させるためには、消費者がリサイクル可能なプラスチックを識別できるようにする必要がある。サステナブル・パッケージング連盟がデザインした新たなラベルは役に立ちそうだ。たとえばクッキーは通常、プラスチック製のトレーに詰め、包装フィルムをかけ、さらに紙箱に入れた状態で出荷される。紙箱はリサイクル可能、包装フィルムはリサイクル不可能、トレーはプラスチック用ごみ箱に入れる前にすすぐ必要がある、と表示するのが適切なラベルだ。ラベルを正確にするほど、リサイクル可能な素材に関する消費者の無知につけ込もうとしている会社をあぶりだすことがで

わかりやすい表示は消費者に適切なリサイクルを促す

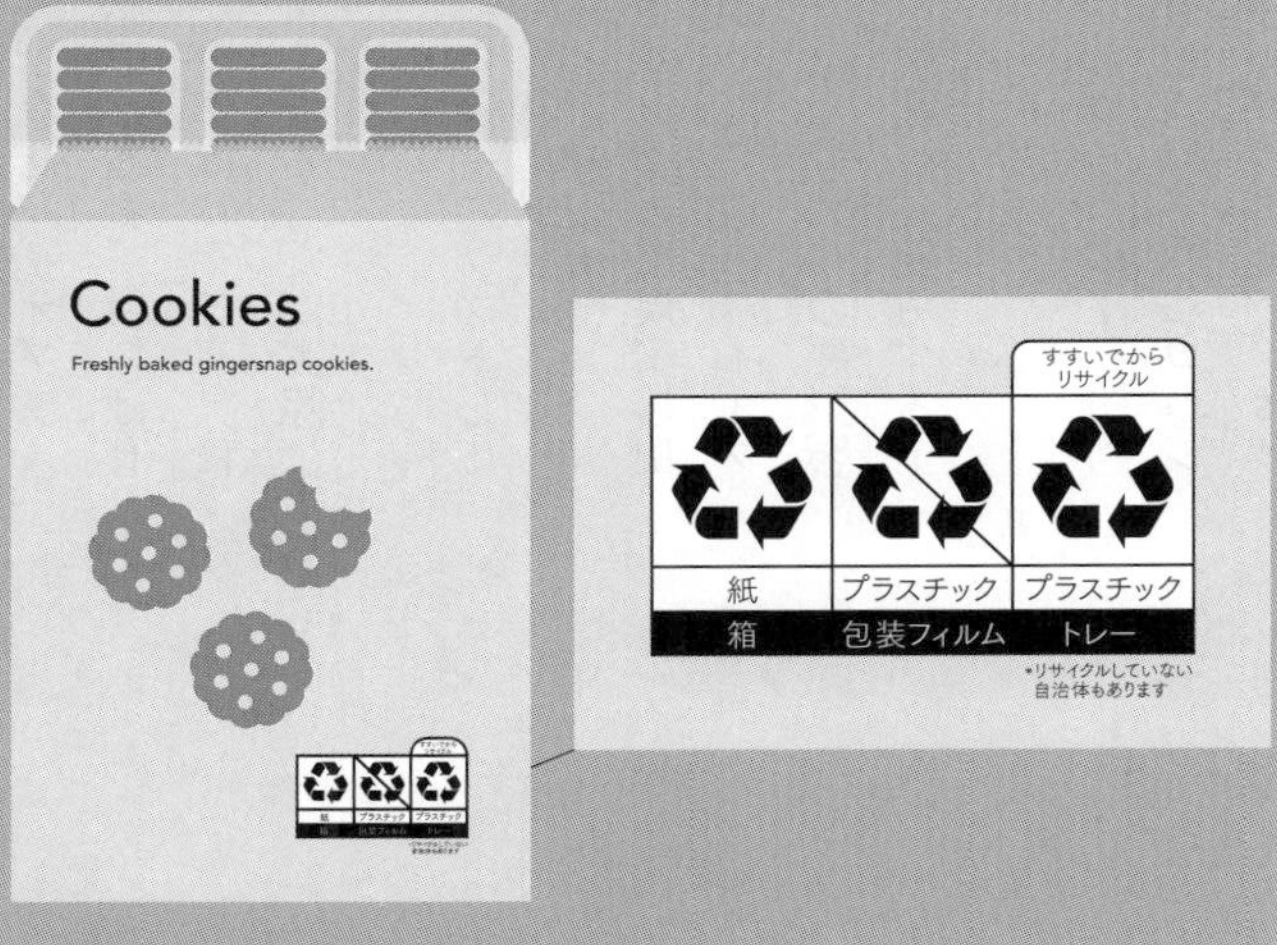

出典：How2Recycle作成のガイドライン

きる。

もう1つ、期待はずれに終わったのがバイオプラスチックだ。なぜバイオプラスチックが失敗してきたか理解するには、2つの問いを考える必要がある。材料は有機物か、そして生分解性があるかだ。理想的なバイオプラスチックはバクテリアによって分解される有機樹脂で、この2つの問いの答えがイエスとなる。だが実際には、どちらの問いにも答えるのは容易ではない。

コカ・コーラは化石燃料や石油化学製品から再生可能な原料に徐々にシフトしていくなかで、原料の70％が石油、30％がサトウキビ由来のエタノールというボトルを実験的に採用した。[*16] このハイブリッドなプラスチック・ボトルによって炭素排出はわずかに減少したものの、分解には数百年かかることがわかった。他のバイオプラスチックは従来の石油系プラスチック以上に環境（そして私たちの健康）への悪影響が大きく、[*17] なかには汚染物質の排出がさらに多く、オゾン層を破壊し、使用する土地面積も大きいものもあった。

必要なのは、より生分解性が高く、しかもスケール可能なプラスチックだ。化学者はポリ乳酸（PLA）と呼ばれるポリマーに注目している。ＰＬＡはトウモロコシやキャッサバのデンプンからつくられ、とても頑丈だ。ふつうのプラスチックカップと変わらない。一方、温室効果ガスの排出は75％も少ない。話がうますぎるのではないかと思えるが、ＰＬＡは特定の産業用コンポスト施設でしか生分解できない。また分解には10～12週かかり、実用性に難がつく。従来型のごみ捨て場や海に投棄しても、なかなか分解されないだろう。[*18]

それでも使い捨ての食器や容器には、可能なかぎりＰＬＡを使用したほうがいい。[*19]その結果、埋め立て地に送られるプラスチックの量を大幅に抑えられ、リサイクル用ごみ箱に汚れが付着したプラスチックが混入するのを防げる。さらに食品廃棄物がごみ捨て場で腐敗し、メタンガスを放出する代わりに、堆肥化されて土に戻るのを促す効果もある。バイオプラスチックが救世主となるためには、一般家庭のコンポスト用ごみ箱のなかで生分解されるように、さらなるイノベーションが必要だ。

プラスチック汚染のライフサイクルからは、今日私た

環境にやさしい代替手段：植物のデンプンからつくられるPLAポリマーは、石油系プラスチックと比べて温室効果ガスの排出を75％抑えられる

ちの置かれている状況がうかがえるが、かなりひどいものだ。**世界のプラスチックごみのうち、リサイクルされているのはわずか9%。**残りはどうなっているのか。12%は焼却されて二酸化炭素を排出し、[*20] 残りは埋められ、最終的に海へと流れ出す。プラスチック汚染は1980年以来、10倍に膨れ上がった。廃棄物の流れがうまく管理されていないために、毎年800万トンが海洋に流入している。その結果、100万羽の海鳥が死に、[*21] 数百種の魚、ウミガメ、海洋哺乳類に害が及んでいる。プラスチックごみに絡まって窒息したり溺れたりする動物もいれば、のみ込んだプラスチックごみで胃がいっぱいになり、飢え死にするものもいる。

このきわめて有害な素材を禁止する動きはケニア以外にも広がっている。2018年、イギリス議会は一部プラスチックを段階的に禁止し、さらにアメリカの制度に倣ってマイクロプラスチック（洗剤、化粧品、スキンケア製品に使用される微粒子）の消費財への使用を禁止する25年計画を採択した。2021

プラスチックはライフサイクルのすべての段階で環境を汚染する

1950〜2015年、世界のプラスチック生産とその使用状況

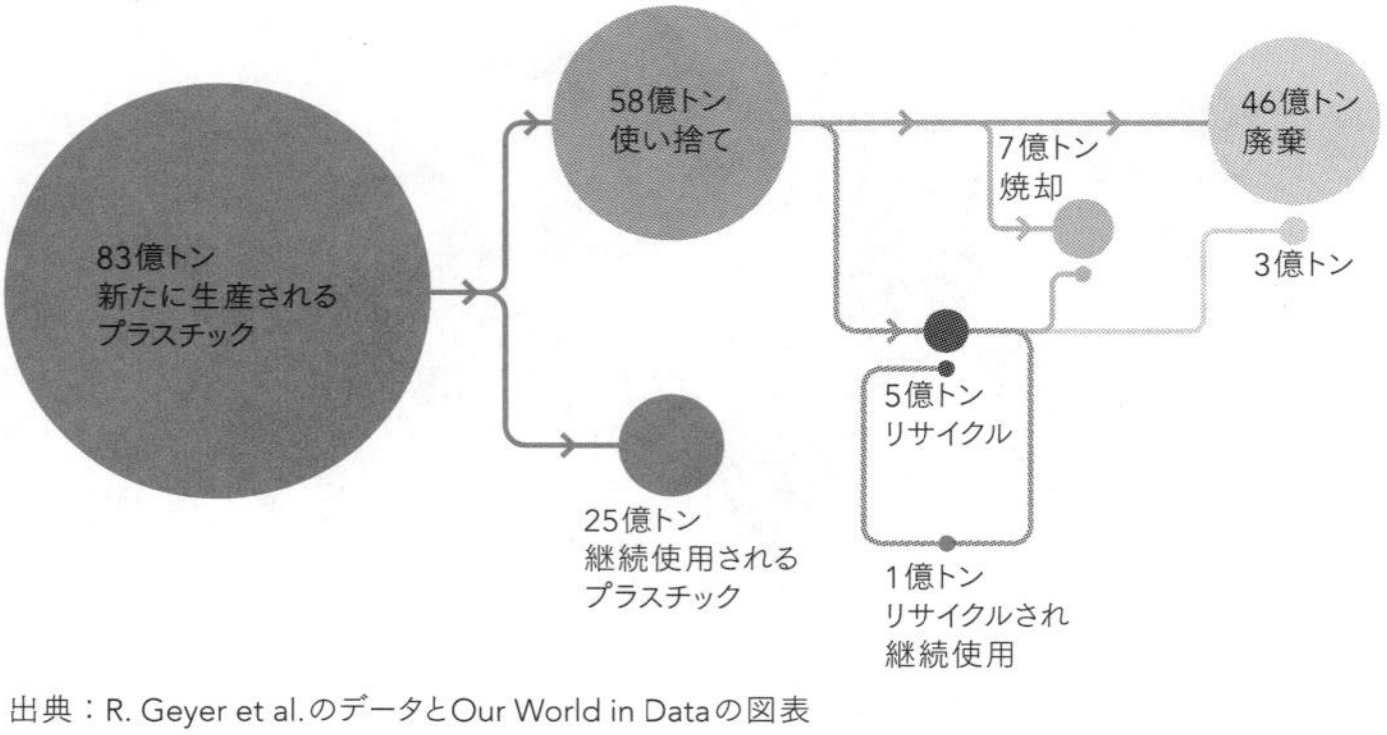

出典：R. Geyer et al.のデータとOur World in Dataの図表

年時点でＥＵは使い捨てストローや食器を禁止し、[22]「２０２９年までにペットボトルの回収率90％」を目標に掲げる。世界では１２７の国がプラスチック使用を制限する何らかの規制を導入している。[23]

少なくとも現段階では、プラスチックの使用を全面的に禁止することはできない。一部の医療用品、家電、繰り返し利用できる容器など、プラスチックが代替不可能な用途もある。だがプラスチック関連の温室効果ガス排出の半分近くを占める包装資材、買い物袋などの使い捨てプラスチックを禁止しない理由はない（政治的意思の欠如くらいだ）。

アパレル産業の取り組み

洋服や靴は温室効果ガスの排出源としてはそれほど大きくないが、数値を超えた文化的重要性がある。私たちが日々、身につけるものなのだから。ここ20年、「ファストファッション」の台頭によって衣料品の製造と消費が急増し、年間６２００万トンに達した。[24]メーカーは急速に変化するトレンドサイクルを追いかけ、短期間着ただけで捨てられる低品質な洋服を製造し、ごみ捨て場は繊維、ゴム、皮革、プラ

ハーバード・ビジネススクールの調査によると、衣料品ブランド《ＺＡＲＡ》が販売する製品の素材は、着用回数が10回以下であることを想定している。

スチックごみであふれるようになった。

最近『ヴォーグ』誌が、アパレル業界は２０３０年までに炭素排出を50％削減する合意をまとめたと報じたが、[*25] 気候対策への業界の取り組みは遅れている。２０３０年の目標を達成するためには、ファッションブランド、メーカー、小売業者は上流と下流の双方で対策を加速しなければならない。上流にあたる繊維製造の課題はわかりやすい。衣料品製造に再生可能エネルギーを使い、エネルギー効率を高めれば、排出削減に直結する。下流ではもっと幅広い対策が必要だ。ブランドは排出の少ない輸送手段を選び、小売業の活動もよりクリーンにし、さらに過剰な生産も抑制する必要がある。大規模な変化を推し進めるためには、業界各社は消費者の衣料品レンタル、再販売、仕立て直し、回収、再利用を促す必要がある。全体目標は１つひとつのセーター、コート、靴、あるいはハンドバッグの寿命を延ばすことだ。

インパクトの大きい戦略の１つが、リサイクル素材から衣料品を製造することだ。《パタゴニア》は１９９３年にリサイクル・ペットボトルからフリースをつくり、こうした試みの先駆者となった。今では多くの主要ブランドや新興ブランドがこうした活動に加わっている。

業界の他のリーダー企業も、初めから環境への影響を意識して製造された素材に目を向けている。一例がサンフランシスコを拠点とするシューズ・メーカーの《オールバーズ》だ。同社はネットゼロに向けた進捗を追跡するため、ＯＫＲを使っている。２０１４年に競争のきわめて激しいこの業界に参入した《オールバーズ》にはユニークな目標があった。履き心地がよく質の高いデザインを「地球上で最もサステナブルなシューズに仕上げる」というのがそれだ。そして製品発売から2年で１００万足を売り上げた。看板製品はメリノ・ウールを使い、中敷きにはブラジルのサトウキビを使う。

共同創業者で最高執行責任者（ＣＯＯ）のジョーイ・ズウィリンガーは「私たちは環境を成功の重要なステークホルダーと考えている」と語る。[*26] 財務目標の追求がネットゼロの目標と乖離しないように、全社員２５０人がそれぞれのＯＫＲを設定している。こうした取り組みによって、《オールバーズ》は単なるシューズ・メーカーの枠にとどまらず、環境保護企業となった。２０２１年にはサステナブル・シューズの市場を拡大するため、カーボン・フットプリントを計算する自社システムを同業他社にも公開した。[*27]

《オールバーズ》の最上位の企業目標の1つが、「すべての製品はライフサイクルを通じてカーボン・ニュートラルを実現する」という顧客との約束だ。この目標に対応する主要な結果（KR）では、サプライチェーンから製造、出荷、販売に至るまで事業活動のあらゆる側面について排出目標を設定している。このＯＫＲを遂行するため《オールバーズ》は全社員に対し、事業の各段階で炭素排出を定量化し、削減するよう教育している。

《オールバーズ》は増加しつつあるグリーンファッション・リーダーの1つだ。リフォーメーションをはじめ、サステナビリティを考慮して原料を調達し、繊維をランク付けする企業もある。《ステラ・マッカートニー》など高級ファッションでも環境配慮型にシフトできることを体現しているブランドもある。

　消費者サイドでは、ユーズドあるいはビンテージものの衣料品の人気が高まっている。アメリカ、ヨーロッパ、アジアの若者によって中古衣料は確かなファッショントレンドになりつつある。《トローブ＆トレイジー》など消費者が質の高い衣料を購入し、再販売できるような新たなオンライン・リセール市場を開設し、ファストファッションという悪しき流れに対抗する企業もある。今こそアパレル業界のあらゆる企業が、ネットゼロという新たな流行を追いかけるべきだ。

産業用熱源の電化と水素という希望

　産業プロセスで使われる熱は、世界のエネルギー使用の5分の1近くを占める[28]。また産業部門全体で見ても、熱源は最大の二酸化炭素排出要因だ。紙や繊維から鉄鋼、セメントまであらゆるものを製造するためには、程度の差こそあれ熱が必要だ。熱は天然ガス、石炭、石油など炭素排出量の多い燃料を使い、製造現場で生み出される。

　今では産業界の燃料消費の少なくとも半分を占める製造プロセスを、電化することが技術的に可能だ[29]。電動ヒートポンプ、電動ボイラー、廃熱の再利用は、中低温の熱需要を満たす代替手段としてすでに定着している。電気炉のなかには鉄鋼製造に必要な1000℃以上に達するものもあるが、コストが高く、必要とするエネルギー量があまりに大きいとい

多くの産業プロセスにおいて化石燃料の代替手段は存在する

プロセス熱の燃料消費に占める割合	%	プロセスの例	テクノロジーの現況
超高温熱（1000℃以上）	32%	・ガラス炉での溶融 ・熱間圧延機でのスラブ再加熱 ・セメント原料となる石灰石の焼成	研究あるいは試験段階
高温熱（400～1000℃）	16%	・石油化学業界での水蒸気改質・水蒸気分解	実用段階
中温熱（100～400℃）	18%	・乾燥、蒸発、蒸留、活性化	実用段階
低温熱（100℃未満）	15%	・洗浄、すすぎ、調理	実用段階
その他（調査対象以外）	19%		

出典：マッキンゼー・アンド・カンパニーのデータと図表

う制約がある。産業界が炭素を排出せずに高熱を得る手段を模索するなかで、ある「元素」に注目が集まっている。

近年、産業界における気候問題の議論で最も注目されているのが、水素が将来的に果たしうる役割だ。水素は電気と同じようにエネルギーの発生源ではなく運搬役だ。水素に期待が集まるのは、どこにでもあるからだ。水と電流さえあれば、どこでも水素はつくれる。電気分解と呼ばれるプロセスを使うと、水を構成する原子である水素２つと酸素１つに分解できる。こうして取り出した水素は貯留し、その場で直接使用することもできれば、凝縮して液体に変えて輸送したのちに熱や電気を生み出すのに使うこともできる。

産業界では異なるタイプの水素を、４つの「色」に分類している。

ブラウン水素、ブラック水素
石炭からつくられる水素

グレー水素

天然ガスからつくられる水素

ブルー水素

天然ガスからつくり、生成過程で放出された二酸化炭素は回収・貯留する水素

グリーン水素

炭素排出ゼロのエネルギー源からつくられる水素

今日生成される水素の大部分は化学品製造に使われ、そのうち95％が天然ガスからつくられている。**これから10年の私たちの目標は、高熱を発生させる標準的手段としてクリーンな水素が使われるようにすることだ。**それによってセメントや鉄鋼のような厄介な業界の脱炭素化を進められる。

環境汚染の少ない水素の製造コストは、より多くの工場が建設されれば低下する見通しだが、[*30] 世界の大半の地域において汚染度の高い水素より安くなるまでには20年はかかるかもしれない。また発生源にかかわらず、これまで水素を使用してこなかった産業では費用の面から導入に壁がある。水素の加圧や冷却にはコストがかかる。液体水素の輸送は難しく、水素ガスの漏出（あるいは爆発）を防ぐためにはパイプラインをつくりなおす必要がある。こうしたコストが相当大きなグリーンプレミアムとなる。

グリーン水素は、すでに価格低下が始まっている電池など他のクリーンエネルギー源と競合することになる。ではグリーン水素の強みは何か。1つの可能性として、肥料用アンモニアの製造で汚染度の高い水素の代替として使用できる。将来的には鉄鋼製造など高熱を必要とする製造プロセスでも経済合理性を持つようになるかもしれない。ソーラーパネルや風力タービンで電解槽を動かし、製造現場で水素を生成すれば、コストを抑えられるかもしれない。

他の業界では蓄電や海上輸送にグリーンな水素を活用できる可能性がある。しかし高密度で軽量なバッテリーという現実的な選択肢が存在する乗用車、バス、トラック、電車などの動力として使用するのは難しいだろう。都市を建設する資材をつくるための排出ゼロの選択肢として、グリーン水素は新たな工業時代を切り拓く可能性がある。

二酸化炭素を吸収するセメント

コンクリートは過去２０００年以上にわたって使われてきた。ただ都市の建設にコンクリートが大量に使われるようになったのは、１８００年代半ばに工業化時代が幕を開けた頃だ。ジョセフ・オーギュスト・パヴァン・ド・ラファージュはフランス南東部で石灰石の採石場を営んでいた。採石場の白い岩と鉱物をたっぷり含んだ粘土を活用するための新たな方法を探していたラファージュは、特許を取得したばかりのポートランド・セメントを大量生産しはじめた。ポートランド・セメントの名は、イギリス海峡のポートランド島の有名な石灰石に似ていたことに由来する。

１８３０年代にはラファージュの工場の煙突から、炭素を含んだガスが排出されるようになった。当時のラファージュは自分が未来の気候危機を招く一因となっていること、あるいは21世紀にはセメント産業から年間3ギガトンもの二酸化炭素が排出される日が来るとは知る由もなかった。セメント製造では常に大量の熱が使われてきた。化石燃料を使って１４５０℃まで温度を上げたロータリーキルン（回転窯）で石灰石と粘土を焼成する過程で、セメント製造から発生する二酸化炭素排出の半分が生じる。材料を回転させながら焼成すると、石灰石は酸化カルシウムと二酸化炭素に熱分解され、ここで残り半分の二酸化炭素が発生する。焼成炉から出てくる「クリンカー」と呼ばれる小さな塊は、石膏などと一緒に粉砕され、セメントができあがる。セメントは接着剤のようなもので、水、砂、砂利と混ぜるとコンクリートができあがる。セメントは19世紀の建設業界における勝利の方程式だった。ラファージュは当時と変わらず今も世界最大規模のセメントメーカーであり、年商は250億ドルに達する。

1トンのコンクリートが生産されるたびに、それとほぼ同じ量の二酸化炭素が大気中に放出される。[*31]

抜本的変革を行わないかぎり、セメント産業の炭素排出（世界の温室効果ガス排出の5％）は経済成長に合わせて増加しつづけるだろう。抜本的変革への圧力は高まっている。総額33兆ドルの運用資産を誇る機関投資家の業界団体「気候変動に関する機関投資家グ

セメント製造からの炭素排出

セメント製造のさまざまな段階で二酸化炭素が排出される。

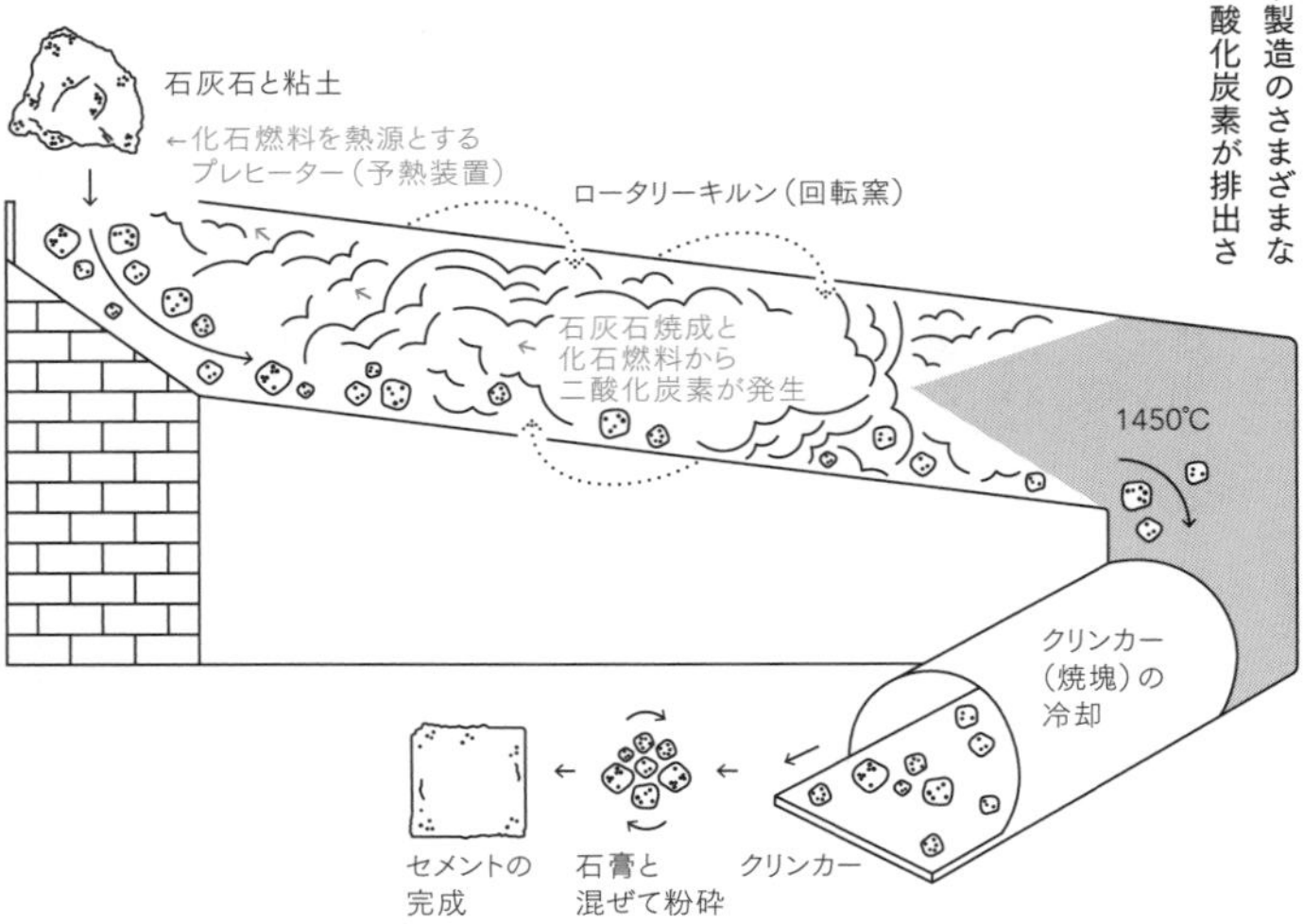

ループ」は２０１９年、セメント業界に２０５０年までのネットゼロ達成を迫った。[32]ヨーロッパの巨大セメントメーカー４社（現在６万７０００人の従業員を擁する多国籍企業となり、スイス市場に株式を公開しているラファージュホルシムもその1社だ）に対する書簡では、短期と長期両方の排出削減目標の設定を強い言葉で促した。

「われわれはこの課題を軽く考えてはいない」とラファージュＣＥＯのヤン・イェニシュは語る。[33]同社の工場では電力の20%を再生可能エネルギーでまかなっていると指摘したうえで、カーボン・ニュートラルなセメント生産の実現に向けて一段と努力すると約束した。だが気候問題を懸念する投資家は納得しなかった。ラファージュホルシムは大きな変化を生み出すために十分なスピード感を持って行動していないというのだ。結局２０２０年９月、同社は２０５０年までの排出ネットゼロをコミットした。[34]

エリック・トゥルーシエビッチはセメントとコンクリート業界で10年を過ごしてきた。ヤン・ファン・ドッカムはクライナー・パーキンスがグリーン投資戦略を策定したときのオペレーティング・パートナーだった。2人は現在、硬化過程で二酸化炭素を吸収するセメント、という新たな化学的イノベーションを生み出した新興企業ソリディアの取締役を務めている。

エリック・トゥルーシェビッチ

Eric Trusiewicz

コンクリートは私たちの目に見えないところで、あらゆる文明を支える素材だ。あらゆる都市、産業活動、エネルギー生産、交通インフラ、建物の土台にコンクリートがある。

セメントは毎年３００億トン生み出される魔法だ。この白い粉を身のまわりの何かと混ぜれば、50年以上の耐久性を持つ岩ができる。世界の40％はこの作業をシャベル1本で行う。残りの60％では工業設備を使い、大きな建物や構造物を造る。コンクリートなしに文明が成立するというのは想像できない。

コンクリートは毎年３００億トン生み出される魔法だ。

Concrete is thirty billion tons per year of magic.

ヤン・ファン・ドッカム

Jan van Dokkum

　セメント産業の脱炭素化を進めるうえでの課題は何か。今日、世界のセメントのほとんどを2ダースほどの会社で製造している。現時点で二酸化炭素削減に結びつく新たな技術を導入するインセンティブはまったくない。

　セメントメーカーから見ると、経済性と環境保護のあいだに基本的なズレがある。炭素排出量はきわめて大きい。そしてセメントは競争の激しいコモディティ・ビジネスであるため、この業界の利幅はきわめて薄い。他のメーカーが何もしないなかで、自社だけがイノベーションに投資するのは困難だ。イノベーションは必要なものではなく、足を引っ張る要因と見られてきた。

セメント業界には環境対策を明確に義務づける必要がある。そうすることで初めて、業界はイノベーションと変革を必要と考えるようになる。

エリック・トゥルーシェビッチ

たしかに手ごわい課題ではある。だがすでに存在するノウハウや技術を使えば、50%以上の排出削減は可能だ。第一に、建物は従来の半分の量のコンクリートで設計することができる。第二に、セメントに似た補助材料や充填剤といった二酸化炭素を抑えるソリューションもある。このような代替策は新たなコンクリート・ブランドを立ち上げるような話と比べると地味だが、効果は高い。難しいのは、それを誰でも使えるようにスケールすることだ。

変革を起こすのは簡単ではない。新たなコンクリート技術には、グリーンプレミアムが付いている。材料は従来品より安いこともあるが、高度な技術力や監督が必要なため、コストは高くなりがちだ。私たちはこれまで特定のやり方で構造物をつくってきた。世界の建設業界では何億人もの労働者（その多くは低技能労働者）が働いている。そのうえ規制や公衆の安全といった問題もある。新たな材料を効果的かつ安全に使う方法、またその使用量を抑えながら建物を設計する方法について教育を拡充する必要がある。

政府はインセンティブを設けたり義務を課したりすることで、変革を加速することができる。セメントの二酸化炭素の排出が多いからといって、セメントやコンクリート業界の経営者を責めるのは筋違いだ。政府や国民が業界の変革を望むなら、業界が従うべきルールを変える必要がある。企業が変化に抵抗するのは、そのほうがコストは低かったからだ。

だがいまやこうした大企業は自社の炭素排出に目をつむるのは安上がりな選択肢ではなくなりつつある。石炭、石油、天然ガス業界で何が起きているか、よくわかっている。だから取り残されるよりイノベーションを生み出す方法を模索している。

ヤン・ファン・ドッカム

動くべきは政府だけではない。投資・金融業界もセメント会社にクリーン化への圧力をかけることはできる。セメント産業に変化に適応するプレッシャーを感じさせなければならない。金融業界から圧力を受ければ、株価、資本市場へのアクセス、そして投資リターンに影響を及ぼす。株主からの圧力は新たな技術と製法の採用を促す最大の要因となる。

エリック・トゥルーシェビッチ

どうすればこの業界にネットゼロを達成させられるだろうか。既存のイノベーションをスケールし、さらに有望な技術を市場に普及させる必要がある。新たなアプローチを業界に受け入れてもらうには、原材料はどこでも安価に入手できるようなものでなければならない。最終製品は使いやすく、価格競争力があり、信頼性が高いものでなければならない。既存のインフラを使えるのであれば理想的だ。高いハードルではあるが、この問題を解決しようとする起業家のエネルギーは十分にある。

たしかに手ごわい課題ではある。

Yes, this is a hard problem.

セメント業界のイノベーションは、2大排出源を狙い撃ちするものでなければならない。1つは熱を得るための燃料、もう1つは焼成炉のなかの化学反応だ。熱については化石燃料を電気やクリーン水素で代替するための有望な方法がある。焼成炉のなかについては、複数の企業が石灰石から放出される二酸化炭素を回収するためプロセスそのもののあり方を見直しているところだ。

ヤンとエリックが取締役を務めるソリディアのように、コンクリートが硬化する方法を変える新たな化学的性質を生み出し、セメントの伝統的製法から脱却する企業もある。同社のコンクリートは化学的性質を変化させることで、二酸化炭素を吸収する。他の企業はセメントを減らし、炭素排出を減らしつつコンクリートを製造できるように、新たな材料や添加物をテストしている。

エリックの言うように、コンクリートは手ごわい課題だ。ここに挙げたような新しいクリーンな製法を普及させるには、巨大な多国籍企業とイノベーティブなスタートアップが協力する必要がある。新たなセメント製造設備のコストは4億ドルにも達し、起業家や大学の研究チームだけの力では導入できない。

セメント業界からのあらゆる排出をゼロにする方法が見つかる保証はない。しかし私たちの文明が建物や構造物の建設を止めることがない以上、努力を続けるしかない。その見返りはネットゼロに向けた大きな前進だ。

未来のための鉄鋼

何世紀ものあいだ、熟練した職人たちは金属を鍛錬して強度を高めてきた。だが１８８０年代にスコットランド生まれの実業家であるアンドリュー・カーネギーが、ペンシルベニア州で世界を変える大発明をした。製鋼法にベッセマー法を導入し、鋼鉄の大量生産を実現したのだ。鋼鉄はすぐになくてはならない素材となった。従来はせいぜい4～5階建てが限界であったのが、鋼桁《こうけた》があればそびえ立つような高層ビルも造れるようになった。都市は縦方向に成長していった。その後誕生した自動車産業では、鋼板が欠かせない材料となった。

気候変動の観点からみると、鉄鋼業の問題は年間４ギガトンと世界全体の約７％を占める炭素排出量だ。セメントと同じように、鋼鉄生産には約２２００℃の高温が必要だ。冶金から発生する炭素汚染に加えて、溶鉱炉でも石炭が使われている。

鉄鋼業の炭素排出を抑えるのは容易ではない。半製品の再加熱から鋼板の圧延まで、多数の工程から成る複雑なプロセスであり、その各段階で化石燃料が使われる。

対策の1つが、リサイクルされた鉄スクラップを溶かすのに電流を使うという方法で、これはアメリカの鉄鋼業の3分の2近くで実施されている。[35] ただ２０２０年に世界の鉄鋼生産量18億トンの半分以上を占めた中国では、それほど広がっていない。[36]

ゼロエミッションの鉄鋼業は、３つの基準を満たさなければならない。第一に、高炉はゼロエミッションの熱源を使うこと。第二に高炉に入れる鉄は化石燃料を使わずに製造したものか、鉄スクラップに置き換える。最後に、圧延前の加熱工程にはグリーンな水素などクリーンなエネルギー源を使用すること。

環境を汚染しない鉄鋼生産を大規模に展開するには、まず性能とコストを実環境でテストする必要がある。２０２０年、スウェーデ

ンの鉄鋼メーカー、オバコは水素メーカーのリンデ・ガスと組み、鉄スクラップを原料とするホーフォーシュ工場でグリーン水素システムを導入した。プロジェクト・リーダーのギョラン・ニストロームによると、圧延機で鉄を加熱するのに水素を使った初のケースだという[*37]。この実験の成功を受けて、オバコは全工場を水素システムに転換するのに必要な資金を調達でき、全工程を通じたカーボン・フットプリントの大幅な削減につながった。

　オバコは鉄鋼の品質に一切マイナスの影響を与えずに、製造工程に排出ゼロの水素を使用できることを証明した。当然ながら化石燃料業界は反撃に出た。とりわけ液化天然ガス（LNG）会社は、これを天然ガスから抽出されるブルー水素への脅威と受け取った。欧州

鉄鋼生産は年間約3ギガトンの二酸化炭素を排出する

エネルギー研究連盟会長のニルス・ロッケは、ＬＮＧを使った水素を避けて１００％グリーン水素に移行するのは「ばかげて」おり、「両方使用するべきだ」と語った。[*38]ロッケの主張は少なくとも移行期には正しい部分もあるが、グリーン水素という魔人はすでにランプから出てしまった。スウェーデンの鉄鋼メーカーのコンソーシアム「ＨＹＢＲＩＴ」は、グリーン水素の使用を拡大することを支持した。２０２０年８月にはコンソーシアムの加盟社で、スウェーデンの大手鉄鋼メーカーであるＳＳＡＢが、グリーン水素を使った初の大規模工場を稼働させた。スウェーデンのステファン・ローベン元首相は「われわれは鉄鋼生産におけるこの１０００年で最大の技術革新に乗り出した」と熱く語った。[*39]

　スウェーデン政府は実質的なＯＫＲも設定した。２０４０年に同国の鉄鋼業の炭素排出をゼロにする、という明確な目標を掲げたのだ。それを支える主要な結果（ＫＲ）の１つが、２０２４年までに生産段階の大規模実験を開始すること、もう１つがそのスケールだ。ＳＳＡＢのＣＥＯはこう宣言した。「この機会を逃してはならない[*40]」

　ここまで見てきたように、産業は脱炭素化が最も難しい分野かもしれない。それでもプラスチック、アパレル、セメント、鉄鋼の各業界で、新たな技術やビジネスモデルによって目覚ましい進歩が起きている。それをすべて足し合わせると、8ギガトンの炭素排出を削減できる可能性がある。ここまで数字を追ってきた読者は、まだ大気中に10ギガトンの炭素が残っているではないか、と思うかもしれない。それについては次章で見ていくことにしよう。

スピード&スケール計画：ネットゼロへの道筋

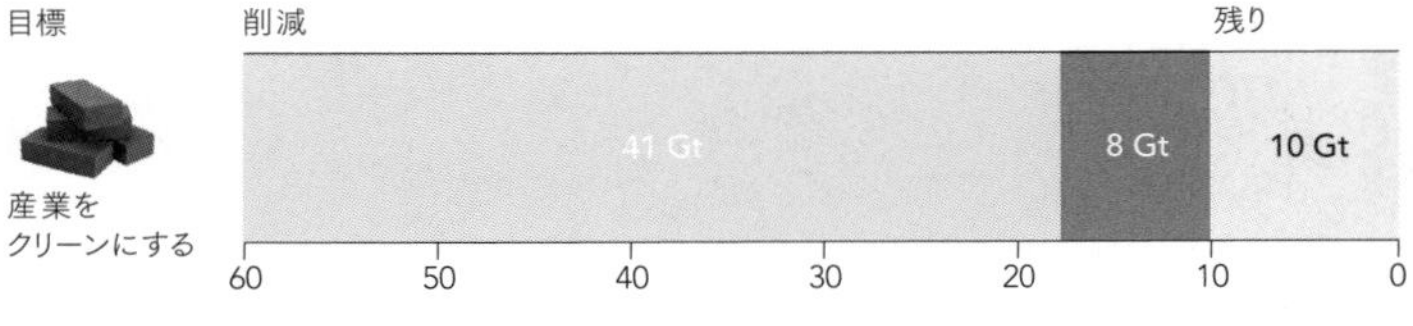

Chapter 6

炭素を除去する

Remove Carbon

Chapter 6

炭素を除去する

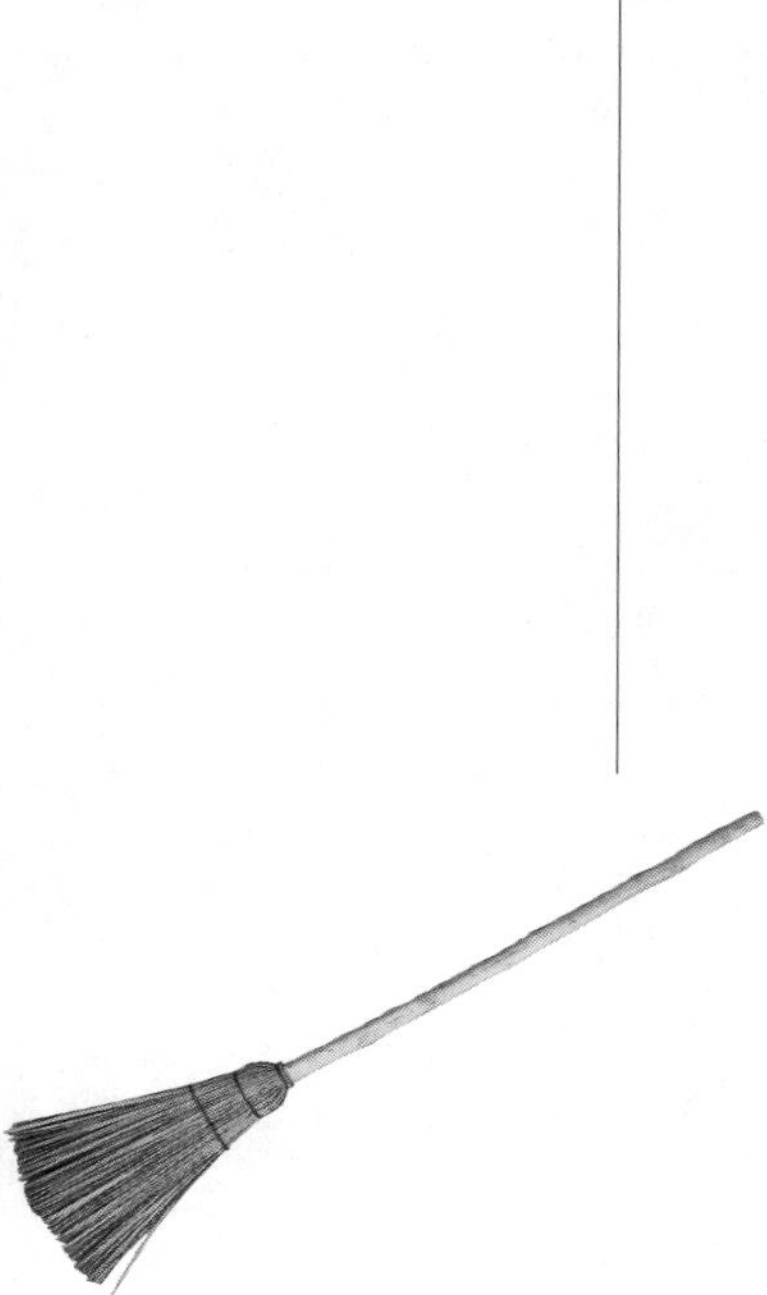

ここまでの5章で挙げた目標を、すべて達成したと考えてみよう。交通と発電はクリーンにした。農業を変革し、セメントや鉄鋼の生産方法も改革した。おそらくこのうちいくつかの目標は未達に終わり、反対にいくつか目標を上回る結果が出るものもあるだろう。だが全体として数字は達成できたとする。それでもなお、計算上は毎年10ギガトンの温室効果ガスが排出される見込みだ。

そう思うと、私は不安で夜も眠れない。**二酸化炭素除去に関するKR**（6・1と6・2）を達成するのは、おそろしく難しい。なんとかして年10ギガトンもの二酸化炭素換算排出量を削減しなければならないのだから。わずかでも10ギガトンを下回れば失敗だ。それはスピード&スケール計画の失敗にとどまらず、人類にとっての失敗となる。

そこでこんな疑問が湧いてくる。私たちは排出削減に注力すべきか、それとも炭素除去を優先すべきか。気候変動対策にかけられる資金は限られており、これは単なる学術論争にとどまらない。**「世界はその両方に取り組む必要がある」**というのが本書の立場だ。この2つの取り組みは切り離せない。大規模な炭素除去に取り組まずに目標どおりネットゼロを達成するためには、２０４０年まで毎年の排出削減量を2倍に増やさなければならなくなる。まだクリーンな代替手段が見つかっていない業界は、負担の重さに押しつぶされてしまうだろう。

では二酸化炭素除去（以下、炭素除去という）とは、具体的に何を意味するのか。[*1] 大気中の二酸化炭素分子を捕らえ、貯留する方法はいろいろある。二酸化炭素は工業製品に組み込むこともできるし、地下、土壌、森林、岩石、海洋などに貯留することもできる。実際には人工的方法と自然を利用する方法がある。前者の代表例は直接空気回収（ＤＡＣ）で、大気中の二酸化炭素を分離し、恒久的に貯留する方法だ。自然由来の方法としては、森林再生（かつて森林があった場所に再び木を植える）、人工造林（新たな森林を育てる）、森林農業《アグロフォレストリー》（農地に木や低木を植える）がある。

大気中から二酸化炭素を除去するというのは、技術的にも簡単な作業ではない。ただ、この取り組みを何より難しく（ほぼ不可能に）しているのは、その途方もないスケールだ。気候変動抑制を専門とするシンクタンク、ワールド・リソース・インスティチュートによると、毎年何十億トンもの炭素を除去する取り組みには、まったく目途がついていないという。

現状ではネットゼロを達成するために年間10ギガトン、世界の総排出量の17％もの炭素を除去するというのは、本当に無謀な目標だ。JPモルガンのマイケル・チェンバレストは皮肉を交えてこう語る。「科学史上最も落差が大きいのは、炭素除去について書かれた学術論文の数と、現実に除去された炭素量の割合だ」。**私たちが直面している数々の課題のなかでも、「最も攻略困難」なのは炭素除去かもしれない**、とチェンバレストは語る。[*2]

私の考えはこうだ。２０５０年までに大気中に残っているギガトン単位の温室効果ガスをきれいにするためには、私たちは信じられないほどイノベーティブになり、また豊富なリソースを備えなければならない。なんとか方法を見つける。それ以外の選択肢はない。

目標6　炭素を除去する

年間10ギガトンの二酸化炭素を除去する。

KR6.1

自然由来の除去

2025年まで毎年少なくとも1ギガトン、2030年までに3ギガトン、2050年までに5ギガトンを除去する。

↓ 5 Gt

KR6.2

人工的除去

2030年までに少なくとも1ギガトン、2040年までに3ギガトン、2050年までに5ギガトンを除去する。

↓ 5 Gt

炭素回収をめぐる競争

地球はいくつもの炭素除去ソリューションを必要としている。２０５０年までになんとかネットゼロを達成するためには、そのすべてに対して今すぐ資金を確保し、スケールする必要がある。

自然由来と人工的な炭素除去の方法は、いずれも課題山積だ。[*3] 自然のソリューションについては、基準、計算、検証、そして「追加性」の問題（放っておいても炭素除去が起きたか否か）がある。手ごろな価格で森林関連投資をする機会はたくさんあるが、追加性に関する市場の基準はまだ確立されていない。しかもこうしたソリューションは、農業や開発に必要な土地の需要と競合することが多い。さらにソリューションの耐久性が不確実である点も導入の妨げとなる。森林は火事になることもある。炭素をたっぷり含んだ表土が農地に転換され、貯留されていた炭素が大気中に放出されることもある。

人工的な炭素除去方法の場合、貯留できる期間が１０００年以上に及ぶこともある。ただ自然な方法とは違う問題もある。

まずは「ボリューム（量）」の問題だ。ワールド・リソース・インスティチュート

炭素除去：方法はたくさんある

炭素除去の方法	説明
人工造林と森林再生	植林・播種によって育成された森での二酸化炭素の吸収（人工造林）。破壊あるいは伐採された森林の再生（森林再生）。
森林管理の改善	炭素貯留を増やすように森林管理を見直す。
バイオ炭（バイオチャー）	バイオマスを不完全燃焼させて得られた炭化物を土壌に混ぜる。
回収・貯留（CCS）付きバイオマス発電（BECCS）	バイオマス発電と二酸化炭素回収を組み合わせ、バイオマスに貯留する。
建設資材	コンクリートの炭酸化養生や、二酸化炭素を鉱物化した材料、バイオマスを混ぜ込んだコンクリート。
炭素鉱物化	天然あるいは人工のアルカリ鉱物を二酸化炭素と反応させ、炭酸カルシウムや炭酸マグネシウムなどの炭酸塩として炭素を固定化する。
二酸化炭素直接空気回収・貯留（DACCS）	大気中の二酸化炭素を化学的に分離し、恒久的に貯留する。
海洋アルカリ度の上昇	アルカリ度の上昇を通じて、海洋での無機炭素の貯留を促進する。通常は鉱物溶解あるいは電気化学的手法を用いる。
土壌への炭素隔離	土地管理を見直し（耕起の削減や森林農業など）により、土壌中の炭素を増やす。
沿岸のブルーカーボン	泥炭地や海岸など再生された生態系で新たに栽培されたバイオマスや土壌による二酸化炭素の貯留。
海洋バイオマス管理・育成	水中バイオマスによる炭素貯留を増やすための、海洋生態系における微細または大型藻類の育成。またバイオマスの管理や活用方法を見直し、炭素貯留の持続性を向上させる。

出典：CDRプライマーのデータ

のケリー・レビンが指摘するように、私たちは「まったく先例のない技術を、途方もないスケールで展開しようとしている」。二酸化炭素直接空気回収・貯留（DACCS）は有望な技術ではあるものの、これまでのところ世界全体でわずか2500トンの炭素を回収したにすぎない。1ギガトンにすら遠く及ばない。

　削減できない炭素排出10ギガトンのうち、半分を人工的解決策によって除去しようとする場合、現在の技術はあまりあてにならない。**ソーラーパネルを使うとすれば、フロリダ州と同じ面積のパネルを設置する必要がある。**これは世界の電力の7％を占め、メキシコ、イギリス、フランス、ブラジルのエネルギー消費量を上回る。[*4] **これだけの二酸化炭素を地下に貯留するには、石油産業そのものを逆回転させるほどの取り組みが必要だ。**炭素除去技術が一定の役割を果たすようになるには、今よりはるかに効率を高める必要がある。

「コスト」の問題もある。既存の人工的除去技術は、大規模に炭素を回収・貯留するのに十分な経済性があるとはいえない。市場もまだ形成されていない。現在の直接空気回収のコストは、おおよそ1トンあたり600ドル、[*5] 1ギガトンでは6000億ドルになる。5ギガトンを除去しようと思えば、毎年3兆ドルのコストがかかる。

私たちがこの主要な結果（KR）を、第2部のイノベーションに関する章に登場する**炭素除去のKR**（9・4）と絡めているのはこのためだ。今後技術面のブレークスルーと規模の経済が実現すれば、人工的炭素除去技術は2030年までに1トンあたり100ドル、2040年までに同50ドルと、現在より95％低い水準まで低下するかもしれない。

さらに「公平性」の問題もある。気候変動に関する政府間パネル（IPCC）が指摘するように、低炭素型で、気候変動へのレジリエンスのある未来への道のりには「道徳的、実務的、政治的難題や避けられないトレードオフが山積している」[*6]。命を脅かすような大気汚染にさらされている地域では、炭素除去は排出削減の代わりにはならない。中国やアメリカにある石炭を燃料とする鉄鋼工場が、アイスランドの炭素回収会社から炭素除去のオフセット権を購入したとしても、工場周辺地域の人々の健康への被害は止まらない。

カーボンオフセットについて

炭素除去技術のスケール化について議論する前に、それをどのように、また誰が実現するのかという問いに答える必要がある。オフセットとは企業や個人が自らの排出を理論上帳消しにするため、排出削減や除去に対して金銭的対価を支払う制度だ。[*7]

気候問題の世界では非常に物議を醸す概念だ。激しく批判されると同時に、広く使われる言葉でもある。**最悪の場合、オフセットは「グリーンウォッシング」**、すなわち企業や個人の悪行を免除する手段となる。質の高いオフセットは気候に好ましい影響を及ぼす可能性があるが、その効果は過剰評価されがちで、虚偽のこともある。[*8]オフセットと関係なく導入されるはずだったグリーン・ソリューションに、企業がオフセットの名目で金を出すことも多い。グリーンウォッシングでは気候危機は解決できない。人類のカーボンバジェットはあまりに少なく、残された時間はあまりに短い。

プロテラの社長で、かつてデルタ航空の最高サステナビリティ責任者を務めたガレス・ジョイスは、炭素除去クレジットのための新たな通貨が必要だと考えている。理想的なのは、未来のテクノロジー・ソリューションへの投資を促すと同時に、今日使われている自然由来の炭素除去技術に資金を流入させるシステムだ。

オフセット・プロジェクトを選択する前に、次の2つの問いに答えるようにしよう。

自社の事業活動、サプライチェーン、製品のライフサイクルの脱炭素化を可能なかぎり行ったか。排出を可能なかぎり減らしただろうか。

現時点で利用可能な省エネ対策を最適なかたちで活用しているか。

2つの問いの答えが「イエス」ならば、以下の状況を満たすオフセットを暫定的対策として利用する価値があるだろう。

追加的

検証可能

定量化できる

耐久性がある

社会に恩恵をもたらす

スピード&スケール計画では国家や企業に対し、まずは自らがやるべきことをきちんとやること、すなわち炭素排出を回避し、エネルギー効率を高めることを通じた排出削減を求めている。そのうえで初めて会計上のメリットを追求するためや広報戦略の一環としてではなく、地球を癒すための真摯な努力としてオフセットに目を向けるべきだ。ワールド・リソース・インスティチュートのケリー・レビンの言うように、追い詰められた状況にあるときには「できることは何でもやらなければならない」。

1兆本の木を植えるべきか

植林は大気中から炭素を除去するための安価でわかりやすい方法だが、体系的にアプローチする必要がある。たしかに樹木は二酸化炭素を吸収し、地球温暖化のフィードバックループを止める最高の自然のメカニズムだ。１兆本の木を植えるという各所からの提案は、大きな注目を集めてきた。ただこうした耳目を引くようなキャンペーンは、植林に関する難しい問題を無視していることが多い。１本の木がどれだけの炭素を、どれだけの期間吸収するのか。植林は地域の生態系と経済にどのような影響を与えるのか。１兆本を植えるのにどれだけの土地が必要なのか。

大規模な植林を実施するためには、入念な事前計画、実行計画、規制が必要だ。森林再生における理想的成果とは、地域の生態系に本来生息していた種、あるいはそれを補完する種を、繁栄できる場所に再配置することだ。カーボンシンクを拡大し、**森林に関するＫＲ（４・１）**を達成するためには、人類が危機を切り抜けて２０５０年に達するまで、さらにその先も恩恵をもたらしてくれる木々が必要だ。

土地の必要性にも注意しなければならない。**植林だけで炭素を除去しようと思えば、アメリカの排出分だけでも世界の陸塊の半分の面積が必要になる。**[*9] 植林が役に立たないというつもりはない。むしろその逆だ。しかしあらゆる炭素除去ソリューションについて言えることだが、植林もまた万能薬ではない。野放図な森林破壊と急激な炭素排出を止めることの次に重要な環境対策だ。

植林の取り組みは中国からエチオピアまで広がっており、活発化している。[*10] これだけの善意を無駄にしないように、恣意的目標ではなく持続的影響に注目することがきわめて重要だ。

大気中の二酸化炭素を回収する

2009年、スイスの大学院でエンジニアリングを学んだクリストフ・ゲバルドとヤン・ヴルツバッハーは、直接空気回収に取り組むスタートアップ、クライムワークスを設立した。8年後、クライムワークスは大気中から二酸化炭素を抽出する巨大なファンのような装置18台を建設した。[*11] デモを行ったところ、野菜や果物を栽培する近隣のビニールハウスが、作物の成長を促進する肥料として二酸化炭素を購入した。クライムワークスは副業として、回収した二酸化炭素をタンクに注入し、地元のコカ・コーラのボトラーに炭酸用材料として販売するようになった。

こうした創業初期の取引は、やがてもっと大きなビジネスへとつながった。アイスランドの公益企業レイキャビク・エナジーと協力し、１トンあたり１０００ドルのコストで、年間50トンの二酸化炭素を回収する屋上装置のパイロット版を建設したのだ。機械式除去装置の実証実験として重要な事例となった。次のステップは年間４０００トンの二酸化炭素を回収する施設だ。[12] 今回は回収した炭素を販売する代わりに、地熱で温めた水と混ぜ、地下の貯水池に注入する。ゆっくりとした化学反応によって2年後には炭酸カルシウムという固形鉱物ができる。これで過去の排出は岩のなかに永遠に閉じ込められる。

カナダのブリティッシュ・コロンビア州のスタートアップ、カーボン・エンジニアリングは、類似した技術をはるかに大きなスケールで導入する計画だ。ビル・ゲイツとシェブロン・コーポレーションが支援する同社が建設しているのは、世界最大の直接空気回収施設になる見込みで、年間１００万トンの二酸化炭素を除去する能力がある。[13]

炭素を除去する人工的ソリューションは直接空気回収だけではない。２０１８年には航空宇宙エンジニアのグループがサンフランシスコで、チャーム・インダストリアルというスタートアップを立ち上げた。「私たちは1年にわたって毎週土曜日に集まり、二酸化炭素を低いコストで隔離する方法を考えつづけた」と、創業者兼CEOのピーター・ラインハルトは語る。こうしてたどりついたのが「高速熱分解」と呼ばれるプロセスだ。炭素排出源になるはずの農業廃棄物（植物）を高温で分解し、液体燃料にする。こうして出来上がった「バイオオイル」は使用済みの石油坑に注ぎ込む。「炭素を気体から液体に変えれば地中に沈めておくことができ、大気中に放出されることはない」とラインハルトは語る。チャーム・インダストリアルはすでに1トンあたり600ドルでカーボンオフセットを販売し、わずかながら利益をあげている。

このようなソリューションがモノになるかは、政府が炭素価格を設定し、隔離する量に

スイスのスタートアップ、クライムワークスは炭素を除去・貯留する技術である直接空気回収のパイオニアだ

応じて報酬を得られる仕組みをつくるかどうかにかかっている。私たちの予想どおりに人工的炭素除去のコストが低下すれば、2030年には1トンあたり100ドルで除去・回収プロセスの採算が合うようになる。それによって市場も拡大し、グリーンプレミアムの縮小に役立つだろう。回収された二酸化炭素はセメントやジェット燃料の材料として使用できる。炭素除去のクレジットは、事業活動による排出をオフセットしたい企業に販売することができる。クライムワークスCEOのヤン・ヴルツバッハーはニューヨーク・タイムズ紙にこう語った。「われわれは新しい会社を立ち上げているだけではない。新たな産業そのものを創出しているのだ[*14]」

炭素除去の市場を生み出す

製品に市場がなければ、新たな産業を築くことはできない。炭素除去の収益的課題は、それに対価を支払うインセンティブが欠如していることだ。企業などが大気中の炭素1トンを除去するために６００ドル、あるいは３００ドルでも支払う理由がどこにあるのか。単価がかなり高額であるうえに、1トンといっても1ギガトンの10億分の1に過ぎない。人工的ソリューションによる炭素除去の目標が5ギガトンであることを考えると、気が遠くなりそうだ。誰かが奮発して１００万トンを除去しようと思えば対価は5億ドルに膨らみ、年間1ギガトンを除去しようと思えば同じような篤志家があと１０００人は要る。

ここで登場するのが、２００９年にカリフォルニア州パロアルトで創業したインターネット決済処理会社のストライプだ。創業者のパトリック・コリソンはまだ選挙権も得ないうちからソフトウエア業界で顕著な実績を挙げていた。16歳のときには人工知能用プログラミング言語「ＣＲＯＭＡ」を引っ提げ、アイルランドで開催された「ＢＴ若手科学者コンペティション」で優勝した。マサチューセッツ工科大学に入学したものの、すぐに中退して弟のジョンとストライプを創業した。最近ではアマゾン、ドアダッシュ、セールスフォース、ショピファイ、ウーバー、Ｚｏｏｍなどに金融サービスを提供する。かつてはちっぽけな家族経営の会社だったが、いまや時価総額は９５０億ドルに達する。

１２０カ国でクラウドベースのソフトウエア・サービスを展開するストライプは、炭素除去の大規模な市場を生み出すのにうってつけの立場といえる。２０２０年10月、同社はナン・ランソホフをトップとする「ストライプ・クライメート」を立ち上げた。このサービスを使うと、あらゆる企業が簡単に収益のごく一部を炭素除去に振り向けることができる。２０２１年６月時点でストライプ・クライメートには２０００社以上が参加し、1トンあたり平均５００ドルを上回る価格で炭素除去を購入している。[*15]

ナン・ランソホフ

Nan Ransohoff

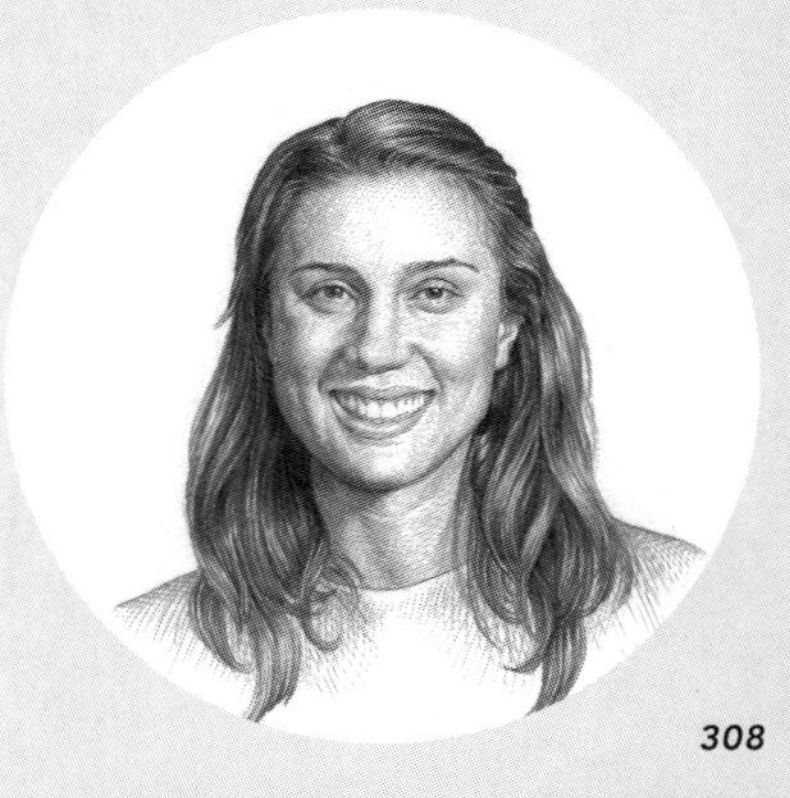

　ストライプが最初に炭素除去に乗り出したのは２０１９年末。大気中から二酸化炭素を直接除去し、恒久的に貯留するのに毎年少なくとも１００万ドルを投じる、しかも１トンあたりの価格は問わないと決定した。

　大きなきっかけは２０１８年にＩＰＣＣが出した報告書の中核的メッセージだ。排出削減に加えて、炭素除去が気候変動による最悪の影響を抑えるのに不可欠である、という。

　植林や土のなかでの炭素隔離など、炭素除去に必要なソリューションのいくつかはすでに存在している。だがこうした対策で必要な量の炭素を除去できる可能性はきわめて低い。

ストライプの目標は、このギャップを埋めることだ。具体的には誕生したばかりの会社から炭素除去を購入し、たいていはその初めての顧客となる。初期の顧客は有望なスタートアップのコストを下げ、販売量を高めるのを後押しするという考えが背景にある。目新しい発想ではない。製造業の学習曲線では、採用と大規模化が改善につながることが繰り返し示されている。ＤＮＡの配列決定、ハードドライブの容量、ソーラーパネルなど幅広い分野でおなじみの現象だ。

私たちがこの考えを実行に移し、初めて炭素除去を購入したのは２０２０年春のことだ。これを発表したところ、２つのことが起きた。第一に、炭素除去業界から驚くほど好意的な反応があった。この分野がどれほど切実に資金を必要としていたかがわかる。第二にストライプの顧客から、自分たちも気候変動抑制に貢献したいが、どこから手を付ければよいかわからず、除去プロジェクトを評価する基準を開発することなど到底できない、という声が大量に寄せられた。

こうした２つの発見から誕生したのが、あらゆる企業が簡単に収益の一部を最先端の炭素除去に投じられるようにするストライプ・クライメートだ。

１つの会社では、炭素除去をスケールするのに十分な需要を生み出すことはできない。しかしストライプのサービスを利用している何百万という企業が力を合わせれば、この新たな産業の成長と維持を支えることができる。私たちの目標は需要を集約することで、炭素除去の大きな市場を構築することだ。うまくいけば、この市場によって低コストで恒久的な炭素除去技術の普及を加速させ、世界は気候変動の破滅的影響を回避するのに必要ないくつものソリューションを手に入れることができるかもしれない。

私たちの目標は需要を集約することで、炭素除去の大きな市場を構築することだ。

Our goal is to create a large market for carbon removal by pooling demand.

炭素除去に協力する顧客が増え、自発的に除去に対価を支払ってくれるようになれば、炭素除去会社が事業をスケールし、価格を下げることが可能になる。この次のステップは、実際に回収される炭素の量を監査し、耐久性に応じてプレミアム（価格の上乗せ）を付けることだ。

この分野をリードするのがマイクロソフトだ。このほど２０３０年までに**「カーボン・ネガティブ」**になるという史上類を見ない目標を発表した。[*16] サプライチェーンを含めたすべての事業活動において、排出する以上の炭素を除去すると約束したのだ。２０５０年までにはビル・ゲイツがハーバード大学を中退してポール・アレンとマイクロソフトを創業した１９７５年にさかのぼり、創業以来の炭素排出量をゼロにすることを目標にしている。

この約束は、すでに進めているさまざまな炭素除去プロジェクトを加速させ、スケールするための10億ドルの投資と併せて発表された。マイクロソフトのチームリーダーらはこう書いた。「他の人々より速く、より先へ行ける者は、そうすべきだ」。ＯＫＲの精神に基づき、毎年サステナビリティ報告書を作成し、「自社の炭素排出と削減の歩みを詳細に伝える」という。

マイクロソフトがアイデアを公募したところ、40カ国から１８９個のアイデアが寄せられた。最終的に選ばれた15の炭素除去ソリューションの提案を合わせると、１３０万トン（今日までに世界全体で大気中から直接除去された分の５００倍以上）の炭素を除去する能力がある。クライムワークスとチャーム・インダストリアルはともに最終審査を通った。

たしかにマイクロソフトの炭素除去プロジェクトの初期段階では、99％は自然のソリューションに頼ることになる。[*17] ただ森林や土壌などによる貯留の耐久性は１００年かそれ以下だ。マイクロソフトはソリューションのラインアップの規模や種類を年々拡大していく計画だ。長期的には耐久性が比較的長い人工的ソリューションの占める割合が増えていくと見ている。

会社独自のネットゼロへの道筋を見つける

会社としてネットゼロを達成するのは困難な作業だ。既存の炭素排出を極限まで減らし、エネルギー効率を最大限高め、サプライチェーンの隅々まで進捗を測定し、それでも残った炭素排出を相殺するためにどれだけのオフセットを購入する必要があるか計算しなければならない。さらに適切なネットゼロの取り組みには、その成果を企業財務報告と同じレベルの厳格さと透明性をもって投資家に開示することが欠かせない。

20年前、私は友人であるセコイア・キャピタルのマイク・モリッツと組み、ラリー・ペイジとセルゲイ・ブリンがグーグルを立ち上げるのを支援した。そして今年再びタッグを組み、クリスチャン・アンダーソン、アヴィ・イツコヴィッチ、テイラー・フランシスというストライプ出身の3人の起業家が、ウォーターシェッドという新事業を立ち上げるのを支援した。炭素削減を促すソフトウエア・プラットフォームの誕生は、まさしくネットゼロへ向けた取り組みのウォーターシェッド（重要な転換点）になると私たちは考えている。

これからご紹介するテイラーの経験からも**測定しないものは管理できないし、ましてや変化をもたらすことなどできない**とわかる。

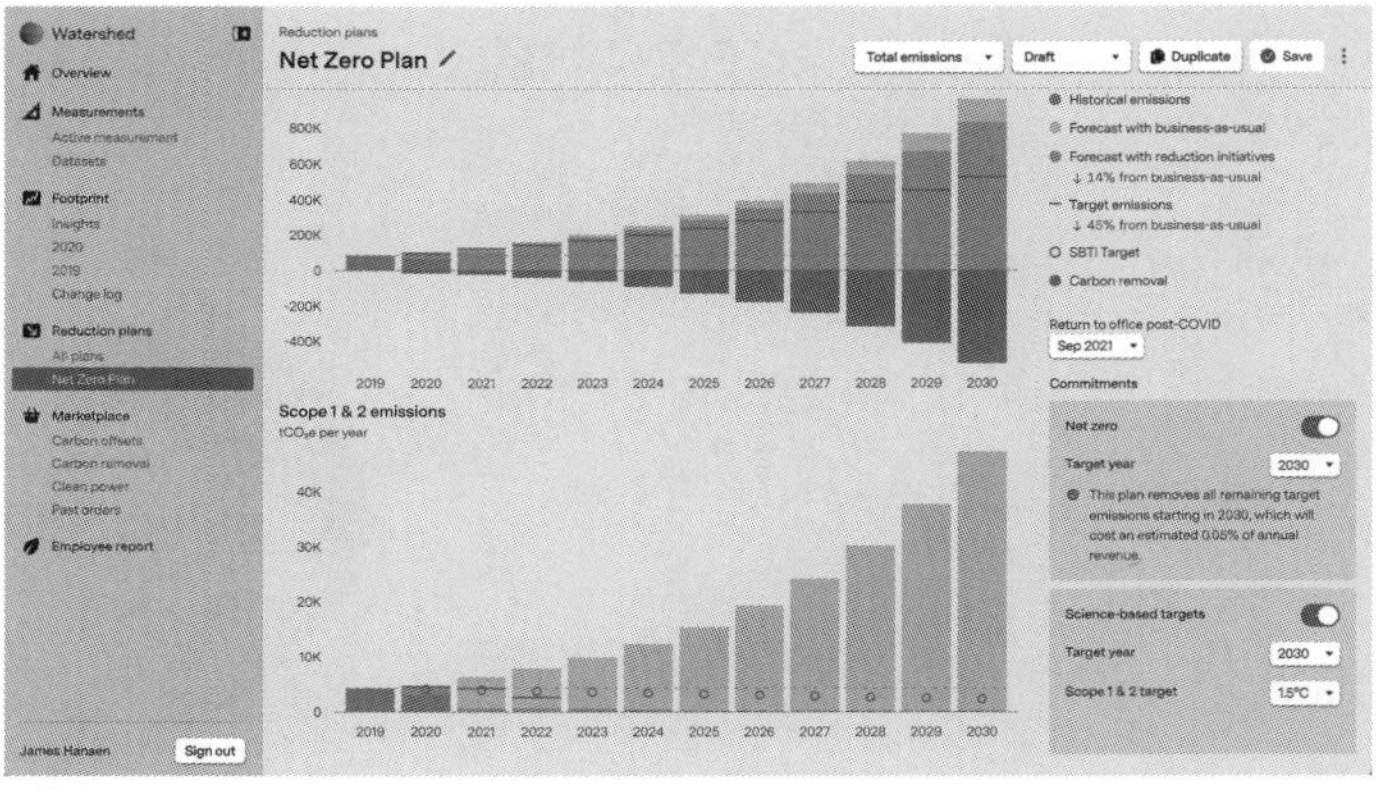

ウォーターシェッドの炭素会計プラットフォームは、企業に自社の炭素排出の追跡と削減をできるようにしている

テイラー・フランシス

Taylor Francis

　中学時代の夏休み、ドキュメンタリー映画『不都合な真実』を観たときのことは忘れられない。映画館を出たときには恐ろしさでいっぱいだった。だがそれと同時に心を奪われ、エネルギーが湧いてくるのも感じた。この気候危機は僕ら世代の問題、僕や友達が大きくなるなかでずっと影響しつづける問題だ。しかも今すぐ動き出せば、解決できるかもしれない問題でもある。

　自分にできることは何でもやりたい。そう思った僕は、いきなりアル・ゴアの事務所にメールを出した。何度もメールを送っていると、ついに返信があり、ゴアの制作したスライドショーを各地で見せるためのスタッフを研修している、という。僕

は研修を受けにナッシュビルまで行った（まだ14歳だったので、ホテルにチェックインするため母に同伴してもらわなければならなかった）。それからの4年間、僕はカリフォルニア州から中国まで、各地の高校に足を運んで気候変動について語った。集まった生徒たちに、僕らが気候災害のない世界で成長していけるように、親世代に行動するようプレッシャーをかける必要があるんだと訴えた。

でも話をするだけではなく、炭素排出量の数値を押し下げるために具体的に何ができるのか、探しあぐねていた。そこで気候変動を後回しにして、ストライプに就職し、ソフトウエア・プロダクトの開発について多くを学んだ。

２０１９年には気候変動との闘いに戻る準備ができたという気持ちになった。クリスチャン・アンダーソンとアヴィ・イツコヴィッチと組み、毎年少なくとも5億トンの二酸化炭素を直接除去するという目標を掲げてスタートアップを立ち上げた。クリスチャンはストライプの気候プロジェクトを立ち上げた経験があり、私たちは現在の企業による気候変動への取り組みはまったく不十分だと考えていた。企業はカーボン・フットプリントの報告書をＰＤＦにまとめるのに何カ月も費やしており、報告書が公表されるころには内容はすっかり古びていた。

また企業は実際には大気中の炭素をほとんど除去していないような安価なカーボ

ンオフセットを購入していた。そうした状況を見ていてピンときた。脱炭素化を産業界全体に広めるためには、この困難な取り組みにふさわしいソフトウエアツールが必要だ、と。

ウォーターシェッドが開発しているのが、まさにそれだ。企業が自らの炭素排出を測定し、削減し、除去し、報告するのを支援するツールである。真のネットゼロを達成するためのプラットフォームだと考えてほしい。私たちは企業の日々の意思決定に、炭素排出の数字を組み込んでほしいと願っている。

それが可能であることはわかっている。アップル、グーグル、マイクロソフト、パタゴニア、さらにはウォルマートのような大企業はすでに、劇的に炭素排出を減らしつつ、事業を成長させられることに気づいている。それは彼らの収益にとってもプラスなのだ。

今、ウォーターシェッドのサービスを使い、事業のさまざまな側面と同じように炭素排出を管理しようとする企業の波が押し寄せている。スクエアはハードウエアに低炭素の材料を使い、ブロックチェーンの採掘者にクリーンなエネルギーの採用を促している。レストランチェーンのスウィートグリーンは、メニュー開発の際にカロリーを計算するのと同じようにカーボンインパクトを計算している。エアビーアンドビーはホスピタリティ産業を、ドアダッシュはロジスティックス産業を、ショピファイはeコマース産業を、ゼロカーボン化する機会を手に入れた。

重要なのは炭素排出量を減らすことだ。世界の排出量は、建物の電源、製品の製造方法、顧客への配送方法など企業の何十億という意思決定の結果だ。あらゆる企業が炭素を踏まえた意思決定をするようになって初めて排出ゼロを達成できる。

あらゆる企業が炭素を踏まえた意思決定をするようになって初めて排出ゼロを達成できる。

We'll only get to zero if every business integrates carbon into decisions.

現実を直視した今、何をするか

ここまでの6章では、私たちが直面している問題の重大性を説明するため、炭素排出の時計の針を巻き戻すうえで重要な6つの分野を見てきた。みなさんが暗澹《あんたん》たる気持ちになるのはよくわかる。私自身よくそんな気持ちになるからだ。気候変動は生物学や物理学、政府やビジネスといったいくつもの巨大な要因が絡み合って起きる。問題はあまりに複雑で、私たちの解決能力はもちろん、理解する能力が試されているようだ。気候変動による大災害を回避できる可能性を高めるためにやるべきことはあまりに多く、残された時間はあまりに少ない。何より、失敗した場合に失うものはあまりに大きい。

ただ、成功した場合の報酬も大きい。ネットゼロへの取り組みが軌道に乗れば、追加的メリットが生まれるだろう。炭素排出を削減し、また除去することに成功すれば、自然の癒しのパワーが回復する。地球がより多くの炭素を吸収できるようにし、究極の好循環を促すことができる。

ＯＫＲの仕組みと同じように、本書も2部構成になっている。ここまでは気候危機が私たちの手に負えなくなる前に**何を**すべきかを説明してきた。厳しく、目の覚めるような部分だ。ここからは**どうやって**２０５０年という期限までに、やるべきことをやり遂げるかを考えていく。奇跡を起こすための鋭利な刃物のような４つの強力なツールを紹介する。**政策、ムーブメント、イノベーション、投資だ。これらを「加速要因」と呼ぼう。**

第2部のほうが第1部より「気楽」だと言うつもりはない。ただ私にとっては胸の躍るような、心が奮い立つような部分だ。希望だけで実現できることではないが、希望の感じられる部分でもある。第2部ではコミュニティや政府、企業や非営利組織、つまり私たち自身が何らかの影響力を行使できる場所で何ができるかを論じている。

結局のところ、現在の窮状を招いたのは私たち自身だ。そこから脱却できるかも私たち次第だ。すべては私たちがさまざまな弱さを乗り越え、創造性を結集できるかにかかっている。ここからはその方法を考えていこう。

スピード＆スケール計画：ネットゼロへの道筋

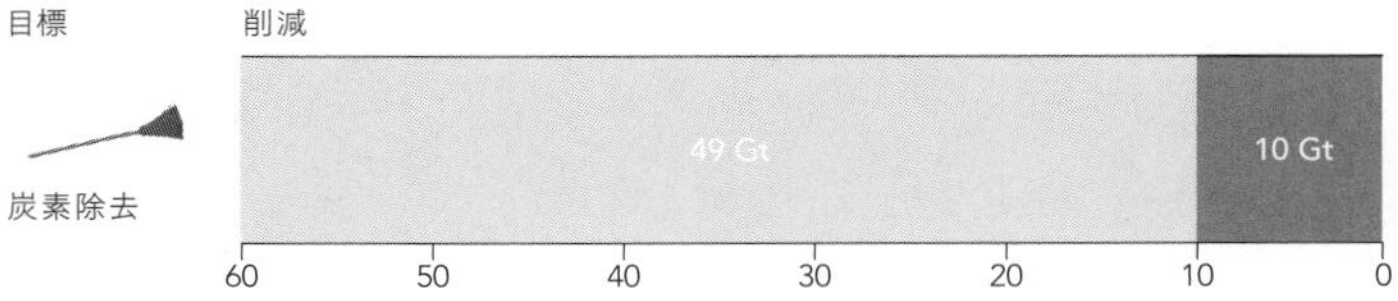

Chapter 7

政治と政策で勝つ

Win Politics and Policy

Chapter 7

政治と政策で勝つ

2009年1月。2年間にわたってカリフォルニア州で懸命に気候変動問題に取り組んできた私は、さらに大きな舞台へと足を踏み出した。連邦議会上院の気候変動とエネルギー政策に関する公聴会で証言する機会を得たのだ。[*1] 地元カリフォルニア州選出の上院議員、バーバラ・ボクサーが委員長を務めたその会合で、アメリカは太陽光、風力、先進的バッテリーの技術において他国に後れをとるリスクがある、と私は警鐘を鳴らした。国内の起業家にもっと資金を提供すれば、いくつかは確実に失敗するものの、決定的に重要なソリューションが生まれるはずだ。そして温室

効果ガス排出を有料化すること、すなわち炭素価格を設定することが、最優先されるべき重要な政策だと主張した。排出削減を奨励するだけでなく炭素価格を設定することで、再生可能エネルギーと化石燃料を公平な条件で競わせることができる。それによってすべてが変わるはずだ。

「はっきり言って**私たちが行ってきたことは不十分です。今すぐ、スピードとスケールを意識した行動を起こさなければなりません**」と私は居並ぶ上院議員に訴えた。

発言は入念に準備した。1世紀以上にわたる環境破壊の流れを逆転させるためには、これまでの何倍ものスピード感と、指数関数的に大きなスケール感で行動する必要がある。比類なきイノベーション能力を誇る国家として、アメリカは地球温暖化を抑制する試みをリードしなければならない。現在の窮状に対して最も大きな責任を負う国として、その解決に向けて他国よりも大きな貢献をする責務がある。

気候変動が人類の存亡を脅かす脅威であることが広く認識されるきっかけとなったのは、1992年に開かれた国連環境開発会議、通称「地球サミット」だ。[*2] この年の6月、117カ国の国家元首を含む、178カ国の科学者、外交官、政策立案

者がリオデジャネイロに集まり、12日間にわたって会議を開いた。[*3] そして英知を結集し、地球を救う方法を検討しはじめた。

議題には熱帯雨林の消滅危機、迫りくる水不足、極端な都市化、そして有鉛ガソリンから核廃棄物などさまざまな有毒物質が含まれていた。なかでも最重要トピックに浮上したのが、二酸化炭素をはじめとする温室効果ガスの大気中の蓄積と気候変動との関連性だ。科学的根拠は対応が必要であることを示していた。

地球サミットは持続可能な開発、すなわち生態系を守るような成長が必要であることを浮き彫りにした。代表団は年間６０００億ドル規模の野心的な計画を採択した。これをきっかけに新たな政治問題と**「地球温暖化」**という不吉な言葉が広く認知されるようになった。

とはいえサミットはスタートから難航した。一時は「環境大統領になる」と宣言したこともあるジョージ・H・W・ブッシュ大統領は再選を目指していたこともあり、化石燃料業界の機嫌を損ねたくなかった。そこでアメリカ経済に悪影響を及ぼすリスクがあることを理由に、具体的な排出削減目標を議論するならサミットをボイコットすると脅した。[*4] 最終的にアメリカは他の１５３カ国とともに合意に署名したが、その内容は必要な水準に遠く及ばなかった。このパターンはその後も数十年にわたって繰り返された。**その後も気候問題に関する国際合意は、アメリカの政治と化石燃料業界に忖度して内容が希釈される、ということが繰り返された。**

２年後の１９９４年には、豊かな国々に排出削減を求め、貧しい国々には天然資源を守るために補助金を出すことを盛り込んだ国連気候変動枠組条約が採択された。地政学的に見て、状況は厳しかった。「リオでは豊かな国と貧しい国がさまざまな環境保護対策の費用を誰が負担すべきかをめぐり、延々と議論を続けた。最終的に国際社会はこうした問題を将来にわたって国連の会議で議論しつづけることで合意した。（中略）いずれ解決策が生まれるだろう、と期待してのことだ」とワシントン・ポスト紙は指摘した。[*5]

１９９７年に温室効果ガス削減を明確にうたった初の国際協定である京都議定書に署名した国々も、同じような期待を抱いた。だがアメリカでは連邦上院が批准を否決した。[*6] 気候変動への取り組みはそれから20年近く停滞し、ようやく２０１５年のパリ協定が突破口となった。アメリカはオバマ大統領の大統領令によって協定に参加した。１９５カ国が、産業革命以前からの世界の平均気温の上昇を２℃より「大幅に下回る水準に」とどめ、上昇幅を同１・５℃以内に抑えるため「努力する」ことで合意した。[*7]「それによって気候変動のリスクと影響を大幅に抑えられる」と考えてのことだ。パリ協定では拘束力のある目標とスケジュールは設定されなかったものの、新たな野心的取り組みが生まれた。世界で初めて地球上のすべての国が排出を抑制するという共通の目標を立て、将来的にさらに取り組みを強化していくことに（少なくとも書面上は）コミットしたのだ。

1年後、新たに大統領に選出されたドナルド・トランプは、アメリカはパリ協定を脱退すると宣言した。その4年後にはバイデン大統領によってアメリカは再び協定に復帰した。党派的な悶着はさておき、厳しい真実を指摘しよう。手遅れになる前に温室効果ガスの排出をゼロにするという失敗の許されない闘いにおいて、パリ協定は（重要な第一歩ではあるものの）力不足だ。アメリカの気候担当大統領特使であるジョン・ケリーはこう指摘している。「パリ協定でやると決めたことをすべて実行しても、地球の気温は3・7℃上昇する。これは破滅的だ。しかも私たちはパリ協定の約束のすべてを実行していない。だから上昇幅は4・1℃か4・5℃になるだろう。それでは環境的アルマゲドンは避けられない」[*8]

パリ協定の立役者の1人だったクリスティアナ・フィゲレスは、協定は各国が独自の計画を定め、2050年までにネットゼロを達成するという目標に向けて徐々に取り組みを強化するための枠組みとして設計されたと強調する。各国が当初に約束する内容は、長期にわたる継続的改善のプロセスの「出発点」に過ぎないというのだ。パリ協定に基づき、各国政府は5年ごとに集まり、それぞれの取り組みを報告し、排出削減に向けてともに次のステップへ踏み出さなければならない。今後30年にわたって脱炭素化の取り組みが積み重なり、さらに志が高まり続けることで、「私たちは２０５０年にネットゼロに到達できるだろう」とフィゲレスは語る。

必要な政策

私たちは「目標と主要な結果（ＯＫＲ）」の設計において、常に野心的でありたいと考えている。第1部では温室効果ガスの排出削減に向けて定量的目標を設定した。第2部でネットゼロへの移行を加速させるのに欠かせない手段を見ていく。まずは政策と政治、それからムーブメント、イノベーション、投資だ。

次の国際的な政策アクションは、世界のネットゼロへの移行を加速させると同時に、各国にこの課題にどのように取り組むか、透明性と具体性をもって定義させるものでなければならない。この前例のない脅威は、比類なき機会でもある。アメリカがパリ協定に復帰した今、気候変動が世界的課題となって以降最も広範な国際的

Unies
Climatiques
France
PRESIDENT
SECRETAIRE

パリ協定の締約国は排出削減目標を徐々に野心的にしていかなくてはならない

KR7.1.6	漏出 メタンガスのフレア（燃焼）を抑制し、ベント（直接放出）を禁止し、漏出を迅速に制限することを義務づける
KR7.2	補助金 化石燃料会社、および有害な農業活動への直接的・間接的補助金を打ち切る。
KR7.3	炭素価格の設定 国家として温室効果ガス排出に1トンあたり最低55ドルの価格を設定し、毎年5%ずつ引き上げていく。
KR7.4	国際的禁止 冷媒としてのハイドロフルオロカーボン（HFC）の使用を禁止し、医療目的以外での使い捨てプラスチックの使用を全面禁止する。
KR7.5	政府による研究開発 研究開発への公共投資を2倍（以上）に増やす。アメリカでは5倍に増やす。

*これは先進国のための行程表だ。途上国の場合、ここに挙げた主要な結果の達成にはさらに時間（5～10年）がかかる見込みだ。

目標7　政治と政策で勝つ

（この目標は世界の排出量上位5カ国・地域について達成度を追跡する）

KR7.1

コミットメント

各国がそれぞれ2050年までに炭素排出ネットゼロを達成するためのコミットメントを法制化し、2030年までに少なくとも目標の半分を達成する。*

KR7.1.1

電力

電力業界に2025年までに炭素排出を50%、2030年までに80%、2035年までに90%、2040年までに100%削減することを義務づける。

KR7.1.2

交通

新たに製造される乗用車、バス、トラックは2035年までに、貨物船は2030年までに、大型トラックは2045年までに脱炭素化し、2040年までにフライトの40%をカーボン・ニュートラルにする。

KR7.1.3

建築

ゼロエミッション建築基準を新築の住宅には2025年までに、新築の商業用建物には2030年までに施行し、2030年までに電気式ではない建物用設備の販売を禁止する。

KR7.1.4

産業

工業プロセスでの化石燃料の使用を段階的に削減し、2040年までに50%減、2050年までに完全にゼロにする。

KR7.1.5

炭素表示

すべての商品に炭素排出量の表示を義務づける。

コンセンサスが存在している。その意義は２０２１年４月のアースデイ前後にバイデン大統領が世界40カ国のリーダーを集めてバーチャル気候サミットを開催したことで改めて明確になった。

政策の世界では勝ち方を知っていることが不可欠だ。ただ大切なのは政策の中身だ。目標を定めるときには、常に最も重要なものに集中しなければならない。**私たちは何十という選択肢のなかから、最も重要な９つに絞り込んだ。**

コミットメントに関するＫＲ（7・1）は、２０５０年までの炭素排出ネットゼロに対する国家としての確固たるコミットメントを求める。国内での強制力のある行動計画と、２０３０年までの野心的な削減目標も盛り込むべきだ。

電力に関するＫＲ（7・1・1）は、排出ゼロの電力に対する国家の目標を追跡する。２０２５年までに50％、２０３０年までに80％と段階的に強化される目標は市場に対する強力なシグナルとなり、電力会社にスケジュールどおりの移行を促す。それに加えて政府にもクリーンエネルギーに不可欠なインフラへの投資を促す。

交通に関するＫＲ（7・1・2）は、電気自動車（ＥＶ）への国によるインセンティブを追跡する。税制優遇や還付金はアメリカ、アジア、ヨーロッパでよく使われる手法だ。ＥＶはガソリン車と比べて維持管理費は安く、こうした「値引き」策によって初期費用の割高さも解消できる。

ＥＶの総走行距離を伸ばし、ガソリン車の総走行距離を減らすためのアイデアはやまほどある。ノルウェー政府は輸入ＥＶへの関税を免除し、所有者には税控除、有料道路や公営駐車場の料金割引を提供した。アメリカで２００９年に導入された燃費の悪い車をエコカーに買い替えるための支援制度（キャッシュ・フォー・クランカーズ）は短命に終わったものの、自動車オーナーに給付を出すことで旧型車の廃車を促進できる可能性を示した。国の定める自動車の燃費基準は、確実な燃費向上につながる。税額控除の上限を引き上げれば、ＥＶの購入をさらに促せるだろう。世界中の自動車を電化するのに必要なのは、ほんのわずかな優れた政策、そしてその財源を確保する政治的意思だけだ。

建築に関するＫＲ（７・１・３）は、２０２５年までにすべての新築の住宅、そして２０３０年までにすべての新築の商業用建物を対象とするゼロエミッション基準の設定を求める。そこには石油やガスを使う暖房や調理設備を使わず、すべてを電化することも含む。それに加えて新たな建築基準には新築および既存の建物のエネルギー効率目標も盛り込む。世界的な手本となるのはカリフォルニア州のグリーン建築基準[*9]で、これによって同州の住民は１９７０年代以降１０００億ドル以上の光熱費を節約することができた。カリフォルニア州の世帯の年間電気料金の平均は、テキサス州のそれと比べて７００ドルも安い。[*10] なぜそんなことが可能だったかといえば、断熱材や電気機器の基準、建築設計の改善、そして大幅に省エネ性能の高い電球などの貢献が大きい。何より重要なのは、カリフォルニア州が徐々に基準を厳しくしていったことだ。

炭素表示に関するＫＲ（７・１・５）は、食品、家具、衣料などすべての消費財に炭素排出量の表示を付けることを目指す。目的はあらゆるモノのカーボン・フットプリントを開示することで、買い物客が排出量の低いものを選択できるようにすることだ。

漏出に関するＫＲ（７・１・６）は、各国が石油と天然ガスの掘削サイトでメタンガスのフレア（燃焼）を抑制し、ベント（直接放出）を禁止し、漏出を迅速に制限することを義務づける規制を取り入れることを求める。規制とその適用が緩いため、「一時的放出」は二酸化炭素換算で年2ギガトンを超える。その大部分がメタンガスだ。[*11] メタンガスは二酸化炭素より大気中にとどまる時間は大幅に短いが、その間の温室効果は大きい。各国は防ぐことのできるメタン汚染という喫緊の課題に正面から向き合わなければならない。

補助金に関するＫＲ（７・２）は、実質的に炭素排出を優遇している政府の補助金の廃止を訴える。そしてその資金をエネルギー効率の向上やクリーンエネルギーへの移行に振り向ける。化石燃料業界は直接的な補助金として毎年２９６０億ドル、間接的なものを５・２兆ドル受け取っている。[12] これは世界のＧＤＰの約６・５％に相当する（これほど数字が大きいのは、大気汚染に起因する医療費支出などの副次的要素が含まれているからだ）。[13] それに加えてアメリカだけで、石油やガスの採掘拠点や世界の輸送ルートを守るため、軍事や安全保障に８１０億ドルを支出している。[14] さらにこのＫＲは炭素排出量の大きい農業活動への補助金を廃止し、リジェネラティブ農業など気候にやさしい農法へのインセンティブに変更することを目指している。

炭素価格に関するＫＲ（７・３）は、温室効果ガス排出に対価を求める。実施方法は国によって異なる見込みだが、基本的考え方はシンプルだ。温室効果ガスを汚染する行為に対価を請求すること、二酸化炭素やメタンなど気候温暖化につながるガスの排出へのペナルティを増大させるのだ。炭素価格の導入によって化石燃料由来の電力は割高になり、競争力が低下するので、その使用を妨げる効果がある。市場に対してもっとクリーンで効率的な代替手段の採用を加速せよ、という強力なシグナルを発することになる。

国際的禁止に関するＫＲ（７・４）は、モントリオール議定書のキガリ改正の普遍的採択を求める。これはハイドロフルオロカーボン（ＨＦＣ）の使用を全面的に禁止する国際条約だ。冷媒として使われるＨＦＣは、熱を閉じ込める能力が同量の二酸化炭素と比べて数千倍も強力だ。ＨＦＣの段階的禁止を盛り込んだキガリ改正はすでに１２０カ国以上が批准したが、本書執筆時点で排出量の上位3カ国（中国、アメリカ、インド）はまだ批准していない。バイデン大統領は就任後間もなく、修正案を連邦上院に提出しており、批准される見込みだ。それに加えてアメリカ環境保護庁も温室効果のあるガスを冷媒として使用することを制限するルールを作成している。このＫＲには医療目的以外での使い捨てプラスチックの使用の国際的禁止も盛り込んでおり、そこにはレジ袋や使い捨ての飲料容器を短期間のうちに全廃することも含まれている。

政府の研究開発に関するＫＲ（７・５）は、画期的技術の発見に資金を提供し、クリーンテクノロジーの採用コストを引き下げることを目指す。その手段として、世界全体で政府の出資するエネルギー分野の研究開発を倍増させ（アメリカでは最低5倍）、年間４００億ドルにすることを提唱している。増額された資金の対象は、基礎研究と初期の試験運用を含めた応用研究だ。たとえわずかな政府の資金供与でも、クリーンテクノロジーのスタートアップへの影響は大きい。それは将来、国の経済に大きな配当をもたらす可能性がある。

拠りどころはパリ協定

クリスティアナ・フィゲレスがパリ協定の取りまとめで主導的役割を果たしてから5年以上過ぎた頃、２０２１年11月に開催されることになったグラスゴーでの国連気候変動枠組条約第26回締約国会議（ＣＯＰ26）について意見を尋ねた。フィゲレスはＣＯＰ26ではパリ協定の成果をさらに発展させ、各国に２０３０年までの第２次排出削減計画を求められるのではないかと予想した。そしてグラスゴーに派遣される代表団が炭素価格を設定し、ネットゼロという目標に向かって大きな一歩を踏み出すことも期待していた。

クリスティアナ・フィゲレス

Christiana Figueres

２０１５年のパリ協定は、史上初の全会一致で採択された法的拘束力のある条約だった。国連気候変動枠組条約（ＵＮＦＣＣＣ）の１９５の加盟国すべてが署名したのだ。アメリカはその後、パリ協定から「しばし休暇」をとったが、やがて復帰した。その間、署名国の間では迅速に批准が進み、パリ協定は記録的な速さで発効した。

パリ協定の特徴は、個々の国の置かれた状況を基準に、持続的改善プロセスを義務づける点にある。さらに目標の最終到達点も明確に示している。「２０５０年にネットゼロ」だ。これがコンセンサスを得るのに最も苦労した点だった。

ネットゼロに至る道はたくさんあり、国ごとに道は違うだろうということは初め

からわかっていた。「国別削減目標（NDC）」という概念を取り入れたことでパリ協定の柔軟性は高まった。懲罰的な仕組みではない。各国の賢明な利己主義に基づくもので、それは強い変革力につながるはずだ。

各国は程度の差こそあれそれぞれ炭素を排出している。互いに責任や非難をする必要はない。それぞれの出発点と共通の方向性、そして共通の結果があるだけだ。2050年に世界全体でネットゼロを達成できるなら、それぞれの国が自らの道筋を決めればいい。

パリ協定には複数のチェックポイントから成る「ラチェット・メカニズム」という仕組みもある。加盟国は5年ごとに集まり、それぞれ炭素排出削減のためにどのような取り組みをしたか報告しあう。そして排出削減に向けた次のレベルの目標の概略を示さなければならない。こうした計画は流動的にならざるを得ない。急速に進歩するソリューションやテクノロジー、変化する財政的条件、そして最も効果の高い政策をめぐる状況に依拠しているためだ。

グラスゴーでの最優先課題として、私たちがパリで達成したかったことをぜひ実現してほしい。炭素排出に国際価格を設定することだ。なぜなら炭素価格は経済全体の脱炭素化や森林破壊と闘ううえできわめて重要な役割を果たすからだ。

現在、60の国や地域が炭素価格を導入しているが、一般的に1トンあたり2～10ドルと信じられないほど低い。炭素価格に実効性を持たせるには、いずれ1トンあたり100ドル以上に引き上げる必要がある。厳格な国際標準と定量化方法を確立することで、世界的炭素価格は状況を一変させると私は確信している。

私が今、最も心配している要素は自然だ。陸と海だ。電力、交通、財政の変革に比べて私たちを取り巻く自然の再生は遅れている。どうやって土壌を再生させるか、劣化した土地の森林を再生させるか、あるいは既存の森林を保護するかといった問題は、まだ協定にほとんど盛り込まれていない。残された森林は少ない。炭素価格を設定し、徐々に上昇していく仕組みをつくらなければ、土地や海を維持できるビジネスモデルは完成しない。炭素価格によって気候変動抑制のさまざまな取り組みを結びつけることができる。それを見届けるまでは不安で夜も眠れない。

２０５０年に世界全体でネットゼロを達成できるなら、それぞれの国が自らの道筋を決めればいい。

As long as we are at net zero globally by 2050, each country can determine its own path.

将来に目を向けることが何より重要だ、というクリスティアナの意見に私は心から同意する。これまでの国際的な気候変動条約が今日の状況の素地をつくった。グラスゴーとその先の国際的取り組みの果たすべき役割はとてつもなく大きい。

ビッグ5に集中する

5カ国・地域だけで、世界の大気を汚染する温室効果ガスの3分の2近くを吐き出している。[*15] 中国（26%）、アメリカ（13%）、EUとイギリス（9%）、インド（7%）、ロシア（5%）だ。

やるべきことをさらに明確にするため、ビッグ5それぞれの最も大きな排出源を標的にすべきだ。中国とインドの場合は石炭火力発電。ロシアでは石油と天然ガスの掘削と石炭の採掘だ。一時的放出と最

わずか5カ国で世界の炭素排出量の3分の2を占める
2010〜2019年の炭素排出量

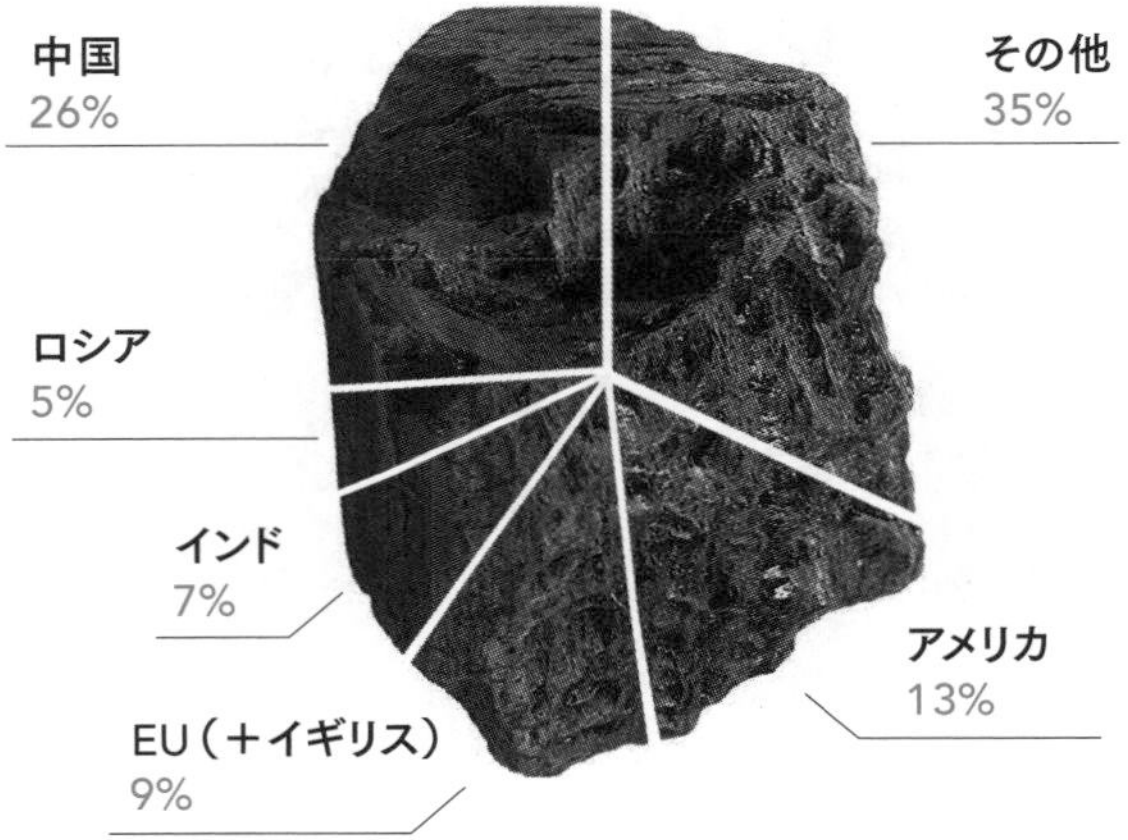

出典：国連環境計画「排出ギャップ報告書2020」

終消費時の燃焼を含めると、エネルギー産業はロシアの温室効果ガス排出の80%を占める。[16] 2018、2019年と交通部門からの炭素排出が増加したアメリカとヨーロッパの場合、ガソリンとディーゼル燃料への依存が焦点になる。[17] 限られた時間内にネットゼロの世界を実現するためには、ビッグ5それぞれの公式目標と照らして、また私たち独自の野心的ＫＲに照らして、本当の進捗度合いを測定しつづけなければならない。

排出大国の現状はどのようなものか。どのような政策が決定的な効果をもたらすか。次の表では、ビッグ5が本書のＫＲのどの部分を達成できているかを示した（さらに多くの国々を対象とする政策追跡データはウェブサイトに掲載し、頻繁にアップデートしている。speedandscale.com）。ここからもわかるように道のりは遠い。

KR政策と政策目的	中国	アメリカ	EU＋イギリス	インド	ロシア
7.1.5 炭素表示：すべての商品に炭素排出量の表示を義務づける。＊23	炭素表示なし	炭素表示なし	炭素表示なし（デンマークの試験プログラムのみ）	炭素表示なし	炭素表示なし
7.1.6漏出：メタンガスのフレア（燃焼）を抑制し、ベント（直接放出）を禁止し、漏出を迅速に制限することを義務づける。＊24	法制度なし	法制化検討中	法制化検討中	法制度なし	法制度なし
7.2補助金：化石燃料会社、および有害な農業活動への直接的・間接的補助金を打ち切る。＊25	1兆4320億ドル	6490億ドル	2890億ドル	2090億ドル	5510億ドル
7.3炭素価格の設定：国家として温室効果ガス排出に1トンあたり最低55ドルの価格を設定し、毎年5%ずつ引き上げていく。＊26	2021年7月、上海に全国炭素排出権取引市場が設立された	全国的な炭素価格はない。12州で炭素価格プログラムが運用中	EU域内排出量取引制度（EU-ETS）は電力産業に特化している。2021年5月現在、価格は1トンあたり約50ドル。個々のEU加盟国の炭素価格は1トン1ドル未満から100ドル以上までバラツキがある	炭素価格なし	炭素価格なし
7.4国際的禁止：冷媒としてのハイドロフルオロカーボン（HFC）の使用を禁止、医療目的以外での使い捨てプラスチックの使用を全面禁止する。＊27	習近平国家主席は2021年4月にキガリ改正受け入れを表明。中国のNDC（国別削減目標）はHCFC-22を2020年までに35%、2025年までに68%削減	2021年5月、EPAは「2020年アメリカイノベーションおよび製造業法（AIM法）」の下で初めて、HFCの段階的削減を進めるルールを提案した	**EUは2015年からFガス規制を導入。欧州委員会は現在の規制を見直し、強化する手続きを進めている**	提案はあり、禁止はせず	禁止せず
7.5政府による研究開発：研究開発への公共投資を2倍（以上）に増やす。アメリカでは5倍に増やす。＊28	79億ドル	88億ドル	84億ドル	1億1000万ドル	政府による研究開発予算はほぼゼロ

（2021年7月現在）
出典：巻末の原註を参照

排出上位5カ国の脱炭素政策は一様ではない

達成／超過　　方向性として有意義　　不十分

KR政策と政策目的	中国	アメリカ	EU＋イギリス	インド	ロシア
7.1 コミットメント：各国がそれぞれ2050年までに炭素排出ネットゼロを達成するためのコミットメントを法制化し、2030年までに少なくとも目標の半分を達成する。 ＊18	2060年までにネットゼロ	2030年までに排出半減	**2050年までにネットゼロ**	コミットメントなし	コミットメントなし
7.1.1　電力：電力業界に2025年までに炭素排出を50%、2030年までに80%、2035年までに90%、2040年までに100%削減することを義務づける。 ＊19	石炭とピーク排出を2030年までに厳格に管理すると約束	全米10州とワシントンDC、プエルトリコが電力会社に2050年までにクリーンエネルギーとネットゼロ・エネルギー100%にすることを義務づけ	EUは再生可能エネルギーの割合を2030年までに少なくとも32%にすることを約束	インドは2030年までに国内電力の少なくとも40%を化石燃料以外で発電すると約束	目標なし
7.1.2交通：補助金や義務化により2035年までに乗用車、バス、小型・中型トラック、2045年までに大型トラックの転換を加速させる。 ＊20	**中国国務院が2020年10月、「新エネルギー自動車産業発展計画（2021～2035年）」を策定した。2025年には販売台数の20%をEVに、2035年には50%以上にする**	最大7500ドルの連邦税額控除を設定。ただしメーカーが特定のEVモデルを20万台販売した時点で打ち切り。一部の州は追加的インセンティブを設定（カリフォルニア、コロラド、デラウェアなど）	EUは2030年までに自動車のCO_2規制を2021年水準の37.5%減から、50%減に強化し、さらに2035年までに内燃機関自動車を実質的に禁止することを規制改正案を発表	2019年4月に「FAME II」を施行。EV車購入時の補助金と充電インフラの整備に1000億ルピー（14億ドル）を投じる	輸入EVに対する関税を免除（2021年まで）
7.1.3建築：ゼロエミッション建築基準を新築の住宅には2025年までに、新築の商業用建物には2030年までに施行し、2030年までに電気式ではない建物用設備の販売を禁止する。 ＊21	「グリーン建築行動計画」は2022年までに、新築の70%が中国の三ツ星評価システムのグリーン基準を満たすことを要請	ネットゼロ・エネルギーの建築に対する連邦政府の補助金はなし。カリフォルニア、コロラド、マサチューセッツは要求基準を設定	EUでは新築は2021年までに「ほぼ」ゼロエミッションになる。EU本部と複数の加盟国は新築および既設建築物での化石燃料を使った設備の販売禁止を検討している	ネットゼロ建築の要求基準なし。化石燃料を使う住宅設備への規制なし	ネットゼロ建築の要求基準なし。化石燃料を使う住宅設備への規制なし
7.1.4産業：工業プロセスでの化石燃料の使用を段階的に削減し、2040年までに50%減、2050年までに完全にゼロにする。 ＊22	政策なし	政策なし	欧州委員会の産業戦略を、信頼性のある法律および財政手段に落とし込む作業が進んでいる	政策なし	政策なし

中国――大転換

２００６年、中国はアメリカを抜いて世界最大の排出国となり、その後も両者の差は開き続けている。２０１９年には大気中に14ギガトン以上の温室効果ガスを排出した。排出量はワースト２位のアメリカのほぼ２倍だ。ただそれと矛盾するようだが、中国は世界中のどの国よりもクリーンエネルギーに投資をしてきた。

中国ではエネルギーと環境に関する最も重大な意思決定は、中国共産党中央委員会が策定する有名な５カ年計画を通じて行われる。策定プロセスは不透明だが、５カ年計画は空疎な約束でもなければ、見栄えだけの広報活動でもない。ひとたび採択されれば実効性を持つ。２０２０年９月、習近平国家主席は国連総会で、中国は２０６０年までの炭素ネットゼロ実現を目指すと発表し、世界をあっと言わせた[*29]。世界最大の人口を抱える中国にとって先例のない目標であり、間違いなく正しい方向への一歩だ。それでもＩＰＣＣが示した目標より10年も後になる。

中国にとってネットゼロを達成するうえで最大の障害はなにか。それは現在、世界の石炭の半分を使用し、電力の60％[*30]をまかなう同国で、２００万人以上の新たな雇用を確保することだ[*31]。楽観できるのは、中国の首脳陣が変革の必要性を理解していることだ。クリスティアナ・フィゲレスによると石炭依存からの転換は公衆衛生の改善、そしてより環境にやさしい世界経済への取り組みをリードするという中国の目標と合致しているという。「時代遅れの20世紀的技術に固執するのは、中国の国益にもならない」。２０２０年には世界で新たに建設された再生可能エネルギー発電能力のうち、半分を中国が占めた。その前年には中国の風力発電量は、中国以外の世界の発電量と肩を並べた。

いかにして石炭からの段階的脱却を成し遂げるのかという問いの答えは、まだ見つかっていない。ただ２０２１年４月の気候サミットで、いくつか手がかりが示された。習近平主席は２０２５年まで石炭消費の増加を「厳しく抑制」し、中国の排出量がピークを迎えるとされる２０２６年から２０３０年にかけて「段階的に削減する」と表明した。国内のエネルギー戦略は省によって異なる可能性が高いが、ここに挙げた国家目標は最優先される。

もちろん、すべて額面どおりに受け取るわけにはいかない。上層部からのいかなる宣言より、中国の目先の行動にその真意は現れる。**２０２０年の上半期、他の主要国が化石燃料から再生可能エネルギーへの転換を進めるなか、中国が新設許可を出した石炭火力発電所の発電能力は２０１８年と２０１９年の合計を上回る。**アフリカ、ユーラシア、南アジア、南米での化石燃料プロジェクトへの資金供与にも目を光らせる必要がある。２０２０年12月時点で「一帯一路」構想の一環として、中国企業はアフリカだけで７カ所の石炭火力発電所に資金を供給しており、さらに13カ所が計画中だ。[32]

ただそれと同時に、中国の気候問題に対する姿勢には大きな変化の兆しがみられる。清朝時代の離宮跡地に建てられた北京のエリート大学、清華大学からは、きわめて大胆なアイデアが生まれている。同大学に設置された気候変化・持続可能発展研究院には２０１９年を通じて中国の気候科学者が集まり、ネットゼロを実現するためのモデルを検討した。

同研究所の責任者で、中国の気候変動事務特使である解振華《シエゼンホア》は71歳。気候問題については中国では最も発言力のある人物だ。[33] 国家の指導者が集まる中国共産党中央委員会に、清華大学のデータを提供するのが解の任務だ。コペンハーゲンやパリの気候変動会議では、中国を含む発展途上国には自由に炭素を排出する道義的権利があると主張した。しかし２０１７年には、ネットゼロにコミットすることには大きな恩恵があることを理解するようになった。そして「改宗」した。ブルームバーグ・グリーンの取材では、こう語っている。「この仕事を始めたばかりの頃は、誰だって単に仕事だと思うだろう。だがしばらくすると国家、国民、世界に与えられるインパクトの大きさに気づく。そうするともはや単なる仕事ではなくなる。追求すべき大義、使命となる」

２０１９年以前の中国は「排出ネットゼロやカーボン・ニュートラルといった概念について議論するのに消極的だった」と、環境保護活動家の李碩《リーシュオ》は語る。李は長年、解にもっと積極的な政策が必要だとロビー活動をしてきた。「解は足りない部分を橋渡しするのに貢献した」

国際交渉の場では、解は協調路線をとる。ブルームバーグ・グリーンとの取材には「気候問題の交渉にはライバルも友人もいるが、敵はいない」と語っている。ただし５Ｇ無線ネットワーク、ロボティクス、人工知能といった新興技術の分野で、米中の競争が激化していることは明白だ。クリーンテックも例外ではないだろう。また解も認めるように「緩和、適応、資金調達、技術」に

中国は超々高圧（UHV）送電線を使って都市部から遠く離れたクリーンエネルギーの供給源を活用する

対する中国の立場は、グラスゴーをきっかけにさらに強化していく必要がある。ネットゼロに向けた国際的取り組みを前進させるためには、２大炭素排出国が協力する方法を見いだす必要がある。炭素の排出削減と除去という共通の目的に向けて、それぞれが強みを持ち寄る必要がある。

中国の２０６０年ネットゼロという目標は、国内のほぼ資本主義的な市場の変化を加速する、と解は主張する。「この目標ははっきりとしたシグナルになる。私たちは迅速な変革と大きなイノベーションを生み出す必要がある」。石炭への投資はリスクが高いと見なされるようになるだろう、と解は言う。市場は適応する。再生可能エネルギーの存在感は高まり、市場を支配するだろう。

中国の首脳陣は経済成長にコミットしているものの、環境危機とその脅威が経済に及ぼす影響にも敏感だ。深刻な大気汚染は一部緩和されたが、有毒なスモッグによって２０２０年上半期には北京と上海だけで４万９０００人が死亡したとされる。[*34] 同年には記録的な洪水によって７０００万人が被害を受け、３３０億ドルの損失が出た。「気候変動によるダメージは将来ではなく、今、私たちの目の前で起きている」と解は話す。

アメリカ——再始動

環境危機を招いた**「累積的」**責任はアメリカが最も大きい。これまでに炭素４００ギガトン以上（しかもさらに増えている）を大気中に放出してきた。[35] ここ20年、気候変動問題に対するアメリカの立場は、ホワイトハウスの住人によって振り子のように大きく揺れてきた。ジョージ・Ｗ・ブッシュ大統領は化石燃料業界の言うなりだった。[36] 石炭火力発電所のさらなる建設を支持し、京都議定書を離脱した。

医療制度改革では一定の成果を収めたバラク・オバマ大統領も、気候変動に関する法律は通すことができなかった。それでもオバマ大統領はクリーンエネルギーへの投資が、大不況下での新規雇用創出に役立つことを理解していた。２００９年に成立した「米国再生・再投資法」では、９００億ドル以上をクリーンパワー・プロジェクトへの投資に送り込んだ。そこには風力発電所、太陽光発電のイノベーション、高度なバッテリープログラムが含まれている。さらにクリーンエア法（大気汚染防止法）によって、新たな乗用車とトラックの燃費基準を２００９年から２０１６年のあいだに29％引き上げ、さらに「２０２５年までにガソリン１リットルあたり23キロメートル」という歴史的目標を設定した。

こうした進歩の大部分は、ドナルド・トランプ大統領が環境保護政策の全面撤回を命じたことで後退した。しかしジョー・バイデン大統領は就任まもなくトランプ大統領の命令を覆し、画期的な気候問題対策を打ち出した。アメリカが２０３５年までに１００％クリーンエネルギーへ移行し、２０５０年までに炭素排出ネットゼロを達成することを約束するものだ。バイデン大統領の計画は、アメリカの指導者が発表した気候問題対策としては史上最も野心的なものだ。**これまでの政権の政策を根本から転換しただけではない。未来への大きな一歩だ。**

ただ本書執筆時点で、政治の振り子はまだ揺れ続けている。連邦議会が検討しているインフラ対策はあまりに小さく、バイデン計画の重要な要素が抜け落ちる可能性がある。まだ不確定の要素も多い。気候対策に失敗するという選択肢はないが、ときにはそれが選択されることもある。次の世代には許されない贅沢だ。

５大排出国が２０５０年までにネットゼロを達成する最も確実な方法は、国家としての炭素価格をはじめ、ここに挙げた政策に関するKRを**すべて**採用することだ。ただアメリカが世界をリードできる分野といえば、研究開発だ。伝統的にアメリカが強みとしてきた、そして改めて本気で取り組む必要がある分野でもある。ここ20年近く、連邦政府によるエネルギー分野の研究開発への投資は、（インフレを考慮すると）１９８０年の年間80億ドルという水準を下回ったままだ。[37] それはアメリカ国民が１週間に使うガソリン代よりも少ない。[38] 年間のポテトチップ消費よりも少ない。[39] 安価で軽量なバッテリー、あるいはグリーン水素の拡大といった必要とされるブレークスルーを実現するためには、アメリカは公共部門による研究開発を5倍の年４００億ドルに拡充しなければならない。言葉を換えれば、現在アメリカ国立衛生研究所（ＮＩＨ）に投じているのと同等の金額をこの分野にも投じるべきだと私たちは考えている。[40] 政府が研究開発にきちんとお金を出し、炭素価格を設定すれば、アメリカのグリーンプレミアムは大幅に抑えられ、それは世界全体に恩恵をもたらすはずだ。

ヨーロッパ――進んでいるが、まだ遅い

ＥＵが20年ほど前に導入した炭素に価格を設定する仕組みであるキャップ・アンド・トレード制度（炭素排出取引制度）は、今では世界最大の市場となっている。そして２０１９年、イギリスは排出量の多い国々の先陣を切って、２０５０年までにネットゼロという目標を法制化した。翌年にはＥＵも２０５０ネットゼロ目標を掲げ、

２０３０年までに排出量を少なくとも55％削減することを加盟国に求めた。[*41] こうしたアクションは一見、すばらしいものに思えるが、気候変動活動家はパリ協定に沿ってクリーンな交通インフラや排出削減を進めるには、ＥＵ加盟国のスピードは遅すぎると批判する。[*42]

ドイツの著名なシンクタンク、アゴラ・エナギーヴェンデのエグゼクティブディレクターであるパトリック・グレイヘンは、理解することと行動することのあいだに断絶があることが問題だ、と指摘する。「政治家に何が一番重要かと尋ねると、石炭の段階的廃止という返事が返ってくる。だが代替として風力や太陽光を準備しなければ、石炭の段階的廃止はできない。それが十分理解されていないし、ましてや適切な切迫感をもった行動にもつながっていない」

ヨーロッパ最大の経済国であるドイツのエネルギー政策には特別な重みがある。最近の憲法裁判所の判断を受けて、ドイツ政府は２０４５年までのカーボン・ニュートラル化と２０３０年までの65％の排出削減を約束した。[*43] ドイツ企業はクリーンなセメントやスチールを製造するためのグリーン水素燃料の製造拡大で先端を走る。何より勇気づけられるのは、ドイツは建物と交通機関の燃料に炭素価格を設定したことだ。しかし**現行計画では国内の石炭火力発電所の閉鎖には２０３８年までかかる**

とされており、閉鎖を加速しなければ２０３０年の排出削減目標が未達に終わるのはほぼ確実だ。[*44] ２０２１年９月の選挙と16年ぶりの首相交代を控えるドイツは、目標を一段と引き上げなければならない。

世界の気候対策の中心地であるヨーロッパには、強い世論の支持、技術的な勢い、気候問題に配慮のある国内の司法制度など、いくつもの強みがある。すでに積極的なコミットメントを明らかにしているＥＵと加盟国は今後、そのカギとなるクリーンエネルギーインフラの構築と、化石燃料への依存度削減に取り組まなければならない。それも歴史的なスピード感で。

インド――成長の試練

インド亜大陸は気候災害リスクの品評会のようだ。近年、熱帯低気圧、海面上昇、旱魃が深刻化し、人命や食料生産に大きな打撃を与えている。インドは人口１人あたりの排出量を先進国並みに維持することを約束している。しかし２０５０年までに同国の人口は20％近く増加して16億人に達し、世界最多になる見込みだ。貧困率は60％を超えるなか、爆発的成長はネットゼロ目標をことさら困難にしている。[*45]

「途上国であるインドには、経済全体の排出ネットゼロの期限を先延ばしする正当な理由がある」とクリスティアナ・フィゲレスは語る。既存の電源を拙速に停止すれば、貧困層が増えるだけだという。「インドは長年、生物多様性を保護しながら、部門ごとに目標を設定してネットゼロを達成すると一貫して約束してきた。しかもパリ協定に基づく約束を部門ごとにクリアしている」

インドにとってネットゼロを達成する最も確実な方法は、電力業界を改革し、交通手段の電化を進めることだ。ナレンドラ・モディ首相はゼロエミッションの未来への転換を加速するため、２０３０年までに再生可能エネルギーの発電量を４５０ギガワットにするという国家的ムーンショット目標を発表した。[*46] 途方もなく困難な試みだ。ただ一部の分野では進捗が見られるものの、電源の転換と石炭離れに対するモディ政権の取り組みにはムラがある。

その一方でインドは、自らの取り組みの成果と、先進国の凡庸な成果の落差を指摘してきた。２０２０年、プラカシュ・ジャヴァデカル環境相はこう発言した。「私たちは目標を大きく上回った。私たちに説教する国々に、まず自らの行動を改めるよう要求すべきではないか。先進国のなかでパリ協定を遵守している国は１つもない」

インドの気候政策の専門家であるアヌミタ・ロイ・チョードリーは、二酸化炭素の累積排出量を踏まえてこう指摘する。「インドが突きつけているのは『炭素排出のパイをどう配分し、責任をどう分担すべきか』という問いだ」。１７５１年から２０１７年までの世界の二酸化炭素排出量を見ると、アメリカが25％、ヨーロッパが22％、中国が13％、ロシアが６％、そして日本が４％を占める。[*47] それに対してインドはわずか３％だ。ジャヴァデカルとロイ・チョードリーが指摘するように、世界のクリーンエネルギーへの移行は公平かつ公正でなければならない。炭素排出危機を招いた各国それぞれの責任の重さを反映したものにする必要がある。

その一方、インドには天然ガスのような汚

インドは2030年までに再生可能エネルギーの発電量を450ギガワットに伸ばす国家的ムーンショット目標を掲げる

染度の高い化石燃料に依存する段階を一気に飛び越える機会がある。時代遅れのインフラに投資するのを回避することで、大気汚染による死者数を抑え、経済的にも環境的にも世界のリーダーになることができる。もちろん、そのためのコストは低くはない。インド政府が掲げた再生可能エネルギーに関する目標を達成するだけでも、年間少なくとも200億ドルの投資が必要になる。[*48]

さまざまな障害があるものの、世界がネットゼロを達成するためには、インドがさらに取り組みを強化する必要がある。インドの1人あたり電力使用量は世界平均の半分以下だが、国としては世界第3位のエネルギー消費国であり、第4位の炭素排出国でもある。都市部の人口は毎年、ロサンゼルスの人口と同じくらい増えている。数えきれないほどの国民が、新しい家電やエアコン、そして膨大な数の乗用車やトラックを購入することになる。建築資材や電力の需要が爆発的に増加するなか、排出ゼロの電力を増やし、エネルギー効率を高めていくことが不可欠になる。インドという国の規模を考えると、同国が今実施する気候対策は、今後数世代にわたって世界全体に重大な影響を及ぼすことになる。脱炭素社会への取り組みを拡大・加速させることで、インドは世界を救えるかもしれない。

ロシアは気候問題と向き合うか

世界第5位の排出国であるロシアは、2019年に2・5ギガトンの炭素を大気中にまき散らした。ここ20年、年々この数字は増え続けている。人類は気候危機を解決できないと考える悲観主義者にとって、ロシアはその有力な論拠だ。懸念材料は2つある。ネットゼロへの長期的なコミットメントがないこと、そしてロシアはパリ協定できわめて控えめな目標を設定し、その後さらに引き下げたことだ。

ウラジーミル・プーチンが永世大統領となり、「ロシアの専制的な政治体制の下では透明性と客観性のある分析がボトムアップで意思決定の俎上にのぼることはない」とフィゲレスは語る。気候変動の科学に公然と疑念を呈すかと思えば、温暖化はロシアにメリットがあるかもしれないと語るなど、プーチンの主張に一貫性はない[*49]。地球温暖化が進めば、人が住むことのできないシベリアの広大なツンドラ地帯が農耕可能になるかもしれない。少なくとも石油やガスの掘削に適した場所になるかもしれない。そうすればオリガルヒと呼ばれるプーチンの取り巻きが大儲けできる可能性がある。「夏のあいだ北極の氷冠が消滅するようになれば、国際石油輸送のための新たな海上ルートが開通し、ロシアに恩恵をもたらすことになる」。残念ながら、とフィゲレスは付け加える。

何より残念なのは、プーチンの望みが叶う可能性があることだ。ロシアの国土は他の地域と比べて2倍の速度で温暖化が進んでいる。[*50] シベリアの永久凍土が溶け、数千年のあいだ凍結されていた二酸化炭素とメタンが放出されている。すべて足し合わせると、北極圏の永久凍土は１４００ギガトンの炭素を蓄えている。[*51] そこから放出されるすべてが、ネットゼロ計画の足を引っ張る。

ロシアの「エネルギー戦略２０３５」は石油と天然ガスの大幅な増産と、石油輸出の拡大を目指すもので、大きな後退だった。[*52] ポートフォリオに太陽光や風力は一切含まれていない。ロシア自身の予想では、２０５０年の温室効果ガス排出量は現在のとんでもない水準をさらに上回るものになっている。[*53]

どうすればこのならず者国家に変革を迫れるだろうか。最もわかりやすい手段が市場の力だ。たとえばロシアが販売する石油やガスに炭素価格を設定すれば、同国の主要な輸出品は競争上不利な立場に置かれる。積極的な圧力をかけなくても、すでにロシアは再生可能エネルギーという世界の潮流に逆らって泳ぐような状況だ。中国とヨーロッパが脱炭素にシフトするなかで、ロシアからの化石燃料の輸入は過去のものとなるかもしれない。

ロシアはアメリカや中国の2倍近い広大な国土を持つ。再生可能エネルギーやリジェネラティブ農業では、手つかずの途方もないポテンシャルを秘めている。気候危機という課題を受け入れれば、ネットゼロ経済の主要なプレーヤーになることもできる。

ただ現時点で、それは見込み薄だ。ロシア政府は気候対策が立ち遅れている国々への罰則に強硬に異議を唱えている。しかしすでにペナルティを宣告されている者が、それはおかしいと訴えるのは説得力に欠ける。ロシアが今後もネットゼロ経済を拒絶し、孤立しつづければ、厳しい未来に直面するだろう。

今後ロシアが取りうる道はアラブ首長国連邦の先例に倣うことだ、とフィゲレスは指摘する。ペルシャ湾岸の産油国である同国は、再生可能エネルギーに参入し、経済の多角化を進めようとしている。産油国の中心であるサウジアラビアも同様だ。ロシアの問題は「戦略がないことだ」とフィゲレスは話す。

グラスゴーの求心力

人類は今後どうなるのか。各国のコミットメントにも、その実現に向けた進捗状況にもバラツキがあるなか、世界の国々が意味のある気候対策で合意できるという希望など持てない気がしてくる。どうすれば世界は一丸となって前進できるのか理解するため、アメリカの気候計画を担う大統領特使である、元国務長官のジョン・ケリーに話を聞いた。ケリーは1992年の第1回地球サミットに出席し、その後開催された主要な気候会議のほぼすべてに参加してきた。

ジョン・ケリー

John Kerry

パリでは各国はそれぞれがしたいことをした。ただ今回は違う。グラスゴーでは「何をしなければならないか」が焦点になる。この違いは大きく、非常に困難な交渉になるだろう。

今日私たちが直面している現実は、２０２０年から２０３０年のあいだに炭素排出を十分削減しなければ、（産業革命前からの気温上昇を）１・５℃に抑えられなくなるというものだ。自分たちだけでなく将来世代にとっても、その可能性を放棄することになる。この可能性を諦めれば、重大な結果を招くだろう。

アメリカは今年に入ってから、各国に対して１・５℃という目標を採択し、維持

することを強く求める方針を明確にしてきた。気候サミットでは、アメリカは2030年までに炭素排出を50~52%削減するというNDC（国別削減目標）を発表した。

2020年から2030年までの間に達成すべきことを達成できなければ、2050年までにネットゼロを達成することもできない。何かすばらしい技術が発明されるのをただ待つわけにはいかない。それはきわめて無責任で無謀な姿勢だ。今ある技術を使い、できるかぎり活用しなければならない。新たな技術を発見するための努力も不十分だ。気候変動が人類の存亡にかかわる危機だと口では言いつつ、そのように扱っていない。第2次世界大戦中、制海権と制空権を何としても手に入れなければならない、ヒトラーが構築した防御を突破する方法を見つけなければならないと悟ったときのように行動していないのは明らかだ。

今回が当時と違うのは、私たちのやるべき仕事が今後ますます困難になっていくことだ。取り組みが目覚ましい進歩を遂げているにもかかわらず、さらに大きな対応を迫られている。

経済的に見ると、世界のGDPの55%を占める国々がすでに1・5℃の目標にコミットしている。残る45%の国々、あるいは少なくともそのうちクリティカルマスを交渉の場に引き込むことはできるだろうか。インド、ブラジル、中国、オーストラリア、南アフリカ、インドネシアのすべてを仲間に引き入れる必要がある。

必要な資金も出さず、ただ世界中の国々の責任を追及し、「あれをしろ、これをしろ」と指図することはできない。発展途上国の発展を支援しなければならない。しかも私たちの犯した失敗を繰り返さず、賢い発展にしなければならない。ほとんどのケースで先進国は途上国を支援しなければならないだろう。ただ現段階では、そのための十分な計画は提示されていない。

それでも私が希望を（それもかなり大きな希望を）抱くのは、人間は本気になったとき、それをやり遂げることができるからだ。私たちは月に行く方法を知っていたわけではない。それでも月に行った。記録的な速さで新型コロナ・ワクチンを開発した。私が生きている間だけで、世界人口に占める貧困層の割合は50％から10％に減少した。

重要なのは、体制を整えることだ。何をしなければならないかはわかっている。今度はそれを実行しなければならない。グラスゴーは世界が一丸となって今回の危機に直接対応する好機だ。

何をしなければならないかは
わかっている。
今度はそれを実行しなければ
ならない。

We know what has to be done, and now we have to go do it.

私が初めて気候のために闘ったとき

正直に言って、１９９０年代を通じて地球温暖化は私の政治的関心の埒外にあった。だが２０００年、私はアル・ゴアの大統領選挙で積極的な支援者となった。気候変動がちょうど新聞の1面を飾るニュースになろうか、という時期だ。この年の12月、最高裁判所は5対4でフロリダ州の票の数え直しを差し止めるという判決を下した。ジョージ・W・ブッシュがわずか５３７票差で勝者となることが決まった（1票の重みがよくわかる）。

この判決の重要性はどれほど強調しても足りない。**気候変動との闘いは、20年の歳月を失った。**ゴア大統領が誕生していれば、今日のような危機に発展する前に気候問題を重要課題にしていたはずだ。

『不都合な真実』の上映とその後の夕食会を経て、２００６年には私は気候対策に全力で取り組むようになった。「カリフォルニアが動けば全米が動く」とも言う。私は地元カリフォルニア州に目を向けるようになった。

２００６年、気候政策の世界的リーダーが協力したカリフォルニア州下院法案第32号（カリフォルニア州地球温暖化対策法、通称ＡＢ32法）が成立した。画期的なキャップ・

アンド・トレードを導入するための法律で、特に排出量の多い施設などに炭素汚染に対価を課す、アメリカで最も踏み込んだ制度だ。州内の企業経営者からの激しい攻撃にもかかわらず法案は可決され、共和党系のアーノルド・シュワルツェネッガー知事が署名した。化石燃料業界はロビー活動によってＡＢ32法の範囲を石油と石炭に限定することに成功し、天然ガスは除外された。それでもＡＢ32法は国際的先例となり、カナダから中国まで幅広い国々が手本とした。カリフォルニア州は最終的に計画を４年前倒しして、温室効果ガスの排出量を１９９０年代の水準以下に削減することに成功した。しかもこの制度は公平性を強く意識し、炭素価格による収入は貧困地域での大気汚染の削減と住宅改修支援に使われた。

　ＡＢ32法は化石燃料業界関係者による悲観的予測が大きな間違いであることを証明した。カリフォルニア州は排出量を削減しながら経済を発展させられることを証明した。[*54] むしろ両者は車の両輪となり、全米を上回る経済成長を後押しした。

　私自身もＡＢ32法のプロセスから貴重な教訓を学んだ。とりわけ政治で勝つためには、党派の違いを超える広範な連携、キャンペーンを率いる強力なリーダーシップ、明確なメッセージの発信、積極的なメディア戦略、そして信頼できる仲間が必要であることを知った。こうして私はシリコンバレー的リバタリアン（自由主義者）

から、政府の改革を求める活動家へと変貌を遂げた。スケールの大きい結果を出すためのパートナーとして、政府をとらえるようになったのだ。

　私が連邦上院で証言した２００９年、議会にワックスマン・マーキー法案が提出された。国家として炭素に価格を設定するための包括的な気候変動法案だ。法案はあと一歩で成立するところまでいった。化石燃料会社の温室効果ガスの排出量が増えるほど負担金が重くなる仕組みもほぼ決まりかけていた。２００９年6月、ペロシ下院議長の奮闘によって、同法案は民主党が多数派を占める下院を２１９対２１２でなんとか通過した。上院での交渉は競合する法案が出され、利害がぶつかりあう厳しいものになった。結局、気候変動法案は特定利益集団の暗躍と協調的リーダーシップの欠如によって行き詰まった。[*55] 上院で60票を獲得できないことが明らかになった時点で命運は尽きた。法案は上院で採決されることなく廃案となった。

　翌年には民主党は議会の主導権を失い、その後の展開はみなさんご存じのとおりだ。２０２１年半ば時点で、アメリカ上院はまだ主要な気候変動法案を採決したことがない。

　だがカリフォルニア州は前進を続けた。２０１５年にはようやく天然ガスが州のキャップ・アンド・トレード制度の対象になった。全体として、この制度によって州の温室効果ガスの排出は15％も削減された。[*56]

公共政策を取り巻く政治状況は常に変化している。それでも常に重要なルールが4つあると私は考える。

1　ギガトン級の排出に狙いを定める。ネットゼロを達成するためには、5大排出国に照準を合わせ、最も重要な産業、すなわち温室効果ガス汚染に最も大きな責任を負う産業を狙い撃ちする必要がある。二酸化炭素、メタン、亜酸化窒素、フッ素化ガスといった主要な温室効果ガスすべてに対策が必要だ。

2　意思決定がどのように（どこで）行われているかを突き止める。国の法律はパズルを構成する1つのピースに過ぎない。変化を起こそうとする活動家は、あらゆるレベルでの意思決定の場を把握する必要がある。たとえば建築基準は都市が制定し、市民向け会合で意見を表明する機会は誰にでも開かれている。暖房や調理器具のエネルギー効率や電化に関する意思決定の影響は長期に及ぶが、こうした会合にわざわざ足を運ぶ市民は少ない。だがガスボイラーを販売する会社は必ず参加し、意見を表明する。

同じようにアメリカのエネルギー政策を決定する過程で、見落とされがちだが影響力の大きな議論の場が各州の公益事業委員会だ。委員は選挙で選ばれることもあれば指名されることもあるが（後者のほうが一般的）、政策の門番の役割を果たす。将来の電源構成の目標を決定づける、非常に重要な再生可能エネルギーのポートフォリオ基準を設定するのはこの委員会だ。通常、委員の数は各州5人だ。炭素排出量の上位30州に狙いを定め、それぞれで過半数をとることを目標にしたらどうか。たった90人で、アメリカの炭素排出の半分をコントロールできる。このほんのひとにぎりの州の高官を説得するだけで、大きな変化が生まれる可能性がある。

圧力をかける前に、意思決定がどのように行われるのか把握しておくことが重要だ。切迫感を持って取り組むことはもちろん必要だが、それだけでは足りない。ハル・ハーベイは「気候変動に関する懸念を正しく方向づけしなければ、エネルギーを浪費するだけだ」と語る。何か活用できるムーブメントはないか。大規模な市民集会で勝利を呼び込むことはできないか。あるいは的確な経済分析や、正しい人材を選挙に当選させることで、こちらに有利な展開にならないか。法的に取り組めることはないか。公平性、雇用、健康の問題とどう関連づけることができるか。

地域レベルでの市民参加ほど強力な、しかも活用しやすい応援はない。アメリカ全土で多くの国民が、地域の公共交通機関に化石燃料を使わないよう要求する活動を始めている。２０２１年６月には地域社会からの粘り強い働きかけの結果、メリーランド州モンゴメリー郡の公立学区が10年かけて１４００台のバスを電化すると発表した。この学区の交通担当ディレクターのトッド・ワトキンスは「多方面から関心と圧力が寄せられた。多くの環境保護団体、選挙で選ばれた政治家、理事、学生団体から、いつ電動バスに移行するのかと尋ねられた」と話す[*57]。

アリゾナ州フェニックスでは、サウスマウンテン高校のクロスカントリー・ランナーたちが学区に対し、電動スクールバスの導入を訴えた。走るなかで地域の大気汚染を実感したため、コーチや地元活動家グループ「チスパ」の協力を得て、変革を促したのだ。

クリーンエネルギーへの移行の具体的な方法とペースは、地域によって異なるだろう。しかし行動しようとする個人の意欲と、意思決定がどこでどのように行われるのかという知識が組み合わされば、非常に大きな力となる。両者はより良い健康な未来を実現するのに不可欠だ。

3　現実的なメリットに集中する。気候変動対策では事実を正確に把握し、確かな科学的根拠を示す必要がある。法律を成立させたり、候補者を選挙で当選させたりするには、専門的議論をわかりやすく伝えることで他の人々を説得しなければならない。「キロワット時という言葉が何を意味するのか、ふつうの人はわからない。でも安価で信頼性が高く、安全でクリーンなエネルギーが大切だということはわかる」とハルは話す。

有権者は他には何を大切に思うだろうか。雇用と経済。自分たちの健康と子供たちの幸福。有能なリーダーは、こうした有権者の関心を公共政策に結びつける物語を語る。アル・ゴアの「クライメート・リアリティ・プロジェクト」は5万5000人の気候アクションリーダーに、共通の価値観と現実的メリットを結びつけるようなストーリーを語る方法を教育した（興味のある方はぜひ参加してほしい。www.climaterealityproject.org）。

4　公平性のために闘う。公平性は大切だ。倫理的にも、そして現実的にも不可欠だ。政治という観点ではこれまで虐げられてきた集団から、新たな有権者、新たなリーダー、新たな政治家が誕生し、その力を結集する必要がある。これまで政治に参画してこなかった人々を動員しなければならない。

野心的で独創的な政策を生み出すことは重要だ。ただそれ以上に難しいのは、それを公平・公正に実行することだ。１９５０年代にアイゼンハワー政権が実施した全長8万キロメートルに及ぶ州間高速道路システムは、大きな政府の成功例とされる。だがその背後で、デトロイトのパラダイスバレーやニューオーリンズのトレメなど多くの黒人コミュニティが道路用地に指定され、意図的に破壊されたことはほとんど指摘されない[*58]。世界中で最も気候危機に対して責任のない人々が気候災害の被害を受けている。炭素排出ネットゼロを達成するための取り組みは、低所得地域や先住民の健康と暮らしを保護するものでなければならない。

モデルの重要性

気候変動政策が望ましい効果を生むようにするためには、善意だけでは足りない。あらゆる政策を気候への影響の観点から採点すべきだ。超党派のエネルギー・気候政策会社であるエナジー・イノベーションのアナリストたちは、炭素排出の影響をリアルタイムに予測するダイナミックなエネルギー・モデリングツールを開発した。すべてのネットゼロ計画を立案する際にはこのようなモデルを活用すべきだ、という同社の政策設計専門家、メガン・マハジャンとロビー・オルビスの主張には説得力がある。

メガン・マハジャン、ロビー・オルビス

Megan Mahajan & Robbie Orvis

　炭素排出は物理的世界で起こる。排出削減とは、私たちが使用する製品のエネルギー効率、エネルギー消費、アウトプットを変えるということだ。政策がこうした要因にどんな影響を与えるか、それが長期的にどのように積み重なっていくかをしっかり把握しなければ、健全な政策を設計することはできない。

　では異なる政策の効果をどうやってモデル化するのか。私たちは２０１２年、中国の政策当局者からまさにこの質問を受けた。２０３０年までに中国の排出量をピークアウトさせるための議論をしていたときだ。採用する技術をインプットとする厳密なモデルは世の中に存在していたが、私たちは技術ではなく政策をインプットと

して使いたかった。そこでモデル開発のリーダーだったジェフ・リスマンが、まさにそのためのモデルをつくった。こうして誕生したのが「エネルギー政策シミュレーター」だ。

　このシミュレーターは政策をインプットとして、モデル化されたシナリオを使って排出量、コスト、雇用、国民の健康状態にどのような影響を与えるかを推定する。政策間の相互作用も考慮し、政策が互いにどのような影響を与えるか、そして最も費用対効果の高いものがどれかも特定できる。シミュレーターは頻繁に更新され、太陽光、風力、バッテリーの価格下落など、最新の技術コストを反映する。モデルはオープンソースだ。つまり私たちが使うデータはすべて誰でも入手できる。誰でもツールをダウンロードし、モデルの前提条件を確認できる。これはアメリカ以外のさまざまな国で信頼と支持を得るのに不可欠な要素だ。

　このシミュレーターを活用することで、国や自治体は特定の政策のもたらす結果を現実的に評価し、有効な政策とそうでないものを選別できる。最終的にこのモデルから浮かび上がるのは、ごく少数の重要な政策が大きな変化を生み出すということだ。

https://energypolicy.solutions

政治を動かす力

政策と政治は深く結びついている。政策が前進するかは、政治が前進するかにかかっている。どのようなルールができるかは意思決定がどのように行われるかと当然、結びついている。ただ両者の間には緊張関係もある。政治がうまく機能すれば、新たな可能性が拓ける。だがうまくいかなければ、すばらしいアイデアが潰れることになる。私自身も経験を通じて、優れた政策を成立させるためには政治的難局を乗り越えなければならないことがよくわかった。法案が委員会で潰される。投票は妨害されたり拒否権が発動されたりする。条約は批准されないこともある。どれほど熱心な政策実現の努力も、何年、何十年と失敗に終わるかもしれない。**すばらしい政策のアイデアがあっても、政治という大きな壁を超えなければ何も実現しない。**

効果的な気候変動政策を導入するうえで最大の障害は、お粗末なアイデアでも時代遅れの政治家でもない。温室効果ガスと運命共同体となった既得権益層だ。過去を振り返ると、アメリカの化石燃料にかかわる既得権益層は、高い成功率で気候対策の進展を阻止してきた。民主共和両党の政治家に資金を提供して進歩的政策に抵抗し、遅らせる、あるいは無視するよう促す。化石燃料の有害性について人々を意図的に惑わせるような活動に資金を出し、最近ではフェイスブックやツイッターを通じて公共の場での議論に毒を盛っている。

エクソンモービルやコーク一族のような企業が偽情報を流布させる活動をしていると、市民団体は指摘してきた。[*59] それ以上に陰湿なのは、ロシアから資金提供を受けているプロパガンダ機関その他のうさんくさい情報源からソーシャルメディアにまき散らされる虚偽の見出しや誤解を招くような動画だ。フォーチュン500企業など主流派組織は大手広告会社を使って気候変動を否定するメッセージを流す。ワシントン・ポスト紙は2019年、既得権益層が気候変動の科学を否定し、国民の合意を阻むため、2つの戦略を並行して使っていることを明らかにした。[*60]「1つは報道機関に気候変動の科学の『不確実性』を報道するように働きかけること。もう1つは保守層に対して、気候変動はリベラル派のでっちあげで、この問題を真剣にとらえる人は『現実をまるでわかっていない』と訴えることだ」

こうした努力が無意味だったわけではない。地球サミットが開催された1992年には、アメリカ国民の80%が気候変動に対して何か手を打たなければならないと考えていた。民主党と共和党の支持層の両方で、圧倒的多数がこの見方を指示していた。しかし2008年のギャラップ社の世論調査では、この問題に対する見方は

2極化し、党派的隔たりが大きいことが明らかになった。２０１０年にはアメリカ国民のほぼ半数（48%）が気候変動の脅威は誇張されていると考えていた。[61]

若い世代ではこうした潮流が変化することを私たちは期待している。ピュー・リサーチセンターが実施した２０２０年の意見調査では、18～39歳の共和党員の3分の2近くが、気候変動の原因は人間の活動であり、連邦政府の対策は不十分だと考えていた。[62] 環境保護団体「ヤング・コンサーバティブズ・フォー・カーボンディビデンド（炭素の配当を支持する若手保守派）」創設者のキエラ・オブライエンは、若手の共和党員は「この問題について年配の共和党員より何光年も進んでいる」と語る。

オープンマインドにモノを考えられる人から見ると、ネットゼロ経済への移行には大きな政治的セールスポイントがある。数百万人分の高い報酬を支払う雇用を生み出すことだ。[63] 国際エネルギー機関（IEA）の試算では、世界全体で２５００万人の雇用創出効果がある。太陽光発電装置の設置要員と風力発電所の技術者の2つは今最も雇用者数が伸びている分野だが、それ以外にも建物の改修、送電網の更新に数百万人の労働力が必要になる。

つまるところ優れた政策を通過させられるかは、既得権益を克服する能力にかかっている。豊富な資金力、政治的パイプを持ち、極悪非道なふるまいもいとわない彼らは手ごわい敵だ。当たり前の政治活動では勝つことはできない。勝利するためには、さらに強大な力が必要だ。

たとえばムーブメントのような。

PART 2
移行を加速させる

Chapter 8

ムーブメントをアクションに変える

Turn Movements into Action

Chapter 8

ムーブメントをアクションに変える

グレタ・トゥーンベリの場合、それは怒りから始まった。スウェーデンのティーンエイジャーであるトゥーンベリの怒りは、気候危機について学ぶほど強まっていった。地球の気温が数分の1℃上がるごとに、嵐や洪水や山火事が激しさを増す。今のペースで温暖化が進めば、２０３０年までにさらに1億２０００万人が極度の貧困に陥る。トゥーンベリの生まれたストックホルムを含めて、多くの都市が今世紀末には海中に沈む可能性がある。

気の滅入るような報告書を読み、その意味するところを理解した学生はトゥーンベリだけではない。気候変動に怒りを覚えている若者は他にもいる。だがトゥーンベリは気落ちしただけでは終わらなかった。そんな状況に反発したのだ。15歳になると、学校をサボるようになった。２０１８年にはスウェーデン議会の前で、黒い大きな文字で「SKOLSTREJK FÖR KLIMATET（気候のための学校ストライキ）」と書いたプラカードを持って座り込みを開始した。最初はたった１人で始めた抗議行動に、他のティーンエイジャーが次々と加わり、まもなくムーブメント（社会運動）になった。人と群れるのを避け、有名になるのを嫌うたった１人の少女の行動から、すべてが始まったのだ。

２０１９年1月、トゥーンベリはスイスのダボスで開かれた世界経済フォーラムに招かれ、講演した。「大人はよく『次の世代に希望を与えなければならない』と言います」。集まった企業経営者や世界の指導者に、トゥーンベリはこう語りかけた。「でもみなさんの希望なんていりません。みなさんにはパニックになってほしい。私と同じ恐怖を感じてほしい。それも毎日。そして行動してほしい。自分の家が火事になったときのように行動してほしい。なぜなら、それが今まさに起きていることなのですから[*1]」

ソーシャルメディアによって拡散されたトゥーンベリの言葉は、世界中の何千人という若者の心を揺さぶり、それぞれの住む場所で気候変動ストライキを起こすきっかけとなった。2019年9月20日、世界で400万人が参加する史上最大の環境保護デモが行われた。[*2] 続いてトゥーンベリは、再び大勢の大人たちの前に立った。今度の舞台は国連だ。「みなさんは空疎な言葉で私の夢と子供時代を奪いました。それでも私はまだ幸運なほうです。多くの人が苦しんでいます。亡くなっています。生態系そのものが崩壊しかかっています。私たちは大量絶滅のはじまりに直面しているというのに、みなさんが口にするのはお金や永遠の経済成長といったおとぎ話ばかり。どうしてそんなことができるのですか[*3]」

その後、トゥーンベリがイギリス議会で演

グレタ・トゥーンベリがたった1人で始めた「気候のための学校ストライキ」は、またたくまに世界のリーダーの注目を集めるようになった

説をしてからほどなくして、同議会は主要国として初めて、２０５０年までにカーボン・フットプリントをゼロにする法律を可決した。[4] ローマ教皇を含む世界の多くの指導者と対話を重ねたことで、トゥーンベリは自分の運動が本当の変化を生み出そうとしていることに気づいた。トゥーンベリ自身の気持ちも、怒りから慎重な楽観主義へと変わりはじめた。学校に戻ったトゥーンベリはクラスメートにこう語った。「明日なんてないかのように生きることはできないね。だって明日はたしかにあるのだもの」[5]

「地球が直面する最も重大な問題についての最も説得力のある発言者」として、トゥーンベリは２０１９年、『タイム』誌の選ぶ「今年の人」に選ばれた。トゥーンベリの主催する団体「フライデー・フォー・フューチャー（未来のための金曜日）」は、いまや世界各地に広がった。権力の座にある人々も、トゥーンベリのメッセージを真摯に受け止めている。「若者たちが毎週、そんなメッセージを掲げてデモ行進している姿を見ると、国家の指導者として中立ではいられない」。フランスのエマニュエル・マクロン大統領は『タイム』誌にこう語った。「彼らのおかげで、私は変わることができた」。指導者は圧力に反応する。圧力はムーブメントから生まれる。ムーブメントは何千人という個人がつくりあげるものだ。ただときには、たった１人から始まることもある。

意味のあるムーブメントの条件

ある問題が人々にとって重要なものになると、(それも**本当に**重要なものになると)、いろいろな変化が起こりはじめる。法案が提出される。反対法案が提出される。対話、議論が起こり、メディアが注目する。最終的にその問題がきっかけとなり、有権者が投票所に足を運ぶようになる。ある問題が優先順位の上位に入ることを、政治の世界では「サリエンシー(顕著性)」が高まるという。気候危機をめぐっては大きな進展があったものの、まだ世界的サリエンシーを獲得したとは言えない。全体的に見ると、まだ人々が投票所に足を運ぶ動機にはなっておらず、また投票所に足を運んだとしても選択の決め手にはなっていない。

ムーブメントはサリエンシーを高める。しかし成功するには、２つの力が必要だ。１つは**大衆の力**だ。幅広い支持層に加えて、少数だが活動的なリーダーと参加者だ。もう１つは**政治の力**で、法案を提出し、擁護し、守ってくれる政治家を味方につける必要がある[*6]。ムーブメントの目的は、政治改革、国民意識の根本的リセット、指導層の交代、あるいはそのすべてだ。いずれにせよムーブメントは政策立案者が政治的勇気を奮い起こす一助となる。

政治改革は大きな社会変革につながるが、頻繁に起こることではない。フランクリン・ルーズベルト大統領のニューディール政策は、１９３２年にルーズベルトが初めて大統領に選出されたときの支持母体となった労働組合運動との深いつながりに根ざしたものだった。大恐慌のさなか、国民は社会のセーフティーネットと雇用保障を切実に求めた。１９３５年にはルーズベルト大統領の要請に応じて、連邦議会は集団交渉のガイドラインを定めた全国労働関係法を成立させた。[*7] 労働運動は突如として政治的な力を持つようになった。政治の構図が変わったのだ。

ニューディール政策を生んだムーブメントは、２種類の大衆の力に支えられていた。さほど活動的ではない大勢の支持者と、抗議行動、ストライキ、訴訟、啓発活動に熱心に取り組む少数だが活動的な支持者だ。ハーバード大学の研究では、１９００年から２００６年までに起こったムーブメントで、**国民の少なくとも３・５％が活動的かつ持続的に参加したものは最終的に成功を収めた**という。[*8] 現在のアメリカの人口で計算すると、たった１２００万人あまりだ。

ムーブメントがうまくいくと、新たな意識が醸成され、明確な行動につながり、持続的変化が起きる。その伝説的な事例がインドの非暴力独立革命だ。１９５０年代と60年代の公民権運動も然りだ。ムーブメントが政策と文化に与える影響はどれほど強調しても足りないほどだ。

気候問題が政治課題としてサリエンシーを獲得するよう努力するなかで、公平性も強く求めていく必要がある。気候危機は貧しいコミュニティの健康状態に壊滅的打撃を与える。経済格差を拡大し、人種差別も深刻化する。こうした不公平に対処することなしに、気候危機を解決することはできない。

ムーブメントに関するＯＫＲを実現するためには、有権者、政府関係者、企業という３つの重要な集団での変化が欠かせない。

有権者の関心を高める

有権者に関するＫＲ（８・１）は、有権者にとっての気候危機の重要性を測定する。近年多少好ましい動きは見られるものの、排出量の多い国々で選挙や世論調査の関心事の上位２つに気候危機はまだ入らない。移民、税制、医療といった問題より後回しにされることが多いのだ。気候のためのムーブメントを十分盛り上げるために

目標8　ムーブメントをアクションに変える

KR8.1

有権者

炭素排出量の多い20カ国において、2025年までに有権者にとって重要な問題の上位2つに気候危機が入るようにする。

KR8.2

政府

政府関係者（選挙で選ばれた人と任命された人の両方を含む）の過半数がネットゼロへの取り組みを支持する。

KR8.3

企業

フォーチュン・グローバル500企業の100%が、2040年までにネットゼロを達成することに直ちにコミットする。

KR8.3.1

透明性

フォーチュン・グローバル500企業の100%が、2022年までに、自社の炭素排出に関する透明性レポートを公表する。

KR8.3.2

事業活動

フォーチュン・グローバル500企業の100%が、2030年までに事業活動（電力、車両、建物）のネットゼロを達成する。

KR8.4

教育の公平性

2040年までに世界中ですべての人が初等教育と中等教育を受けられるようにする。

KR8.5

医療の公平性

2040年までに温室効果ガスに関連する死亡率における、人種および社会経済的集団による格差を解消する。

KR8.6

経済の公平性

世界のクリーンエネルギーへの移行によって6500万人の新規雇用を創出する。新規雇用は公平に分配し、化石燃料関連の雇用喪失を上回るようにする。

は、国民のあいだにもっと危機感を広める必要がある。

排出量上位5カ国で、国民が何を重要課題ととらえているか見ていこう。ギャラップ社の世論調査によると、２０２０年の大統領選前のアメリカで気候危機を国が直面する最大の問題に挙げた有権者はわずか3％で、新型コロナウイルス感染症、経済、国のリーダー層のお粗末さ、人種問題などを下回った。[*9] ２０２０年にコロナ危機が発生する以前でも、気候や環境問題が有権者の関心事の上位10位に入ることは滅多になかった。

ヨーロッパでは有権者の意識はもっと速く変化している。グレタ・トゥーンベリが気候ストライキを始める前の２０１８年春にユーロバロメーターが実施した調査では、ＥＵ28カ国の有権者は気候や環境を、移民、テロ、経済、公共財政、失業、ＥＵの世界での影響力に次ぐ7番目に重要な問題と回答した。[*10] それがトゥーンベリの国際的知名度が高まった２０１９年秋には、一気に移民問題に次ぐ第2位に浮上した。[*11]

中国、インド、ロシアの国民には、気候変動の重要性はあまり明確に認識されていない。中国の国民の最大の関心事は大気汚染だ。２０００年以降、地方政治や司法制度を通じて、都市住民から大気浄化を求める声が高まった。[*12] ２０１３年に中央政府は「大気汚染防止行動計画」[13]を策定し、大気汚染との闘いを宣言した。それから5年で大都市のスモッグは最大39%削減された。[14]２０１７年に実施された全国的意識調査「気候変動に関する中国人の意識」[15]では、回答者の90%がパリ協定の実施を支持した。

インド政府は産業別のコミットメントに集中しており、経済全体のネットゼロ計画をまだ策定していない。２０１９年時点の有権者の最大の関心事は、政府による農家への支援不足、地方の貧困、失業、水危機だった。[16]国民が関連性を意識しているかは定かではないが、いずれも気候ショックによって深刻化している問題だ。インド全土で若い世代を中心とする抗議行動が行われているものの、気候変動はまだ最も重要性の高い問題とはとらえられていない。

ロシアでは気候危機への国民の関心は、低いスタート地点からゆっくりと上昇している。２０１９年の世論調査では、回答者の10%が気候危機を主要な関心事の１つに挙げた。その年、シベリアの山火事で数十人が死亡した後であったにもかかわらず、有権者にとって気候危機の重要度は政治の腐敗、物価の高騰、貧困などに次ぐ15番目だった。

ロシアの活動家はプーチン大統領によって公然と批判されることも多く、投獄あるいはそれ以上に危険な目に遭うリスクにさらされている。２０１９年にモスクワのほか数十都市で行われた気候のための1日ストライキには、７００人が平和的デモに参加した。ただ全体として気候問題に関する草の根運動の広がりや影響度は限られている。

気候問題に積極的な政治家を選ぶ

ムーブメントは具体的成果を目指さなければならない。大衆の力が活動家による大衆への働きかけに関するものであるのに対し、政治の力とは選挙で選ばれた、あるいは任命された政府関係者の役割に関するものだ。**政府に関するＫＲ（８・２）**は、世界各国のさまざまなレベルの政府の指導者の姿勢を追跡する。積極的な政策措置を実施するためには、政府関係者の安定多数が気候対策を積極的に支持する必要がある。

ムーブメントの影響力について懐疑的な人も多い。私自身、なぜこれほど多くの運動が失敗に終わってきたのか、そして過去何十年にもわたって活動家が警鐘を鳴らしてきたにもかかわらず、気候危機が今これほど悲惨な状況になってしまったのかと常々考えてきた。きちんと組織化されたムーブメントが政策に大きな影響を及ぼしうることは事実だ。そうなると問題は**「ムーブメントが成功するために必要な条件は何か」**だ。

議論と行動を促す――サンライズ・ムーブメントの影響

ヴァルシニ・プラカシュが気候変動問題に熱心に取り組むようになったのは小学6年生だった2004年、祖母の暮らすインドのチェンナイをインド洋大津波が襲ったことがきっかけだ。電話が通じないなか、プラカシュはマサチューセッツ州の穏やかな町アクトンの自宅で不安な気持ちでニュースを見守り、缶詰を集めて赤十字に送った。祖母の無事を確認できて安堵したものの、この危機はプラカシュの心に深く刻み込まれた。自然災害とその原因について熱心に勉強しはじめたところ、世界中で温暖化に関する災害が増加していることを知った。衝撃を受けたプラカシュは、リサイクルなどささやかな取り組みに熱心に取り組んだ。[*17]

マサチューセッツ大学アマースト校に進学する頃には、プラカシュは怒りと苛立ちを感じていた。大学に化石燃料会社への投資を打ち切るよう圧力をかけるキャンペーンに参加し、気候変動対策を呼びかける集会でも演説をした。『シエラ』誌には「これまで想像もしなかった方法でムーブメントを組織することに夢中になった」と語っている。

２０１５年12月、インドを再び大規模な洪水が襲った。今回はプラカシュの父親が生まれた州だ。コンピュータ画面で被災地の画像をスクロールしていると、祖父と歩いた道が映っていた。そこを大勢の女性や子供たちが胸まで水に浸かりながら、安全な場所を求めて懸命に歩いていく。祖父母は町から脱出していたものの、数百人が死亡し、数千人が家を失った。「気候危機は今まさに起きているのだという重大な警鐘だった。もはや一刻の猶予もない」と『シエラ』誌のインタビューで語っている[*18]。

それから数週間も経たずにプラカシュが友人と設立した団体は、今ではサンライズ・ムーブメントとして十数人の若い活動家を擁している。サンライズは気候変動を止め、経済の公平性を推進することを目的とする、若者主導・分散型の草の根運動を目指している。

転機は２０１８年の中間選挙直後に訪れた。サンライズは民主党が下院で支配権を獲得したことを、気候変動対策をルール化する機会ととらえた。そこで議員会館の前に陣取り、何度か座り込みを行った。

その頃までにサンライズは世間の注目を集める方法を身につけていた。設立まもない組織だが、事実と説得力のあるストーリーを準備していた。史上最年少の下院議員となったアレクサンドリア・オカシオコルテスが、のちに「スクワッド」と呼ばれることになる仲間の新人議員を引き連れ、サンライズの座り込みの場にやってきた。そしてプラカシュらの話に耳を傾けた。「大気汚染を何ｐｐｍにしたい、気温上昇を２℃に抑えたいといった数字ばかりの嘆願書を届けるのではなく、気候危機のために私たちが失ったもの、失う恐れのあるものについて物語を語った。そして私たちが望む未来の物語を語った」とプラカシュは『シエラ』誌に語っている。

このセンセーショナルな一件の後、プラカシュらサンライズの活動家は、気候変動対策を民主党の最重要

2018年、サンライズ・ムーブメントは気候変動対策を求めて議会の廊下に陣取った

課題に浮上させるために全米でさらに大きな注目を集めるようなデモ活動を展開した。２０１９年にオカシオコルテスが提唱した「グリーン・ニューディール」法案への支持を高めようとしたのだ。[*19] 民主党の予備選挙の集会に押しかけては、候補者に化石燃料企業からの寄付を拒絶するよう圧力をかけた。最大の戦果は、気候問題に熱心なエド・マーキーがマサチューセッツ州選出上院議員の座を守るのに貢献したことだ。民主党員のなかにはサンライズの派手なアプローチに反対する者もいたが、サンライズの活動が注目を集めたのは明らかだ。

２０２０年の大統領予備選で、サンライズはバーニー・サンダース上院議員と組んだ。若者のあいだでサンライズの支持が広がると、民主党内でグリーン・ニューディールを熱烈に支持する少数派と消極的な多数派の対立が鮮明になった。これは共和党系のＦＯＸニュースの恰好のネタになり、グリーン・ニューディールをめぐって民主党が分裂する恐れが生じた。

プラカシュらサンライズのリーダーが最も避けたかった事態は、予備選の舞台で中道派の民主党員が、気候変動対策法案を支持しているという理由でサンダースを攻撃することだ。予備選の過程で民主党の上層部が気候変動対策に反対したり、批判したりするのは何としても止めたかった。

サンライズ・ムーブメントの共同創設者で政治ディレクターだったエバン・ウェバーは電話にかじりついた。カマラ・ハリス、ピート・ブティジェッジ、ジョー・バイデンなど複数の大統領候補に電話をかけては「みなさんにそれぞれ選挙戦略があるのは理解していますが、グリーン・ニューディールを批判してもプラスにはなりません」と訴えたという。[20]試みは成功したようだ。サンダース以外の民主党候補者はグリーン・ニューディールを支持はしなかったものの、「クリーン電力１００％を目指す」という共通認識は変えなかった。[21]

２０２０年3月にバイデンが民主党の大統領候補者に指名されると、ウェバーはバイデンの選挙陣営に連絡をとり、経済を活性化し、環境の不公平性の問題と闘い、気候危機に対処するための「有益な枠組み」としてグリーン・ニューディールを活用するよう訴えた。

同年8月、民主党大会のために綱領をまとめる過程で、グリーン・ニューディールの主要な柱は選に漏れた。バイデン候補はペンシルベニア州で勝利する必要があったため、メタンガスの主要な排出源であるフラッキング（水圧破砕法）の禁止を盛り込むことはできなかった。またウィスコンシン州も落とせなかったため、同州の主要産業である酪農による排出を規制することもできなかった。それでもバイデンは、サンライズ・ムーブメントの提案の一部を自らの公約「ビルド・バック・ベター（より良い復興）計画」に盛り込んだ。たとえばインフラ投資資金の40％を貧困地域に配分するといったことだ。

秋の大統領選の期間を通じて、サンライズとバイデン陣営はコミュニケーションを取り合った。最終的に両者の協力は、賢い政治的選択につながった。**フタを開けてみると、バイデンはペンシルベニア州では１・２％ポイント差で、ウィスコンシン州では０・７％ポイント差でトランプを下した。**こうして２０２０年の大統領選で民主党は勝利を収め、２０２１年には確固たる気候変動対策を実施する体制と意欲を持った政権が誕生した。

サンライズ・ムーブメントにとって政治とはひたすら均衡点を模索する作業だ。「どうすれば片足を権力者側に、もう一方の足を街頭デモに立つ活動家側に置きつづけることができるか、苦闘している」とＣＮＮは指摘した。[*22] サンライズにとって、それは誇りでもある。若いリーダーたちは「グラスルート（草の根）」だけでなく「グラストップ」、すなわち意思決定者と直接つながることの重要性を学んだ。政治の世界において目新しいことではない。１世紀以上にわたってムーブメントを盛り上げてきた、環境保護分野で絶大な影響力を持つシエラクラブは、このモデルを非常によく理解している。

「ビヨンド・コール」の教訓

２００５年、ハリケーン・カトリーナがメキシコ湾岸を襲い、ニューオーリンズが冠水した数日後、シエラクラブは創設以来初となる気候変動対策会合を準備していた。[*23] シエラクラブは１９８２年に自然主義者のジョン・ミューアが森林や手つかずの自然を保護するために設立した、本来は防御を旨とする団体だ。それが初めて自然保護にとどまらず、炭素排出に対して攻撃に出ようとしていた。全米の５０００人の気候活動家が知恵を出し合い、シエラクラブのお膝元サンフランシスコで開催される会合の議題を練った。このときアル・ゴアが持参したスライドショーが、のちに『不都合な真実』に発展した。

「私たちはそれまでとまったく違う活動に乗り出そうとしていた」と、当時シエラクラブのエグゼクティブ・ディレクターだったカール・ポープは語る。[*24] 会議で設定された最優先目標は意外なものだった。「１５０カ所の石炭火力発電所の建設を止める」である。建設が計画どおりに進んで発電所が稼働すれば、毎年7億5000万トンの炭素が大気中に排出されることになる。それでは温暖化という怪物を止めることは数学的に不可能になるはずだった、とポープは語る。この闘いに勝利するためにはあらゆる法的手段を使い、またできるだけ世論の圧力を高める必要があった。

ブルース・ナイルズとメアリー・アン・ヒットが率いたこの「ビヨンド・コール（石炭を超えて）」キャンペーンは、もともと国の政策を変えることを目標とはしていなかった。それ以上に難しいことを目指していたのだ。全国各地のコミュニティで何百回と集会を開き、地元でデモを組織し、裁判所の差し止め請求を勝ち取る。いわば空中戦ではなく地上戦だ。

ブルース・ナイルズ

Bruce Nilles

１９９０年、ウィスコンシン大学で地理学と環境科学を専攻する学生だったとき、初めて受けた気候変動に関する授業は忘れられない。二酸化炭素濃度の上昇に私が不安を募らせているのに、地球物理学の建物に行く途中にはキャンパスの熱源となる旧式のボイラーに石炭がくべられているのが目に入った。この矛盾に愕然とした。卒業論文では大学キャンパスは石炭による発電を止めるべきだと訴えたが、その一方で変化を起こすには論文だけでは力不足だと痛感した。

ドットコムバブルが弾けた後の不況に沈むサンフランシスコで派遣社員を1年した後、再びウィスコンシン大学に戻ってロースクールに進んだ。そこではアメリカ

史に残る偉大な社会闘争の数々と、広範なムーブメントを通じて社会の変化を実現するうえで法律家の果たしうる役割を学んだ。法的権利や契約の拘束力についても学び、口うるさすぎる家主相手に実践経験も積んだ。

ロースクールを卒業するとクリントン政権下のアメリカ司法省に入り、環境天然資源課で充実した4年間を過ごした。働きはじめてすぐ、クリントン大統領による「環境の公平性と子供の健康に関する大統領令」に関連する業務に志願した。鉛塗料の危険から子供たちを守る新たな連邦法をめぐる最初の案件をいくつか捜査し、起訴した。私が担当した3つの和解案件を発表する記者会見にジャネット・リノ司法長官、アンドリュー・クオモ住宅・都市開発省長官、キャロル・ブラウナー環境保護庁長官が出席したときには目の覚める思いだった。政治とはこういうものか、と。この気づきは今も役立っている。

「ビヨンド・コール」の活動家たちは、アメリカ国内の石炭火力発電所の新設計画を阻止するため地道な活動を展開した

この経験を武器に私はシエラクラブに加わり、シカゴ都市圏の大気浄化キャンペーンを立ち上げることになった。９００万人が住むこの地域の大気は、呼吸するのに危険な水準に達することも珍しくない。そこで私は草の根運動のパワーと、強力な利害関係が存在する分野で運動を組織する方法を学んだ。

まず何が起きているかを理解するため、データと規制上の問題を把握することに集中した。その結果、１９７０年大気汚染防止法がすべてのアメリカ人に健康的な大気を約束したにもかかわらず、規制が機能していない分野があることに気づいた。住宅街のど真ん中にある病院に設置された医療廃棄物の焼却炉が、基準に違反しているケースが多いことを突き止めたのだ。何年も前から大気汚染について苦情を申し立てているのに、利益に目のくらんだ病院経営者や及び腰の規制当局に無視されてきた、という住民からも話を聞いた。

少数の熱心なボランティアとともに、私はイリノイ州エバンストンにあった特に劣悪な焼却炉に狙いを定めた。増え続ける支持者に支えられ、市議会がこの問題を取り上げ、問題の病院にダイオキシンを吐き出す焼却炉の閉鎖を命じるまで議会を中断させた。病院は廃業をちらつかせるなど、ありとあらゆる手を使って抵抗した。

そんなある晩の真夜中過ぎ、私は２００人以上の住民が歓声を上げる様子を見守っていた。市議会が焼却炉の閉鎖を命じたのだ。きわめつけが、この地域運動を聞きつけた当時のイリノイ州知事ロッド・ブラゴジェビッチが私たちの集会に現れ、州内の全10カ所の医療廃棄物焼却炉の閉鎖を命じる法案を支持すると表明したことだ。これぞピープルパワー（大衆の力）だ。

同じような市民主導の闘いは、石炭王国のど真ん中というはるかに手ごわい地域でも行われていた。ブッシュ大統領が二酸化炭素を規制する約束を反故にしたことを受けて、国内の石炭生産最大手ピーボディ・エナジーは汚染度の高い自社製品の販路を広げるため、石炭火力発電所の建設に参入する方針を固めた。建設予定地の1つがケンタッキー州ミューレーンバーグ郡で、ピーボディは１６００メガワットの発電能力を持つ巨大な火力発電所を難なく建設できると高をくっていた。とんでもない見込み違いだ。

シエラクラブの地域支部が中心となり、地域の活動家たちは手づくりクッキーの販売などで得た資金を元手に、あらゆる機会をとらえて建設計画に反対した。なによりすばらしいのは、州はピーボディに建設許可を与えるべきではないとする根拠を示し、証言できる専門家や法律家を見つけてきたことだ。63日間という記録的な長丁場となった行政審理を経て、活動家たちは勝利を収めた。

ピーボディが建設計画を表明していた3つの石炭火力発電所は、氷山の一角であったことが判明した。実際には200カ所以上の発電所建設を計画していたのだ。ホワイトハウスの住人が石油商人なら、あっという間に建設許可を得て50年間石炭を燃やしつづけることを既定路線にできると踏んだのだ。

しかしケンタッキー州の活動家に刺激された私は、少数の仲間とともに、まずイリノイ州で計画されていた17カ所の石炭発電所の建設を止めるために動き出した。すぐに周辺州の活動家から連絡が入り、互いの作戦を見比べながら「すべての石炭発電所に反対運動を」という目標に向けて大勢のボランティアと数人のスタッフから成る中西部のネットワークを組織した。勝利できるケースは徐々に増えていった。活動はさらに南のテキサス州にも広がり、3年も経たずに「ビヨンド・コール」運動が立ち上がった。数十の団体が協力して地域主導で展開しつつ、全国的に連携し、専門家の多くが不可能だと主張していた目標を実現しようとしていた。

それまで会ったこともなかった人々が同じ絆と目標を共有できることを、私は目の当たりにした。インターネットやカンファレンスコールを通じてつながり、それぞれのコミュニティを石炭から守るという旗印の下で団結していた。フロリダ州で活動家グループが石炭発電所の差し止めに成功したときには、全米各地で石炭発電所を止めようと活動していた人々が祝杯をあげた。

ビヨンド・コールは一気に200基近い石炭火力発電所を建設しようとする計画を阻止するうえで主導的役割を果たした。これは驚くべき偉業だ。ただ強力な追い風があったことも言い添えておくべきだろう。新たなクリーンエネルギー政策によって風力発電に巨額の投資資金が流れ込んだうえに、フラッキングによるシェールガスブームが到来したのだ。石炭火力発電所の建設が次々と差し止められるなかで、風力と天然ガスがその主要な代替手段となった。気候変動の観点から見ると、すなおに喜べない部分もあるが。

2008年にバラク・オバマ大統領が当選したことで、シエラクラブは突如としてアメリカ環境保護庁を味方につけることができた。ビヨンド・コールの初期段階の運動が成功したことを受けて、ブルース・ナイルズは運動の第2段階の構想を描いた。毎年2ギガトンの二酸化炭素を大気中に排出する、アメリカ国内の500カ所以上の**既存の**火力発電所をすべて閉鎖するのだ。[*25] それを太陽光と風力発電に置き換えるのが目標だ。途方もない政治力と資金を必要とする取り組みだった。

そこに強力な援軍が登場した。ニューヨーク市長のマイケル・ブルームバーグだ。９・11テロの直後に市長となったブルームバーグは、気候変動対策に熱心なことで知られていた。

ニューヨーク市のための戦略計画には、大気汚染を改善し、生活の質を高めるためのプロジェクトが１００以上含まれており、その一例が交通量、大気汚染、炭素排出を抑えるための「渋滞課金」制度だ。２００７年にはカリフォルニア州のシュワルツェネッガー知事と協力し、「C40都市気候リーダーシップ・グループ」を設立。ロンドンからリオデジャネイロまで、世界中の数十の都市の首長が参加した。

大富豪でもあるブルームバーグ市長は対象を絞った投資によってビヨンド・コールの取り組みを後押しできないか、試してみようと考えた。

2007年、カリフォルニア州知事のアーノルド・シュワルツェネッガーと、ニューヨーク市長のマイケル・ブルームバーグは、気候変動問題でリーダーシップをとるため世界主要都市の首長を集めた

カール・ポープやブルース・ナイルズと話し合った末に、ブルームバーグは５０００万ドルの投資を決めた。目標は２０２０年までに既存の石炭火力発電所の3分の1を閉鎖することだ。限定的だが現実的な目標で、それがブルームバーグには魅力的だった。「私は勝てる戦《いくさ》をしたいんだ」と市長は語った。

ブルース・ナイルズ

あとはどうすれば投資を結果に結びつけられるかの問題になった。マイケル・ブルームバーグはこう言った。「よし、私が君たちに５０００万ドルを出し、さらに５０００万ドルの資金を集める。君たちも自力で４７００万ドル集めてほしい」。私たちは目標を95%達成し、合計1億４３００万ドルを集めた。そのおかげで運動を15州から45州に広げ、データや分析ツールを改善することもできた。

私たちは特に老朽化した発電所を閉鎖に追い込むため、数十件の訴訟を起こした。トップダウンのリーダーシップとボトムアップの草の根運動の両方で成功を収めた。ナバホ族の居留地にあった発電所を閉鎖し、再生可能エネルギーに置き換えた。

母校のウィスコンシン大学マジソン校を訴え、学生時代に毎日見ていた石炭発電設備をようやく閉鎖に追い込むことができたのは特に感慨深かった。

結局トランプ政権下ではオバマ政権のとき以上に多くの火力発電所を閉鎖に追い込んだ。既存の石炭火力発電所５３０カ所のうち、３１３カ所を閉鎖させたのだ。もちろん、残りもすべて閉鎖する必要がある。ただ２００５年にはアメリカの電源の52%を占めていた石炭は、２０２０年には17%まで低下した。

クリーンな電力によってさまざまなことが可能になる。今、私たちの取り組みの主眼は家庭、オフィス、店舗の建築基準だ。建物から石油やガスを排除する必要がある。「ガス機器禁止」のルールを設けて、新築の建物で石油やガスが使われるのを止めなければならない。これは難しいことではない。家電量販店に行けば、電気式の給湯器、暖房器具、洗濯乾燥機、ＩＨ調理器の４つをそろえることができる。オール電化だ。

世界中で電力の75%をゼロエミッションにするという２０３０年の目標を達成できれば、電力セクター全体の炭素排出をゼロにすることも夢ではない。

企業変革のムーブメント

ムーブメントは市民と消費者だけのものではない。その影響力を最大限に高めるためには、企業や株主を動員する必要がある。最近は企業に脱炭素化への強いコミットメントを求める圧力が高まっている。世界を代表する大企業は、排出を削減し、ネットゼロのソリューションをスケールする重大な責務がある。よく引用されるイギリスのガーディアン紙のレポートによると、わずか１００社で世界の温室効果ガス排出の71%を占める。[*26] 市場を動かすのは製造より消費であることはわかっているが、主要企業の意思決定は大きな違いをもたらすことができる。

企業のサステナビリティ・ムーブメントはかなり前から広がりを見せている。ウォルマートは全米12州の店舗に太陽光発電システムを設置し、小売業のエネルギー効率の新たな基準を打ち立てた。オバマ政権の最後の年となった２０１６年には、ウォルマートはパリ協定の順守を約束する「アメリカ企業気候対策誓約」に署名した。[*27]

ハイテク業界は事業活動とデータ・ウエアハウスでの再生可能エネルギーの活用を先頭に立って進めてきた。グーグルはここ４年、世界全体での自社の電気使用量と同量の再生可能エネルギーを購入してきた。[*28] アップルは２０２０年４月以降、事業活動全体のカーボン・ニュートラルを達成している。[29] 現在は２０３０年までに製品のカーボン・フットプリントをゼロにすることを目指している。

　こうした動きのすばらしさは、その波及効果にある。**企業が気候対策にコミットすると、サプライヤーもそれに倣おうとする傾向がある。**変化のスピードが加速する。製品の環境負荷をネットゼロにしようともくろむアップルは、サプライヤーに独自の計画を立ててコミットするよう促している。今起きているのは「カーボン・ニュートラル」から「排出ネットゼロ」への主体的変化だ。[30] **すべての**温室効果ガスについて、毎年度残ってしまう排出量と同じだけの炭素を除去し、相殺するという約束だ。[31]

企業に関するKR（8・3）は、グローバルなビジネスコミュニティが掲げる「２０４０年までにネットゼロを実現する」というコミットメントの進捗を追跡する。主要な結果は、フォーチュン・グローバル５００企業の１００％がこの取り組みに参加することだ。どうすればそうした状況に到達できるだろうか。ビジネスの世界において最も効果的な圧力は、業界のリーダーがかけるものだ。新たな基準を打ち立てたのはアマゾン創業者のジェフ・ベゾスだ。私が初めて会ったのは１９９６年。その5年後、忘れられない贈り物をもらった。木製のパドルで、そこにはこんな言

2021年、アップルCEOのティム・クックは、２０３０年までに自社の事業と製品をカーボン・ニュートラルにすると宣言し、こう付け加えた。「私たちが共に過ごすこの星には、もう時間がありません。わが社はより大きな変化を生み出す、1つの波をつくりたいのです」

葉が刻まれていた。「川をさかのぼるとき、いつも予備のパドルを渡してくれる人へ」。最近2人で気候危機について語り合っていたとき、私はこの贈り物を取り出した。ジェフはいつもの朗らかな声で笑った。「ジョン、相当な数の予備のパドルが必要になりそうだね」

　私はジェフのとてつもなく大きな機会を見つけ、行動計画をまとめ、容赦なく緻密に遂行する能力をいつも尊敬している（アマゾン・ドットコムはかつてレレントレス・ドットコムと呼ばれた時代もある）（訳註：レレントレスは「容赦ない」の意）。ジェフはひとたび何かを新しいことをすると決めると、スピードとスケールをもって行動する。

　ジェフにとって気候危機はとてつもなく大きな機会の１つだ。これまでアマゾンは顧客だけを見てきた。今そのミッションは広がり、気候変動対策も含まれるようになった。決定の背景には危機感がある。

　アマゾンは同業他社、学界、そして社内からサステナビリティの専門家を集めてチームをつくった。[*32] ネットゼロ目標への種が蒔《ま》かれたのは２０１６年の運営会議だ。サステナビリティ・チームの人数は50人から２００人に増え、輸送トラックから倉庫まで事業活動全域からの炭素排出を定量化できるようにした。この調査結果をもとに、アマゾンは野心的な目標を立てた。２０１９年9月、ジェフはアマゾンが

２０４０年までにネットゼロを実現するという計画を発表した。[*33] 地球にとって幸運だったのは、アマゾンの発表には同社の広大な取引先と関係先のネットワークへの波及効果があったことだ。アマゾンは自社だけの脱炭素化で満足するつもりはなかった。他社にも同じ行動をとるよう積極的に働きかけたのだ。

ジェフ・ベゾス

Jeff Bezos

アマゾンは気候変動対策のロールモデルとして理想的だ。それがアマゾンにとってどれほど困難な挑戦か、誰にでもわかるからだ。アマゾンが動かすのはビットやバイトでできたデータだけではない。たしかにデータセンターは電気を大量に消費するが、すでに電気で動いているものを持続可能なエネルギーに転換するのは比較的簡単だ。２０１９年にアマゾンは、２０３０年までに事業に必要な電力を１００％再生可能エネルギーでまかなうと宣言した。

そして今、２０２５年までにそれを達成しようとしている。計画を５年前倒しするかたちで進んでいるので、非常にうまくいっている。

しかしネットゼロがアマゾンにとってとりわけ難しいのは、物理的荷物を配送しているからだ。年間１００億個のアイテムを配送しており、輸送用の飛行機や車両からの排出は事業活動による排出の相当部分を占める。これは本当に大規模かつ広大なスケールの物理的インフラだ。

配送車をすべてＥＶに切り替えるのは難しいが、この分野においても順調なスタートを切っている。アマゾンは新興ＥＶメーカーのリヴィアンに出資し、同社から10万台の配送車両を購入する契約を結んだ。最初の1万台は２０２２年末から稼働する予定だ。こうしてネットゼロ計画のうち、配送に関する部分も進展している。

だがジェフの試みはこれで終わりではなかった。アマゾンの２０４０年に向けたコミットメントを発展させ、「クライメート・プレッジ（気候の誓い）」という産業界のムーブメントを立ち上げたのだ。[*34] この誓約に署名した企業はアマゾンの先例にならい、パリ協定を10年前倒しするかたちで２０４０年までにネットゼロを達成することを求められる。この影響の大きさは計り知れない。

コルゲート・パルモリーブはこの誓約に署名し、さらに２０２５年までに歯磨き粉のチューブを完全にリサイクル可能なものに移行するとともに、プラスチックと水の大幅な削減目標も遵守することを保証した。[*35] ペプシコが署名した際には、《トロピカーナ》オレンジジュースの工場の電源を風力発電にすることからスナック菓子《ドリトス》の配送車をＥＶにすることまで、包括的なクリーンエネルギー対策を発表した。[*36] さらに世界60カ国、合計７００万エーカーに及ぶ食材供給者に、２０３０年までにリジェネラティブ農業に移行することを義務づけた。

サプライチェーンやバリューチェーンそのものが気候変動対策ムーブメントになる、というのがジェフのビジョンだ。アマゾンとサプライヤーがこの途方もない闘いに挑むなか、ジェフはその難しさと緊急性を強調する。

ジェフ・ベゾス

まともに考えれば足がすくむような挑戦だ。とても困難で、また困難なのが当然で、困難だと初めから覚悟してかからなければ途中で心が折れてしまうだろう。でも私たちはアマゾンにできるなら誰にでもできる、と主張したい（実際、強く主張していくつもりだ）。困難な挑戦になるだろう。疑問の余地はない。ただ私たちにはできるとわかっている。それ以上に重要なこととして、やらなければならないとわかっている。

今、行動を起こさなければならないし、実際に行動する集団的エネルギーがあると思う。フォーチュン５００企業が気候危機について非常に真剣に考えはじめた今、私たちは転換点にある。政府も真剣になっている。責任ある立場の人々が、初めて気候変動を最優先課題にしようとしている。

「クライメート・プレッジ」キャンペーンでは、多くの企業が２０４０年までに事業活動のネットゼロを達成することにコミットしている。これは大企業が賛同できる、非常に求心力のある理念だ。

すでに１００社以上が署名し、その売上高は合計1兆４０００億ドル、世界中に５００万人の従業員を抱える。ネットゼロは1社だけで実現できるものではない。他の大企業と協力することで初めて可能になる。なぜなら私たちはみな、互いのサプライチェーンの一部だからだ。私たちが議論しているような変革を起こすには、こうした多数のサプライチェーンが一緒に動かなければならない。私たちはみな、互いに支え合っているのだ。

ネットゼロは1社だけで実現できるものではない。

You can't do this on your own.

企業のリーダーシップを実のあるものにするために、「クライメート・プレッジ」では署名企業に定期的に温室効果ガス排出を自主的に報告するよう義務づけている、とアマゾンの世界的なサステナビリティ責任者であるカラ・ハーストは指摘する。「企業に何をすべきか指示するのではなく、ただ報告するよう求めている」とカラは話す。「報告のための報告ではない。それぞれが学んだことを共有するための仕組みだ。今後どこを変えていくべきか、と」。それぞれのネットゼロへの進歩を測定し、追跡し、共有することで、クライメート・プレッジに署名した企業は他の企業の先例になろうとしている。

産業界の気候問題アクティビストには、間違いなく追い風が吹いている。２０１９年８月に産業界の取締役会ともいうべきビジネス・ラウンドテーブルが発表した「企業の目的に関する声明」は、歴史的な転換点となった。[*37] １９７２年にアメリカに本社を構える主要企業のトップが集まって発足した当初から、企業は投資リターンの最大化に徹頭徹尾努めるべきだと主張してきた。団体の設立趣意書には「企業は基本的に株主のために存在する」と書かれていた。サステナビリティは結構なことだが、企業の支配的原則とはみなさない、というわけだ。

だが時代は変わった。企業のミッションを幅広くとらえる経営者が増えるなかで、ビジネス・ラウンドテーブルもそれに対応した。新たな声明では、顧客に役立つこと、労働者の多様性、包摂性、そして労働者への敬意を高めること、環境と持続可能な事業運営を維持することの重要性が謳われた。地球が重大な危機に直面するなか、絶妙なタイミングでの方針転換だ。

ウォルマートのリーダーシップ

ビジネス・ラウンドテーブルが新たな道を踏み出したとき、議長を務めていたのがウォルマートＣＥＯのダグ・マクミロンだ。ダグは長年、顧客と従業員を大切にしてきた。ティーンエイジャーの頃、店でトラックの荷下ろしをする時給制のアルバイトとして出発したたたきあげだ。ウォルマート傘下の会員制倉庫型店舗《サムズ・クラブ》のＣＥＯ、ウォルマート・インターナショナルのＣＥＯを経て、２０１４年に全社ＣＥＯに指名された。

ダグとの対話を通じて、私はムーブメントを起こすうえでリーダーシップがどれほど重要かを改めて感じた。そして本当のアクションは、リーダーが意識的に現状打破を選択するところから始まることも学んだ。ダグはウォルマートがサステナビリティを重視するようになった経緯と理由、そして２０４０年までに炭素排出ネットゼロを実現するという目標について率直に語ってくれた。

ダグ・マクミロン

Doug McMillon

サム・ウォルトンがウォルマートを創業したのは１９６２年。[*38] 優れた起業家のご多分に漏れず、サムは初めから顧客と従業員にとことん集中した。そしてこの２つのステークホルダーのために最善を尽くせば、投資家も潤うはずだと言っていた。

そこから一気に時代を早送りして１９９０年代から２０００年代初頭に目を向けると、会社は成長し、規模も拡大し、食品販売にも進出していた。そしてさまざまな問題をめぐって社会から批判と圧力を受けていた。当初の対応はおよそ正しいものではなかった。問題をあまりよく理解していなかったのだ。

だが当時ＣＥＯだったリー・スコットは重大な決定を下した。批判に対して自己弁護や自分たちから見た事実を語るのをやめ、批判する人々の話に耳を傾けて学ぶことにしたのだ。ピーター・セリグマン、ポール・ホーケン、バーバラ・アイレス、エイモリー・ロビンス、ジブ・エリソンなどの思想リーダーの話を聞くうちに、私たちの考え方は変化した。やるべきことはたくさんあり、しかもそれは事業にもプラスに働くことを理解しはじめたのだ。

２００５年にハリケーン・カトリーナが発生した。ニューオーリンズでは堤防が決壊し、多くの住民が亡くなっていた。自宅の屋上に避難し、助けを求める家族がいた。連邦政府の対応は鈍かった。アーカンソー州ベントンビルのウォルマート首脳陣はその週末に電話会議を開き、現地の痛ましい状況をテレビで見ながらどうすれば被災地の従業員と顧客を支援できるか協議した。

多くの人が支援を必要としているのに、十分な対応が行われていない。リーは経営陣に、ウォルマートの持てるリソースをすべて使って対応するよう指示した。コストの計算は後でいい。その結果、業績が四半期予想を下回っても構わない、と。

最終的にウォルマートはトラック１５００台分の食料と必需品を被災地に送った。店長、地区マネージャーなど全国から人員を集めた。被災地で何週間も働いた人も多い。安全な宿泊場所がなかったため、夜は店舗や倉庫で眠った。《ウォルマート》

の店舗の駐車場に離発着する救援ヘリの誘導をした従業員もいる。ある店舗では心肺停止に陥った顧客に本社幹部が救急措置をした。勇敢な社員がそこらじゅうですばらしい貢献をしていた。

国民の多くがウォルマートの活動を目にし、私たちはとても誇らしかった。それまで学んできたことが、カトリーナ来襲という事態への備えとなったのだ。リーはこの機会をとらえ、こう問いかけた。「会社として日々、あのときのようにふるまい、あのときと同じ気持ちでいるために、何ができるだろうか」と。リーのリーダーシップの下で、私たちはすぐに社会と環境に関する野心的なサステナビリティ目標をまとめた。廃棄物ゼロを実現し、再生可能エネルギーにシフトし、サステナブルな商品を販売するための目標を設定した。

現在はシステム全体を視野に入れようとしている。すべてのステークホルダーに恩恵をもたらし、コミュニティと地球を強靭にするために、事業そのものを見直している。

ウォルマートの新たなサステナビリティ目標は、本社から世界中の６０００カ所

以上の施設や店舗、そして当時の１６０万人以上の従業員にさざ波のように広がっていった。それ以上に大きな意味があったのは、サプライヤーへの影響だ。アパレル、食品、農業、産業素材など各分野の主要プレーヤーだ。

ダグ・マクミロン

当初の計算では、ウォルマートのカーボン・フットプリントの8～10%を配送トラック、店舗など自社の資産が占めていた。残りの90～92%はサプライチェーンから発生していた。つまりこの問題を重く受け止め、サプライチェーンを積極的に巻き込んでいなければ目標は達成できなかったわけだ。

私たちはウォルマートの主要なサプライヤーや取り扱いブランドだけでなく、世界中の工場に対して働きかけを始めた。取り扱い商品のおよそ3分の2はアメリカで製造、栽培、あるいは組み立てられているが、残りの3分の1は中国、インド、メキシコ、カナダから輸入されており、しかも部品は世界中から集められている。そこでサプライヤーにウォルマートの計画に参画してもらうための計画「サステナブル・バリュー・ネットワークス」を策定した。

サプライヤーにはそれぞれにかかわりのあるテーマを選んでもらった。たとえば

「どうやって輸送車両のカーボン・フットプリントを削減するか」「どうやって製品から好ましくない化学物質を除去するか」「どうやって包装を改善するか」といったことだ。サプライヤーを招き、ウォルマートがこうした問題にどう対応すべきか考え、方針をつくるのを手伝ってもらった。さらに大学、非政府組織、思想リーダーにも参画してもらった。産業界の枠を超えた会議体をつくり、科学に基づいて賢い政策を選択できるよう支援してもらい、行動に移した。

サプライヤーの姿勢はウォルマートと非常によく似ていた。ウォルマートがサプライヤーに何かするよう強制したわけではない。誰にでも門戸の開かれた教育的経験であり、サプライヤーは進んで参加した。

２０２０年末頃、２つの出来事を受けて、ウォルマートは目標を設定し直した。１つは私たち自身の取り組みが成熟したことだ。再生可能エネルギーを採用し、廃棄物を減らし、サステナブルな商品を販売するなど、環境と社会の持続可能性を高めるためにできることは何でも実行し、取り組みが進展してきた。目標の次の段階に進む準備は整った。

もう1つの要因は、世界の状況があまり好ましくないことだ。私たちはもっと危機感を高め、もっと高い目標を掲げる必要がある。２０１９年に設定した目標は、

２０４０年までにオフセットを使わずにウォルマート自体の事業活動からの排出をゼロにすることを掲げた。

それと同時に、環境に与えるダメージを減らしてカーボン・ニュートラルになるだけでなく、環境にプラスになることを考えなければならない。専門家の試算では、気候変動のソリューションの３分の１は自然そのものが生み出すとされる。だから再生可能エネルギーを普及させたり、ごみを減らしたりするのと並行して、少なくとも５０００万エーカー（約20万平方キロメートル）の陸地と、１００万平方マイル（約２５９万平方キロメートル）の海洋を保護しなければならない。ウォルマートは地球再生企業を目指している。

私たちのサステナビリティ目標

気候	2040年までに自社事業からの**排出ゼロ**を目指す。 2035年までに**再生可能エネルギー100%**を達成する。 サプライヤーと協力し、2030年までにグローバル・バリューチェーンからの**温室効果ガス排出を1ギガトン抑制する。**
自然	ウォルマート財団と協力し、2030年までに少なくとも**5000万エーカー（約20万平方キロメートル）の土地と100万平方マイル（約259万平方キロメートル）の海洋**の保護、管理、回復を支援する。 2025年までに少なくとも20のコモディティをよりサステナブルな方法で調達する。
廃棄物	2025年までにアメリカとカナダでの事業活動からの**廃棄物ゼロ**を達成する。 2025年までにプライベートブランドの包装を**100%リサイクル、リユース、あるいは工業的堆肥化**ができるようにする。
人材	人間の尊厳を守り、2026年までに**責任ある採用**を標準的商慣行とする。

ウォルマートの掲げるネットゼロ目標は、広範なステークホルダーを視野に入れた多面的な取り組みだ

従業員、コミュニティ、地球を支援する投資は、間違いなく顧客と株主の利益を最大化する。

Investments that support employees, communities, and the planet are in the absolute best interests of customers and shareholders.

ウォルマートはいまや気候変動対策ムーブメントの押しも押されもしないリーダーだ。さらにエネルギー効率を高めてサステナブルになる方法、目の前の問題への危機感を高める方法を常に模索している。気候問題におけるリーダーシップは、サム・ウォルトンが創業当初に掲げた「人々がお金を節約し、より良い暮らしをできるようにする」というミッションとも重なる。たとえば配送トラックの燃費を高めることで、8万トン以上の炭素排出を削減した。それに付随してコストが下がった分は値下げとして顧客に還元されている。

これは「従業員、コミュニティ、地球を支援する投資は間違いなく顧客と株主の利益を最大化する」という同社の確信を裏づけるほんの一例だ。ウォルマートが気づいたように、多様なステークホルダーを意識したアプローチは、長期的に見ると株主利益を最大化する最善の（もしかすると唯一の）方法だ。

産業界のムーブメントに参加しないリスク

アマゾンとウォルマートは気候変動対策ムーブメントの模範的事例となったが、他の企業はどうか。多くの企業にとって、気候問題に積極的に行動することはリスクになる。排出削減目標を達成できなければ、株主訴訟から市場価値の下落までさまざまな不幸が襲ってくるかもしれない。そんな及び腰な姿勢に警鐘を鳴らすのが、８兆７０００億ドルという世界最大の運用資産を誇る投資会社ブラックロックだ。[*39] **「気候問題を意識したポートフォリオ」の実践はすでに選択肢の１つではなく、責務だ」と。**

ブラックロックＣＥＯのラリー・フィンクは２０２１年、投資先の経営者に向けた公開書簡で、投資ファンド業界は「大きな変貌を遂げようとしている」と宣言した。[*40] サステナビリティを意識したポートフォリオを組む投資家が増えるなか、「今私たちが目の当たりにしている地殻変動は、今後さらに加速するだろう」。ネットゼロ経済への移行に対応できない企業は事業も株価も低迷すると警告した。そして投資家と企業リーダーに対し、長期的リターンを追うと同時に、明るく豊かな地球の未来をつくるという２つの機会をつかむべきだと発破をかけた。

ラリー・フィンク

Larry Fink

私は5年前、企業のサステナビリティ・ムーブメントを支持する公開書簡を書きはじめた。２０２０年の書簡には肯定的な反応が多く寄せられた。ただきわめて否定的なものが約40%あり、その半分は環境保護主義者から私たちの取り組みは不十分だと指摘する声だった。投資業界が完璧ではないことは認めなければならない。社会で置き去りにされがちな人々に対して、十分目を向けてこなかった。

否定的な声のもう半分は、極右勢力からのものだ。保守系の新聞のなかには私が木に抱き着いているイラストを載せた。誤解しないでいただきたい。私は自分を環境保護主義者だと思っているが、公開書簡は当社の顧客に忠実な資本主義者として

書いている。

ブラックロックは顧客の資産の価値に影響を及ぼしうる重要な問題について声をあげるべきだと私は考えている。この間、投資先のＣＥＯに宛てた私の書簡は、気候危機を解決するために企業が負うべき責任に焦点を当てるようになってきた。それには一定の影響力があった。ビジネス・ラウンドテーブルが企業の役割をより広くとらえ、すべてのステークホルダーに対してインクルーシブであるべきだという判断を下したのは、企業はパーパスを持つべきだと主張した私の２０１８年の書簡への反応でもあったと考えている。

２０２０年の書簡を書くまでの1年間に、私はグレートバリアリーフの白化を目の当たりにした。南米の山火事も、ボツワナの旱魃も見た。気候にとっても企業にとっても最悪の事態だ。今ではどこに行ってもサステナビリティの議論になる。気候リスクは投資リスクであることが一段とはっきりしてきた。

人々の意識は急速に高まっている。金融界は根本的変化のとば口にあると私は考えている。気候危機のエビデンスは、投資家に基本認識の見直しを迫っている。変革を拒む問題企業への投資には二の足を踏むようになった。

ブラックロックが顧客から預かった資金で投資する企業が、気候変動リスクの管理と事業成長機会の活用という両面でこの重大な問題に対応しているか確認するのは、受託者の責任だ。それによって初めて投資先は、ブラックロックの顧客の長期的な投資目標に見合うような長期的リターンを生み出すことができる。

２０２０年には気候問題を意識した投資が加速度的に広がった。２０２１年に入っても資本の流入は加速しつづけた。２０２１年の書簡はより希望的なものになった。資本主義は気候変動の趨勢を変えることができるだろうか。答えは「イエス」だ。私は変えられると考えている。

ただそのためにやらなければならないことはたくさんある。

リスクと機会の両方の理解を深めるほど、あらゆる産業の地殻変動を速めることができる。現在ジョンソン＆ジョンソンの株価収益率が同業他社の多くを上回っている理由の１つは、アレックス・ゴースキーＣＥＯが同社のカーボン・フットプリントの低減に注力していることだ。

私たちはカリフォルニア州公務員退職年金制度のような大口投資家に、サステナビリティ・スコアの高い投資ファンドのほうがＳ＆Ｐ５００インデックスファンドよりパフォーマンスが高いことを示せる。気候変動対策が不十分な企業が含まれるインデックスファンドに投資しないという選択肢を、すべての年金基金に与えたいと考えている。

テスラのような企業が台頭しているおかげで、株式市場で何が起きているかは鮮明になった。クリーンテック企業の株価収益率は26～36％であるのに対し、炭化水素（石油・天然ガス）に依存する企業のそれは6～10％にとどまる。

最も危険なのは、上場している化石燃料企業が炭化水素系資産を非上場企業に売却してしまうことだ。それは「グリーンウォッシング（見せかけの環境対策）」になりかねない。例えば電力会社が炭化水素系資産をプライベート・エクイティ会社に売却しても、何も変わらない。むしろ透明性の低い非公開市場に資産を移すことになり、問題はさらに悪化する。

気候リスクは投資リスクだ。

Climate risk is investment risk.

ブラックロックをはじめとする大口投資家は、アメとムチを通じて気候変動対策を重視する姿勢を浸透させようとしている。サステナビリティを重視する投資家が増えれば、対応の遅い企業の資本コストは上昇する。ムーブメントに加わった企業は株主利益を高めやすくなり、それはＣＥＯの評価に直結する。

アメリカの石油最大手エクソンモービルは、リスク意識の高まりが劇的な変革を促す最たる例だ。世界の石油価格が最高値を付けた２００７年、同社の時価総額は５０００億ドルに達し、時価総額でも収益率でも世界一になった。だがその後石油価格が下落し、需要が横ばいになると、エクソンの運命は反転した。２０２０年末には時価総額は１７５０億ドルまで縮小した。ここ10年でＳ＆Ｐ指数が２７７％上昇したのに対し、エクソンのトータルリターンは20％の下落だった。[*41] 当然ながら株主は不満だ。一部はモノ言う株主となり、取締役のポストを得ようと活動している。会社の長期戦略を再生可能エネルギー源への移行という方向に変えようとしているのだ。ある新聞にはこんな見出しが躍った。「グリーンのサメがエクソンモービルの周囲を泳ぎ回っている」

２０２０年12月７日、「エクソンの再生」と銘打ったキャンペーンの一環として、モノ言う株主は手紙爆弾を落とした。[*42]「石油とガスの歴史上、エクソンモービルほど影響力のあった会社はない。しかしエクソンが身を置く業界と世界は変化しており、会社は変革を迫られている」。この手紙では、エクソンモービルの取締役会には再生可能エネルギー分野に経験のあるメンバーは独りもいないことが指摘されていた。それに対応してエクソンは初めて自社の排出状況と、気候への悪影響を抑える取り組みの詳細を発表した。

だが株主はそれでは満足せず、大胆な変革を求めた。化石燃料からの脱却である。バイオ燃料、水素、洋上風力発電に多角化したヨーロッパの石油・ガス会社があるではないか、と。２０２１年５月、エンジン・ナンバーワンという小さなヘッジファンドが株主の反乱を主導し、独立取締役を３人送り込んだ。[*43] 非営利の投資家ネットワーク、セレスのアンドリュー・ローガンは「エクソンの業界にとって画期的な出来事だった」と語る。[*44] 同日には同じく石油大手シェブロンのモノ言う株主が取締役会に反旗を翻し、投票によって製品からの温室効果ガス排出削減を認めさせた。ほぼ同時期にはオランダの裁判所が世界最大の非上場石油会社であるシェルに、２０３０年までに炭素排出を２０１９年比45％減らすよう命じた。オックスフォード大学の経済学者ケイト・ラワースはこれを「化石燃料のない未来に向けた社会的転換点」と呼んだ。[*45]

業界トップクラスの石油会社でさえこのような適応を迫られるのなら、変革を逃れられる者はいないことは明確だ。アル・ゴアのような気候リーダーは、かねてからこんな日が来ることを予想していた。ゴアはＩＰＣＣのデータを引用しながら、化石燃料企業にはまだ採掘されていない炭素資産が28兆ドルと指摘する。このうち75％に相当する22兆ドルは永遠に地中に埋もれたままになる可能性がある。「化石燃料企業は埋蔵資源の評価額を下方修正している。**有害で質の低い資産であり、日の目を見ることはないだろう。こうした企業にとってはまさに破滅的な事態だ」**

化石燃料企業の経営陣は新たな現実を受け入れ、全力を挙げてクリーンエネルギーへの移行を加速しなければならない。ネットゼロ経済を強化するだけでは不十分だ。時代遅れの経済の残骸を葬り去る必要がある。

環境の公平性への取り組み

生存可能な地球を守る努力を続ける一方で、私たちはより公平な世界をつくる必要がある。「危機（crisis）」の語源は、ギリシャ語の「選択（krisis）」だ。気候危機を解決する過程で、私たちは社会的・経済的不公平、健康格差、ジェンダー不平等といった問題を解決するためのさまざまな選択肢に直面するだろう。ネットゼロという目標を達成できなければ、ここに挙げた問題は間違いなくさらに深刻化する。ただもっと前向きなとらえ方もできる。現在の炭素排出危機は、何世代にもわたって続いてきた深刻な格差を是正するすばらしい機会でもあるのだ。具体的に言うと、ネットゼロへの取り組みを加速できるかは、私たちが公平性と正義にコミットするかどうかに**かかっている**。後者なくして前者の実現もない。

この闘いのリーダーの1人が、環境防衛基金で「環境の正義および公平性」プロジェクトの責任者を務めるマーゴット・ブラウン博士だ。ブラウンが身をもって危機を感じたのは２００５年8月。チューレーン大学で博士論文の準備に没頭していたときだ。ハリケーン・カトリーナが襲来する2日前に、論文のデータをスーツケースに放り込んでニューオーリンズを離れた。そして町が洪水にのまれる様子を避難先から見守った。

マーゴット・ブラウン

Margot Brown

数十年にわたり、主流派の環境保護ムーブメントと、環境の公平性ムーブメントには断絶があった。前者の主眼は自然の生態系と野生動物の保護にあり、後者の主眼は恵まれないコミュニティを環境にかかわる危険から保護することにあった。ただ私たちはその両方が必要であり、また両方一緒に取り組む必要があることを学びつつある。どちらもより大きなシステムに不可欠な構成要素なのだ。

両者の緊張関係を解き、これまで看過されてきた公平で公正なソリューションを推進するためにはどうすればいいのか、とよく聞かれる。私は「システム・アプローチ」を推したい。人間の健康と幸福を評価軸に含め、自然保護に主眼を置くソリューションと環境の公平性を融合する考え方だ。

環境保護プログラムを拡大し、有色人種や低所得層の保護を対象に含めることで、こうした人々が気候変動の打撃を最初に受け、救済されるのが最後になる事態がないようにできる。

2005年にハリケーン・カトリーナが来襲する2日前に私はニューオーリンズを脱出した。そして気候危機が貧しいコミュニティに甚大な被害を及ぼす様子を遠くから見守った。黒人の居住エリアの被害はすさまじく、彼らの窮状は世界の注目を集めた。

7カ月後、私は博士論文の口頭試問のためにニューオーリンズに戻った。市の大部分は依然閉鎖され、地域全体が喪失と絶望に沈んでいた。だが高級スーパー《ホールフーズ》の状況はカトリーナ来襲前とまったく変わらないように見えた。なぜか。それは店がすぐに被害から立ち直るだけの経済力のある人々が住む高台にあったからだ。

そこからほんの数キロメートル離れた低地にある第9区ではカトリーナ被害から16年経っても、玄関に「倒壊の危険あり」を示す、色あせた黄色い張り紙の付いた空き家が目立つ。家を再建するお金がなかったため、所有者が戻れなかった、あるいは戻らなかったのだ。

この黒人貧困層の住む地域が浸水したのは、１９５０年代に貨物船の移動距離を短縮するために建設された工業用運河の堤防が決壊したためだ。この運河建設によってそれまで地域を守ってきた自然の保護壁は崩され、住民は有害な工場排水の危険にさらされた。結局この地域は自然の保護壁がなかったために破壊されたのだ。

アメリカ全土で、そして世界中で、貧困地域は環境的・社会経済的要因によって苦しんでいる。私たちはこうしたコミュニティの福祉に配慮するだけでなく、彼らの直面する問題は私たち全員の健康と安全を脅かすものであることを理解する必要がある。

カトリーナの甚大な被害をもたらした要因から、私たちは学ぶ必要がある。

ホテルのメイド、清掃人、私の住んでいたビルの警備人、通っていた教会の仲間。こうした労働者階級の人たちは自慢の家、帰属していたコミュニティ、それまでの人生、そしてあまりに多くの友人と家族を失った。

「救済されるのが最後になる」とはそういうことだ。

受けられる教育の量と質、所得、健康、平均寿命に最も大きな影響を与える要因は、どこに住んでいるかだ。

環境の不公平性による影響とは何かと聞かれると、私はシンプルに「死」と答える。弱者は単に家を失うだけではなく、帰属するコミュニティや生き方、文化そのものを失うのだ。私たちはそれをカトリーナが来襲した2005年に目の当たりにした。今、新型コロナウイルス感染症の被害がマイノリティのコミュニティに偏っているのも同じことだ。

社会の変化を公正なかたちで進めるためには、包括的アプローチが必要だ。経済の変化、賃金の変化、教育の変化、そして経済的機会の変化。パズルを構成するすべてのピースをそろえる必要がある。

環境の不公正による影響とは「死」である。

The impact is death.

マーゴットをはじめとする専門家のアドバイスを受けて、私たちは環境の公平性を構成する主な要素を測定・追跡可能な3つのカテゴリーに分類した。教育格差、健康格差、経済格差である。

教育格差の解消

気候変動はジェンダーと無縁ではない。根深いジェンダー格差のために、女性は気候変動の影響を受けやすい。一方、気候変動を抑制するためには女性の力が不可欠だ。特に重要なのは、アフリカ、南アジア、南米の開発途上国における女子教育の公平性を求める闘いだ。プロジェクト・ドローダウンは、教育こそが「世代を超える貧困の連鎖を断ち切ると同時に、人口増加を抑制して排出を削減するための最も強力な手段だ」と指摘する。女性の場合、中等教育年数が1年増えるたびに将来の年収が15～20％増加する[*46]。教育水準の高い女性は晩婚化し、子供の数は減り、また子供の健康は改善する[*47]。田畑の生産性は向上し、家族の栄養状態も改善する。

そして非常に重要なこととして、教育水準の高い女性は気候変動の影響にも対応しやすい。気候変動の影響と女子教育の関係性は、史上最年少でノーベル平和賞を受賞したマララ・ユスフザイが設立したマララ基金が研究してきた。2021年には旱魃、食料と水不足、被災地からの避難といった気候関連の原因で、中低所得国に住む少なくとも400万人の少女が教育を修了できないとされる。その数は2025年には1250万人に膨れ上がると予想される。[*48]

学校に通うという基本的権利を否定されている少女の数は、世界で1億3000万人にのぼる。[*49] 家庭の貧しさ、根深い文化的偏見、学校と通学路の安全面の不安など、原因はさまざまだ。このテーマについての非常に権威のある本 *What Works in Girls' Education: Evidence for the World's Best Investment*（『女子教育の処方箋――世界最良の投資のエビデンス』未邦訳）には、有望なソリューションが紹介されている。たとえば学校に通う経済的負担を減らす。家族に手当を支給し、家計の危機や不況が起きても保護者が娘を学校に通わせられるようにする。少女たちが通学に大きな負担を感じることなく質の高い学校に通えるようにする。寄生虫の治療など、通学に健康上の障害が生じないように支援する。そういったことだ。

少女たちを就学させ、学習を継続させる取り組みの成功例は枚挙にいとまがない。「エデュケート・ガールズ（女の子に教育を）」は強力なリーダーシップと十分な資金があれば、数千人の草の根ボランティアを動員し、学校に通える少女を数百万人増やせることを証明した。団体の創設者であるサフィーナ・フセインに自らの体験を語ってもらった。

サフィーナ・フセイン

Safeena Husain

私はインドのデリーで育った。ときおり中断はあったが、最終的に親族で初めて海外に留学することができ、ロンドン・スクール・オブ・エコノミクスを卒業した。長い年月が経ってから母国に戻ったときには、自分がさまざまな機会を与えられてきたのは、ひとえに教育のおかげであることがよくわかっていた。それと同時にインドには自分と同じ権利や機会を受けられなかった少女が数百万人いることもわかっていた。初等教育の普及には大きな前進が見られたが、インドには依然として学校に通えない少女が４００万人以上いた。

そこで2007年にエデュケート・ガールズを立ち上げた。インドの僻地や恵まれないコミュニティに前向きなマインドセットの変化をもたらそうとしている。活動を支援してくれるのは、各村に住むボランティアだ。ヒンディー語で「女の子」を意味する言葉からチーム・バリカと呼ばれる。みなとても意欲的で、その多くは村で一番高い教育を受けた若者だ。国勢調査のように家を1軒ずつ訪ねて、学校に通っていない女の子を見つけていく。結果はエデュケート・ガールズのモバイルアプリに記録してもらう。

このデータに基づいて、1つひとつの村にジオタグを付け、就学していない少女のクラスターを迅速に見つけて活動の重点地域とする。居場所がわかったら、次は学校に連れ戻す作業だ。まずは地域動員プロセスとして、村や地域単位の会合、保護者や家族との個別面談を行っていく。これには数週間から数カ月かかる。

少女たちが学校に通いはじめたら、今度は就学を継続し、高い出席率を維持できるように学校と協力する。きれいな飲み水の確保や男女別トイレの設置など、少女たちが学校に通わなくなる原因になることの多い安全や衛生の問題を解決する。

ただ体制を整えても、子供たちが勉強しなければ意味がない。そこで補習プログラムを運営する。私たちの支える子供の多くは、家族で学校に通うのは初めてで家庭学習を助けてくれる人がいない。保護者はたいてい文字が読めない。エデュケート・ガールズのプログラムはこうした学習の壁を乗り越える支援も行っている。

エデュケート・ガールズは、２０２４年までの5年間で学校に通っていない少女１５０万人を就学させるという野心的計画を掲げている。これは教育のジェンダーギャップを大幅に抑える効果がある。当初の対象は50校で、そこから５００校に広がり、さらに地域全体に広がるなど活動規模は18カ月ごとに2倍に拡大している。

南アジアで少女たちを学校に通わせる最大の壁は、人々の考え方と長く続いてきた差別的な社会慣習だ。こうした立場の違いを乗り越えるのが活動の最も難しい部分だ。壁を克服するのに活躍するのがボランティアだが、重要なのは長期間、具体的には6～8年間地域で活動を続けることだ。それによってニューノーマル（新常態）が確立される。

キャンペーンを展開し、全員が学校に通うようになったらそれでおしまい、というわけにはいかない。困難なのは、そうした状態を長期間持続することだ。ある地域でエデュケート・ガールズの活動を6～8年続ければ、10学年分の生徒、すなわち1世代が学校に通うことになる。1世代の少女たちが学校に通えば、その子供世代のスタートラインは変わる。

重要なのは少女たちに教育へのアクセスを閉ざす世代的連鎖を止めることだ。ひとたび連鎖が途切れれば、ずっと途切れたままになることをデータは証明している。教育を受けた母親は、子供に教育を受けさせる確率が2倍以上に高まるからだ。私たちはそういう状況を生み出そうとしている。

少女たちを気候変動の問題と結びつけることが重要だ。それは女性が産む子供をより少なく、健康にするだけではない。気候変動のしわ寄せを最も受けるのが貧しく、弱い立場にある女性たちだからだ。

私にとって、こうしたすべての問題のカギを握るのが教育だ。

教育に関するKR（8・4）は、世界中のすべての少女（と少年）が初等・中等教育を受けられるようにすることを目指す。[50] 男女ともに18歳まで学校教育を受けられることは基本的人権であるべきだ。このKRを実現する手段は、都市部と農村部、また先進国と途上国で異なるはずだ。少女たちが学校に通ううえでの障害を特定し、克服するために地域に応じた解決策を提示する必要がある。

これは大きな挑戦になる。だがマララ・ユスフザイが言うように「今後15年で数百万人の女の子たちが学校に通えるようにするのは不可能に思えるかもしれないが、そんなことはない。世界には無料で安全で質の高い中等教育をすべての女の子、そして男の子に与えるための資金もノウハウも十分にある」[51]。気候問題の観点からも、この目標を達成すべき強力な理由がある。プロジェクト・ドローダウンによると**「自発的なリプロダクティブ・ヘルスの改善と、すべての少年少女への質の高い教育の提供」が組み合わされば、世界の二酸化炭素排出量は年3ギガトン近く減少する**という。[52] 結論は明白だ。女子教育の機会を全世界で保証しなければならない。

健康格差の解消

クリーン・エコノミーと排出ネットゼロの世界を実現する方法はいくつもある。だがそのすべてが公正で公平な移行を保証するものではない。スピード&スケール計画はこの機会をとらえ、健康と豊かさという2つの重要な指標において人種および社会経済的集団による格差を解消すべきだと考える。

気候危機の悪影響は有色人種のコミュニティに偏ってきたことを示すエビデンスはそろっている。まずは温室効果ガス排出と健康の問題を見ていこう。汚染物質のなかでも最も危険なのは「微小粒子状物質」、別名「ＰＭ２・５」だ。直径２・５マイクロメートル以下の微小な個体または液体の粒子で、肺の奥深くまで入り込む。

主な排出源はガソリン車やディーゼル車、あるいは化石燃料を使う発電所で、世界で若くして亡くなる人の20%の死因となっている。[*53] ２０１９年にはインドだけで１６０万人以上が有害な大気汚染によって命を落としている。[*54] アメリカでは年35万人が早世する原因となっている。とりわけその影響を強く受けているのは黒人とヒスパニックのコミュニティだ。[*55] 黒人はＰＭ２・５にさらされる量が国民全体より50%も多い。

医療の公平性に関するＫＲ（８・５）は、人種と経済力による大気汚染関連死の割合の格差を解消することを目指す。公平なネットゼロへの移行がうまくいっているか評価するためには、健康上の成果を測定することが不可欠だ。石炭火力発電所の閉鎖、乗用車とトラックのＥＶ化、家庭内の調理・暖房機器の電化といった分野別ＫＲは、すべてこの課題を念頭に置いている。

このＫＲは間違いなく野心的なものだ。死亡率というのはなかなか変わらない。それでもこの目標を譲るわけにはいかない。広がりと深さの両面で、大きな成果を目指すべきだ。広がりの面では、世界中で健康上の成果の格差をなくす。そして深さの面では、死亡率の差が０％以上であれば失敗とみなす。そんなことが可能なのかと、私自身懐疑的になることもある。だが、できるか否かを議論するより、より良い未来のために闘うほうがワクワクするしやりがいも感じられる。それがムーブメントの効果であり希望なのだ。

広がる機会

ネットゼロ世界を目指すことのさまざまな潜在的恩恵のなかでも、政界の関心が最も高いのは雇用創出で、それには正当な理由もある。クリーンエネルギー経済への移行がもたらす経済的機会は、推計で26兆ドルにのぼる。[*56] 世界で都市部の改造、再生可能エネルギーの拡大、送電網に対応した蓄電設備の開発、経済セクターそのもののの改良が進むなかで、２０３０年までに**６５００万人の新規雇用と莫大な富が生まれる。**[*57]

経済の公平性に関するＫＲ（８・６）は、経済的に公平なクリーン・エコノミーへの移行を目指す。指標となるのは適正な賃金が得られるクリーン・エコノミー関連雇用の分布だ。移行の恩恵が人口のうち恵まれない層にも行き渡ることが欠かせない。教育訓練プログラムや雇用においては恵まれないコミュニティを優先すべきだ。元炭鉱労働者や石油や天然ガス関連の労働者を含めて、誰ひとり取り残してはならない。とりわけ賃金水準の高い仕事は広範囲かつ多様な人々に分散させる必要がある。

クライメート・ジャスティス・アライアンスはこう指摘する。「移行は必然。だが正義は違う」。私たちはこのＫＲを掲げることで、公正な移行と、幅広い層に新たな機会を公平に行き渡らせる姿勢を明確にした。もちろん、これはほんの始まりに過ぎない。真の経済的公平を実現するためには、長年にわたって続いてきた根深い富の格差を是正する必要がある。歴史を振り返れば、それが恵まれないコミュニティに重い負担を課し、先進国と途上国の分断を招いてきたことがわかる。

本章に掲げた主要な結果（ＫＲ）がどれも途方もなく野心的なので、懐疑的あるいは否定的な気持ちになった読者もいるかもしれない。加速要因のなかでも、とりわけムーブメントには大胆で想像力に富む、型破りな発想が必要だ。そもそも現状を打破するのがムーブメントだ。何より迅速かつ持続的な政策の転換をもたらす可能性が最も高い要因はムーブメントだ。これまで想像もしなかったような新たな未来をもたらす力がある。

ムーブメントにメガホンを

私が青年期を送った１９６０年代は、ワシントン大行進、アラバマ州セルマのエドモンド・ペタス橋で起きた「血の日曜日」事件など、ムーブメントの伝説というべき瞬間や場所があった。ヒューストンのライス大学のキャンパス内ラジオ局《ＫＴＲＵ》のニュース・ディレクターだった私は、キャンパス内で活動家やベトナム戦争反対運動の盛り上がりを目の当たりにした。当時の抗議行動の成否は、人々が現地で直接参加するか、そしてメディアがそれに注目するかにかかっていた。

いまや世界は変わった。ツイッターやユーチューブのようなプラットフォームが登場したことで、ムーブメントが特定の場所に人を集める必要はなくなった。変革への呼びかけはサイバースピードで拡散する。これまでなかったような数の活動家や支持者が、これまでなかったような方法で参加できるようになった。

ソーシャルメディアが登場する前、１９８４年にムーブメントのメガホンとも言うべき場が誕生した。テクノロジー、エンターテインメント、デザイン（頭文字をとってTED）の交錯点について、その分野のリーダーたちがアイデアを交換する場だ。当初は一度限りのイベントの予定だったが、試行錯誤の末に１９９０年には毎年開催されるカンファレンスとなり、対象はイノベーションと知識にかかわるトピック全般に広がった。２００６年には最初の６本のＴＥＤトークがネット上で公開された。その後の発展は周知のとおりだ。

先見性のあるＴＥＤは、サステナビリティをずっと中核的なテーマとしてきた。２００６年にアル・ゴアが『不都合な真実』の試写を行ったところ、多くの聴衆が「その瞬間を境に人生の目標を変えた」とＴＥＤ代表のクリス・アンダーソンは感慨深げに振り返る。

コミュニティの主要メンバーからの要請を受け、ＴＥＤは人類史上最大の世界的課題に立ち向かうため、新たな取り組みをスタートさせた。気候危機のソリューションを支援し、加速させるためのプラットフォーム「カウントダウン」だ。たくさんのグループが集まり、それぞれの最高のアイデアを発展させ、行動に移す場だ。クリス・アンダーソンはカウントダウンを立ち上げるにあたってリンゼイ・レビン率いるフューチャー・スチュワーズと組み、気候危機という重要なテーマについて多様な考えや意見を募っている。

2020年10月にはカウントダウンの創設イベントが開かれ、ユーチューブで世界中にライブ・ストリーミングされた。国連の気候問題責任者だったクリスティアナ・フィゲレスからローマ教皇フランシスコまで、大勢の指導者や知識人の話に1700万人が耳を傾けた。**その後数カ月で、録画・配信された映像を観た人は6700万人にのぼった**（イベントはすべて以下のサイトで視聴できる。https://countdown.ted.com）[*58]。

その後の数週間でスーダンやエルサルバドルからインドネシアまで、世界600カ所の地域グループが「TED×カウントダウン」イベントを開催、各地のリーダーが登壇して市民と対話した。多くの人にとって、TEDがこれほど身近で自分事として共感できるイベントになったのは初めてだ。TEDは草の根に変化をもたらした。

哲学者でジャーナリストのローマン・クルツナリックは「よき祖先」になる方法について語った。[*59] 今日の私たちの決断は何世代にもわたって影響を及ぼす、と。6カ月後にはパキスタンの最高裁判所が、環境への負荷を理由に、セメント工場の拡張を差し止めた。裁判官はローマンのＴＥＤトークを引用し、その動画にリンクをはったのに加えて、カウントダウンで行われたグリーンセメントに関する講演をさらに2つ引用した。[*60]

カウントダウンの影響に広がりと深さがあることがおわかりいただけただろう。各国のリーダーや専門家は、地元だけでなく世界中の視聴者にメッセージを届けることができる。さまざまな教訓や解決策を集めて、世界の隅々まで配信することもできる。野心的なアイデアを魅力的なストーリーとして語ることで、カウントダウンのようなムーブメントはより多くの場所で、より多くの階層のより多くの人々を巻き込みながら、変化を加速させている。アイデアを広める力を手に入れたことで「人々は責任感を抱くようになった。自分は未来の番人だという意識を持っている」とリンゼイは語る。

これほど多くのムーブメントがこれほど多くの変化をもたらしてきた歴史を振り返ると、私たちの闘いの未来についても改めて楽観的な気持ちになる。私自身もこれまでの2倍努力しようと心に決めている。全米青年詩人賞を受賞したアマンダ・ゴーマンが『アースライズ（地球は昇る）』で表現した心持ちだ。[*61]

リハーサルなどない。時は
いま
いま
いまだ。
与えた傷を回復させ、
未来を守ることはあまりに普遍的で
議論の余地はない
だから地球よ、淡い水色の点よ
あなたを失望させはしない。

Chapter 9

イノベーションを起こせ！

Innovate!

Chapter 9

イノベーションを起こせ！

1957年10月4日、ソ連が世界初の人工衛星スプートニクの打ち上げに成功し、アメリカでは宇宙開発競争に敗北するのではないかという警戒感が強まった。これを受けてアイゼンハワー大統領は、未来の国防を担う高等研究計画局（ARPA）を設立した。[*1] 連邦議会は5億2000万ドル、現在の価値で50億ドルもの予算を承認した。ARPAの業務のうち宇宙関連部分がNASAに移管されると、ARPAの科学者と技術者は電子工学の微細化と電話網が破壊された場合（核戦争では十分起こりうる事態だ）の新たな通信手段の開発に注力した。こうして1960年代に誕生した

のが、インターネットの前身であるＡＲＰＡＮＥＴだ。[*2]　ＡＲＰＡは政府が研究を支援することで、イノベーションが生まれ、莫大な、ときとして予想もしなかった成果がもたらされることを示す最たる例だ。

ＡＲＰＡが国防総省の下に入った後も（その結果、名称は「ＤＡＲＰＡ」に変更された）、宇宙開発への支援は続いた。ＤＡＲＰＡによって画期的なトランジスタをベースとするエレクトロニクスが生まれていなければ、アポロ計画の成功はなかったはずだ。全地球測位システム（ＧＰＳ）の基礎をつくったのもＤＡＲＰＡだ。当初は軍事目的で開発されたＧＰＳは、やがてスマホの地図アプリやカーナビの土台となった。[*3]

その後も数十年にわたり、連邦政府が支援する研究開発は新たな産業が誕生するきっかけをつくってきた。ＡＲＰＡが支援した伝説的研究者のダグラス・エンゲルバートが、世界初のコンピュータ用グラフィカル・ユーザー・インターフェース（ＧＵＩ）と操作を補助する小型デバイス、マウスを生み出したことは、今日のハイテク業界のリーダーなら誰もが知っている。税金によるイノベーションの後押しがなければ、マッキントッシュもマイクロソフト・ウィンドウズも生まれていなかったかもしれない。現在世界のＧＤＰの約15％を占めるテクノロジー業界の誕生を強力に後押ししたのは、ここに挙げたような一連の革新的テクノロジーだ。[*4]

２００７年にはアメリカのエネルギー自給を目指し、米エネルギー省内にクリーンエネルギー・ソリューションを開発させるプログラム「ＡＲＰＡ－Ｅ」が創設された。[*5] しかしジョージ・Ｗ・ブッシュ政権は資金手当を拒絶した。２００８年の政府によるエネルギー関連の研究開発支援は前任のジミー・カーター大統領がホワイトハウスの屋上に設置した太陽熱温水器をロナルド・レーガン大統領が撤去した１９８０年代さえも下回る水準になった（インフレ調整済）[*6]。

その後ウォール街のバブルが弾けて大不況が始まり、バラク・オバマ大統領が就任した。２００９年２月にオバマ大統領が署名した「米国再生・再投資法」には、エネルギーの研究開発、エネルギー効率向上プログラム、融資保証に２５０億ドルが配分されることが盛り込まれていた。ＡＲＰＡ－Ｅにはそのほんの一部の４億ドルが割り振られた。[*7]

一夜にして米エネルギー省には、ＡＲＰＡ－Ｅへのプロジェクト提案が殺到するようになった。だが実際にプロジェクトを受理して立ち上げる人材はおろか、殺到するメールを開く職員さえいない有様だった。デューク大学のエリック・トゥーネ教授に電話がかかってきたのは、そんなときだ。自分が国家のエネルギー研究開発計画に影響を与える立場に就くとは、思ってもいなかったという。

エリック・トゥーネ

Eric Toone

あまり知られていないが、私はカナダの出身だ。有機化学で博士号を取得したのはトロント大学だ。1990年にデューク大学の教員となり、今ではノースカロライナ州が故郷のような気がしている。

デューク大学で教えていた頃、工学部長だったのがクリスティーナ・ジョンソンで、その後オバマ大統領から米エネルギー省次官に任命された。そのクリスティーナが電話をかけてきて、「ワシントンに来て、2カ月ほど手伝ってくれない？」という。

私はそれを引き受け、まもなくノーベル物理学賞受賞者で、第12代エネルギー長官となったスティーブン・チューの率いるすばらしいチームの仲間入りをした。チューはバークレー国立研究所出身のアルン・マジュンダルをＡＲＰＡ－Ｅのディレクターに任命した。

最初に手を付けたのは、ＡＲＰＡ－Ｅに殺到していたメールを開く作業だ。稲妻をとらえて瓶に詰める方法など奇想天外なアイデアや企画書を読むのは楽しかった。「なぜオレはここにいる?」と歌ったトーキング・ヘッズのように、自分がそんな仕事をしているのが不思議だった。

私たちは膨大な業務を必死にこなした。ＡＲＰＡ－Ｅに寄せられた助成金の申請は３７００件。そのすべてに目を通した。トップ１％の優れた提案だけを採用し、最終的に再生可能エネルギーから建物のエネルギー効率向上、バイオエンジニアリングまで、多岐にわたる37プロジェクトを支援した。

たとえば液体金属を使ったグリッドスケール（電力網用）蓄電池、ＬＥＤ照明用の低コストのクリスタル、太陽光を吸収して炭化水素系バイオ燃料を吐き出すバクテリア。そしてもちろん巨大な機械を使うものから微細な人工酵素まで、さまざまな二酸化炭素回収技術もあった。

ＥＶ用の安価なバッテリーを開発するための有望なアイデアを出してきたのは、スタンフォード大学の2人の研究者が運営する「クアンタムスケープ」というプロジェクトだ。ARPA-Eは彼らに100万ドルの開発資金を援助した。

私たちは当初、重要なのはイノベーションをできるだけ迅速に市場に送り出すことだと考えていた。成果を測る指標は、各技術が結んだライセンス契約の数だった。だがまもなく最も重要なのはイノベーションがスケールアップして、エネルギー産業そのものに変化をもたらすことができるかだと気づいた。

スケールを頭で理解するのは非常に難しい。たとえばエクソンモービルのケースで考えてみよう。新たな油田が操業開始するときには、そこで30年間働く作業員を採用する。彼らはその油田で一生過ごすことになるかもしれない。それでもそのたった1つの油田から生産される石油の総量は、世界の石油ニーズのわずか1週間分にしかならないかもしれない。自分が30年間働いた結果が世界でほんの1週間で消費されてしまうというのを想像できるだろうか。

エネルギー技術には質量があるため、グーグルやフェイスブックのようにあっという間にスケールすることはない。生産能力を整えるまでには数十年かかることもある。ARPA-Eのわずかな予算でどうにかできるようなちっぽけな取り組みではない。ARPA-Eで4年間過ごした後、私はデューク大学に戻り、新たに「イノベーション&アントレプレナーシップ・イニシアチブ」を立ち上げた。

スケールを頭で理解するのは非常に難しい。

Scale is the hardest thing to wrap your head around.

国の支援を増やすよう主張していたのはエリックだけではない。２０１０年にはビル・ゲイツが気候とエネルギー問題というそれまで語ったことのないテーマについてＴＥＤで講演し、世の中を驚かせた。[*8] マイクロソフトの経営の一線を退いて以降、ゲイツは世界の最貧層20億人の公衆衛生を改善する慈善活動に集中してきた。そのなかで電力価格を下げることは、貧困脱却に最も有効な手段であることに気づいた。だがどうすれば電力の価格を下げつつ、二酸化炭素排出を減らすことができるのか。ゲイツはその方法は１つしかない、という結論にたどりついた。研究開発投資を大幅に拡充するのだ。

　気候危機を徹底的に研究したゲイツは、２０１５年に「画期的なエネルギー計画」を提唱した。[*9] 簡単に言うと、アーリーステージのクリーンテック企業を対象とする民間版ＡＲＰＡ－Ｅをつくるのだ。今後スケールする必要のある、きわめて重要かつ高度な技術に投資するのが目的だ。リスクの高い挑戦だったが、ゲイツから取締役会に加わるよう依頼された私は二つ返事で引き受けた。ネットゼロを達成するためにはイノベーションを加速する必要があるというのが私たちの共通認識だった。

　こうして誕生したのがブレークスルー・エナジー・ベンチャーズだ。ビルは気候危機を解決することに強い関心を持つ世界のリーダーを集めた。現在メンバーにはジェフ・ベゾス、アビゲイル・ジョンソン、マイケル・ブルームバーグ、リチャード・ブランソン、ジョン・アーノルド、ヴィノッド・コスラ、中国のアリババグループのジャック・マー、インドのリライアンス・インダストリーズのムケシュ・アンバニ、日本のソフトバンクグループの孫正義らが名を連ねる。メンバーがコミットした資金は20億ドルと、ＡＲＰＡ－Ｅのピーク時の年間予算の4倍以上だ。気候テクノロジーのイノベーションの行方に誰よりも大きな影響を与えたのはビル・ゲイツではないか。

　ブレークスルー・エナジー・ベンチャーズのマネジング・ディレクターであるロディ・グイデロは取締役会の協力を得て、技術責任者にエリック・トゥーネ、事業責任者にカーマイケル・ロバーツをリクルートした。エリックはブレークスルー・エナジーを科学的知見に基づいて運営するため、技術チームを立ち上げた。カーマイケルは投資チームの立ち上げに協力すると同時に、ブレークスルーと学術機関、企業、ベンチャー・パートナーとのパイプを構築した。私たちは当初からたくさんの投資家を巻き込み、革新的な気候テクノロジーへの投資総額を大幅に増やすことを目標としてきた。ブレークスルー・エナジー・ベンチャーズの第1号ファンドには２００社以上のパートナーが出資した。

ブレークスルーはどのように投資先を選定するのか。投資チームは排出量が最も大きい産業に照準を合わせ、投資対象となるベンチャー企業の核となる科学と技術を審査した。選定基準はきわめて厳しかった。投資候補に選ばれるためには、温室効果ガスを少なくとも年0・5ギガトン、つまり世界の炭素排出量の約1％を削減する可能性を示さなければならない。

ブレークスルー・エナジー・ベンチャーズとクライナー・パーキンスのクリーンテック投資は、いずれも公表されたかなり積極的な目標に沿って行われている。売り込みは歓迎するが、座して待つつもりはない。**何が「実現可能」かという科学的知見に基づき、必要な技術をこちらから探しに行く。**とりわけ画期的なテクノロジーを必要としている排出削減が困難な分野で巨大なインパクトを与える機会が見つかれば、腕まくりをして仕事にとりかかる。研究所や大学に足しげく通い、困難な挑戦を支援し、人脈づくりに精を出す。最終的な狙いは、基礎科学から生まれたアイデアを商業的成功、さらには地球レベルのスケールに広げていける傑出した起業家を探すことだ。

こうした取り組みにおいては、当然コストがカギを握る。本章のOKRがネットゼロへの移行を加速するのに必要な新技術の価格目標を明示しているのはこのためだ。ここに挙げた5つの主要な結果は、私たちの進捗を確認するためのシグナルと考えてほしい。

バッテリーに関するKR（9・1）は、1キロワット時あたりのコストを139ドルから80ドルまで引き下げつつ、バッテリーの製造をスケールすることを目指す。新車販売（年間6000万台）をすべてEVにするためには、1万ギガワット時のバッテリーが必要だ。[*10] 現在の製造能力はそのごく一部だ。しかも蓄電用にさらに1万ギガワット時のバッテリーが必要だ。世界のバッテリー需要はまもなく爆発的に増加するが、その一方でスケールの実現は難しい。製造能力を数倍に増やすためには、材料と製造方法の両面でイノベーションが必要だ。

電力に関するKR（9・2）は、グリッド（送電網）にエネルギーを送り込むコストに注目する。石炭と天然ガスに置き換わるためには、ゼロエミッション電源には安定性と信頼性が必要だ。クリーンエネルギーを生み出すのは太陽光、風力、水力、そして地球や原子だ。問題は平時に安定的に電力を供給するだけでなく、冬の吹雪や夏の熱波による需要の急増にも耐えられるように発電能力を増強することだ。新た

目標9　イノベーションを起こせ！

KR9.1

バッテリー

2035年までに年間1万ギガワット時のバッテリーを、1キロワット時あたり80ドル以下で製造する。

KR9.2

電力

2030年までにゼロエミッションのベースロード電源のコストを1キロワット時あたり0.02ドルに、ピーク需要時は1キロワット時0.08ドルまで引き下げる。

KR9.3

グリーン水素

ゼロエミッションの電源から水素を製造するコストを2030年までに1キログラムあたり2ドル、2040年までに同1ドルにする。

KR9.4

炭素除去

人工的炭素除去のコストを2030年までに1トンあたり100ドル、2040年までに同50ドルまで引き下げる。

KR9.5

カーボン・ニュートラル燃料

2035年までに合成燃料の価格を引き下げ、ジェット燃料は1ガロンあたり2.5ドル、ガソリンは3.5ドルにする。

な技術が競争力を持つためには、化石燃料とのコスト競争に勝たなければならない。

水素に関するKR（9・3）は、排出ゼロのグリーン水素の採用を加速させることを目指す。目標を達成するためには、膨大なクリーンエネルギーに加えて、水を水素燃料に変換する効率を向上することが必要だ。低コストのグリーン水素は、スチール、セメント、化学など超高温を必要とするエネルギー集約型産業の脱炭素化を可能にする。

炭素除去に関するKR（9・4）は、より低いコストで大気中から直接二酸化炭素を回収し、隔離することを目指すが、まだ技術はスケールされていない。さらに回収した二酸化炭素をすべて貯留する場所も見つけなければならないが、これが**本当に難しい**。炭素除去をスケールすることは、２０５０年までにネットゼロに到達する取り組みのカギを握る。ビル・ゲイツが指摘するように、直接大気から二酸化炭素を回収するコストを1トンあたり１００ドル以下にするという目標はまだ達成できていない。「もしこれを1トン50ドルで実現できるという人が登場したら本当に画期的だ。25ドルまで下げられたら、これまで登場した気候変動の解決策として最も重大なものといえるだろう」

カーボン・ニュートラル燃料に関するKR（9・5）は、航空業や貨物輸送など完全に電化するのは難しい産業の脱炭素化に道を拓く。バッテリーや水素を動力にできない車両は、カーボン・ニュートラル燃料を使えばいい。問題は今日の化石燃料に対してコスト競争力のあるドロップイン燃料（既存のジェット機などにそのまま使える代替燃料）をどう見つけるかだ。

ここに挙げた５つの主要な結果（ＫＲ）の実現には、まだ長い道のりがある。

イノベーションの新領域を明らかにする

新しい問題を解決しようとするとき、過去のパターンを参考にするのは理にかなっている。ビル・ゲイツはあるとき私にこう言った。「僕らが若い頃のテクノロジーは魔法みたいだったな」。マイクロチップやソフトウエアの草創期にキャリアをスタートさせた私たちの世代は、半世紀以上も続いたムーアの法則や、マイクロチップのみならず光ファイバーやハードディスク・ストレージなどの指数関数的な性能向上を懐かしく思い出す。テクノロジーの急激な進歩を阻むものは何もないように思われた。だがともにパソコン産業のＯＢとして今まったく新しい課題と向き合うなかで、私たちはもはやこれまでと同じように進歩を測ることはできないと気づいた。

今でもテクノロジーの性能向上は、イノベーションのカギを握る。しかしビルが指摘するとおり、クリーンテックで同じ成果を出すのははるかに難しい。気候問題に関する文献を片っ端から読んだビルは（第3章に登場したチェコ系カナダ人の科学者兼政治アナリスト、ヴァーツラフ・スミルの著書14冊も含まれる）、重要なブレークスルーを実現し、この重大な課題を解決するための洗練された多面的なアプローチを生み出した。

ビル・ゲイツ

Bill Gates

文明のことを考えずにエネルギー問題を考えることはできない。この問題に今すぐ向き合わなければ、時間の経過とともに事態は悪化する。22世紀が始まる頃には、地球の大部分が住めなくなっているだろう。人類という種が絶滅しかけているかもしれない。

スミルが指摘するように、物理的な経済を変えるのはきわめて難しい。世界中のセメント工場、スチール工場を造りなおすには数十年かかる。ＥＶへの関心がこれほど盛り上がっていても、自動車産業はあまりに巨大で、乗用車の購入者のうちＥＶ

を選ぶ人はわずか4％にとどまる。残りの96％が切り替えるのはまだ先のことだ。

だが私たちは途上国の視点から今の状況を見なければならない。熱帯地域に住む人々は、これまでの炭素排出問題にはほとんど責任がない。イノベーションによって新たなアプローチを生み出す科学的知識もない。だが私たちが直ちに切迫感を持って行動を起こさなければ、飢餓や大規模移住といった苦しみを最も味わうのは途上国の人々だ。だから私たちには彼らのために行動する責任がある。

劇的なイノベーションなくして、途上国が物理的インフラ、電力、交通、農業分野において世界が必要としている変革を実現する見込みはない。途上国の経済的苦境や、住居や食料など生きていくうえで基本的なモノやサービスを提供する必要性を考えれば、私たちが行動しなければならないのは明白だ。私は変化の遅さに苛立っている。改善の速度を大幅に高めたい。

削減しきれなかった炭素排出はすべて気温上昇につながるので、目標とすべきはネットゼロであり、すべての産業からの排出をなくさなければならない。グリーンプレミアムがきわめて重要なのはこのためだ。グリーンプレミアムはあらゆる業界において環境に配慮することで発生する追加コストを指す。インドに「環境に配慮してセメントをつくれ」と言えば、「なんだって？　そんなことをしたら生産コストが2倍になる」という返事が来る。スチール生産をグリーンにする？　それもコストの50％増加につながるはずだ。

このように（インドやナイジェリアのような）中所得国に環境配慮型経済への転換を促すなら、すべての業界のグリーンプレミアムを90％以上引き下げる必要がある。グリーンプレミアムを徐々に減らしていくことは、私たちの試みがどの程度進捗しているのか、改善速度をどれほど高められるかの目安にもなる。

グリーンプレミアムを最も劇的に下げていかなければならない分野に特に力を注ぐ必要がある。サステナブルな航空燃料、クリーン水素、直接空気回収（DAC）、蓄電、次世代原子力発電などだ。

闘いの勝敗は途上国で決まる。2050年にネットゼロという目標を達成するためには、インドがここに挙げた分野のグリーンプレミアムを極小化する必要がある。だからそれに役立つ技術進歩の優先順位を高くする。

世界のイノベーション能力の半分はアメリカが有する。私たちにはその力を活用し、グリーンプレミアムを抑え、インドのような国々がこうしたソリューションを受け入れられるようにする責任がある。

闘いの勝敗は途上国で決まる。

The game will be won or lost in the developing countries.

２０１６年に正式に発足する際、ブレークスルー・エナジー・ベンチャーズは「テクニカル・クエスト（技術的探求）」の第一稿を発表した。ネットゼロを達成するのに不可欠なイノベーションを列挙したリストだ。それぞれのクエストは、画期的な技術によって温室効果ガス排出を大幅に減らすための科学的研究に照準を合わせている。

画期的な発明は、予定を立てたり指示したりできるものではない。新しいアイデアはそもそも予測不可能なものだ。**だが次に花開くのがどのイノベーションか予測することはできなくても、基礎科学と応用科学に資金を出すことで種をまくことはできる。**それぞれの技術的探求は化学、物理学、生物学、材料科学、あるいは工学にかかわっている。新たな知見がえられるたびに、研究室から取り出し、世界的なスケールに広げていくことができる。

ビルの言うように、こうした重要だがコストの高い技術を市場化する道のりはまだ始まったばかりだ。鶏が先か卵が先かという問題で、コストを下げるためにはスケールする必要がある。だがスケールするためにはコストと価格を引き下げる必要がある。

スピード＆スケール計画には、こうした優先度の高いクエストのいくつかが含ま

Breakthrough Energy COALITION

テクニカル・クエスト

電気

- 次世代核分裂
- 高温岩体地熱発電（EGS）
- 超低コスト風力発電
- 超低コスト太陽光発電
- 核融合
- 超低コスト蓄電池
- 超低コスト蓄熱装置
- 超低コスト送電
- 低コスト海洋発電
- 次世代超フレキシブル送電管理システム
- 出力変動に即座に対応できる温室効果ガス排出量の少ない発電所
- 温室効果ガス排出量が少なく、信頼性の高い分散型発電設備
- 二酸化炭素回収
- 二酸化炭素の回収と利用

交通

- ガソリン車並みのEVのためのバッテリー
- 軽量化素材・構造
- 温室効果ガス排出量の少ない液体燃料の生産（バイオマス以外）
- 温室効果ガス排出量の少ない気体燃料の生産（水素、メタン）
- 高エネルギー密度の気体燃料貯蔵設備
- 高効率の熱エンジン
- 高効率で低コストの電気化学エンジン
- 温室効果ガス排出量の少ない液体燃料の生産（バイオマス）
- 交通システムの効率化策
- 人間の移動を減らすテクノロジー
- テクノロジーを活用可能にする都市計画と都市デザイン
- 温室効果ガス排出量の少ない飛行機
- 温室効果ガス排出量の少ない水運貨物輸送

農業

- 農業からのメタンと亜酸化窒素排出を削減
- 温室効果ガスを排出しないアンモニア生産
- 反芻動物のメタン排出を削減
- 低コストで温室効果ガス排出量の少ないタンパク源を開発
- 食料輸送網における食料の腐敗と廃棄を削減
- 温室効果ガスの削減と二酸化炭素の貯留のため土壌管理
- 肥料
- 農業に関連した森林破壊

産業

- 温室効果ガス排出量の少ない化学工業
- 温室効果ガス排出量の少ない製鉄
- 温室効果ガス排出量の少ない、あるいはマイナスになるセメント
- 廃熱の回収・再利用
- 温室効果ガス排出量の少ない熱プロセス
- 温室効果ガス排出量の少ない製紙
- 超効率化されたIT/データセンター
- 産業界で漏出するメタン
- エネルギー集約型の製品・素材の耐久性を向上
- エネルギー集約型の製品・素材をリサイクルする革新的な対策
- 二酸化炭素吸収量を増やしたバイオマス
- 環境中の二酸化炭素の回収

建物

- HFC不使用で高効率の冷房、冷蔵庫
- 高効率の暖房、給湯器
- 建物単位の蓄電、蓄熱設備
- 外皮の高性能化（窓、断熱材）
- 高効率の照明
- 電化製品、電気設備の高効率化
- 次世代の建物管理
- テクノロジーを活用可能にする高効率の建物とコミュニティの設計

ブレークスルー・エナジーは気候変動問題の全体状況を示し、研究開発の最も有望な機会を列挙した

れている。私たちはさまざまな障害と同時に、高性能なバッテリーからカーボン・ニュートラル燃料までさまざまな機会を示したいと考えている。また社会の選択に左右されないようなイノベーションも求めている。

バッテリーのブレークスルーを目指して

科学者と技術者は数十年にわたり、蓄電技術を進歩させるという信念をもって研究に励んできた。アレッサンドロ・ヴォルタ卿が１８００年に世界初の電池を発明して以降、誰もがその改良に取り組んできた。ヴォルタがつくった最初のバッテリーは帯電した液体を紙コップに入れて針金でつないだもので、大した蓄電能力はなかった。[*11] それでもナポレオンの関心をひくには十分で、ナポレオンは実験への援助を申し出た。そこからはコストが高くかさばる鉛蓄電池、より効率の高いニッケル水素電池、さらには現在パソコン、スマホ、ＥＶなどに使われているリチウムイオン電池へと移行してきた。ここ20年でエネルギー密度（電池の重量に対して蓄えられるエネルギーの量）は3倍になった。[*12] だがそれでもまだ足りない。

２００８年、ジャグディープ・シンというエンジニアが、ＥＶ用バッテリーの劇的な性能向上に乗り出した。ニューデリーで生まれ、その後10代でアメリカに移住した。スタンフォード大学院とバークレー大学院で学んだあと、ヒューレット・パッカードに就職し、その後共同創業者としてベンチャーを興した。やがて会社を売却し、さらに3社を創業し、そのうち2社を売却し、1社は上場させた。夢見ていたEV、テスラの《ロードスター》をようやく買ったのはそのときだ。

ジャグディープ・シン

Jagdeep Singh

私は毎日、愛車のテスラで通勤した。そしてこのバッテリーはもっと改善できるはずだと考えた。２００８年当時のテスラのバッテリーのパワーはガソリン約30リットルと同程度で、価格10万ドルの《ロードスター》のコストの大部分を占めていた。かなりお粗末な話だ。

もっと多くの人がＥＶを楽しめるようにするためには、バッテリーのコストを劇的に引き下げ、さらに同じくらい劇的にエネルギー密度と航続距離も向上させる必要があるのは明白だった。

私はスタンフォード大学院時代のクラスメートから、フリンツ・プリンツ教授と、教授が指導するポスドク研究員のティム・ホルムを紹介された。プリンツ教授は機械工学部に所属していたが、本業は材料科学だった。私たちが当初考えたのは、量子ドットを使って優れたバッテリーを開発するというアイデアだった。このナノ粒子を使えば誘電率を高め、スーパーキャパシタにポテンシャル・エネルギーを蓄える能力を高められると踏んだのだ。

　結局量子ドットを制御するのはかなり難しいことが判明したが、こうした経緯から社名はクアンタムスケープとなった。6カ月ほどが過ぎたとき、製品化には思ったより時間がかかるという結論が出た。

　そして破壊的インパクトを持つ優れたバッテリーを開発するという会社の目的を実現する最善の道は、リチウム金属陽極を使うことだと判断した。リチウムイオン電池のように液体の電解質を使うのではなく、陽極と陰極のあいだに固体の電解質を置くのだ。会社の命運を賭けた大きな方針転換だった。今では会社にとって最良の判断だったと思っている。

シンとプランツはスタンフォード大学院で最初のバッテリーを開発していたとき、

ARPA-Eから150万ドルの助成金を得た。[*13] 結局助成金はスタンフォード大学院に置いていくことにしたものの、ARPA-Eのお墨付きを得たことで、クアンタムスケープは他の投資家からの信頼を獲得した。クライナー・パーキンスは私の友人であるヴィノッド・コスラとともに、クアンタムスケープの最初の支援者となった。

固体リチウム金属バッテリーによってエネルギー密度を2倍にすることができるという創業者らのビジョンに、私たちは度肝を抜かれた。クアンタムスケープのエンジニアリングチームは、従来の液体電解質の代わりに独自のセラミック・セパレーターを使った。いわば同社の秘伝のタレだ。この電池はより多くのエネルギーを、より小型のパッケージに、より低いコストで蓄えることができた。しかもセラミクスは耐火性があるため、より安全だ。ただこれを研究室という環境で実現することと、製品化してスケールするというのはまた別の話だ。

ジャグディープ・シン

クアンタムスケープが私にとって最初のベンチャーだったら、成功していなかっただろう。規模が大きすぎ、難しすぎたはずだ。すでに4つの会社を興した経験があったから、この事業に立ち向かう備えができていた。

4つめの会社から身を引いた後に何をすべきか考えていたとき、優れたバッテリーをつくること以上に壮大で重要な挑戦は思い浮かばなかった。そのおかげでミッション・ドリブンなチームをつくることができた。シリコンバレーのエンジニアは流動性が高い。だが金儲けだけではなくミッションがあれば、大切な目標があれば、優秀な人材を引き留めることができる。

私たちの活動は、主要な自動車メーカーの関心をひいた。フォルクスワーゲン（VW）はいち早く私たちと契約し、出資してくれた。２０１５年にディーゼル車をめぐるスキャンダルが起きると、同社はEV化への投資をさらに強化した。それからの6年でクアンタムスケープに3億ドル以上を投資し、最大株主にして最良のパートナーとなった。

このようなイノベーションへの需要は無限にある。毎年の自動車の販売台数は1億台に近づいている。**優れたバッテリーパックの価格を５０００ドルまで下げられたとしても（今日の価格水準を大幅に下回る）、それでも年間５０００億ドル規模の市場になる。**長期的にこの需要の20%以上を供給するのが私たちの目標だ。

２０１８年、クアンタムスケープとＶＷは大量生産に向けて合弁会社を設立した。[14]小さなスタートアップの志と、世界最大規模の自動車メーカーの野心と体力が結びついたのだ。２０２０年にはクアンタムスケープが特別買収目的会社（ＳＰＡＣ）を通じて上場する5カ月前に、ＶＷはさらに2億ドルを追加出資した。[15]ささやかなリサーチプロジェクトとして始まったシンらの事業の価値は１１０億ドルを超える。

途上国でＥＶ化を進めるためには、今よりはるかに密度が高く安価なバッテリーが必要だ。クアンタムスケープは現在、実際の乗用車で実験するための固体電池を製造する工場建設に取りかかっている。同社がコストとエネルギー密度の目標を達成したら（しかも他社に先んじて製品化に成功すれば）、ガソリン車がアメリカの半値以下で販売されているインドやアフリカで、ＥＶのグリーンプレミアムが消滅する可能性がある。

エネルギー密度の向上に加えて、バッテリー製造のための労働力、工場、材料も大幅にスケールする必要がある。**バッテリーに関するKR**（9・1）は、指標として価格と量の両方を追跡する。世界中のすべての乗用車をＥＶにするためには、毎年1万ギガワット時のバッテリーを製造する必要がある。[16]現在の製造能力のおよそ20倍だ。

これは想像を超えるスケールの挑戦だ。ネバダ州に建設される予定のテスラのギガファクトリーは、完成すると床面積はフットボール場１００面分を超え、世界最大の建物となる。[17] ただ1万人近い労働者が働くことになるこの工場の生産能力は年間わずか35ギガワット時。[18] イーロン・マスクも認めるように、世界中のＥＶ車にバッテリーを供給するためには、同規模の工場が少なくともあと１００カ所必要になる。[19]

中国、アメリカ、ヨーロッパの主要企業が一丸となって「サステナブル・エネルギーへの移行を加速させれば」、この目標の達成は可能だとイーロンは考えている。[20]

ただすべての企業が一致団結しても、バッテリー業界には材料不足と鉱山の労働問題という根深い問題が残る。リチウムの採掘は比較的容易で、供給能力は需要拡大に歩調を合わせて伸びていくだろう。リチウムイオン・カソード（陰極）の材料の20%を占めるコバルトはもっと厄介だ。世界のコバルト供給量の60%は、政情不安のコンゴ民主共和国が占める。[21] 同国のコバルト鉱山は危険で、児童の強制労働が行われている。

世界のバッテリー需要が伸び続けるなかで、その材料が責任あるかたちで調達されるようにサプライチェーンを厳しく管理する必要がある。陰極材料が刷新されれば、コバルトの含有量は半減するだろう。新たなバッテリー技術によってコバルトそのものが不要になる可能性があり、そうすれば難題が１つ解決する。ただリチウムイオン電池の寿命は限られているため（通常は10～15年）[22]、途方もない廃棄物問題が発生するリスクがある。幸い、バッテリーは廃棄するよりリサイクルするほうが経済的だ。

テスラの共同創業者の１人だったＪ・Ｂ・ストローベルは２０１７年、新たに立ち上げたスタートアップ「レッドウッド・マテリアルズ」で使用済みバッテリーのリサイクル事業に乗り出した。閉ループ型のサプライチェーンを構築することで、ニッケル、銅、コバルトの採掘を減らすことが目標だ。長期的にはＥＶや送電網の使用済みバッテリーをリサイクルすることで、巨大なバッテリー産業を新たな金属の採掘なしで、あるいはごく少量の採掘だけで運営できるようになるかもしれない。

安価で環境にやさしい蓄電池への世界の需要を満たすためには、バッテリー（およびリサイクル）業界からさらに多くの革新的技術が生まれる必要がある。この競争には大勢の勝者が生まれる余地がある。

冬に備える長期の蓄電

２０２１年のバレンタインデーにテキサス州は雪に覆われ、気温は氷点下に下がった。凍えた住民はサーモスタットを目いっぱい稼働させた。テキサスの家庭の60％は暖房に電気を使う。[*23] この割合は全米平均のほぼ2倍だ。ほとんどの住宅が１９８９年以前の州のエネルギー基準[*24]に基づいているため、隙間風が入り、断熱もほとんどされていない。吹雪のなか、電力需要は急増した。異常な寒波によって天然ガスインフラや風力タービンは凍てつき、どちらも稼働を停止した。酷寒のなか、数百万戸が停電し、水も止まった。死者は１５０人を超えた。[*25]

テキサス州の惨事は、近年増加している異常気象への送電網の脆弱性を露呈した。とりわけ需要が急増する暴風雨には、堅牢な蓄電設備と信頼性の高い電力システムが必要であることが浮き彫りになった。テキサス州の事例からも明らかなように、これは人命にかかわる問題だ。

どうすれば太陽光や風力のような変動電源に信頼性を持たせることができるのか。どうすれば危機が発生したときにゼロエミッション電源に頼れるのか。**その答えは、蓄電期間を「伸ばす」方法を編み出すことだ。**

メガワット時単位だったアメリカの送電網の蓄電能力が、1ギガワット時に達したのはようやく2015年のことだ。2021年時点で約10ギガワット時の蓄電設備が設置され[*26]、さらに10ギガワット時分の建設が計画されている。EV車が増加し、バッテリーコストが低下していなければ、こうした状況にはなっていなかったはずだ。

蓄電技術は充電と放電のサイクル期間によって分類される。携帯電話、ノートパソコン、自動車、住宅などに使われるのは、日々充電と放電を繰り返す短期の蓄電だ。送電網でも発電量が需要を上回る時間帯に蓄電し、需要のピーク時にそれを放出する。このような短期サイクルではリチウムイオン電池が最もコスト効率が高く、一般的だ。

一方、送電網でも長期の蓄電設備は、1回あたり数週間あるいは数カ月にわたって安価に電気を蓄えておかなければならない。その場合バッテリーではコストが高くなりすぎる。長期の蓄電には、もっと効率的な代替手段が必要だ。たとえば水の重力を使用する揚水水力発電だ。バージニア州アパラチア地方のウォームスプリングスにあるバース郡揚水発電所は、建設から30年が経過している。「世界最大の蓄電池[*27]」と呼ばれ、13州75万世帯に安定的に電力を供給する。電力需要の少ない夜間に、

蓄電施設を建設するために、州間高速道路を320キロメートル建設できるほどのコンクリートが使われた。

原子力発電所からの安価な電力で水を低地の貯水池からより高い場所にある貯水池へと汲み上げる。電気が必要になると、高い貯水池から水を流して水力タービンを回す。かつて需要の急増に対応する標準的手段として使われていた「ピーク用」天然ガス発電所よりも、迅速に稼働させられる。

揚水水力発電は長期の蓄電手段として優れているものの、建設コストが高く、また平地では使えない。同じように重力を使うのが、スタートアップ企業のエナジー・ヴォルトが開発したシステムで、重さ35トンのブロックを持ち上げ、落下させ、積み重ねることで蓄電・放電する仕組みだ。[*28] マルタという会社は超高温の溶融塩の入った大きなタンクを使って蓄電する。ハイビュー・パワーとハイドロストア社は余剰電力を使って圧搾空気を蓄え、それを放出して発電する。ブルーム・エナジーはグリーン水素を製造・貯蔵し、燃料電池の電源にする。[*29] フォームエナジーなど新たな化学反応を活用して蓄電する会社もある。

次世代の核融合

原子力発電は今日、アメリカのエネルギーミックスに欠かせない要素であり、今後もそれは変わらない可能性が高い。その欠点は周知のとおりだ。万が一、事故が起これば、壊滅的な影響が出る。これまで世界36カ国で合計1万8500年分原子炉が運転されてきたが、この間3件の重大な事故が起きた。[*30] 1979年のスリーマイル島事故、1986年のチェルノブイリ事故、そして2011年の福島第一原子力発電所の事故だ。いずれも原子力発電のリスクと、より安全な原子炉の設計が必要であることを痛感させる事例だ。

画期的技術によって、原子力発電をより安全で安価にできるだろうか。答えは「イエス」だが、そのためには政府が既存の核融合技術に対する支援を拡充することが不可欠だ。

今日、原子炉のほとんどが通常の水を使って冷却されている。放射性物質の放出を防ぐため、原子炉には自動的に運転を停止するセーフティシステムが装備されている。ただ福島第一原発の事故で明らかになったように、こうしたシステムも事故を完全に防げるわけではない。マグニチュード9・0の大地震が日本の太平洋岸で発生した後、福島第一原発の6基の原子炉は設計どおり自動停止した。[*31] だが高さ15メートルの津波が5・7メートルの防潮堤を越えて原子炉建屋に浸水し、非常用ディーゼル発電機が使用できなくなることは想定していなかった。冷却ポンプの電源が失われた結果、3つの原子炉がメルトダウンを起こし、水素爆発が起こった。原子炉の冷却用に使われていた水には依然として放射性物質が含まれている。日本政府はそれを海に放出する計画だが、それが近隣住民と周辺の漁業に悪影響を及ぼすと懸念する環境保護団体もある。[*32]

福島型の原子炉に安全対策を追加することでメルトダウンは防げるかもしれないが、そうした改修がなされたケースはほとんどない。[*33] 今後は業界で「第4世代原子炉」と呼ばれる新しいタイプの改良型炉に移行していくだろう。原子力発電の安全性、サステナビリティ、効率性、コストを高めるため、50以上の研究機関やスタートアップがその開発に取り組んでいる。[*34]

原子力発電にはさまざまな課題がある。安全安心の懸念は当然あり、発電所の立地が選定されるときには貧困層が不利益を被る。問題が発生すると、政府はさらに安全性を高めるために規制を強化するので、運営コストはさらに上昇する。ただこうした障害はあるものの、原子力発電を肯定すべき根拠はある。それがなければネットゼロの達成がきわめて困難になるというだけではない。ビル・ゲイツはこう指摘する。**「地球上どこでも季節を問わず、昼夜を問わず安定的に電力を供給でき、しかもスケールできることが証明されている炭素排出ゼロの電源は原子力だけだ」**

将来的に必要となる大規模な送電網には原子力発電が不可欠だと考えたビル・ゲイツは、ナトリウム冷却型原子炉を手がけるスタートアップ、テラパワーの初期の出資者となった。[*35] テラパワーの長期目標は１００万世帯分のベースロード電源として、３６５日24時間ゼロエミッションの電力を供給できる発電所を建設することだ。ただアメリカ国内で原発建設コストが高騰したことから、まだ着工に至っていない。北京の南に実験炉を建設するため、中国国営の中国核工業集団（ＣＮＮＣ）と交渉を進めたものの、米中関係の緊張によって頓挫した。２０２１年2月、ビルはテレビ番組『60ミニッツ』に出演し、原子炉を建設するために住民を説得することは、建設作業そのものと同じくらい難しいと語った。[*36] 送電網の脱炭素化を進める手段として今後も原子力発電を利用するのであれば、官民両方の積極的な支援と投資が必要だ。

２０２１年6月、テラパワーは初の実証炉をワイオミング州の閉鎖が決まっている石炭火力発電所の跡地に建設する計画を発表した。[*37] 私はビルにテラパワーの先行きを占ってもらった。

ビル・ゲイツ

テラパワーには未来の巨大送電網の実現に向けて、有意義な貢献ができる可能性がある。克服すべき重大な問題は４つあり、ハードルはきわめて高い。原子力発電所の安全性、核兵器に転用可能な物質の不拡散、原子力廃棄物の処理、そしてコストだ。

テラパワーは２０１８年に一度死にかけた。実証炉のための資金を獲得していなかったら、私は諦めていたかもしれない。アメリカ政府が実証炉の費用の半分を負担することになり、私は民間部門による残る半分の出資をとりまとめている。

５年後には世界に対して「安全性と経済性の面で、第４世代原子炉は絶対にソリューションに含めるべきだ」と言える状況になっているかもしれない。今は実証炉を建設し、この技術が使えることを証明する機会を得たことを本当に喜んでいる。

第4世代原子炉は絶対にソリューションに含めるべきだ。

Fourth-generation nuclear power really should be part of the solution.

核融合というムーンショット

科学者は長年、実用性のある制御可能な核融合炉の実現を夢見てきた。伝統的な核分裂炉が原子を分裂させることでエネルギーを生み出すのに対し、核融合炉は原子を結合させることでエネルギーを生み出す。太陽や星がエネルギーを生み出すのと同じ化学反応だ。複数の原子核を結合させるには、非常に高い温度と圧力が必要だ。[*38] 核融合炉を実用化するためには運転に必要とする量を上回るエネルギーを生み出す必要がある。核融合によって持続的かつ大規模に投入量以上のエネルギーを生み出すことに成功すれば、ノーベル賞も夢ではない。

世界中の研究者がこのムーンショットに魅せられ、核融合反応を起こすのに十分な熱を生み出す原子炉の建設にしのぎを削っている。ＭＩＴの核融合科学研究所からスピンオフしたコモンウェルス・フュージョン・システムズ[*39]は、国際的なコンソーシアムと健全な競争を繰り広げながら、プラズマ（超高温の電離ガス）を生成する超電導電磁石を開発している。**成功すれば、消費する以上のエネルギーを生み出すという究極の目標を達成できるはずだ。**

核融合炉の燃料は、地球に豊富に存在する水素だ。理論上は海水1リットルを濾過すると、その300倍のガソリンと同等のエネルギーを生み出すことができる。[*40] だがこの技術はまだ実証されていない。構成要素や部品については研究や試験が行われているものの、まだ機能するプロトタイプは完成していない。

太陽光発電や風力発電の価格がこれほど低下したのだから、核融合のようなモノになるかも分からない新たな技術に莫大な資金を投じるべきではない、という意見もある。だが私は**科学的知見をスケールできるか確かめるためにも、こうした新技術に投資することはきわめて重要だと考えている。**ベル研究所が1950年代に世界初の太陽電池を実証したときには、技術的にはすばらしいが経済的には非現実だという意見が大勢を占めた。[*41] 当時の技術では家1軒の電力をまかなうのに150万ドルの費用がかかった。だがイノベーションとはそもそも、一見すると実現不可能に思えるものだ。最終的に世界を変えるイノベーションも例外ではない。

カーボン・ニュートラル燃料

2040年には5億台のEV車が道路を走っているはずだ。その走行距離は年間16兆キロメートルにも達するだろう。それまでに送電網のカーボン・ニュートラル化が完了していると仮定すると、１００％排出ゼロになっているはずだ。しかしガソリン車とディーゼル車が段階的に世界から消滅するまでは、こうした内燃エンジンで動く旧型の乗用車も16兆キロメートルを走り続けることになる。その排気ガスからは引き続き大気中に二酸化炭素が放出される。内燃式乗用車やトラック以外にも、長距離輸送船や飛行機は今後もしばらく液体燃料を燃やしつづける。

植物、穀物、海藻、植物油、油脂、脂肪などからつくられるバイオ燃料を使えば、交通部門からの炭素排出は抑えられる。ここに挙げたバイオマスは工業プロセスによってエタノール、ディーゼル、ジェット燃料に変換される。燃料が燃やされると、その排出分はバイオマスが吸収する大気中の二酸化炭素によってオフセットされる。ただオフセットは完全とはいえない。工業プロセスがどれだけの化石燃料を必要とするかによって、排出削減幅は30％から80％までバラツキがある。[*42]

複数のバイオ燃料会社に投資した経験から言えるのは、スケールさせていくのは難しく、燃料として採用されるか否かはコスト次第ということだ。原油価格が下落すると、代替燃料の経済性は低下する。

もう1つ忘れられがちな問題はバイオマスの需要だ。すべてのバイオ燃料がサトウキビやトウモロコシの茎などの不要部分、使用済み調理油といった廃棄物からつくられれば理想的だ。だが需要が拡大すれば、バイオ燃料の原料調達が食料生産や森林保護が競合する可能性もある。[*43] この産業をスケールするうえでは、土地の使用という問題を念頭に置く必要がある。

　ワールド・リソース・インスティチュートのティモシー・サーチンガーはこう指摘する。「より多くの食料や森林が必要とされ、食料生産のために森林が伐採される世界において、燃料のために耕作地を使うべきだと考える人はどれだけいるのか」

　このジレンマはすでにブラジルで鮮明になっている。太陽光はエネルギーに満ちているが、ブラジル産のサトウキビがそれを有効活用できているとはいえない。１エーカーの土地に太陽光発電装置を設置すれば、１００エーカー分のサトウキビと同じだけのエネルギーを得ることができる。

　ネットゼロを実現するためには、１００％排出ゼロのエネルギー源を使い、土地や食料と競合しないかたちで合成燃料をつくる必要がある。１つ有望な選択肢として、太陽光発電や風力発電のエネルギーを使い、水から抽出した水素と大気から抽出した二酸化炭素を結合させるという方法がある。この方法でつくられた燃料は、製造過程で取り込んだ量以上の二酸化炭素を排出しないので、カーボン・ニュートラルだ。

話がうますぎる、と思われるのも当然で、ここには1つ但し書きが付く。カーボン・ニュートラル燃料はまだ経済的に成り立たないのだ。カーボン・ニュートラル燃料をつくるためのゼロエミッション材料が大幅に安くなるか、化石燃料のコストが炭素価格によって大幅に上昇するかしなければ、採算は合わない。幸い、どちらの展開も十分起こりうる。合成燃料のスタートアップに十分な資金があれば、成功する条件はまもなく整うかもしれない。

エネルギー効率のブレークスルー

ここ50年、エネルギー効率は大幅に向上してきたが、さらなる向上の余地はまだまだ大きい。**アメリカでは化石燃料から生み出されるエネルギーの3分の2はムダになっている。その原因は発電方法と使用方法の両方にある。**[*44]

太陽光や風力を含めて、どんなエネルギーを生み出すにも資源が消費される。エネルギー効率をさらに高めるためには、可動部分をさらに軽量化したり、機械装置、ヒートポンプ、水ポンプ、ファンに使われるモーターを効率化したりする必要がある。照明、暖房、冷却に使用するエネルギーを抑える（あるいはゼロにする）スマートビルを建設する必要もある。サプライチェーンは包装、材料の使用を極限まで減らし、サステナブルでリサイクル可能な材料に切り替えなければならない。こうしたさまざまな進歩を組み合わせれば、人間の生み出すカーボン・フットプリントを劇的に縮小できる。

たとえばＢＭＷのハッチバック型ＥＶ《ｉ３》は、炭素繊維を採用して軽量化したことで、バッテリーパックを小型化でき、航続距離も大幅に伸びた。[*45]

超軽量、超高強度の炭素繊維は、キログラム単価はスチールより高いものの、バッテリー数が減り、製造工程もシンプルになるため価格差は相殺される。自動車は軽量化するほど少量のエネルギーで動くため、スチールをアルミに変えるだけでエネルギー効率は大幅に向上する。フォードは人気のピックアップトラック《Ｆ－１５０》の材料をアルミに変更し、３００キログラム以上軽量化した結果、燃費は30％改善した。[*46] 頑丈なフルサイズのトラックが、高速道路でリッターあたり11キロメートル走行するようになった。

世界の電気の半分以上はモーターを通過する。車両や家電、冷暖房システム、工業機械などに使われるモーターだ。モーター自体の効率が良くても、制御が悪いと消費電力の半分がムダになる。それを改良するために生まれたのが軽量な「スイッチトリラクタンスモーター（SRモーター）で、速度の可変性があり、正転も逆転も可能だ。テスラの《モデル3》と《モデルY》に採用され、コスト低減と航続距離の伸長に寄与した。スタートアップのターンタイドはSRモーターを使って暖房、送風、冷却システムの効率を向上させている。

ＬＥＤ電球の普及は消費者行動が大きく変わると、排出削減とコスト削減を同時に達成できることを示した。２０１８年時点でアメリカの照明の30％でＬＥＤが使用され、推計では１５０億ドルの電気料金の節約と、建物における電力使用量の５％削減につながった。[*47] プラグを差すだけ、ネジを止めるだけ、スイッチを押すだけでイノベーションを使えるようにすると、採用率は一気に高まる。

エネルギー効率の領域では、一見ささやかなことが大きな影響をもたらす。アップルは製造から配送までのあらゆる段階で、製品のエネルギー使用量を最小化し、リサイクル可能性を最大化し、コストを最低限にする努力を怠らない。最新のｉＰｈｏｎｅは電源アダプターを付けずに販売し、プラスチックや亜鉛などの材料の節減につなげた。[*48] パッケージを小型軽量化したことで、１つのパレット（荷台）に詰める箱の数が70％増えた。新たなマイクロプロセッサやソフトウエアの開発を通じた製品のエネルギー効率向上も続けている。これはバッテリー寿命とカーボン・フットプリント縮小という2つの面でメリットがある。

気候をエンジニアリングする

仮に排出削減が遅々として進まず、ネットゼロ目標に遠く及ばなかったとしよう。その場合、きわめてリスクの高いシナリオに追い込まれる。地球温暖化に歯止めがかからず、それに付随してさまざまな不幸が人類を襲う。まさに悪夢のシナリオだ。あるいは……人類は自然そのものを変えようとするかもしれない。

人類は先史時代から気候に適応するための技術を生み出してきた。最初の事例が、現在のイスラエルの北部沿岸の石器時代の村に、７０００年前に建てられた防潮堤だ。[*49] だが地球工学はそれとはまったく次元が異なる。目的は気候変動への適応ではなく、自然そのものを大規模に操作することだ。

真剣に議論されているアイデアの1つが、二酸化硫黄の粒子を大気中に放出し、太陽光をブロックするというものだ。うまくいけば温暖化を抑え、極地の氷冠の融解を遅らせる、あるいは止めることさえできるかもしれない。これを裏づけるような事例がある。１８１５年、インドネシアのタンボラ山で観測史上最大の噴火が起きた。[50] 噴火音は２５００キロメートル先でも聞こえたほどだ。二酸化硫黄を含んだ超高温の火山灰が、１１２キロメートル上空まで柱のように立ちのぼり、１３００キロメートル先まで広がった。[51] 微粒子は数年間にわたって上空にとどまり、大量の太陽放射を遮った。

その影響は衝撃的だった。夕焼けが異常な鮮やかさを帯びたのに加えて、１８１６年は「夏のない年」として記録に残されている。[52] 北半球では少なくとも過去４００年で2番目に寒い年となった。ニューヨーク州アルバニーでは6月に雪が降った。タンボラ山から吐き出された二酸化硫黄が酸性雨となって降り注ぎ、食料供給は大きな打撃を受け、飢餓と病気による死者数は数万人と、噴火自体による死者数に匹敵するほどに膨れ上がった。[53]

それから2世紀後、デビッド・キースがハーバード大学太陽地球工学研究プログラムを立ち上げた。[54] 臆病者には向かない仕事だ。キースは何度も殺害予告を受けている。それでもひるまないのは、この極端な選択肢に頼らざるを得なくなった場合のリスクをできるかぎり抑え、想定外の悪影響を回避するためには地球工学の研究が不可欠だと信じているからだ。

二酸化硫黄よりも安全な手段があるのではないか。石灰岩の粒子ではどうか。確かなことは誰にも分らない。ピュリツァー賞を獲得した作家のエリザベス・コルバートは著書 *Under a White Sky*（『白い空の下で』未邦訳）のなかで、キースら科学者が予想する気がかりな影響に触れている。石灰石粒子を大気中に放出した場合、空は白に変化するかもしれない、と。「曇り」の概念が変わる。私たちは日々、白い曇り空の下で生きるようになる。[*55]

アル・ゴアは炭素除去以外の地球工学的手段に頼ることは道徳的に間違っていると主張する。その影響を完全に予測することは不可能であり、しかももっと安全確実な選択肢を私たちはまだ試していないからだ。地球工学はムーンショット的な解決策というより、ファウスト並みに不道徳な自然相手の取引だとアルは言う。

それでも世界トップクラスの専門家のなかには、排出削減の代替策ではなく、他の対策がすべて失敗に終わったときの緊急避難的な策として、このような最終手段を準備する必要があると考える人もいる。コルバートの著書には、ダニエル・シュラーグとアリソン・マクファーレンという2人の地球科学者の興味深いやりとりが書かれている。**「地球が私たちに酷い仕打ちをするから」地球工学が必要だと言うシュラーグに、マクファーレンはこう答える。「酷い仕打ちをしているのは私たち自身だ」**[*56]

都市開発と再開発

気候は地球上で進行する最も強力な社会トレンドに打撃を受けている。都市化だ。

２０００年時点で、世界には人口１００万人都市が３７１あった。[57] 今日その数は５４０に膨れ上がっている。２０３０年には７００になるだろう。中国は現在、アメリカが20世紀に消費した量のセメントを、わずか2年で消費する[58]（それと同時に中国は２０５０年までに「ニア・ゼロ」都市圏を50カ所にするという野心的計画を発表している[59]）。

世界中の都市が未来戦略を描くなかで、それぞれの３つの選択が排出量に大きく影響する。

1　建物の設計・建設方法

2　住民の移動手段

3　確保できる緑地面積

ここしばらく、答えはそれぞれ次のようなものだった。「１　コンクリートとスチール」「２　自動車」「３　ごくわずか」。**ネットゼロの世界を実現し、維持するためには、３つの答えをすべて変える必要がある。**

建物の設計と建設をどう見直すべきか

新たな都市を建設するとき、計画立案者は初めからゼロエミッションを念頭に置いた選択をすることができる。重要な第一歩は、計画のあらゆる側面でとことん効率を追求することだ。信頼性の高い未来の都市計画が今、インドで生まれつつある。インドでは２０１０年から２０３０年のあいだに都市人口が2倍に増え、６億人に達すると予想される。現在ムンバイからはるか内陸に入った郊外に建設中のパラバシティには２００万人が居住する計画だ。[*60]

インド最大の不動産デベロッパーであるロダ・グループは、ロッキーマウンテン・インスティチュートの協力の下、パラバシティのネットゼロ目標を達成しようとしている。[*61] 屋上スペースにはソーラーパネルを設置し、建物やＥＶの充電用電力をまかなう。窓や間取りは自然な空気の流れを最適化し、冷暖房に必要な電力を抑える。

「ディープ・エフィシェンシー（徹底的な効率化）」を標榜するパラバの建物は、インドの平均的建物より電力消費を60％抑える。

小売店、職場、集合住宅を近接させ、住民が徒歩で移動できるようにする。二酸化炭素の吸収を助けるため公園を確保し、木を植える。雨水を貯めて利用し、排水はリサイクルする。パラバの設計は既存のインフラより約70％効率が高くなる。

ここに挙げたエネルギー効率の改善策は、いずれも実現性の低い、まだ証明されていない技術に頼るものではない。すべて何十年も前から存在しているソリューションだ。パラバのイノベーションはそのすべてを整合性のある単一の都市計画にまとめたことだ。ただ都市のカーボン・フットプリントをさらに抑えるためには、効率性や建設方法や材料（低炭素型のセメントやスチールなど）の面でさらに多くのブレークスルーが必要だ。

移動手段

私たちは自転車で安全に移動でき、十分な公共交通手段が確保され、自動車の必要性を抑えるような都市や地域を建設する必要がある。デンマークの首都コペンハーゲンは世界有数の自転車通勤都市となることで、炭素排出量を削減してきた。[62] コペンハーゲンには全長３８０キロメートルの、十分な幅のある自転車専用レーンが整備されている。自転車に乗る人たちの安全を守るため、自転車レーンのほとんどは車道より少し高さがあり、縁石によって車道から守られている。２０１９年には住民の60%が通勤・通学に自転車を使うようになり、２０１２年の36%から大幅に上昇した。[63]

　自転車が不人気な都市では、縁石やポールなどで車道から分離された自転車専用レーンがないことがその理由となっていることが意識調査で明らかになっている。[64] **自動車と同じ道路に線を引き、自転車用レーンだというだけでは不十分だ。**新型コロナウイルス・パンデミック間に、アメリカの多くの都市では物理的に分離された自転車レーンが設置された。それが安心感を高め、自転車に乗る人が増加した。

　スペインではバルセロナが自動車禁止ゾーン「スーパーブロック」を設けていることで有名だ。[65] 想像力あふれる都市計画によって観光客は増え、地元経済は潤った。バルセロナの「スーパーブロック」モデルは世界中のお手本となった。エイダ・コラウ市長は２０２０年、４５００万ドルをかけてスーパーブロックを拡張し、21カ所の歩行者用広場と、16エーカー分の木陰のある公園を新設すると発表した。「現在と未来のための新しい都市を思い浮かべよう。大気汚染の少ない、新たな移動手段と公共スペースのある都市だ」

ネットゼロ・ムーブメントにおけるもう1つの前進は、バルセロナが２０００年以前に購入されたガソリン車、２００６年以前に購入されたディーゼル車の乗り入れを禁止したことだ。ビデオカメラで監視し、違反者には最大５００ユーロの罰金を科す。優れた公共交通システムへの投資をさらに増やし、２０２４年までに街中を走る車両数を12万５０００台減らす計画だ。[*66]

コペンハーゲンやバルセロナ、パリ、コロンビアのメデジン、ノルウェーのオスロなどは、都市の炭素排出を減らす挑戦における説得力のあるロールモデルだ。いずれも国家の命令や画期的テクノロジーの後押しを受けた取り組みではない。スマートでクリエイティブな都市設計にどれほどのインパクトがあるかを示す例だ。

どれだけの緑地を確保できるか

シンガポールは暑さを和らげるため、建物の周りにたくさんの木や低木を植え、芝生を張ることを義務づけている。都市部の表面積に占める緑地の割合を示す「緑地面積率[67]」という指標を生み出したのはシンガポールだ。高層マンション開発では、屋上テラス、コミュニティのプランターや花壇を設置することで要件を満たすことができる。[68] 地上の緑地は地表のピーク温度を2～9℃下げる効果がある。[69] 屋上や壁面の緑化の効果はさらに高く、表面温度を17℃下げる。さらに建物自体の断熱効果も高める。

　ニューヨーク市はここ20年で、設計、移動手段、緑地という都市化の3原則を実践してきた。２００６年には廃線となった産業用鉄道ハイラインの跡地を、高架式の緑道と公園にする第1期工事が完了した。[70] このプロジェクトの象徴的意味合いは大きかった。線路跡地は今、二酸化炭素を吸収し、ネットゼロの未来にささやかな貢献をしている。

　5年後にはマイケル・ブルームバーグ市長の主導する新たなプロジェクトがスタートした。6年がかりで市の名所であるタイムズスクエアを歩行者専用ゾーンにする計画だ。ブルームバーグ市長の在任中、ニューヨーク市は、全長約６４０キロメートルの車道から分離された自転車専用道路を整備した。[71] その後、ビル・デブラシオ市長の下で、街の東西をつなぐ幹線道路である14番街が車両通行禁止になった。[72] 市内を走るバスの速度が上がったことから、それから1年も経たないうちにバスの乗客数は17％増加した。２００５年から２００６年にかけて、ニューヨークの人口は増加したものの、二酸化炭素の排出は15％減少した。[*73]年間１０００万トンペースの削減で、２０５０年までに排出を80％削減するという目標に向けて幸先の良いスタートとなった。[*74]ニューヨークは、いまやグリーン都市開発のお手本となった。フランク・シナトラの歌のとおりだ。「ここで成功すれば、どこでだって成功できる」[*75]

都市開発そのものをスケールする

ネットゼロへの移行を加速するには、次世代のイノベーションを生み出す努力と並行して、既存のテクノロジーをスケールしなければ

ばならない。それと同時にネットゼロへの移行を困難にするような漸進的政策は回避しなければならない。たとえば汚染度が石炭の半分だからといって、天然ガスで手を打つことは許されない。温室効果ガスの排出に許容範囲というものは存在しない。

イノベーションについて考えるとき、いつも思い浮かぶのはアップルの初代チーフサイエンティストだったアラン・ケイの格言だ。**「未来を予測する最善の方法は、自ら未来を創り出すことだ」。私はこう付け加えたい。次善の策は、未来に投資することだ。**気候変動問題という旅路に踏み出したとき、私がクリーンエネルギーの未来に投資しようと決めた理由はここにある。

ニューヨーク市は廃線となった工業用鉄道の跡地に緑道を建設。
クリーンエネルギーへの移行を象徴する場所となった

Chapter 10

投資せよ！

Invest!

Chapter 10

投資せよ！

２００６年、クライナー・パーキンスのグリーンチームはクリーンテック投資に乗り出した。まずは3億５０００万ドルの投資枠を用意した。６年後、状況はおよそバラ色ではなかった。非難の嵐が巻き起こったのはちょうどその頃だ。『ワイアード』誌は「なぜクリーンテック・ブームは弾けたのか」と題した記事で、私が気候危機について熱弁をふるったＴＥＤトークを槍玉に挙げた。太陽光、ＥＶ、バイオディーゼルなどの分野で破綻したクライナーの投資先を列挙し、さらには読者にメッセージがはっきり伝わるように、バイオディーゼル燃料の入った容器が炎上するイ

ラストも添えた。記事はこう締めくくられていた。「要するに、ジョン・ドーアには再び涙する理由があるということだ」[*1]

とはいえ、それも数年後に『フォーチュン』誌が掲載した記事に比べればお手柔らかなものだった。クライナーの「凋落」と銘打った記事は、「かつてはシリコンバレーのベンチャーキャピタルを代表する存在」であったのに、「再生可能エネルギーという最悪の脇道に迷い込んだ」と嘆いてみせた。[*2]

こういう記事には傷つく。それを否定するつもりはない。だが**イノベーションへの投資を生業とする以上、物事が一本調子に進まないのは当然だ。**ベンチャーキャピタリストは誤った確信や疑念にとらわれやすい。前途は往々にして混沌として、危険でさえある。ほとんどのスタートアップは失敗に終わる。イーロン・マスク、リン・ジュリック、イーサン・ブラウンといった創業者たちは、みな浮き沈みを乗り越えていくのに不可欠な粘り強さを持っている。

長年この業界に身を置くなかで、私は偉大なスタートアップとその他を分ける要因がいくつかあることに気づいた。卓越した技術力、傑出したチーム、そこそこの資金力、そして徹底した集中力だ。対象は大規模な既存市場でもいいし、急成長している新たな市場でもいい。そして最後に、頭ひとつ抜けるベンチャーには、粘り強さ、忍耐力、そして切迫感という矛盾したコンビネーションが必要だ。このような特徴を最初から備えている新興企業は少ない。創業当初はなおさらだ。だが勝者となる企業は時間の経過とともにこれらを身につけていく。

私は投資することのリスクとリターンの関係をこんなふうに考えている。失う可能性のあるお金は、投資額のたった1倍だ。だが成功した場合のリターンは投資額の何倍にもなりうる。ときには1000倍以上になることさえある。

ベンチャーキャピタリストは起業家に投資する。私たちが想像もしないほど大それたことを、想像もしないほどわずかな資金で、想像もしないほど短期間にやってのける人々だ。起業家と聞いて多くの人が思い浮かべるのは、インターネット、バイオテック、クリーンテック分野の最先端のスタートアップだが、それはほ

イノベーションの発展段階：アイデアからスケールまで

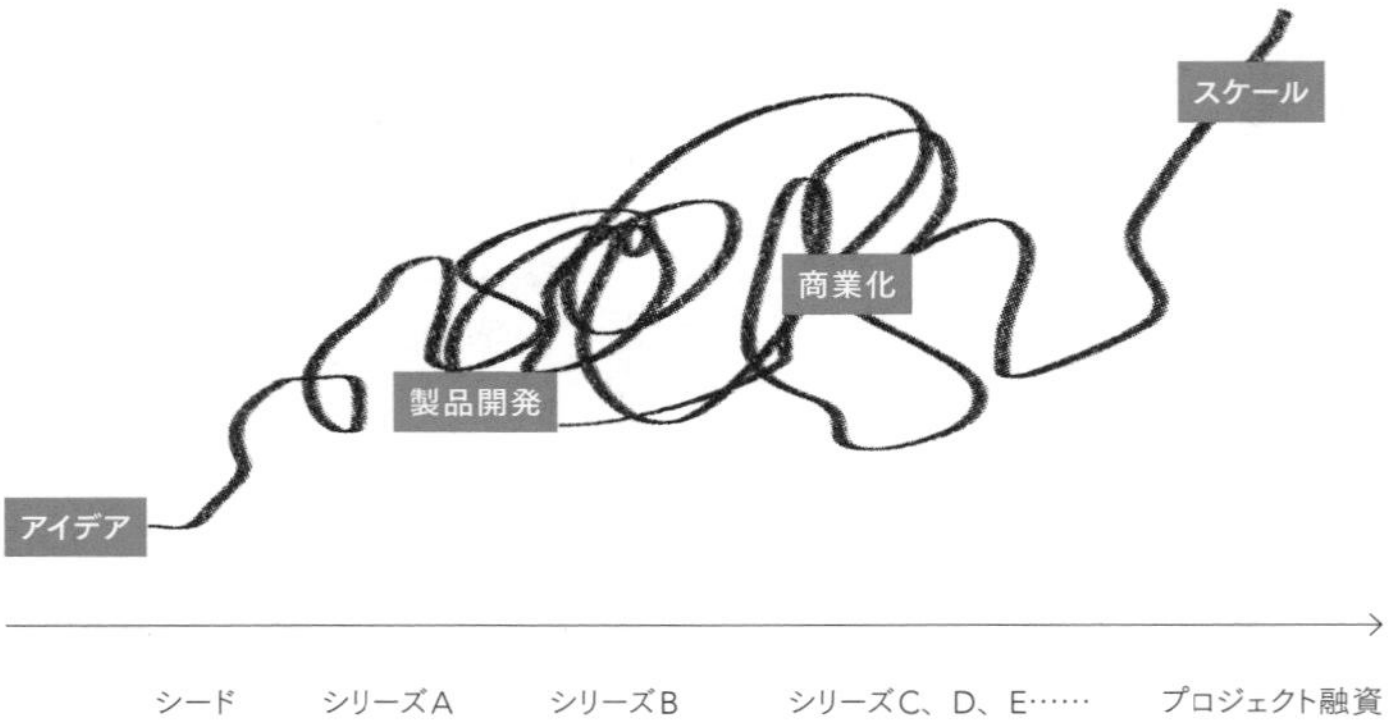

んの一部に過ぎない。起業家がみな会社を興すわけではない。企業内で新規事業を育てるリーダー、つまり**「社内」**起業家もいる。ソーシャルアクション分野にも政策分野にも起業家はいるし、地球温暖化を止めることに情熱を燃やす非営利組織にもいる。

　スティーブ・ジョブズはかつてこう語った。「はみ出し者、反逆者、トラブルメーカー、（中略）世界を独自の視点で見る者たち。人類を発展させるのは彼らだ。彼らをイカれた輩と見る人々もいるが、私たちは天才とみなす。なぜなら世界を変えられると思うようなイカれた人間だけが、世界を変えられるからだ[*3]」

　電力市場のような歴史ある巨大な市場を破壊するのは、非常に難しい。クリーンテック投資というフィールドの外野フェンスは遠く高く、越えるのは難しい。しかも向かい風が吹いている。株主に利益をもたらすだけではホームランにはならない（この世界ではそれが不可欠だが）。クリーンテック市場におけるホームランとは、気候問題の解決を手繰り寄せるものでなければならない。支援しているのがクライナー・パーキンスなのかブレークスルー・エナジー・ベンチャーズなのかは関係なく、そんなホームランが出れば地球にとっての勝利だ。

『フォーチュン』誌をけなすつもりはないが、クライナーのクリーンテック投資を失敗とする記事を載せるのは早計だった。同誌がクライナーの死亡記事を掲載した1週間後、ビヨンド・ミートが株式を公開、市場価値は15億ドルから38億ドルに急増し、新たな市場カテゴリーが誕生した。[*4] それから数カ月で同社の株価は4倍になった。同じくクライナーの投資先で、住宅用太陽光発電設備を販売するエンフェーズ・エナジーは安定的に利益を出し、市場価値は200億ドルに急拡大した。アメリカの電動バス大手のプロテラ、スタンフォード大学からスピンオフし、バッテリーの世界に革命を起こそうとしているクアンタムスケープにも早い段階から出資している。

気候変動対策への資金援助について厳然たる事実がある。そのスピードとスケールを飛躍的に拡大し、きわめて短期間のうちに前例のない規模の資金を確保しなければならないのだ。イノベーションに資金を供給するメカニズムはアメリカ資本主義の輝かしい成果だが、気候問題にかかわる目標を達成するには資金がまるで足りない。もっとたくさんの成功事例、もっとたくさんの起業家が必要だ。ヴィノッド・コスラの言葉を借りれば「もっとたくさんシュートを打たなければならない」。

資金不足を埋めるためには、5種類の資金が必要だ。政府による研究開発や補助金の支出、そしてベンチャーキャピタル、フィランソロピー、プロジェクトファイ

*4　2021年6月30日時点で、ビヨンド・ミートの時価総額は98億ドルに達している。

ナンス（銀行、企業、公共部門からの資金）だ。起業家に最初に資金を提供するのはベンチャーキャピタルのケースが多いが、それだけではスタートアップ企業のニーズは満たせない。グロースキャピタルやプロジェクトファイナンスからの資金流入のほうがはるかに規模は大きい。

私たちの計算では、**世界的にネットゼロを達成するためには、毎年1・7兆ドルもの資金が必要であり、しかもその勢いを20年以上維持しなければならない。**それがこのきわめて困難な取り組みにおいて、私たちが提唱しているベンチマークだ。スピード&スケール計画では、ここに挙げた5種類の資金に対応して5つの主要な結果を設定している。

補助金に関するKR（10・1）は、変化の速度を上げるために政府が利用できる諸制度を挙げている。ゼロエミッション技術に対する債務保証、税制優遇、助成金だ。このような補助制度は現在の年1280億ドルから6000億ドルに拡充する必要がある。このKRを達成するための資金を確保できるのは明白だが、実現には政治的壁がある。化石燃料への補助金を廃止すれば、このKRの費用は十分まかなえる。[*5]

政府による研究開発に関するKR（10・2）は、ネットゼロへの未来への公共部門による投資を追跡する。アメリカは連邦政府によるエネルギー関連の基礎研究・応用研究投資を5倍に増やす必要がある。言葉を変えれば、アメリカ政府が国立衛生研究所に割いているのとほぼ同額の年400億ドルをこの分野に振り向けることを提唱している。[*6] 他国は現在の支出を3倍に増やすことを目標にすべきだ。

ベンチャーキャピタルに関するKR（10・3）は、新興企業や、急速にスケールする可能性がある革新的ソリューションへの投資を4倍近くに増やすことを目標とする。ベンチャーキャピタルの資金源は通常、機関投資家（大学基金、年金基金、政府）や富裕層だ。民間企業への投資額は25万ドル程度の小規模なものもあれば、2億5000万ドルほどの大規模なものもある。

プロジェクトファイナンスに関するKR（10・4）は、5つのカテゴリーのなかで

目標10　投資せよ!

KR10.1

補助金

世界の政府によるクリーンエネルギーへの補助金や支援金を1280億ドルから6000億ドルに拡充する。

KR10.2

政府による研究開発

公共部門によるエネルギー分野の研究開発支出を、アメリカでは年78億ドルから400億ドルに、それ以外の国々では現状の3倍に拡充する。

KR10.3

ベンチャーキャピタル

民間企業への投資額を年136億ドルから500億ドルに拡充する。

KR10.4

プロジェクトファイナンス

ゼロエミッション関連のプロジェクトファイナンスを年3000億ドルから1兆ドルに拡大する。

KR10.5

フィランソロピー

慈善団体による投資額を年100億ドルから300億ドルに拡充する。

最も大きいもので、有効性が証明された技術への資金援助だ。官民の金融機関は融資額を増やし、再生可能エネルギー、蓄電、炭素削減プロジェクトの普及を後押しする必要がある。

フィランソロピー投資に関するＫＲ（10・5）は、公平な気候変動対策の実現、陸地や森林や海洋の保全といった金銭的リターンに直結しにくい取り組みへの資金流入を3倍に増やすことを目指す。こうした分野で活動する非営利組織への慈善団体からの資金援助は、今より大幅に拡充する必要がある。フィランソロピー資金は世界で１・５兆ドル、アメリカだけでも８９００億ドルに達する。[*7]

政府の補助金を転換する

世界中の政府は、化石燃料業界を支え、保護するために税制優遇や軍事支出を行っている。それに加えて石油、石炭、天然ガス会社は、自らの環境汚染が引き起こす破壊的影響を無視することが許されている。すべてを合わせると、私たちはこの業界に４４７０億ドルもの直接的支援を注ぎ込んでいることになる。[*8] スピード＆スケール計画は、化石燃料業界への税制優遇を廃止し、この膨大な補助金を排出ゼロの代替手段に振り向けることを求めている。

税制は優遇対象の業界に対して明らかな優遇措置を設ける。**化石燃料業界が製品を人為的に低い価格で販売できるのは、採掘から消費に至るまでのすべての段階において環境や人々の健康に破壊的影響を与えながら、なんらペナルティを払わないことを許されてきたからだ。**ヴァーツラフ・スミルはそうした状況を端的に表現している。「化石燃料は二酸化炭素が引き起こす地球温暖化のコストを一切反映していない」[*9]。気候変動から大気汚染による死亡や疾病の費用まですべてを考慮すれば、業界には年3兆ドル以上の負担が発生するはずだ[*10]。

政府はクリーンテクノロジーの採用を促すためのさまざまな手段を有している。特定のプロジェクトに対する助成金、有利子の直接融資、民間融資への債務保証（政府が借り手の債務不履行のリスクを引き受ける）、価格を抑えて購入へのインセンティブを高める補助金、そして税制優遇だ。

気候変動対策に反対する人々は長年、米エネルギー省の融資プログラム局を攻撃してきた。最大の標的が、米エネルギー省がオバマ政権初期に5億3500万ドルを融資した太陽光発電スタートアップのソリンドラだ。その2年後、中国の安価なソーラーパネルに圧倒されてソリンドラは破綻した（ちなみにクライナーはソリンドラには出資していなかったが、他の7社のソーラーパネル・スタートアップに出資していた。そのうち4社がソリンドラとほぼ同時期に破綻した)。

ソリンドラ批判は事実歪曲の最たる例だ。たしかに同社は破綻し、政府に5億ドル近い損失が出た。だがソリンドラへの債務保証は、アメリカがクリーンテック分野において中国をはじめとする諸外国との競争力を維持するための広範な戦略の一環であったという事実は報道されていない。最大の目標は、太陽光と風力の技術開発を加速させ、その過程でクリーンエネルギー関連の雇用を創出することだった。この戦略は間違いなく成功した。２０１０年から２０１９年までの期間に、アメリカの太陽光発電業界の雇用は９万３０００人から25万人へと１６７％拡大した。[*11]

現実には米エネルギー省の融資プログラム局は、国民が収めた税金に対して圧倒的なリターンをもたらしている。融資や助成金によってスタートアップ企業を支援する場合、そのうちいくつかが破綻するのは想定の範囲内だ。融資プログラム局は発足以来、３５０億ドル以上の融資あるいは債務保証を実施してきた。[*12] そのうち債務不履行になったのは３％以下で、現在および今後入ってくる利子によって損失は十分に回収できる。

オバマ政権で同局のエグゼクティブディレクターを務めたジョナサン・シルバー

は「連邦政府による融資プログラムの役割は、重要性と事業性はあるものの、イノベーションに伴う財政リスクによってまだ普及していないソリューションを支えることだ」と説明する。政府による保証は、民間の投資家や債権者がこうしたプロジェクトに安心して資金を提供できるようにバックネットの役割を果たす。「政府の支援によって企業が何か新しく有益な製品やサービスを生み出し、市場でスケールを実現し、自立できるようになることが理想だ」

政府によるクリーンテック融資の目的はリターンの最大化ではない、とシルバーは指摘する。申請者を増やすため、金利は政府の収支がトントンになるように設定される。イノベーティブかつ大規模な再生可能エネルギープロジェクトをいくつも支援した結果のデフォルト率がわずか3％であれば、民間銀行並みの金利水準で融資していれば「莫大な利益」が上がっていたはずだという。

わかりやすい例を挙げよう。２０１０年、米エネルギー省はとあるアーリーステージの企業を存続させるため、4億６５００万ドルの融資を実行した[*13]。存続の危機にあったのはテスラ・モーターズだ。大恐慌以来の深刻な不況のなか、《ロードスター》を製造するために莫大な資金を投下していた。融資プログラム局の支援によって同社は生き延びた。**２０１３年、イーロン・マスクは同局からの融資を10年前倒しで、**

利子を付けて返済すると発表した。すべての関係者にとってハッピーエンドだ。改めて心に刻んでおこう。政府の融資がなかったら、今のテスラは存在していない。

オバマ政権は２０１０年度予算から4億ドルをクリーンテックの研究開発に支出し、７００億ドルの債務保証を実施した。相当な金額に思えるが、中国はその上を行く。２０１２年から２０２０年にかけて、中国政府はソーラーパネル、電気自動車などのクリーンテック・ソリューションを開発する国有企業や支援企業に対して**年平均**７７０億ドルの支援を実施してきた。[*14] 雇用創出プログラムとしても効果は絶大だった。あっという間にすべての省にソーラー企業が誕生した。経営難に陥る企業があれば、たいてい政府が救済した。

ソーラーパネルの価格が急激に低下し、急速に普及したのはこのためだ。中国から世界への贈り物といえる。クライナー・パーキンスが支援したソーラー企業のうち5社が価格競争に敗れて破綻した理由もここにある。アメリカ政府が野放図に過剰な融資をしたためではない。むしろその逆で、長期間にわたって投資額が少なすぎたためだ。その結果、今では中国が国際的なソーラーパネル製造市場の70%を支配している。[*15]

ベンチャーキャピタルの影響力

良いアイデアを思いつくことと、それを大規模に実行することは別物だ。世界が必要とする製品やサービスを生み出すだけでは不十分だ。新たな会社が成功するためには、世界が今すぐ導入しようとする製品やサービスが必要だ。それに続く重要なステップ、つまり経営チームを組織し、製品を売り込み、製造し、サポートする段階には、それぞれ資金が必要だ。そこでベンチャーキャピタルの出番となる。創業者は会社の株式の一部と引き換えに資金を得て、アイデアを実験室から市場へと送り出すことができる。起業家を見つけ、資金を出し、成功を後押しすること。それがクライナー・パーキンスのようなベンチャーキャピタルが果たす役割だ。

クリーンテック投資の最初の10年：投資ブームとその崩壊

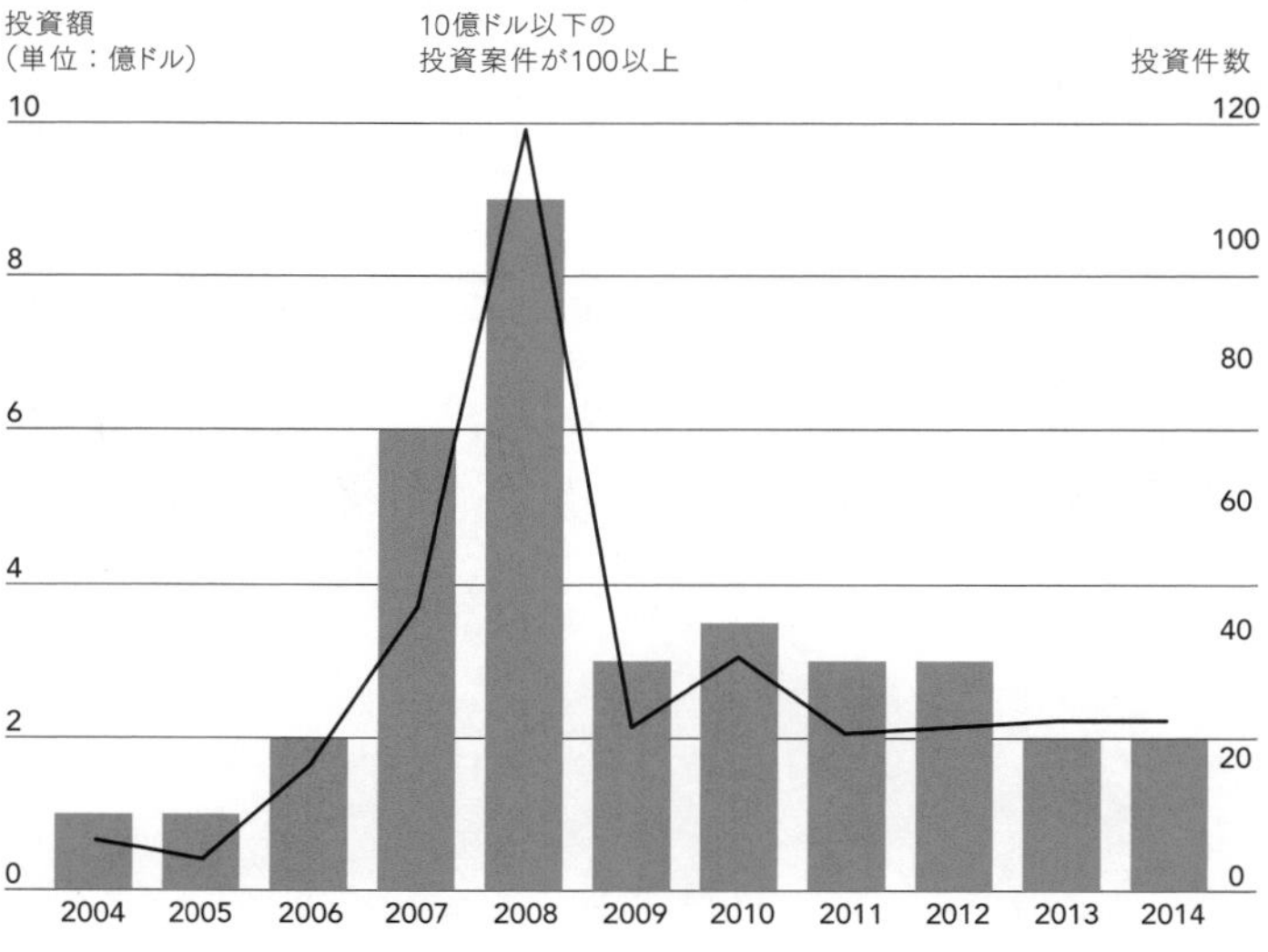

出典：MIT Energy Initiativeのデータ

ここ5年で、世界のベンチャーキャピタルは総額５２０億ドル以上をクリーンテックに投資してきた。[16] 誕生したばかりの会社は破綻し、投資家の資金を失う可能性が最も高いので、「シードラウンド」と呼ばれる投資の第1ラウンドが最もリスクが高い。クライナー・パーキンスはリスクを抑えるため、徹底して科学的知見に基づいてクリーンテックに投資してきた。すでに述べたように、私たちは気候分野でソリューションを必要とする「重大な課題」をいくつか特定している。

私が映画『不都合な真実』をきっかけに気候変動問題に目覚めてまもない２００６年、クライナー・パーキンスのチームは投資機会を探し、起業家と会うようになった。ソーラー、バイオ燃料、スチール、セメント会社などからの３０００件以上の事業提案を審査し、ベンチャーキャピタルの先陣を切って気候変動ソリューションへの投資に乗り出した。２００１年の時点で、ベンチャーキャピタルによる気候関連投資は80件、総額は4億ドルに満たなかった。[17] そのわずか7年後、件数は４００件、総投資額は70億ドル近くに膨らんだ。[18]

ただ投資急増のタイミングは理想的とは言い難かった。２００８年に金融危機が起き、まだ誕生したばかりのクリーンテック業界はほぼ崩壊した。崩壊の主な原因は、石油とガス価格の急落、信用収縮、補助金を受けた中国企業にアメリカ企業が付いていけなかったことだ。実験室から市場に飛び出すことに失敗した会社もあれば、単にうまくいかなかった会社もあった。

２００９年にはクリーンテック投資は急減し、特にアーリーステージ企業の資金調達が大きな打撃を受けた。その一方、ソフトウエアやバイオテックなどの分野には巨額の資金が流れ込んだ。『ワイアード』誌がクライナーの死亡記事を載せた２０１２年には、それまで投資したクリーンテック企業のほとんどが破綻していた。まるで投資した資金をすべて失うかに見えた。

だがその後（少しずつ、思いがけず、そしてある意味奇跡的に）いくつかの投資先ががれきの下から這い出してきた。プロテラと同社が製造するＥＶバスは命脈を保った。アメリカ最大の公共ＥＶ充電ステーションのネットワークを運営するチャージポイントも同様で、今ではニューヨーク証券取引所に上場している。より規模の大きい会社に買収されたケースもある。デジタル・サーモスタットを手がけていたネストは、２０１４年に32億ドルでグーグルに買収された。その2年後には公益企業にソフトウエアを提供するオーパワーがオラクルに買収された。機会は拡大していると見たクライナーのクリーンテック投資チームは、スピンアウトとして新たなファンド「Ｇ２ベンチャー・パートナーズ」を立ち上げた。

なかでもクライナーのクリーンテック投資を復活させた最大の要因は、２０１９年5月のビヨンド・ミートの新規株式公開だ。同社には複数の投資ラウンドで総額１０００万ドルを投資していたが、それがナスダックに上場したのだ。２０２１年1月、イーサン・ブラウン率いる同社は植物肉の市場を拡大するために2億４０００万ドルを調達した。その結果、クライナーの持ち株の価値は14億ドルとなり、当初の投資は１４０倍に膨らんだ。ベンチャーキャピタルの世界では2〜3件、ときにはたった1件の投資が成功するだけで、多数の失敗を回収することができる。

２００６年以降、クライナーは66社のクリーンテック・ベンチャーに、総額10億ドルを投資してきた。２０２１年時点で持ち株の価値は32億ドルと3倍に増え、この分野への投資は過去最高の水準にある。このジェットコースターのような激しい浮沈を通じて、私たちは気候変動対策をリードする優良企業を育成するための教訓をいくつか学んだ。

まず徹底的にリスクを洗い出す（そして除去する）。創業者と投資家は、技術リスク（技術がモノにならない）、市場リスク（差別化できない）、消費者リスク（売れない）、規制リスク（当局の承認を得られない）と向き合わなければならない。「主要なリスクは何か、アーリーステージの投資資本によってそれを除去できるか」という問いの答えが「ノー」であれば、その後のステージでの資本調達はほぼ不可能だ。

資金調達の手を止めない。創業者へのアドバイスはシンプルだ。「資金調達の達人になれ（そして常に上を目指せ）」。複数の投資ラウンドを通じて幅広い投資家を募り、とりわけまとまった資金を出してくれる出資者を獲得すべきだ。それに加えて、自社に大きな価値をもたらす企業パートナーを見つけよう。

コストが勝敗を決し、性能がダメ押しする。電気、スチール、燃料といったコモディティ市場の勝敗を左右するのは単価だ。「環境にやさしい」ラベルが付いていても、質の劣るプロダクトに消費者はお金を払わない。性能は従来品より高いか、少なくとも同等であることを期待する。テスラ、ビヨンド・ミート、ネストは三大成功例といえる。

顧客と直接つながる。大不況期をもっともうまく乗り切ることができたのは、プロダクトのエンドユーザーと直接つながっていた企業だ。

既存勢力は抗戦する。変化に適応する会社もあれば、沈む会社もある。ただほとんどの既存プレーヤーは徹底抗戦する。彼らの事業はタダで二酸化炭素を垂れ流すことができるという前提の上に成り立っているからだ。

こうした教訓を学ぶうえで参考になるのが、大きな試練を乗り越えてきたマット・ロジャースの経験だ。まだ40歳にもならないが、３つの分野で成功を収めてきた。まず初代ｉＰｈｏｎｅのソフトウエア・エンジニアとして、次に省エネ型スマート・サーモスタットを開発したネストの共同創業者として、そして今、ベンチャーキャピタリストとして。マットは２０１７年、既存勢力との闘いを恐れないミッション・ドリブンなクリーンテック起業家を支援するため、投資ファンド「インサイト」を設立した。

マット・ロジャース

Matt Rogers

　2009年にアップルを退社したとき、僕は26歳だった。人類にとって重大な課題は何だろうと考えるなかで、真っ先に思いついたものの1つが気候変動だ。当時《アングリーバード》のようなゲームアプリの開発には莫大な知力、労力、財力、人材が注ぎ込まれていたが、気候変動はどうか。

　僕と共同創業者のトニー・ファデルは、市場を分析してみた。ともにiPodとiPhoneの開発に取り組んだ経験から、消費者のことはよくわかっていた。それから米エネルギー省のフローチャートを見ながら、重要度が高いのにプレーヤーが少ない分野を探した。そこで浮かび上がったのが、年間の家庭用電力需要の半分を占める冷暖房だ。

当時僕はシリコンバレーで１９７３年に建てられたマンションに住んでいた。入居時に床とキッチンを新しくしたが、冷暖房をコントロールしていたベージュのプラスチック製のサーモスタットはそのままだった。職場ではこだわりのガラスとアルミでできた最高にクールなｉＰｈｏｎｅ４を世に送り出したばかりだというのに、自宅マンションのデザインやテクノロジーは１９７０年代のままだった。ダサいベージュのプラスチックの物体が、年間１０００ドル以上もの電気代がかかる冷暖房をコントロールしていた。

サーモスタットに夜間は暖房を抑えてエネルギーを節約するようにプログラミングする技術は、１９８０年代に生まれた。だがユーザーインターフェースがあまりにお粗末だったので、わざわざ使おうという人はいなかった。これがネストの基本思想の土台となった。僕らなら美しいプロダクトをつくれる。ただそれは同時に、使いやすく、自動的に省エネにつながるサーモスタットでなければならなかった。

僕らの重要な気づきは、これはエネルギー効率の問題であると同時に、ユーザーインターフェースの問題である、ということだった。ネストはミッション・ファーストな会社であると同時に、プロダクト・ファーストな会社だった。

この分野の専門知識はゼロだった。そこでたくさんリサーチをして、たくさんの専門家と話をした。冷暖房空調システムがどのように機能し、アメリカ環境保護庁の考えがどのようなものかを理解する必要があった。当時は消費者市場にまだ降りてきていない環境分野の研究成果がたくさんあった。

まったく新しい市場を生み出すのは、とても難しい。僕は既存の市場で戦うほうが好きだ。サーモスタットはすでに市場に流通しており、僕らが発明したわけではない。ただ既存市場に攻め込もうとするときには、既存勢力が変化にどう対応するかに注意を払う必要がある。新興勢力を買収しようと試みることもある。変化の芽を摘み取るため、あるいは変化を受け入れて自社の事業を成長させるためだ。市場支配力があるというだけの理由で、新興勢力相手に訴訟を起こすこともある。そしてときには完全に無視することもある。

ネストの場合、既存勢力は訴訟を起こしてきた。ハネウェルがネストは自社の特許を侵害している、と主張したのだ。たとえばノブ（取っ手）が丸い形をしている、といった理由で。4年後、訴訟は自然消滅した。

新規参入者には既存勢力にはないモノがある。機敏さだ。マネジメントの階層が7つもあると、何かを決めるのは本当に難しい。関与する人や優先事項が山ほどあると、新たなアイデアが組織の上層部まで伝わりにくくなる。

ネストの行動原則は「速く動け」だ。迅速に意思決定する。誰も予想できないほどのスピードで進化する。創業まもなく本当にクールな、画期的なプロダクトを発表した。だがそれで終わりではなかった。３カ月後には新たなソフトウエアのアップデートを実施した。毎年ハードウエアをアップデートした。できるだけ速く前進しつづけた。競合企業がネストの初代プロダクトの模倣品を出したころには、すでに第3世代を出していた。

僕らは新たなアイデアとともに出発した。「どうすれば家庭の省エネを支援できるか」だ。ただ目的は、ひたすらスケールすることだった。家庭に何千万台ものネストのサーモスタットが設置され、年間何千万メガワット時の電力が節約されるような世界の実現。

ネストというチームが成功したのは、正しいプロダクトを生み出し、正しい場所、正しいタイミングに居合わせたからだ。

２０２１年１月の１カ月だけで、クリーンテクノロジーへの投資額は２０１５年

の1年分を超えた。[*19] 10年にわたる雌伏期間を経て、ベンチャーキャピタルのクリーンテック投資は復活しつつあった。ブレークスルー・エナジー・ベンチャーズの事業責任者であるカーマイケル・ロバーツは、さまざまな成長段階にある50以上のスタートアップへの投資を統括してきた。カーマイケルにこの分野で起業家として成功する条件を尋ねた。

カーマイケル・ロバーツ

Carmichael Roberts

成功する創業者とは、1つの波も見えないうちからサーフボードに乗って沖へとパドリングしていく人々だ。最高の波が来る、周りの人にはそれが見えていないだけだと直感が働くのだ。波に備えるために必死に努力するので、いざ波が来たときには立ち上がって乗っていける。

ブレークスルー・エナジー・ベンチャーズは30人の科学者、起業家、企業育成のプロを正社員として抱え、現場に送り込んでいる。自分を純粋な投資家と考える者は1人もいない。私たちは画期的な気候テクノロジーを探し、最大限の成功を収められるよう支援する。ときには創業者とともに沖へパドリングすることもあれば、彼

らに救命ゴムボートを投げることもある。

起業家が成功するためには自信が必要だが、それと同時に不安を抱え、多少偏執狂的なところも必要だ。最近、ある創業者が「カーマイケル、僕にはAとBとCという問題がある。全部心配すべきだろうか」と聞いてきた。そこで私は「当然だ」と答えた。それから「問題が明らかになったのだから、一緒に対応を考えようじゃないか」と言い添えた。

私たちが投資した企業はどれだけうまくいっているのか、とよく聞かれる。ブレークスルー・エナジー・ベンチャーズがスタートしてまだ4年なので、旅は始まったばかりだ。でも誰も知らないことを打ち明けよう。毎回投資を決めるたびに、私は冷や汗をかく。パートナーも、チームの全員も冷や汗をかく。「あんなものに投資するなんて、ばかげた判断だったのではないか」と自問するのだ。

それからどうするか。ばかげた判断ではなかったことを証明するため、何カ月も努力するのだ。自らの人脈を徹底的に駆使する。業界を走り回ってパートナーシップの可能性を探り、旅路をともにしてくれる仲間をできるかぎり増やす。

私たちは持てる技術的知識のすべてを提供する。本当に大変な任務を背負っている起業家たちを支援するのが私たちの仕事だ。彼らが成功すれば、地球の温室効果ガスが1ギガトン減る。1ギガトンはばかにならない。

ブレークスルー・エナジー・ベンチャーズが投資家として成功すれば、気候問題の結果にきわめて重要な影響を与える１５０社の行方に責任を持つことになる。それだけでなく他のベンチャーキャピタルや企業と協力し、２０５０年までにネットゼロを達成することを可能にする１０００社を支援するつもりだ。

気候変動への取り組みが遅れていることは否定できない。だが人間の純粋な精神、想像力とコミットメントが逆転勝利をもたらすと私は信じている。そうしたことは歴史上何度も起きており、今再び起ころうとしている。もちろん現実は見なければならない。だがそれと同時に、目標を見すえて努力しなければならない。

本当に大変な任務を背負っている
起業家たちを支援するのが
私たちの仕事だ。

Our job is to support the entrepreneurs, the ones who are
doing the really hard work.

バブルではない、ブームだ

１８００年代初頭に産業規模の資本主義が幕を開けて以来、鉄道、自動車から電気通信、インターネットまで、新たな産業に資金を注ぎ込んだのはいわゆる投資バブルだ。破壊的テクノロジーが登場するたびに、莫大な資金が流れ込んだ。その大部分は失われたが、社会には大きな恩恵をもたらした。

クリーンテクノロジーについても資本の水門を開ける必要がある。ここで注目すべきトレンドが、特別買収目的会社（SPAC）だ。たいていはまだ収益化していないといった理由で、株式公開には時間がかかりそうなアーリーステージの会社を買収するために設立される。ＳＰＡＣはリスクの高い投資だが、切実に必要とされる技術に資金を集める重要な手段になるだろう。ＳＰＡＣがなければイノベーションの速度が遅くなる。

チャージポイント、クアンタムスケープ、プロテラはいずれもＳＰＡＣが買収し、その後株式を上場した。投資家の関心は高まっており、２０１８年に46件だったＳＰＡＣによる買収は、２０２０年には２４８件まで増加した。[*20] このうち20%がエネルギーあるいは気候問題に関連する案件だ。[*21] 一部に投機的な、行き過ぎた投資バブルだと懸念する声もあがる状況になっている。

私はバブルではなくブーム（好況）だと考えている。ＳＰＡＣが支援するベンチャー企業の多くが失敗に終わるのは間違いない。だがＳＰＡＣという仕組み自体は存続するだろう。そして**ブームは好ましいものだ。それはさらなる投資を呼び込み、完全雇用や健全な競争につながる。**安穏としている既存勢力に揺さぶりをかけ、「創造的破壊」を通じて市場を変革するはずだ。[*22]

ソーラーパネルのターンアラウンド

クライナーは多くのクリーンテック企業を支援してきたが、そのなかで私たちに最も多くを教えてくれたのはおそらくソーラーテック・スタートアップのエンフェーズ・エナジーだ。クライナーのパートナーであるベン・コートランは、太陽光発電分野で世界一経験豊富な投資家だと思う。２０１０年にベンがエンフェーズへの投資を提案した当時、同社はインバーター事業の拡大に苦戦していた。インバーターは住宅の屋根に設置したソーラーパネルを、屋内の電気システムと接続するための回路装置だ。インバーター市場がまもなく急成長期を迎え、エンフェーズがそれなりのシェアを獲得することは予想できた。だが同社の売上高は２０００万ドル近辺にとどまったままだった。何十社というスタートアップがこの市場に参入し、エンフェーズはクライナーが投資した多くのソーラーテック企業と同じ厳しい運命を迎えるかに思われた時期もあった。

　私たちはサイプレス・セミコンダクターズの伝説的創業者で、クライナーが初めて手掛けた大型エネルギー案件のブルーム・エナジーで取締役を務めていたＴ・Ｊ・ロジャーズに助言を求めた。Ｔ・Ｊは１００万台目のインバーターを出荷したばかりだったエンフェーズを見て、未開拓の可能性があると気づいた。欠けていたのは同社が抱える問題に新たな視点からアプローチできる力強いリーダーシップだ。Ｔ・Ｊはサイプレスの幹部候補をエンフェーズの新ＣＥＯに推薦してくれた。

　こうして私たちはバドリ・コサンダラマンと出会った。インドのチェンナイ出身のバドリは、カリフォルニア大学バークレー校で材料科学の修士号を得てサイプレスに入社し、21年にわたってキャリアを築いてきた。エンフェーズでのバドリの巧みな舵取りは、クリーンテック分野の新たなニッチ市場を開拓するうえで、オペレーショナル・エクセレンス（業務遂行力）がいかに重要かを物語っている。

バドリ・コサンダラマン

Badri Kothandaraman

　他の投資家はすべてこの分野から撤退していた。インバーターはコモディティ化して、果てしない価格競争に陥ることを不安視したためだ。こうした懸念に根拠がなかったわけではない。エンフェーズは赤字で、資本が底をつこうとしていた。

　私は２０１７年にエンフェーズに入社した。ＣＥＯとして最初の2年間は、オペレーショナル・エクセレンスに全力で取り組んだ。社内のありとあらゆる項目を測定しはじめた。作戦本部を立ち上げ、現金、売掛金、買掛金を日次ベースで管理した。価格設定チームも立ち上げ、自社の次に性能の良いライバル製品ではなく、自社製品が生み出す価値に基づいて決定するようになった。価格戦争とは決別し、利

益の上がらない取引は打ち切った。

製品コストを下げるために膨大な時間を投じた。進歩を測定するためのダッシュボードや、全従業員を対象とする四半期目標システムをつくった。会社全体と従業員個人の目標の達成度に応じて特別賞与を支払うプログラムもつくった。目標達成なくしてボーナスなし！　というわけだ。

投資家に対する戦略も同じようなものだった。２０１７年６月に開いたアナリスト説明会では、会社としての立場を明確にした。「30・20・10」という財務モデルを達成するには６四半期かかる、と宣言したのだ。要するに会社として粗利益率30％、販売管理費率20％、営業利益率10％を目指す方針を覚えやすいかたちで伝えたのだ。

戦略は少しずつ効果を発揮しはじめた。２０１８年には「30・20・10」を達成した。それ以降、売上高成長が加速していった。

ではどうやって成長したのか。オペレーションが軌道に乗ると、私たちは売上高により多くの時間を割くようになった。プロダクト・イノベーション、品質管理、カスタマーサービスに意識を向けた。屋根に直流高圧線を敷設し、顧客の家のガレージに巨大なインバーターを設置するのではなく、屋根に取り付けたソーラーパネルの下に収まるぐらい小型の半導体ベースのマイクロインバーターを開発した。パネルを20枚設置する場合には1個ではなく20個のマイクロインバーターを設置する必要があるが、安全な交流電圧を使用できるという大きな利点があった。エンフェーズの小型のインバーター製品群は世界トップクラスの性能だった。見た目が美しく、高出力、高効率、しかも設置が容易で、クラウドにも簡単に接続できた。

顧客からの返品や製品の不具合を指標に、品質をとことん重視した。顧客サービスにも同じような熱意を持って取り組み、設置業者だけでなく住宅所有者からの問い合わせにも応じるようになった。アメリカ、フランス、オーストラリア、インドのサービスセンターを増員した。私は毎週のスタッフミーティングの冒頭で必ず、ネット・プロモーター・スコア、顧客の平均待ち時間、1回の問い合わせで問題が解決できた割合など、サービスダッシュボードの振り返りをした。

エンフェーズのネット・プロモーター・スコアは、２０１７年の1ケタ台から、２０２０年には60%を超えるまでに改善したが、それで満足はしなかった。２０２１年には顧客に対する24時間サービスを導入し、設置業者の効率向上を支援するためのフィールドサービス・チームを発足させた。さらに製品ラインアップに蓄電池を加えるなど、消費者にとって信頼性の高い、最新鋭の家庭用エネルギー管理システムの構築を進めている。他のあらゆる指標と同様に、顧客がどれだけエネルギーを節約できたかも測定している。それが最高のカスタマー・エクスペリエンスを確実に提供する唯一の方法だからだ。

目標達成なくしてボーナスなし！

No goals, no bonus!

言うまでもなく、バドリが実践していた指標に基づくマネジメントは私にとって安心感の持てるものだった。エンフェーズは支援者の信頼に応えつつ、炭素排出の増大という危機に有効な対策を示していった。クライナーが最初に投資をしてから10年後の２０２０年、エンフェーズの時価総額は２００億ドルを超え、世界で最も価値のあるソーラーテクノロジー企業になった。規模と安定感を兼ね備えた企業として、２０２１年1月にはＳ＆Ｐ５００指数に加えられたほどだ。

プロジェクトファイナンスを活用する

ここ17年で、新規施設の建設や改修工事のためのクリーンエネルギー・プロジェクトファイナンスの規模は、３３０億ドルから５２４０億ドルへと急拡大した。[*23] 大部分は太陽光発電と風力発電施設に使われており、熱源や輸送の電化を目的とするプロジェクトも増えている。好ましい傾向ではあるが、こうした資金がもっと新しい、そして切実に必要とされているテクノロジーに振り向けられれば、さらに大きなインパクトを生み出すことができる。

プロジェクトファイナンスに関するＫＲ（10・4）は、プロジェクトファイナンスの総額を年間1兆ドルに拡大するとともに、より迅速に支出が行われるようにすることを目指す。公的および民間の銀行はすでに有効性が証明された技術に資金を供給するだけでなく、新たなエネルギー源、新しいタイプの蓄電技術、そして新たな炭素除去プロジェクトへの融資を増やす必要がある。

２０２１年に発足したブレークスルー・エナジーの「カタリスト・プログラム」は、グリーンプレミアムを削減するためにプロジェクトファイナンスを積極的に活用するという大胆な発想から生まれた。カタリストの創設者であるジョナ・ゴールドマンはこう説明する。「太陽光や風力発電に流れ込んでいる５０００億ドル以上の資金は、義援金ではない。経済的利益を目的とする投資だ。それは50年にわたるイノベーター、気候変動問題に取り組む人々、政府による取り組みの成果だ」。そして排出ゼロの航空燃料、グリーンセメント、炭素除去といったリスクの大きい新技術の市場を創出するための「英雄的で勇気ある資本」がもっと必要だと訴える。

プロジェクトの資金源として重要なのは、政府、企業、銀行、そしてフィランソロピスト（慈善活動家）の４つだ。この４つの資金源すべてがグリーンプレミアムを支払い、こうした分野の企業に十分な資金を提供することにコミットすれば、ライトの法則が働きはじめるだろう。施設の大型化が進み、需要が拡大すれば、新たな

クリーンエネルギーのためのプロジェクトファイナンスは増加している

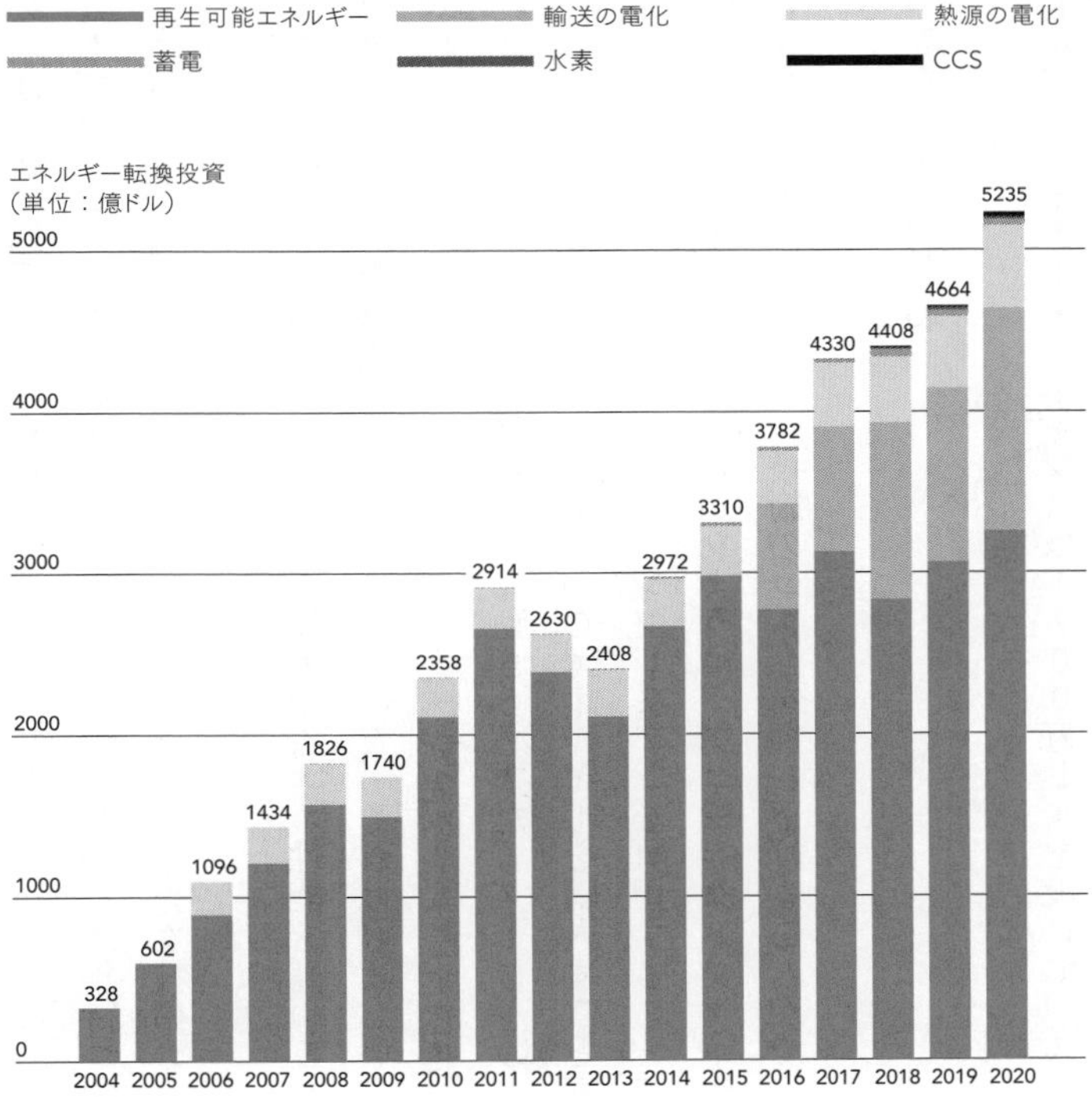

出典：BloombergNEFのデータと図表

技術のコストは急速に低下していくだろう。ジョナが指摘するように「太陽光発電のコストカーブが下がるまでには50年かかった。だがこれから50年待つゆとりはない」。変化を加速するためには、ある程度の資本を投下し、新たな技術の有効性を示すためのデモ施設をいくつか建設する必要がある。

　プロジェクトファイナンスは太陽光発電の導入や省エネ性能を高めるための改修など、有効性が証明された技術に自然と集まるものだ。それは好ましいことであり、こうした分野で一段とコストを下げるために、さらに資金を積み増す必要がある。ただ、さらに新しい技術に資金を投じる大胆な動きも必要だ。グーグルのような会社が、次世代の地熱発電を開発するファーボからエネルギーを購入すると宣言すると市場全体が活気づく。ストライプがグリーンプレミアムを負担することで炭素除去技術の市場を創出した事例からも明らかなように、プロジェクトファイナンスの資金は大きな需要を生み出すことで新技術のコストを押し下げることができる。

新たな資本を引き寄せる

１９９８年、クライナー・パーキンスは１２００万ドルを投じて、スタンフォード大学院をドロップアウトした2人の若者が設立したインターネット・スタートアップの株式の12％を取得した。セルゲイ・ブリンとラリー・ペイジが検索エンジン事業を立ち上げた当時は、市場の6番手だった。その1年後、アンディ・グローブが提唱したシンプルな経営管理システムが彼らの役に立つかもしれないと考えた私は、グーグルの最初の本社に出向いて「目標と主要な結果（OKR）」についてレクチャーした。「やってみるよ」とラリーは言った。以来、何千人というグーグルの社員が高みを目指し、大きな成果を出す手段としてＯＫＲを活用してきた。

ネットゼロへの取り組みにおいて、グーグルほど迅速に行動してきた大企業はほとんどない。２００７年、いち早く再生可能エネルギーを導入し、さらに残った排出量に対して質の高いカーボンオフセットを購入した結果、グーグルは事業活動全体のカーボン・ニュートラルを達成した。２０１２年には、２０２０年までに事業活動に必要な電力を１００％太陽光発電や風力発電などの再生可能エネルギーでまかなうという、さらに野心的な目標を設定した。そしてそれを3年前倒しで、２０１７年に達成した。[*24]

今日グーグルと持ち株会社のアルファベットは、世界の最も困難な課題を解決するための大規模な投資をミッションに掲げている。2つの組織を率いるのは、

2004年に32歳でプロダクトマネージャーとして入社したスンダー・ピチャイだ。2015年に3代目CEOに指名された。

この年グーグルは最高サステナビリティ責任者としてケイト・ブラントを採用した。オバマ政権で同じ職務を担っていた人物だ。以来ケイトは、グーグルの視線を自らのフットプリントにとどまらず、そのはるか先へと向けさせてきた。グーグルのテクノロジー・プラットフォームを活用し、世界の排出削減を加速させるという目標だ。

スンダー・ピチャイ

Sundar Pichai

数十年という時間軸で未来を考えれば、ムーンショットにチャレンジできる。とてつもなく大きな野心を抱くことができる。グーグルが風力発電や太陽光発電に投資したとき、両者はコストが高すぎると思われており、またほとんどの人が大規模な運用に対して懐疑的だった。アルファベットは、いまや世界最大の再生可能エネルギーの購入者であり、初期の投資はコスト削減につながったため有益だったと考えている。

私たちは２０３０年を見すえて、すべてをカーボンフリーで運営しようとしている。つまりグーグル検索でのすべてのクエリ、ユーザーが送信するすべてのＧメー

ル、グーグルクラウドでのすべてのトランザクションを、排出ゼロで実行するということだ。

そこに至る道筋が完全に見えているわけではない。さらに多くのイノベーションが必要だ。さらに多くのプロジェクトファイナンスも必要だ。グリーン・プロジェクトファイナンスとして、57・5億ドルという産業史上最大のサステナビリティ債を発行したのもこのためだ。[*25]

こうした取り組みの１つが、次世代の地熱発電に関するものだ。風力や太陽光は間欠性という特性から、多くの場所でそれだけでは電力をすべてまかなうことはできないのはわかっている。クリーン電力を安価かつ信頼性のあるものにするため、私たちは地熱蒸気を使って発電タービンを動かしている。蒸気は地下３・２キロメートルの深さからくみ上げられた熱水から生み出されている。来年からネバダ州の新たな地熱源を送電網と接続し、グーグルクラウドを動かすデータセンターに電力を供給する。需要にリアルタイムに対応し、24時間稼働を実現するため、ＡＩを活用する。私たちのプラットフォームとスケールを活かせば、クラウドを使って事業からの炭素排出を削減できるはずだ。

ケイト・ブラント

Kate Brandt

私たちはどうすればプロジェクトファイナンスというアセットクラスの成長を支援できるか、またサステナビリティ債の価値を示すことができるか考えた。まず集まった資金をどのように配分するかを示すフレームワークをまとめた。核となるのは、再生可能エネルギーの調達、エネルギー効率の高いデータセンター、循環型材料といった、私たちの環境分野の取り組みを構成するさまざまなカテゴリーだ。環境問題は社会問題と深く結びついているという認識に立ち、フレームワークには人種的不平等といった社会的側面も盛り込んだ。私たちはこの取り組みを心から誇りに思っている。目標はこのアセットクラスが

サステナビリティ分野への資金流入を増やす可能性を示すことだ。

他の企業が私たちの取り組みに追随し、環境と社会への責任を果たすプロジェクトに資金を出そうとする気運が盛り上がっているのはすばらしいことだ。

エネルギー効率の大幅な向上において、AIの果たす役割を非常に重視している。グーグルのデータセンターではAIの活用によって大きな効果を引き出した。今後はそれを社外にも広め、他のデータセンターの運用会社や大型ビルの運営会社がそれぞれエネルギー効率を高められるよう支援していきたい。

グループ会社のネストでは住宅市場に向けて、学習能力があり、家庭のエネルギー使用を最適化できるサーモスタットを販売している。

この2つを組み合わせれば、商業用建物と住宅用建物の両方でAIを活用し、相当な脱炭素化を実現する機会が広がっていくだろう。

スンダー・ピチャイ

ネットゼロの世界を実現する取り組みにおいて私が一番ワクワクするのは、スケールの大きい大胆な対策からささやかだが有意義な変更まで、ありとあらゆる変革が必要とされている点だ。

ここまで挙げた取り組み以外にも、グーグルとして最大限の影響力を発揮するため、カーボン・フットプリントを減らす方向にユーザーをナッジしている。たとえばグーグルマップは現在、デフォルト設定で最もエコフレンドリーな経路を表示する。

グローバルレベルでは、世界で最も大きい５００都市が２０３０年までにさらに1ギガトンの排出を削減するのを支援するという目標を掲げている。この５００都市で世界の人口の50%、排出量の70%を占める。ＡＩ、データ、センサーを活用することで、この目標の実現を目指す。炭素排出源を認識していない都市も多い。コペンハーゲンやロンドンのような都市では地域のリーダーと協力し、排出を即座に探知する大気質センサーを設置している。こうした情報を入手できれば、都市の政策立案者は排出削減に向けた信頼性の高い青写真を描くことができる。私たちは1ギガトンという自ら設定した目標を達成するため、このプログラムを多くの都市にシステマチックにスケールしている。

私はインドのチェンナイで育った。子供の頃は毎年、必ず深刻な旱魃が起きていた。水不足のため1日バケツ数杯分の水しか使うことができなかった。

２０１５年にはチェンナイを１００年に一度の洪水が襲った。あのような降雨は過去に例がなく、気候変動の影響が誰の目にも明らかになった。

２０２０年、今度はカリフォルニア州で相次いで山火事が起きた。ある朝、子供たちが私を起こしに来て、オレンジ色に染まった空を不安げに指さした。次の世代の子供たちへの責任を果たさなければと心の底から思った。

テクノロジーを使ってイノベーションを起こそうとする会社の経営者として、私は同じアプローチを気候危機の克服にも応用していく強い責任を感じる。それは私たちの目の前に広がるイノベーションの最大の機会の１つだ。

グーグル創業者のラリーとセルゲイには先見性があった。グーグルは２００８年にカーボン・ニュートラルを達成している。ほとんどの会社がまだ問題の所在にすら気づいていない頃から、２人はサステナビリティについて議論していた。これは会社にとってずっと変わらない価値観だ。

サステナビリティを会社の土台となる価値観の１つに採用することは、どんな会社にもできる。しかも会社にとって重要なことだ。製品のユーザーが、そして最高の人材がそれを要求しているのだから。

あなたがリーダーであれば、サステナビリティ重視の姿勢に早く転換するほど成功の確率は高まるだろう。顧客や従業員がそれを求めているからだが、もっと本質的な理由がある。国民にとって、国家にとって、世界にとって、それが正しいことだからだ。

気候危機は最も大きなイノベーションの機会の1つだ。

The climate crisis is one of the biggest innovation opportunities.

マネーの流れを変える

2003年、ゴールドマン・サックスを退職したデビッド・ブラッドは、社会的責任投資はいずれすべてのアセットクラスを追い抜くという信念を証明するために動き出した。当時の金融業界において「グリーン投資」はちっぽけなニッチだった。投資リターンが低いのは必然とは言わないまでも、仕方のないことだと思われていた。だがデビッドがアル・ゴアと組んでロンドンでジェネレーション・インベストメント・マネジメントを創設すると、そうした認識は一変した。2人が生み出したのは、まさにクリーンテック・マネーの新たなモデルだった。

デビッド・ブラッド

David Blood

私は父の転勤先のブラジルで少年時代を過ごし、そこで目の当たりにした貧困に衝撃を受けた。資産運用責任者を務めたゴールドマン・サックスを退職した後は、資本市場を活用して持続可能な開発という課題に取り組みたいと思った。

２００３年10月、ボストンでアル・ゴアと会い、持続可能投資について議論した。私の関心は貧困と社会的正義にあり、ゴアの関心は言うまでもなく気候変動にあった。その初顔合わせで、私たちは貧困と気候変動は同じ問題、つまり同じコインの表裏だと気づいた。

私たちは「顧客に優れたリスク調整済リターンをもたらす」と同時に「主流派投

資家による持続可能投資を支援する」という2つのミッションを掲げてジェネレーション・インベストメント・マネジメントを設立した。当時の投資業界は、持続可能性やESG（環境、社会、ガバナンス）を真剣に考えていなかったので、私たちはその投資対効果を説明することに力を注いだ。

私たちは長期投資をベストプラクティスととらえ、持続可能性をグローバル経済の基本原理とみなしている。ESGを企業や経営陣の質を評価するツールとして使う。このアプローチは他の投資のフレームワークが見過ごしている重要な気づきをもたらし、最終的にはより高い調整済投資リターンにつながると私たちは考えている。改めて明確にしておくが、私たちは価値観を優先して企業価値をおろそかにしてはいない。

そしてなにより重要なこととして、当社の顧客満足度は高い。2004年にゼロから出発し、今では顧客から預かった運用資産は330億ドルに達する。

持続可能投資とESG投資が大きな成長を遂げたのは好ましいことだ。投資家、資産運用会社、銀行、保険会社がネットゼロへの強いコミットメントを表明したことも心強い。ここ10年の進歩は目覚ましいものだ。しかし十分とはいえない。世界の気温上昇を1・5℃にとどめるという目標を達成するためには根本的変革が必要に

私たちは貧困と気候変動は同じ問題、同じコインの表と裏だと気づいた。

We realized poverty and climate change were the same issue,
just different sides of the same coin.

なる。

1つはっきりしているのは、途上国と先進国の両方において人々とコミュニティへの影響を抑えることができて初めて気候変動という試練は克服できる。ジェネレーションでは、これからの10年が私たちのキャリアにおいて最も重要なものになると考えている。世界は金融業界のリーダーシップを必要としており、またそれは金融業界が果たすべき責務でもある。私たちはもっと高い志を持つべきだ。コンフォートゾーンを飛び出さなければならない。何が可能かという常識を変えていかなければならない。だがなにより重要なのは、行動するという強い決意だ。

私たちは持続可能性をグローバル経済の基本原理とみなしている。

We see sustainability as the organizing construct of the global economy.

とてつもない市場ができる

本書執筆の過程で、グリーン・グロース・ファンドの設立につながった言葉を思い出した。地球温暖化に対する地球規模の取り組みの必要性を訴えた、２００８年のトーマス・フリードマンによる予言的著作『グリーン革命——温暖化、フラット化、人口過密化する世界』のなかで、投資銀行家の発言として紹介されている。投資銀行パイパー・ジャフレーのロイス・クアムは「グリーンエコノミーはとてつもない市場になる」と言ったのだ。「一生に一度あるかないかの投資機会だ」と[*26]。

今日、ようやくクアムが正しかったことが証明されつつある。しかし新技術の市場がすべてそうであるように、クリーンテックにも市場の力学が容赦なく働くことを忘れてはならない。「本物の革命には常に勝者と敗者がいる」とフリードマンは指摘している。

クリーンテクノロジーにいち早く取り組んだ国々は、製造業の成長や雇用の拡大という果実を手にし、最終的に生活水準が向上するだろう。インターネットとは異なり、クリーンエネルギーへの移行は地域レベルで起こる。コミュニティでは新しい静音バスが走り、屋根にはソーラーパネルが取り付けられ、沖合には巨大な風力発電ファームが浮かぶ。世界経済の成長と気候危機の解決がトレードオフの関係にある、という考えが誤りであることはすでに証明された。利益と健やかな地球の両方を手に入れられることは、いまや明白だ。

高まる寄付の必要性

気候危機の優れたソリューションには、投資額に対して10倍といった高リターンをもたらさないものも多い。限られた株主の懐を温めるよりも重要な目的のためにつくられたものだからだ。それでも地球を守ること（そして気候の公平性へのコミットメント）には莫大な資金が必要だ。こうした問題に関心と資金を持つ人々に対して、私たちはお金だけでなく、それ以上に貴重なものを求めている。戦略的寄付に時間と能力を投じてもらうことだ。すでにこうした呼びかけに応えてくれた著名人や企業も少なくない。

気候問題へのアクションは深刻な資金不足の状態にある。全体像を説明しよう。２０１９年の慈善的寄付の総額は７３００億ドルだった。[*27] **このうち気候危機を対象とするものは、2%に満たなかった。**慈善団体は寄付の大部分を医療と教育に振り向ける。なぜか。クライメート・リーダーシップ・イニシアチブのジェニファー・キットに尋ねると、気候問題は医療や教育と比べて「『人』を重んじていないように見えるため」という答えが返ってきた。だが真実はその逆である。「多くの篤志家が気候問題を避けるのは、政府や市場が解決するはずだと考えるためだ」とジェニファーは言う。とはいえ「問題に気づき、恐怖を抱き、具体的に何かしようとする」新しい世代の篤志家もいるという。フィランソロピー（社会貢献事業）は野心的プロジェクトの柔軟な支え手として、大きな違いをもたらしうるとジェニファーは考えている。クライメート・リーダーシップ・イニシアチブはわずか2年で、気候フィランソロピー分野で新たに12億ドルを上回る資金を集めた。

気候変動に寄付をする組織のフロントランナーの１つがイケア財団だ。[*28] スウェーデンで生まれた小売業イケアを所有するグループのフィランソロピー部門だ。ペール・ヘゲンスＣＥＯによると、20億ドルの資金を持つ同財団は「グローバル・サウス（南半球の発展途上国）」において汚染度の高いエネルギーを再生可能エネルギーに置き換えていくことに注力するという。一方、イケアの小売事業は２０３０年までの「カーボン・ネガティブ」の実現、すなわちサプライチェーンを含めた炭素排出量を炭素削減量が上回るようにすると宣言している。

慈善団体は気候変動との闘いに立ち上がっている

2015～2019年の平均

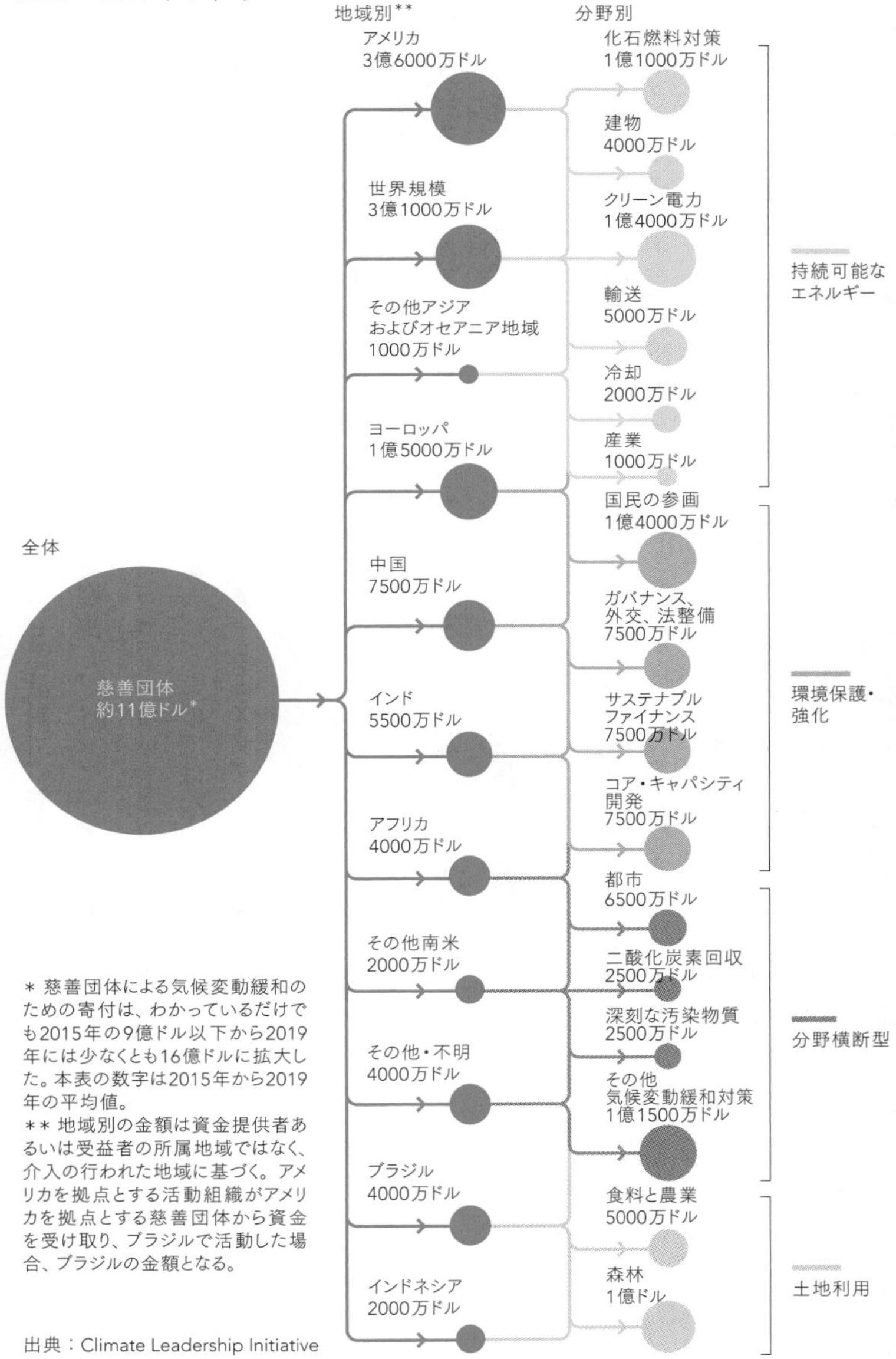

＊ 慈善団体による気候変動緩和のための寄付は、わかっているだけでも2015年の9億ドル以下から2019年には少なくとも16億ドルに拡大した。本表の数字は2015年から2019年の平均値。

＊＊ 地域別の金額は資金提供者あるいは受益者の所属地域ではなく、介入の行われた地域に基づく。アメリカを拠点とする活動組織がアメリカを拠点とする慈善団体から資金を受け取り、ブラジルで活動した場合、ブラジルの金額となる。

出典：Climate Leadership Initiative

２０２０年2月には個人による気候フィランソロピー活動で、新たなロールモデルが誕生した。ジェフ・ベゾスが１００億ドルを拠出し、ベゾス・アースファンドを設立したのだ。ビル・ゲイツのブレークスルー・エナジー・ベンチャーズの先例に倣い、アーリーステージのベンチャーキャピタルになるのではないか、というのが大方の見方だった。世界最大のオンライン小売業であるアマゾンは、すでに自社のために10万台の電動配送トラックを製造するリヴィアンなどクリーンテック・スタートアップを支援していた。アマゾンが２０４０年までに排出ネットゼロを達成するための重要な要素だ。

しかしジェフがアースファンドを設立した目的は違った。第一陣の支援先として16団体を発表したことで、ベンチャーキャピタルというより支援対象を絞ったフィランソロピーに近いことが明らかになった。世界自然保護基金（WWF）、ネイチャー・コンサーバンシー、ロッキー・マウンテン・インスティチュート、憂慮する科学者同盟（UCS）、環境防衛基金[*29]、気候とジェンダーの公平性のためのハイブファンドなど、寄付を受け取った団体には利益を計上したり、株式を発行したり、株式を公開しているところは１つもなかった。ただ大切なエコシステムを保護し、大気中から何ギガトンもの温暖化物質を除去するという試みにおいては、営利企業と変わらぬ規律と決意を持つ非営利組織だ。

海洋や河川、熱帯雨林を保護し、リジェネラティブ農業を育成することは、環境的にも経済的にも途方もない恩恵をもたらす。「ここ数カ月、気候変動とそれが世界中のコミュニティに及ぼす影響と闘うことに生涯を捧げてきたすばらしく優秀な人々から多くを学んできた。彼らの活動に刺激を受け、そうした活動をスケールする支援ができることを嬉しく思っている」とジェフは語った。アースファンドという新たな非営利事業を運営するために白羽の矢を立てたのが、当時ワールド・リソーシズ・インスティチュートのＣＥＯだったアンドリュー・スティアだ。ジェフとアンドリューとの対話を通じて、2人が気候フィランソロピーをまったく新しい次元に引き上げようとしていることがわかった。

ジェフ・ベゾス

この10年ですべてが決まる。２０３０年までに適切な進歩を実現できなければ、もう遅すぎる。私はそれが可能だと考えているし、楽観視する根拠もある。とはいえ、やるべきことは山ほどあり、しかもその途方もないスケールを考えると足がすくむ。私たちは１００年にわたり炭素を大気中に排出する対価を無料と考えてきた。古典経済学の表現を借りれば、価格の設定されていない外部性だ。それは、これまで誤った前提に基づいて数兆ドルもの資本インフラを築いてきたことを意味する。そして今も同じ誤った前提に基づいてインフラを築きつづけている。そうした行為に終止符を打ち、地球を保護しなければならない。

このようなスケールの問題には集団的対応が必要であり、その触媒としてきわめて重要な役割を果たしうるのがフィランソロピーだ。フィランソロピストは政府や企業が取れない、あるいは取りにくいリスクを引き受けることができる。フィランソロピーは新たな試みを立ち上げ、解決策の有効性を証明することができる。それを政府や市場が引き継ぎ、スケールしていけばいい。

ベゾス・アースファンドは純粋なフィランソロピーだ。営利活動の支援は一切しない。排出ゼロの新しい仕組みを生み出すグリーン・スタートアップを支援することは重要だと思っているが、それはアースファンドの目的ではない。

私が驚いたのは、気候問題に対するフィランソロピーの支援額はきわめて少なく、しかも毎年2～3％しか伸びていないという事実だ。気候変動と闘うには少なすぎる。

この10年ですべてが決まる。

This is the decisive decade.

アンドリュー・スティア

Andrew Steer

ベゾス・アースファンドの出発点は、この10年の間にどのようなシステム上の変化が必要かを見きわめ、そうした変化を解き放ち、推進するためにフィランソロピーの資金が貢献できる場を見つけることだ。エネルギー、輸送、産業、食料と農業、金融システムなど、大規模な転換が必要な1つひとつの領域には、複数の「ミニ」転換（ミニと言っても相当大規模だが）がある。たとえば輸送分野では、内燃式エンジンと決別する必要があるが、それに加えて船舶や航空機のための水素技術の開発、さらには公共交通や都市計画の大胆な見直しも必要だ。食料システムでは新しい気候に配慮した農業技術の開発に加えて、サプライチェーンの改革、植物ベースの食物を

中心とした食生活の転換、２０３０年までの食品ロスや廃棄物の半減といった取り組みも必要だ。

こうした取り組みが実現可能で、しかも経済的、財政的、社会的にもメリットがあることはすでにわかっている。しかし知識の欠如、リスク回避、経路依存性といった、必要な速度での改革を阻むさまざまな障害もある。そこでベゾス・アースファンドの出番となる。

変化の進捗状況はさまざまだ。順調に進展し、分水嶺に近づいているものもあれば、まだ緒に就いたばかりのものもある。私たちの役割もそれに対応させる必要がある。基礎研究を支援するケースもあれば、新たな技術のための市場創出を支援するケース、さらには投資リスクを排除するケースもある。政策転換が求められるケース、情報システムと透明性が問題となっているケースでは活動家の団体や監視制度を支えたり、変化のモメンタム（勢い）を生み出すために幅広い勢力のリーダーを組織したりすることもあるだろう。環境の公平性は喫緊の課題なので、私たちのすべての取り組みにおいては社会的問題を考慮する。

ベゾス・アースファンドの第1次支援先の顔ぶれをみれば、こうした多様な介入を網羅しているのがわかるだろう。あらゆる活動を通じて変化のモメンタムを加速させ、変化に抗えない、止めることのできないものにしていくつもりだ。

ジェフ・ベゾス

とにかく慎重に資金を投下していく必要がある。ジグソーパズルが完成した暁にすべてがシステムとしてうまく機能するように。

私たちは投下資金に対して最大の影響を与えられる分野を探した。

変化を引き起こす万能薬はない。気候変動という大問を構成する50以上の小問すべてに役立つ戦略というものはない。だからこそ手ごわい。そして難しい。だが難しいのは当然で、初めからその覚悟がなければ途中で失望し、辞めてしまうだろう。

この闘いに加わる人の数は増える一方だ。賛同してくれる人たちは、フィランソロピーの資金が途方もない目標を達成するのに役立つことを知っている。

こんなふうに考えてみよう。私たちは祖父母世代より良い暮らしをしており、祖父母はその祖父母の世代よりも良い暮らしをしていた。私たちの世代でこのサイクルを終わらせてはならない。とはいえ、これは未来の世代に何を残すかという話ではない。私たちが今、何に取り組むかが重要なのだ。

フィランソロピーのミッション

資金の必要性が高まるなかで登場したのが「フィランソロピー的資本」だ。このハイブリッド型投資を確立しつつあるのが、世界で最も思慮深くダイナミックな篤志家の1人であるローレン・パウエル・ジョブズだ。

1989年、スタンフォード大学経営大学院で修士号取得を目指していた起業家のローレンは、講演に訪れたスティーブ・ジョブズと出会った。2年後、2人は結婚した。2004年、ローレンはエマーソン・コレクティブを設立した。スタンフォード大学の本拠地であるカリフォルニア州パロアルトと、交通量の多い高速道路の間に挟まれたイースト・パロアルトのような低所得地域で教育と経済の公平性を実現するため12億ドルの資金を確保した。

ただエマーソン・コレクティブは非営利組織ではなかった。自らの活動から生じた税引き後利益を、利益を生む可能性がある事業に投資する、「利益を」ではなく「利益も」追求する組織だ（ときには営利事業が目標達成の最も有効な形態である場合もある）。エマーソン・コレクティブの活動が気候の公平性にかかわる問題へとシフトしていくなか、ローレンはさらに一歩踏み込んだ。2009年にフィランソロピーのための組織、エマーソン・エレメンタルを設立したのだ。これからの15年で気候変動問題への取り組みに財産の大部分を投じていくつもりだという。

　私との対話のなかで、ローレンはエマーソン・エレメンタルの目的を「リスクをとり、新しい概念の有効性を証明し、デモンストレーション・プロジェクトを実行すること」と説明した。これまでの歩みとこのようなビジョナリーな取り組みに至った経緯を聞いて、ローレンのこれまでの人生経験がすべてこの重要な仕事に取り組むための準備だったのだとわかった。

ローレン・パウエル・ジョブズ

Laurene Powell Jobs

私はニュージャージー州北西部の田舎町で育った。冬にはスキーのできる山々に囲まれ、自宅の裏には分水界の小川が流れ、前庭の向こうには小さな湖があった。母にとって空気の良いところで暮らすのは大切なことで、また自分が子供時代は毎年サマーキャンプで過ごしていたので、子供も同じように育てたいと考えていた。兄弟と私は家の前の湖で水泳やセーリングを楽しんだ。冬になるとスケートをし、スキーに出かけた。私の世界観は四季の移ろいや、創造と破壊、誕生と再生によって形づくられていった。

海兵隊のパイロットだった父は、35歳のときに飛行機事故で亡くなった。私が3

歳のときだ。私たちきょうだいは、人生は早々と終わってしまうこともあると知った。私が幼いころから読書に親しんだのは、そのためかもしれない。ふつうは3年生で配布される図書館カードを1年生のときに与えられた。私たち家族は旅行をしなかったので、世界に対する見方は主に本を通じて学んだ。旅の代わりに、私は切手を収集するようになった。さまざまな国の切手を集めるなかで、自分がこの世界で何を見たいか、何をしたいか、想像を膨らませることができた。

大人になって父親が亡くなった年齢に近づくと、自分の人生のビジョンについて焦りを抱くようになった。人生は有限で、いつ終わるか予想できないという意識が、目的意識と情熱を与えてくれた。

愛する夫を失ったとき、それを再び痛感した。スティーブはまだ56歳だった。あまりに早い死だった。10年経った今でも、彼がこの世に生み出したものを見ると深い感動を覚える。私の父と違い、スティーブには自分のレガシーと波及効果について、1人の人間の人生がその死後もずっと意味を持ちうることについて、考える時間があった。同じ思いが私のなかにもある。この地球上に生きている間に自分と他の人々に有意義なことができるとすれば、なんだろう。

スティーブはよく言っていた。人生の大部分を占めるのは仕事だ。だから心から満たされた人生を送る唯一の方法は、すばらしいと思える仕事をし、仕事を愛することだ、と。私たち2人はともに人間として成長してきた。私はスティーブから本当に多くを学んだ。チームとともにすばらしい仕事をする方法、相手が自分では気づいていないような最良の部分を引き出す方法などだ。

30年前にスタンフォード大学経営大学院で経営学修士号（MBA）を目指していたとき、私は大学からほんの数キロメートル離れたイースト・パロアルトの街が、シリコンバレーのごみ捨て場になっていることを知った。半導体関連、生物医学関連の廃棄物が大量に捨てられていた。街は処理費用を受け取っていたものの、廃棄物は適切に処理されていなかった。

同じことが世界中の低所得地域で起きている。ヒ素やラドンの水準が高いなど、地下水にはさまざまな有害物質が溶け込んでいる。それは地域で育つ食べ物にも、庭にも、飲み水にも入っていく。地域の学校の財源は固定資産税なので、イースト・パロアルトの学校はウエスト・パロアルトと比べてはるかに質が劣る。課税基盤が弱いからだ。そのため道路も下水道システムも貧弱だ。食料品店も銀行もない。健全なコミュニティが生まれる地盤がないのだ。

２００４年、社会の直面する問題、地球上の命にかかわるシステムはすべて相互に結びついているという信念に基づき、私はエマーソン・コレクティブを立ち上げた。最初に取り組んだのはイースト・パロアルトの教育だ。地域の学生が大学を卒業するのを支援した。でも卒業した学生たちは雇用のない地域には戻ってこなかった。

　ここから重要な教訓を学んだ。**すべての問題に同時に取り組まなければならないのだ。**環境による不公平は、子供の喘息の患者数が全国平均の5倍という事実に現れている。イースト・パロアルトは「ドライブスルー・コミュニティ」だ。毎日5時間以上も大渋滞が続く。排気ガスはコミュニティにとどまる。コミュニティを通過していく車から何の利益も得ていないのに、住民の健康にはきわめて重大な不利益が生じている。喘息に苦しむ子供は2つの不利益を被る。①学校を休みがちになり、②一生涯にわたって健康への悪影響が続く。

　エマーソンはアイデア、デザイン、アクションの領域で活動する。システムの見直しには地域政策の見直しが必要なことも多いため、その分野でも活動している。ただ私はこの新たなモデルを他のコミュニティにも応用したいと思っていた。

　そこで知り合ったのがドーン・リッパートだ。気候テクノロジーの普及を促すアクセレレーター第1号として、現在のエレメンタル・エクセレレーターの前身となる非営利組織を立ち上げた人物だ。ドーンはかつてハワイのクリーン・エネルギー・イニシアチブのリーダーを務めていたとき、コミュニティが化石燃料と決別するにはイノベーションが重要な役割を果たすことを知った。エレメンタルは政府とフィランソロピーの両方から資金を受けている。画期的な気候イノベーションを、気候問題のソリューションを求める地域の意見やリーダーと結びつけようとする実験的試みだ。

エレメンタルには最も優れた気候問題のソリューションは最も公平なものでもある、という哲学がある。私はドーンの活動に深い感銘を受け、すぐに尋ねた。「どうすればこのモデルを一気に加速できる？」。こうしてエレメンタル・エクセレレーターが誕生した。

ハワイ州にはローレン、ドーン・リッパート、そしてエレメンタル・エクセレレーターのチームが活躍できる機会があった。２００８年頃まで州は電力の90％を石油に頼っていた。[*30] 船舶輸送に最も適した化石燃料だったからだ。ただこの利便性には、大気汚染や大量の温室効果ガスの排出は言うに及ばず、貧しい人々にはおよそ負担

できないような高い電気料金という対価がともなっていた。

ハワイでの再生可能エネルギーへの移行を後押ししたのは石油価格の高騰だ。他の州より何年も前に、ソーラーパネルや給湯器の設置が経済合理性のある選択肢となった。ハワイはクリーンなエネルギー、水、食料、輸送分野の革新的で公平なソリューションを実験するための理想的なキャンバスだった。いずれも気候にかかわる公平性と正義を実現するのに必要なソリューションでもある。

ドーン・リッパート

Dawn Lippert

ハワイに来て、エネルギーにかかわるさまざまな問題に衝撃を受けるとともに、気候危機がコミュニティの抱えるさまざまな問題をさらに悪化させていることを実感した。たとえばエネルギー問題を議論しはじめると、5分も経たないうちに水、交通手段、教育、あるいは労働力の問題に行き当たる。島で活動することの利点はそこにあるともいえる。規模が小さいため、システム全体がどのようにつながっているかわかりやすいのだ。

世界中で気候ソリューションを加速させ、社会的公平を実現するための私たちの活動は、2009年にハワイでクリーンテクノロジー企業に資金を提供したところから始まった。決定的に重要なギャップを発見し、技術的にも結果は出てきた。だがそれでも大規模な普及にはつながらなかった。問題は商業的コンテキスト（文脈）とコミュニティのコンテキストが欠落していたことだ。

コミュニティとは気候ソリューションが導入される地域だ。エレメンタルはテクノロジーと住民のかかわりを現実的なものにするため、地域レベルでデザインの支援をする。どれほど優れたテクノロジーがあっても住民が受け入れなければスケールする見込みはない。ソリューションの半分はテクノロジーで決まるが、残りの半分はコミュニティで決まることを私たちは目の当たりにしてきた。

企業とコミュニティ（さらには大規模な商業化）とのギャップを橋渡しするために私たちが使用する手段が、デモンストレーション・プロジェクトへの資金提供だ。これまでに世界中で70件以上を手がけてきた。たとえばソース・グローバルという企業は、既存のインフラから完全に独立し、太陽光と空気から飲み水を生成する「ハイドロパネル」を製造している。ハイドロパネルの多くは個人宅や学校に設置されていたが、ソース・グローバルは何百、何千というハイドロパネルを接続し、コミュニティを包含する規模のソリューションをつくる新たなビジネスモデルを試したいと考えていた。ソース・グローバルはオーストラリアの先住民のコミュニティと初の「水購入合意」を結び、私たちがプロジェクトファンディングの仕組みを使った。この新たなビジネスモデルがコミュニティ規模で成立することを実際の使用データによって証明できたことで、ソースはプロジェクトファイナンスを獲得し、世界50カ国以上でモデルを展開できるようになった。

ここ12年で私たちは世界66カ国の5000社以上のスタートアップを評価し、そのうち100社以上に投資してきた。この頼もしい企業群は、いまや2000人以上を雇用し、エレメンタルの出資した資金をテコに、その後の資金調達ラウンドで40億ドルを集めている。

こうしたスタートアップとともに活動するなかで、気候テクノロジーを商業化するためのノウハウと理論を発見し、その成長を加速させるための新たな方法論を開発した。私たちは急激な変化を起こし、現状を打破しようとする起業家たちと仕事をするのが大好きだ。そして適切なツールとサポートがあれば、彼らはテクノロジーを活かして社内で、そしてコミュニティ全体で、社会的公平性を推進できる特別な立場にある。

エレメンタルの活動は、気候ソリューションがどのようにコミュニティのニーズを満たすことができるか、そして起業家や投資家が気候の公平性を優先事項と位置づけることで、それを現実的でスケーラブルな事業のなかに取り込んでいけるかを示している。公共交通をより公平なものにするためのソフトウエアを開発したスタートアップや、貧しいコミュニティで住宅を改修してエネルギー効率を高めるスタートアップにも資金を提供している。

それに加えてエレメンタルは、出資先企業や気候関連の仕事での若者のインターンシップに資金を出している。今後5年間で、伝統的に社会から虐げられてきた集団や有色人種を主な対象に、５００人分の新たな気候関連雇用を生み出す計画だ。

ハワイ州でクリーンエネルギー関連の仕事に就いている人は推計1万人とされる。[*31] 住宅のエネルギー効率とクリーン電力の両方において全米トップであり、まもなくクリーン電力で州内需要をほぼまかなえるようになる見込みだ。２０２０年のクリーンエネルギーの構成比は30%という目標を上回った。[*32] ２０３０年までに70%、２０４５年までに１００%という目標に対してもきわめて順調に推移している。

ローレンの言うように、私たちはシステム全体に対して同時に働きかける必要がある。エネルギー、食料、水、輸送システムは、社会の教育、住宅、刑事司法、政治制度と密接に結びついている。未来の大企業を生み出そうとする起業家には、きわめて重要な役割がある。

ローレン・パウエル・ジョブズ

フィランソロピー資本には何ができるのか。大切なのはリスクをとり、概念の有効性を証明し、デモを実行することだ。しかし政府資金の役割を奪うべきではない。フィランソロピー資本は概念の有効性を証明したら、それをスケールできる企業に転換する、あるいはスケールする能力を持った別の会社に売却する必要がある。フィランソロピー資本が「スケール志向」の資本にできることをするべきではない。私たちは「リスク志向」の資本だ。速く失敗し、速く学習し、速く行動するというサイクルができてさえいれば、ポートフォリオ企業の30%が失敗しても問題はない。

ほかの30%は、構造的に公平かつ寛容で、事業遂行力も備えた会社へと成長していくだろう。そしてさらに30%は正しい事業に取り組んでいても、財務的に行き詰まるかもしれない。それで構わない。エレメンタルは成功に対して「30×30×30」というイメージを持っている。すべての支援先が成功しなければならないと思ったら多くの機会を見逃してしまうだろう。

私たちの目の前には途方もない機会がある。たくさんのアイデアや優秀な人材の手に資金が渡っている。ただ問題は「ネットゼロを達成できるのか」そして「気候災害を回避できるのか」だ。

私は自らの使える資金の相当部分を気候危機に注いでいる。しかもそれをこれからの15年で使い切るつもりだ。人類は正しい方向に十分な速さで向かっていない。これからの10～15年が本当に重要になる。

スピード&スケール計画のＯＫＲを見ていて特に不安になるのは、必要とされる変化がすべて途方もない規模であることだ。だから全員で取り組む必要がある。あらゆる部門、あらゆる産業が変わらなければならない。これまで人類が経験したことのないような挑戦だ。

でも人類は1年足らずで新型コロナウイルス感染症のワクチンを開発し、テストし、製造し、普及させた。気候危機に立ち向かうことは可能だ。新型コロナに立ち向かったときと同じレベルの集中力と危機感が必要だ。今度の敵は私たちが触れることも感じることもできず、しかもその影響を完全にはまだ実感できていないものだ。先手を打つより後手で対応しようとするのが人間の本能だ。

起業家と会うと、私はとても楽観的な気持ちになる。イノベーションを起こし、創造し、普及させるというのは人類の得意とするところだ。この問題を解決するため、知恵を結集し、活かしていく必要がある。

気候危機を解決するための活動がすばらしいのは、その果実として私たちは自然界や四季の移ろいと調和した生き方を取り戻せることだ。やがて健全で美しい世界が生まれるだろう。

気候危機は人類にもたらされた最大級のチャンスととらえるべきだ。

Conclusion

結論

結論

本書の冒頭で、59ギガトンの温室効果ガスの排出をゼロにし、気候災害を回避するためのアクションプランを示す、と約束した。それを実現するための目標や手段を明らかにするため、ここまで最善を尽くしてきた。だが本書の構想をタイタニック級のスケールで実現するためには、もっと多くの人が行動を起こし、より多くのテクノロジーを活用し、人類史上なかったほど活発に新たなテクノロジーを発明する必要がある。居住可能な惑星としての地球を守るためには、より多くの資金、そして今よりはるかに多くのリーダーシップ、団結が必要だ。まだ道は長い。

正直に言おう。怯えているのは私の娘やグレタ・トゥーンベリだけではない。私自身、もう手遅れではないかと恐怖に駆られる朝もある。炭素をたっぷり含んだ空気を吸っていると不安な気持ちになる（たしかに、パニックこそが適切な対応のときもある）。あなたが本書を読んで恐怖に駆られ、行動を起こしたら、そして私と同じように不安を抱いたら、私は責任を果たしたことになる。しかし恐怖に意味があるのは、人々

を思考停止に陥らせるのではなく奮い立たせたときだ。人々の背中を押すためには、恐れは希望と結びついていなければならない。

ここまで読んで、あなたは不思議に思うかもしれない。なぜ私は人類がタイムリミットまでにネットゼロを達成できるという希望を抱くのか。なぜ白旗を上げないのか。なぜ避けられない事態を受け入れ、迫りくる嵐を前に子供たちを抱きしめないのか。

1つめの理由は、人類の創造的才能、そして協力する才能を信じているからだ。火の使用から自動車、インターネット、そしてスマートフォンまで、人類史は限りないフロンティアの連続だった。アメリカをイノベーションの中心地と呼ぶのは正しいが、それは世界中からかき集めた才能と野心で成り立っている。私たちは今、大陸横断鉄道を建設したときのスケール、そして新型コロナ・ワクチンを開発したときのスピードを見習い、さらにスケールとスピードを高めていく必要がある。これは比類なき挑戦であり、アメリカだけの闘いではない。グローバルな問題を一国だけで解決することはできない。

本書の最初のほうで紹介した、フランクリン・D・ルーズベルト大統領のナフキンを覚えているだろうか。第2次世界大戦中、枢軸国が連合国を追い詰めた局面があった。ヒトラーの軍隊はデンマーク、オランダ、ベルギー、ノルウェー、フランスを占領した。日本軍は東南アジアで暴れ回っていた。イギリスはナチスの電撃戦に苦しめられていた。自由世界はまさに存亡の危機に瀕していた。

流れを変えるためには世界がかつてないスケールで（そして今私たちに必要とされるスケールで）団結する必要があった。新たなテクノロジーを次々と生み出す必要もあった。[*1] 双方向無線、レーダー、ソナー、より強力なコンピュータ、ルーズベルト大統領とイギリスのウィンストン・チャーチル首相が海を越えて安全に協議するための世界初の音声暗号化システムだ。アメリカ、イギリスとその同盟国は自動車や家電を製造するのをやめ、軍備の製造に全力を傾けた。[*2] こうして１万４０００隻の船舶、８万６０００輌の戦車、28万６０００機の航空機、２５０万台のトラック、４億３４００万トンのスチール、４１０億発の弾薬を生み出した。

気候危機を克服するためには、これを上回る集中力と決意が必要だろう。温室効果ガスの排出は目に見えないことも多く、ドイツ空軍機よりも狙い撃ちするのは難しい。しかし第2次世界大戦中と同じように、この闘いにも人類の未来がかかっている。ルーズベルトやチャーチルと同じように、私たちも一刻の猶予もない。化石燃料企業が自己改革をして、私たちの取り組みに賛同するのを待っている余裕はない。想像もできないようなブレークスルーが誕生するのを座して待つわけにはいかない。今ある道具を使って前へ進む必要がある。**「目新しいもの」を追いかけるのと同じ熱意を持って、「今あるもの」を活用しなければならない。**

根本的変化は、それが道徳にかなっているから起こるのではない。経済合理性があるから起こるのだ。私たちは正しい結果を収益性の高い結果にすることで、それが実現する可能性を高めていかなければならない。

クリーンエネルギーが世界にあまねく普及するためには、競争優位性が必要だ。起業家とベンチャーキャピタリストだけではクリーンエネルギーを普及させることはできない。どれほど優れたブレークスルーも、支えなければしぼんでしまう。市場からの強力な後押しを受けるためには、国家が野心的政策を打ち出す必要がある。そして２０５０年までにネットゼロを達成するのにもう１つ不可欠な要素がある。気候にかかわる公平性と公正さの確保だ。**欲深さや利己心、市場の失敗、あるいは政治の無能によってクリーンテクノロジーへのアクセスが阻害されるようなことがあれば、人類は失敗する。**

新型コロナ・パンデミックが重要な教訓を与えてくれる。多くの人が世界は集団免疫を獲得するという楽観的見通しを抱いていたのは、そう昔のことではない。だが今日、そのような未来は当分実現しそうにない。リーダーの質のバラツキ、人々の気まぐれな行動、そして何よりワクチンの入手可能性と医療支援体制の極端な格差が原因だ。

気候問題においては豊かな国々（その代表例がこれまで最も多くの汚染物質を排出してきたアメリカだ）がより多くの対応をしなければならない。必要なのはバイデン政権が最近表明した方針を凌駕するような気候版マーシャルプランだ。北米、ヨーロッパ、アジアの豊かな国々は自力では環境にやさしいエネルギーへの転換を行えない国々への財政支援や援助を引き受けなければならない。低所得国においても再生可能エネルギーの信頼性が高まり、価格も手ごろになって初めて、化石燃料からのシフトという動きはしっかりと根を下ろす。そうなれば、もうその勢いは止まらない。クリーンテックは21世紀最大の事業機会となるだろう。

私たちのネットゼロ計画は、目標と主要な結果（OKR）という線路を走っていく。本書をここまで読んでくださった方には、10個のハイレベルの目標と、それを支える55の主要な結果を見てきたはずだ。目の前の危機に対処するには欠かせない目標

だと私たちは考えている。ＯＫＲの守護神ともいえるアンディ・グローブのお眼鏡にもかなうという自信もある。居住可能な地球を守るために**「何を」「どうする」**か、ギリギリの提案だ。熱意ある人々が有効性の実証された手法を使って野心的目標の達成に挑めば、あらゆる予想を超えるような結果が生まれる可能性がある。

ＯＫＲはいくつもの優れた効果を生み出す。活動の焦点が絞られる、足並みがそろう、コミットメントと野心が生まれる。だが何より重要なのは**「トラッキング（追跡）」**、すなわち継続的測定だ。同じような手法のなかでもＯＫＲが特に優れているのは、この点だ。**重要な項目を測定しなければ、到達すべき場所に確実に到達できる保証はない。**

温室効果ガスは控えめに言っても手ごわい、解決の難しい問題だ。タイムリミットまでにネットゼロを達成するためには、地球全体でどれだけの炭素が排出されているのか、それがどこで、誰によって排出されているかを正確に、リアルタイムに把握しなければならない。そのためには数学的モデル、人工知能、そして最新型の衛星まで、いくつもの精密なツールが必要だ。国や企業の責任を問い、また時間とリソースを最も重要度の高い分野に集中するためには信頼性の高いデータが必要だ。

測定は本書のすべての章を貫く概念だ。それは１つひとつの目標に意味を与える普遍的な加速要因だ。一見不可能な目標への進捗を追跡することで、そこに到達できる可能性が生まれる。

ただ、根が技術者の私には二酸化炭素換算排出量やメタン濃度、気温上昇や排出量などすべてを精緻に把握しようとするきらいがあるが、その一方で知識には限界があることも謙虚に受け入れる必要がある。アインシュタインは黒板に、大切なことをすべて数字で測れるわけではない、と書いたとされる。人間の独創性やひらめきを測れる指標はないし、もちろん未来を見通す水晶玉もない。今から２０５０年までの時間は、科学技術にとっては永遠に近い。30年先を予測しようとすれば、不確実性はとてつもなく高くなる。それでも未来を予測しようと最善を尽くすべきだ。

私たちにとって逆風となるのは、世界人口の着実な増加だ。**59ギガトンの排出量は、減少に転じる前にまず増加するだろう。**「ニューノーマル」はまもなくより厳しいものになる。より多くの土地、建物、資材、輸送、食料、エネルギーを求める人が数十億人増える。より安価な代替手段を提供できなければ、環境汚染度の高い選択肢が使われる。

一方追い風となるのは、すでに有効性の証明されたスケーラブルなクリーンテクノロジーと、劇的なイノベーションの可能性だ。合成燃料、昆布の森、人工的炭素除去手段、グリーン水素、あるいは核融合炉にどれほどの可能性があるかはまだ明らかになっていない。今日ＳＦに思えるような技術が、明後日には当たり前に使われているかもしれない。このような技術のいくつかが母なる地球を救ってくれるかもしれない。大きな希望はたしかにある。

　これを賭けという人もいるかもしれない。だが私は、生命の危険に対する健全な生物学的反応、闘争逃走反応だと考えている。**ただし逃走という選択肢はない。地球温暖化から逃げ切ることはできないからだ。使える武器をすべて使って闘い抜くしかない。**

　この闘いは輝く光にあふれている。30年以上も気候問題と戦ってきた戦士もいる。新たな視点で道を示そうとする若き活動家や起業家もいる。彼らが活動を強化し、加速させるのに必要な支援を届けなければならない。

　２０２１年４月、ドイツの最高裁は「今すぐ」対処することの重要性を認めた。若き環境活動家らによる申し立てを受けて、連邦政府に２０３０年までの排出目標を達成するための「より緊急かつ短期的対策」を実施するよう命じたのだ。地球温暖化が１・５℃を超えると、若者たちの「人間の未来に対する基本的権利」が脅かされると宣言した。[*3]

グラスゴーでのＣＯＰ26やその後開かれる国際的な気候会議においても同じようなアプローチが必要だ。各国の自発性に任せた宣言や約束ではもはや不十分だ。**各国は目標を設定し、実行しなければならない。そして化石燃料を環境にやさしい代替手段と置き換え、それでも避けられない炭素排出は大気中から除去する責任を引き受けなければならない。**太陽光、風力をはじめとする新たなクリーンエネルギーで世界を動かすというビジョンは説得力を増している。それを実現する機はすでに十分熟している。

本書はみなさんへの蜂起の呼びかけだ。ぜひ地球を救う闘いに加わっていただきたい。ここまで主に政府、ムーブメント、非営利組織、企業、投資家など世界を動かす主要プレーヤーの責任について論じてきたが、すべての人に果たすべき役割がある（自宅の照明をＬＥＤ電球に取り換える以上に、政治家を取り換えるほうが重要かもしれない）。

あなたはどうすれば気候問題のリーダーになれるだろうか。まず学習、対話、議論を通じて**「何を」**しなければならないかを明確にする。次に他の人々にそれを**「やりたい」**と思わせる。そして最後にあなた自身の言葉で、あなたらしいやり方で、他の人々を動かしていくのだ。

本書に示した青写真は、今私たちの目の前にある課題としっかり向き合うための試みの1つだ。あくまでも出発点である。私たちが熱心に取り組み、力を合わせて貢献することで青写真は改善していくだろう。そこにはあなたの力が必要だ。ウェブサイト（speedandscale.com）を通じて参加してほしい。議論、討論、批判は大歓迎だ。すべての答えを持ち合わせている人はいないが、全員の力を結集すれば解決策が見つかるかもしれない。

私は父親、投資家、活動家、そしてフィランソロピストという人生のすべての側面において気候問題を意識している。今みなさんが手に取っている本も、そうした生き方の産物だ。本書の執筆は私の人生において最もやりがいと知的刺激にあふれる、そして消耗する仕事だった。自分の意思でやっているとはいえ、大変だったことに変わりはない。手に負えない仕事を引き受けてしまったのではないかと思うこともあった（実際にそう批判されたこともある）。でも何があろうと全身全霊で取り組まなければならないときがあるとすれば、それは今だ。「気候変動は私にはかかわりのない問題だ」と言える者はいないのだから。

これは私たち全員の問題だ。

ベビーブーム世代がみなそうであるように、私もおそらく２０５０年には生きていないだろう。私たちは3億年前につくられた化石燃料と、温室効果ガスには何の弊害もないという幻想に支えられた豊かな時代に青年期を過ごした。私たちの育った第2次世界大戦後の世界では、裏庭でのバーベキューが幸せな暮らしの象徴だった。ガソリンをふんだんに消費するクルマで遠方から友人たちが駆け付ける。コンクリートづくりのパティオには祭壇のようにスチール製のグリルが据えられ、石油を使った着火剤で炭火を起こし、ステーキを焼いた。炭素をいっぱい含んだ煙が目に染みたが、最高に幸せだった。地球温暖化に関するデータなどほとんどなく、大量に炭素を排出することの弊害に思いをはせる者など１人もいなかった。

　ネットゼロの実現を阻むさまざまな障害のなかでも、このようなノスタルジックな思い出は一番厄介なものかもしれない。慣れ親しんだ暮らしにしがみつこうとするのが人間の性《さが》だ。それを手放すのは容易ではない。それでもやはり選択の余地はない。炭素排出ゼロの新しい幸福な人生のパラダイムにシフトすべき時期はとっくに過ぎている。

今、私がメアリーに伝えるべきことは何だろう。娘・息子世代へのメッセージとは何か。まず私は、自分の世代が犯した過ちの責任を引き受けるつもりだ。この重大な危機に対応するために、自らの役割をこれからもずっと果たしていく。そのうえで**「ちゃんと解決して」**というあのときのメアリーの言葉を、そのまま返そうと思う。地球を救うためには、強い危機感を持つメアリーの世代に先頭に立ってもらわなければならないからだ。

今日の若者たちは、気候危機の世界で大人になろうとしている。彼らは２０５０年まではもちろん、それ以降も公正で居住可能な地球で生きていく権利を生まれながらに持っている。勇気あるリーダーや活動家、先見性のある投資家、新たな使命に目覚めた企業やフィランソロピスト、そして何より優秀なイノベーターの力を借りて、若者たちは私たちをネットゼロの世界へと導いてくれるかもしれない。私たちのエネルギーと才能と影響力を結集すれば、乗数効果によって山が動くかもしれない。少なくとも海や森を救うことはできるかもしれない。

途方もなく困難な課題を前に、さまざまな逆風や期待が渦巻くなかで、私に何よりも希望とインスピレーションを与えてくれるのは情熱あふれる若者たちだ。

すべての答えを
持ち合わせている人はいないが、
全員の力を結集すれば
解決策が見つかるかもしれない。

While none of us have all the answers,
together we may find a solution.

謝辞

Acknowledgments

謝辞

ウィンストン・チャーチルはかつてこう書いた。「本を書くのは冒険だ。最初は楽しいおもちゃに過ぎない。それが愛人になり、主人になり、ついには暴君となる。いよいよ隷属する立場を受け入れようとする寸前に怪物を殺し、大衆に向けて放り投げるのが最終段階だ」

本書という怪物をみなさんの人生に放り投げようとする今、私は感謝の気持ちでいっぱいだ。まず壮大な問題を解決し、人間の潜在力を引き出すためのＯＫＲという仕組みをアンディ・グローブから受け継ぐことができたのは非常に幸運だった。次に母国であるアメリカ、そしてリスクテイクを称え、報いてくれる世界中の国や機関に感謝している。

妻のアン、娘のメアリーとエスターには言い尽くせないほど感謝している。彼女たちの忍耐、励まし、愛情のおかげでこの長く困難なプロジェクトをやり遂げることができた。

そして読者のみなさんにも先にお礼を申し上げておきたい。ぜひ本書にフィードバックを寄せ、気候危機に関心を持ち、リーダーシップを発揮していただきたい。みなさんがコミットメントと賢明な意思によって、周囲の人たちに「やらなければならないことをやりたいと思わせる」ことができると信じている。

その経験をぜひ、メールで送っていただきたい（john@speedandscale.com）

チームへ――ライアン、アリックス、アンジャリ、エバン、ジェフリー、ジャスティン、クイン

本書が生まれるプロセスは、勝利にはチームが必要だという私の信念を裏づけてくれた。パートナーのライアン・パンチャドサラムは本書の共同制作者だ。ライアンの協力、意欲、優れた判断力なくして、本書の構想、ＯＫＲ、スピード&スケール計画は存在していなかったはずだ。

本書も私も、才能あふれる共同執筆メンバーに恵まれた。ジェフリー・コプロンとアンジャリ・グローバーとは、私の処女作『Measure What Matters』以来のつきあいだ。技術者である私は、表現力や語彙力で苦労することがある。ジェフリーは私の意見を尊重しつつ、文章の粗を直してくれる。決して簡単な仕事ではない。アン

ジャリは論理的思考、一貫性、知的厳密さに優れており、本書にわかりやすさと緻密さを与えてくれた。

エバン・シュワルツは想像力豊かで経験豊富な環境問題のストーリーテラーで、ドキュメンタリ映画の脚本家でもある（昆布の熱烈な信奉者の顔もある）。アリックス・バーンズは政策と政治に関することならどんなことでも頼りになる、賢明で情熱的パートナーだ。ジャスティン・ギリスはダイヤモンドのようだ。タフで聡明で、かつてはニューヨーク・タイムズ紙で科学と気候問題のリードライターだった。曖昧な思考は外科医のような精密さで削ぎ落していく。事実と明瞭さにこだわり、専門家しかわからない略語には容赦ない。

緻密で頼りがいのあるクイン・マービンはリサーチとデータチーム（ハイカー・メディナとジュリアン・カンナ）のリーダーとして、１０００個近いデータの出所を確認し、５００以上の原註にまとめてくれた。

アルとハル[*1]

いつも私に刺激を与えてくれる唯一無二の思想家・活動家にふさわしい評価とはどのようなものか。２００７年、ノーベル委員会はこの人物（およびIPCC）の「人為的気候変動とそれを防ぐのに必要な対策について知識を深め、普及させた功績に対して」ノーベル賞を授与した。

アル・ゴアとは過去15年にわたって毎週電話会議をしてきた。気候変動という人類存亡の危機に人生を投じたアルは、常に楽観的で、揺るぎない意思と無私の心を持っている。アルが率いるクライメート・リアリティ・プロジェクトのチーム（リサ・バーグ、ブラッド・ホール、ベス・プリチャード・ギア、ブランドン・スミス）は最高だ。読者のみなさんには、ぜひ私を含む5万人のボランティアとともにクライメート・リアリティ・リーダーシップ・コープに加わっていただきたい。アル・ゴアのパートナーであり、友人であることは私の誇りだ。

スタンフォード大学出の技術者であるハル・ハーベイは、地味で謙虚な気候変動の闘士だ。ハルが立案した政策は、炭素排出を直接的に削減する効果のある２００以上の法律や基準に盛り込まれている。それでもハルの意欲は微塵も衰えない。アメリカ、ＥＵ、中国政府のすべてから信頼されている。きわめて有能で、明確な意思を持つ、データドリブンな気候問題の論客だ。ブルース・ナイルズ、ミンシュ・デン、ロビー・オルビス、メガン・マハジャンなど、ハルが率いるエナジー・イノベーションのチームは人脈、エピソード、気候モデリングの面で本書に多大な貢献

詳しくはこちらのウェブサイトで。
climaterealityproject.org

をしてくれた。

創業者たち——ジェフ・ベゾス、ビル・ゲイツ、ローレン・パウエル・ジョブズ

ジェフ・ベゾスを中心とするたくましきアマゾン軍団は、さまざまな側面を持つ気候変動ムーブメントにおける熱心な、そして貴重なリーダーだ。「大きく、速く」というアマゾンの持ち味は、そのグローバルなオペレーション、ロジスティクス、サプライチェーン、何千台というリヴィアンのＥＶ配送車、ＡＷＳの「ネットゼロ・クラウド」に見て取れる。自社の事業にとどまらず、アマゾンは他の会社にも「クライメート・プレッジ」への参加を促している。それに加えてベゾスが立ち上げた１００億ドル規模のベゾス・アースファンドもある。本書の物語をともに形づくってくれたジェフ、カラ・ハースト、アンドリュー・スティア、ジェイ・カーニー、ドリュー・ハーデナー、アリソン・リーダー、ルイス・ダビラ、フィオナ・マックルースに感謝している。

ビル・ゲイツと初めて出会ったのは、マイクロプロセッサ、ムーアの法則、ソフトウエアが支配する魔法のような世界で働いていた頃だ。それが教育、世界の貧困、

フィランソロピー、気候危機をめぐる熱き協力関係の始まりだった。ビルに、そしてビルのまとめたすばらしい専門家チームであるラリー・コーエン、ジョナ・ゴールドマン、ロディ・グイデロ、エリック・トゥーネ、カーマイケル・ロバーツ、エリック・トゥルーシェビッチ、そしてゲイツ財団とブレークスルー・エナジーのみなさんにお礼を申し上げる。

ローレン・パウエル・ジョブズはエマーソン・コレクティブのビジョナリーな創設者だ。本書にはエマーソンの気候変動に対する取り組みの1つであるエレメンタル・エクセレレーターのドーン・リッパートにも登場してもらった。ロス・ジェンセンをはじめとするエマーソンのチームはとびきり優秀だ。「気候危機は人類にもたらされた最大級のチャンスととらえるべきだ」という言葉で、本書を美しく締めくくってくれたローレンにお礼を言いたい。

世界的な政策立案者たち——クリスティアナ・フィゲレス、ジョン・ケリー

クリスティアナ・フィゲレスとジョン・ケリーの熱烈で粘り強い、そして危機感を持ったリーダーシップを十分に表現する言葉は見当たらない。クリスティアナは世界初の全会一致で採択された法的拘束力のある気候変動協定であるパリ協定の立役者だ。ジェフ・ベゾスの言葉を借りれば「クリスティアナはすばらしい、まるで自然の猛威だ」。

ジョン・ケリーはアメリカ国務長官を務めた後、パリ協定には交渉団のトップとして参加した。ジョンを気候問題担当の大統領特使としたのは、バイデン大統領のすばらしい選択だった。ジョンには２０３０年までに世界の炭素排出量を50%削減する（そして２０５０年にはネットゼロを達成する）という合意をまとめる使命が与えられた。雄弁で優美なストリートファイターで、気候危機の解決に向けて、そして本書のために多大な貢献をしてきた。

世界のＣＥＯたち――メアリー・バーラ、ダグ・マクミロン、スンダー・ピチャイ、ヘンリク・ポールセン

本書のためのリサーチの過程で、世界の企業の影響力、前進、可能性にワクワクした。ゼネラル・モーターズ、ウォルマート、アルファベット（グーグル）、オーステッドはそれぞれ輸送、商業、テクノロジー、再生可能エネルギー分野の傑出したリーダーだ。

最初のインタビューに登場したゼネラル・モーターズＣＥＯのメアリー・バーラ

は、２０３５年までに内燃式自動車の製造を終了するという大胆な決意を表明した。メアリーはＧＭにイノベーション、実行力、顧客中心の姿勢、そして危機感をもたらしている。

ウォルマートＣＥＯのダグ・マクミロンは、影響力の大きいビジネス・ラウンドテーブルの会長でもある。ウォルマートがなぜ、どのように２０４０年までにネットゼロを（オフセットなしで）達成しようとしているか、そして５０００万エーカーの大地と、１００万平方マイルの海洋を保護することで「地球再生企業」になるという構想を率直に語ってくれた。ウォルマートは広大なサプライチェーンを巻き込み、サステナブル・バリュー・ネットワークスを立ち上げた。

スンダー・ピチャイはグーグルの親会社で、民間部門で有数の再生可能エネルギーの購入者であるアルファベットのＣＥＯだ。スンダーはアルファベットが大胆な投資計画、業界の基準づくり、調達、ＡＩ、アドボカシー活動を実践してこられたのは共同創業者であるラリー・ペイジとセルゲイ・ブリン、そしてケイト・ブラント、ルース・ポラット、エリック・シュミット、スーザン・ウォジスキ、ニック・ザクラセックらのおかげだと指摘する。トム・オリベリ、ベス・ダウド、そしてアルファベットのすばらしいチームに感謝している。

オーステッドの元ＣＥＯ（そしてレゴの改革者）であるヘンリク・ポールセンは、デンマークの国有化石燃料企業を、世界最先端の洋上風力発電会社に転換するまでのドラマチックな物語を語ってくれた。

思想的指導者たち――ジム・コリンズ、トーマス・フリードマン、ビル・ジョイ

「アイデアを生み出すのは簡単。実行がすべてだ」というのが私の口癖だが、モノを考えることの重要性はよく理解している。思想的指導者たちの才能には敬服している。

その１人が作家、研究者、元スタンフォード大学経営大学教授、そして反逆者であるジム・コリンズだ。私は何十年も前から、リーダーシップの定義の曖昧さに不満を抱いていた。ジムは近著『ビジョナリーカンパニーＺＥＲＯ』のなかで、ドワイト・アイゼンハワーの言葉を引きながらリーダーシップを完璧に定義してみせた。「リーダーシップとは、部下にやらなければならないことをやりたいと思わせる技術である」と。ソクラテス式問答のジェダイ・マスターであるジムは、本書にも厳格さと明確さを求めた。「何を」「どのように」進めるべきかだけでなく、「なぜ」進め

るべきかという正しい問いを投げかけてくれた（そして答えを導き出すのを手伝ってくれた）。

ニューヨーク・タイムズ紙のコラムニストであるトーマス・フリードマンは著書『グリーン革命――温暖化、フラット化、人口過密化する世界』で、市場（グローバリゼーション）、ムーアの法則（インターネット）、母なる自然のあいだで構造的ストレスが高まっていることを見事に描き出した（ちなみに最後に勝つのは常に母なる自然だ）。トムが点と点をつなぎ、道を示してくれたことに、またトムという人物が存在することに感謝している。

ビル・ジョイはインターネットのエジソンであり、とびきり優秀なエンジニアだ。真の未来学者であり、その他大勢よりはるかに先を見通すことができる。ビルは私たちに必要なクリーンテクノロジーを発見・開発するための、クライナー・パーキンスの科学に基づくフレームワークにアドバイスを与えてくれた。

起業家たち

マーガレット・ミードの名言をこんなふうに言い換えたい。「少数の起業家たちの世界を変える力を侮ってはならない。これまで世界を変えてきたのは、それだけだ」。

本書も、そしてこの世界も、起業家たちの物語、闘い、そして成功によって大いに恩恵を受けてきた。スピード＆スケール計画にとりわけ重要な貢献をしてくれたのは、イーサン・ブラウン（ビヨンド・ミート）、アモル・デシュパンデ（ファーマーズ・ビジネス・ネットワーク）、テイラー・フランシス、クリスチャン・アンダーソン、アヴィ・イツコヴィッチ（ウォーターシェッド）、リン・ジュリック（サンラン）、バドリ・コサンダラマン（エンフェーズ・エナジー）、ナン・ランソホフ（ストライプ）、ピーター・ラインハート（チャーム・インダストリアル）、ジャグディープ・シン（クアンタムスケープ）、Ｋ・Ｒ・スリダー（ブルーム・エナジー）、Ｊ・Ｂ・ストローベル（レッドウッド・マテリアルズ）だ。みなさんとそのチーム、そして世界中のイノベーターに感謝している。

投資家たち

デビッド・ブラッドはアル・ゴアとともに複数のサステナビリティ・ファンドを設立したジェネレーション・インベストメント・マネジメントの最高責任者だ。デビッドと、世界最大の投資ファンド、ブラックロックＣＥＯであり、資本市場のリーダーとして知られるラリー・フィンクに感謝する。

アイラ・エーレンプライス、ヴィノッド・コスラ、マット・ロジャース、ヤン・

ファン・ドッカムは私の友人であり、傑出したベンチャー投資家だ。アイラはイーロン・マスクのテスラとスペースＸへの出資で成功し、次世代のイーロン・マスクたちの支援に意欲を燃やしている。ヴィノッドは野心的で勇気ある投資家で、常に果敢に「ゴールに向けてシュートを放って」いる。マットはｉＰｏｄの第10世代まで、その後はｉＰｈｏｎｅの第5世代までのソフトウエア開発チームを率いた。その後ネストの共同創業者となり、現在はアーリーステージの投資家としてインサイト・ベンチャーズのトップを務める。インペラティブ・ベンチャーズのヤン・ファン・ドッカムは優秀な経営者であり投資家だ。

そして忘れてはならないのが、オバマ政権下で米エネルギー省融資プログラム局長として、誰よりも多くの気候関連融資と債務保証を手がけたジョナサン・シルバーだ。

彼らの勇気と知恵に感謝したい。彼らの行ってきた投資にも。このような投資がもっとたくさん必要だ。

科学者と活動家

気候科学者と活動家に対してまとめて謝意を表したい。というのも、両者はそれぞれの世界の最良の部分を融合しているからだ。クリス・アンダーソンとリンゼイ・レビンは環境問題に対して若い世代が声をあげられるように「ＴＥＤカウントダウン」というプラットフォームをつくった。サフィーナ・フセインが立ち上げた「エデュケート・ガールズ」は、気候変動対策のなかでも最もインパクトが大きい取り組みかもしれない。

世界的な非営利の研究機関であるワールド・リソース・インスティチュート（ＷＲＩ）は気候システムについて充実したデータと経験、そして正確性への徹底したこだわりを持つ。暫定所長であるマニシュ・バプナ、ケリー・レビン、そしてＷＲＩのすばらしいチームの知恵、明白さ、常に協力的な姿勢に感謝する。

ウッズ・ホールの気候財団で最高責任者を務めるブライアン・フォン・ヘルツェンは、昆布を使った持続的農業の専門家だ。スタンフォード大学のロバート・ジャクソンは炭素に関する権威だ。

フレッド・クラップは１９８４年から、高い評価を得ている「環境防衛基金」の会長を務める。フレッドとそのチームであるスティーブ・ハンブルク、アマンダ・レランド、ナット・ケオハネ、マーゴット・ブラウンは、メタン危機、衛星を使った監視、そして気候の公平性の問題に大きな貢献をしてきた。

エイモリー・ロビンスはロッキー・マウンテン・インスティチュートの会長兼チーフサイエンティストであり、エネルギーシステムの効率化を訴える論客だ。テンジー・ウエランはレインフォレスト・アライアンスを創設し、現在はニューヨーク大学スターン経営大学院でサステナブル・ビジネスセンターのトップを務める。

パトリック・グレイヘンはドイツの著名なシンクタンク、アゴラ・エナギーヴェンデの、そしてアニュミタ・ライチューダリーはインドの科学環境センターのそれぞれエグゼクティブ・ディレクターを務める。ボブ・エプスタイン（E2）とビル・ワイル（クライメート・ボイス）はテクノロジー・コミュニティ出身の有能なアクティビストだ。

ジェームズ・ワキビアはケニアの写真家で環境活動家だ。ナイジェル・トッピングとアレックス・ジョスはCOP26に向けて国連の下で気候問題に取り組んでおり、WRIのケリー・レビンとすばらしい協力関係を築いている。

活動の支援者、フィランソロピスト、パートナー

フィランソロピー界の変革者たちには大いに刺激を受けてきた。すでに名前を挙げた方以外にも、ジョン・アーノルド、ジョシュ・ベッケンスタインと妻のアニタ、

マイケル・ブルームバーグ、リチャード・ブランソン、セルゲイ・ブリン、マット・コーラー、マーク・ハイシング、リズ・サイモンズ、クリス・ホーン、ラリー・クラマー、ナット・サイモンズと妻のローラ・バクスター・サイモンズ、トム・スタイラー、そしてサム・ウォルトンがいる。

ジェニファー・キットはクライメート・リーダーシップ・イニシアチブの精力的な会長として、新たな気候フィランソロピストを育成している。

クライナー・パーキンスのパートナーたちが日々、気候問題と起業家たちのために尽くしている姿には、いつも元気をもらっている。ともにこの旅路を歩んでくれているみなさんに心から感謝している。スー・ビリエリ、ブルック・バイアーズ、アニー・ケース、ジョシュ・コイン、モニカ・デサイ・ワイス、エリック・フェン、イリヤ・フシュマン、ビン・ゴードン、マムーン・ハミッド、ウェン・シエ、ハオミャオ・ファン。そしてノア・クノープ、ランディ・コミサー、レイ・レーン、メアリー・ミーカー、バッキー・ムーア、ムード・ロウガニ、テッド・シューレイン、デビッド・ウェルズにもお礼を言いたい。

ベン・コートラン、ブルック・ポーター、デビッド・マウント、ダニエル・オロス、ライアン・ポップル、ザック・バラスはクライナー・パーキンスのクリーンテックチームの優秀な卒業生であり、Ｇ２ベンチャー・パートナーズを創設してサステナブル投資専門の２つのファンドを立ち上げた。

原稿を読んでくれた方々

原稿に目を通してくれた友人とパートナーたちに、心からお礼を申し上げる。ＯＫＲから解放されて、しばし休暇を楽しんでいただきたい。レイ・ネル・ローズ、アリー・セファロ、シンディ・チャン、ソフィア・チェン、ジニ・キム、グラフィラ・マーコン、リサ・シュフロ、イゴール・コフマン、デビー・レイ、レスリー・シュロック、サンジェイ・シバニサン、ジョン・ストラックハウス、どうもありがとう。

構想段階から完成まで伴走し、本書の出版を実現させてくれたポートフォリオ・ペンギンのチームに感謝している。本書に可能性を見いだしてくれた発行人のエイドリアン・ザックハイムと、どれだけ苦労してもユーモアを忘れなかった最高の編集者であるトリッシュ・デイリー。そしてジェシカ・レジョーネ、メガン・ゲリティ、ケイティ・ハーレイ、ジェーン・キャボリーナ、メガン・マコーマック、ジェン・ホイヤー、トム・ダセル、タラ・ジルブライド、アマンダ・ラン。エージェントのミルシニ・ステファニデス、弁護士のピーター・モルドバにも感謝したい。

膨大な数字、ファクト、図表に秩序を与え、芸術の域に高めてくれたジェシー・リード、メガン・ナルディニ、エミリー・クラーベの協力とすばらしい仕事ぶりに感謝している。ロドリゴ・コラル・デザインは取材協力者の美しいポートレートを手仕事で仕上げてくれた。

この謝辞からも明らかなように、本書では幅広い専門家と各分野のリーダーにお世話になった。誰もが地球が切実に必要としている解決策を明らかにしてくれた。本書のすべてのページには彼らの知恵があふれている。誤りがあれば、すべて私の責任である。

資料1

スピード＆スケール計画の概要

How the Plan Adds Up

基準値

スピード&スケール計画では、温室効果ガス排出量について国連の数値を使用している。具体的には国連環境計画（UNEP）の2020年版「排出ギャップ報告書」に基づいており、ここには2019年のセクター別排出量が示されている。

世界の 2019 年の温室効果ガス（GHG）排出量は 3 年連続の増加となり、土地利用変化（LUC）を含まない場合は二酸化炭素換算 54.2 ギガトン（Gt、レンジ± 5.2）、LUC を含めると 59.1 ギガトン（レンジ± 5.9）と史上最大となった。

本書では現在の排出量として、二酸化炭素換算 59 ギガトンという値を使用している。

セクター別排出量

国連の報告書は1990年から2019年までの排出量の全体的傾向と、セクター別の構成比を示している。

このデータを合算し、交通、エネルギー、農業、自然、産業とい

2020年版　排出ギャップ報告書
セクター別GHG排出量

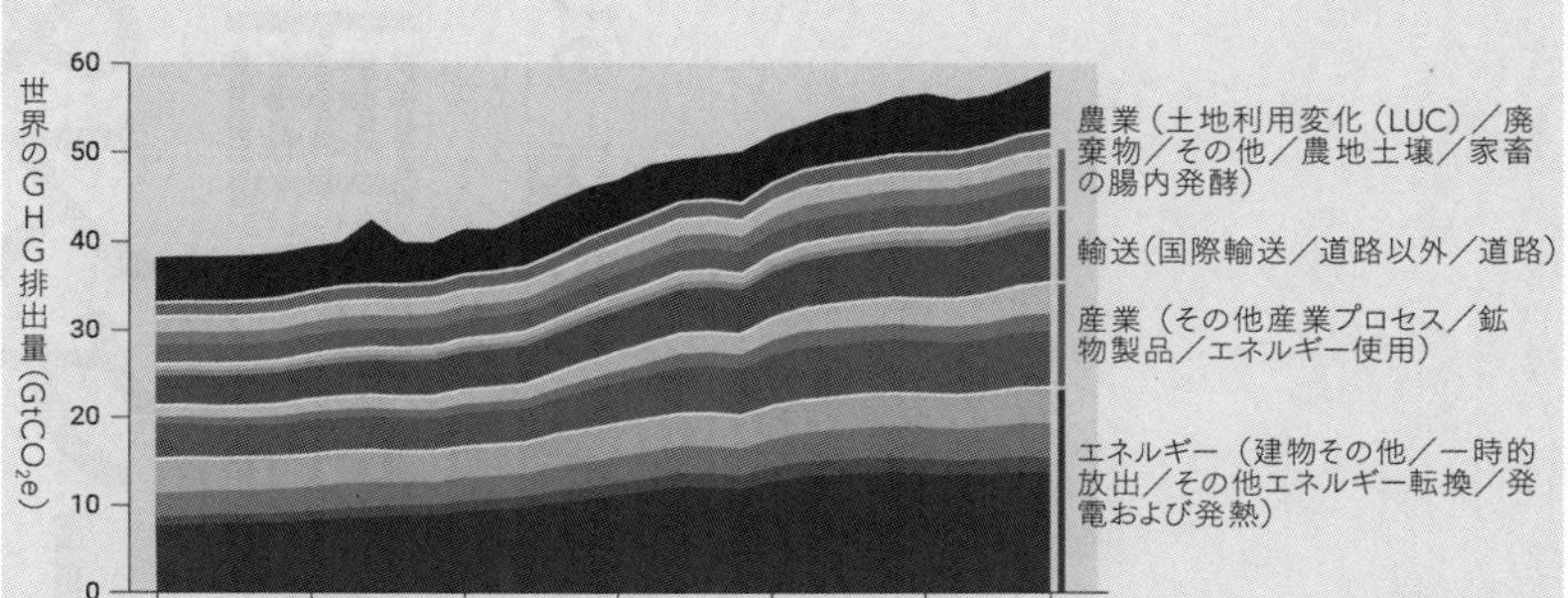

出典：Crippa et al.

う5つの主要セクター別に分類した。データは概数であるため、端数は四捨五入した。

2019 年のセクター別温室効果ガス排出量

セクター	構成比（%）	$GtCO_2e$
交通	14%	8
エネルギー	41%	24
農業	15%	9
自然	10%	6
産業	20%	12
合計	100%	59

この5つのセクターは本書の最初の5章に相当する。ここからは人為的GHG排出の状況が読み取れる。

2050 年の予想

本書の主な関心は現在の排出量にあるが、現在の活動状況、そして世界人口の増加と工業化が現在のペースで続いた場合の2050年の排出量についても留意している。

2050 年のセクター別 GHG 予想排出量

セクター	構成比（%）	$GtCO_2e$
交通	17%	12
エネルギー	38%	28
農業	14%	10
自然	11%	8
産業	20%	14
合計	100%	72

私たちの予測では、2050年の排出量は72ギガトンだ。この数字はさまざまな技術や政策が採用されたと想定したうえで、「現在の活

動」が続いた場合のシナリオとして、さまざまな気候報告書（BNEF、IPCC、IEA、EIA、EPA、WRI、CAT）が出した数字に基づいている。

スピード＆スケール計画の主要な結果は、2050年までに世界の排出量ネットゼロの達成を目指す野心的なものだ。ただ2050年の予測値にはバラツキがあり、不確実性も大きいことから、私たちは計画の影響をすでによく理解され、受け入れられている2019年の排出量（59ギガトン）に基づいて算出することにした。

スピード＆スケール計画を総合するとどうなるか

スピード＆スケール計画には6つの目標がある。最初の5つは各セクター（交通、エネルギー、農業、自然、産業）に対応し、それぞれの排出量を削減するために必要な事柄を示している。ここに示した対策はいずれも難易度が高いものの、すべて実行できたとしてもネットゼロを達成するには不十分だ。このため残った排出量に対処するために6つめの目標を追加した。

交通→交通を電化する

国連の報告書によると、交通セクターのGHG排出量は8ギガトンと、世界全体のおよそ14%を占める。さらに詳しく分析するため、IEAの2018年の交通報告書を参考にした。航空業界についてはIEAとICCTのデータをもとに算出された報告書（Our World in Data）の交通セクターの排出量を参考にした。

交通セクターの排出量を削減するためには交通を電化する必要がある。この目的に対しては6つの主要な結果を設定した。最初の3つ（価格に関するKR1.1、乗用車に関するKR1.2、バスとトラックに関するKR1.3）はこのセクターにおける進捗を示す早期指標だ。

交通 

セクターの内訳	現在の排出量（GtCO_2e）	削減後（GtCO_2e）
陸上輸送	**6.0**	**1.0**
旅客	3.6	0.2
→ 乗用車	3.2	0.2
→ 商用車	0.1	0.0
→ バスとミニバス	0.2	0.0
→ 2輪車・3輪車	0.1	0.0
貨物 中大型トラック	2.4	0.8
航空	**0.9**	**0.6**
旅客機	0.7	0.5
→ 国際	0.4	0.3
→ 国内	0.2	0.1
貨物	0.2	0.1
海上	**0.9**	**0.3**
鉄道	**0.1**	**0.0**
その他（パイプ等）	**0.4**	**0.1**
合計	8.3	2.0

ギガトン単位の削減は、KR1.4（走行距離）、KR1.5（航空機）、KR1.6（船舶）の各分野で達成する。

KR1.4（走行距離） 2040年までに世界の道路上の走行距離（2輪車、3輪車、4輪車、バス、トラックをすべて含む）の50%をEVが占め、2050年にはその割合を95%にする → 5ギガトンの排出削減

KR1.5（航空機） 2025年までに飛行距離の20%において低炭素燃料を使用し、2040年には同40%をカーボン・ニュートラルな燃料にする → 0.3ギガトンの排出削減

KR1.6（船舶） 2030年までに新たに建造する船舶をすべて「ゼロ仕様」に変更する → 0.6ギガトンの排出削減

削減量の前提として、2050年までに陸上の乗客輸送がほぼ完全に電化されると想定しており、この結果排出量は95%減少すると見ている。このためには車両の買い替えが加速する必要がある。貨物輸送、航空、海上輸送については削減はより難しく、より保守的に見積もっている。貨物と海上輸送は最終的に脱炭素化するが、スケーラブルな選択肢が存在しないことから、陸上輸送よりはるかに時間がかかり2050年という目標を超える可能性が高い。このため65%の削減を想定している。航空はサブセクターのなかでも削減が最も難しい。カーボン・ニュートラルな燃料において革新的ソリューションが登場することを願いつつ、削減幅はわずか20%と想定している。

以上6つの主要な結果の削減幅を足し合わせると、ほぼ6ギガトンになる。

エネルギー→電力の脱炭素化

国連の報告書によると、エネルギーセクターの排出量は24ギガトンと、世界全体の排出量の約41%を占める。詳細な内訳は、IEAの報告書（2018 CO_2 Emissions from Fuel Combustion）を参考にした。

このセクターからの排出を削減するためには、電力の脱炭素化が必要だ。この目標は、6つの主要な結果で構成される。このうち4つ（太陽光発電と風力発電に関するKR2.2、蓄電に関するKR2.3、石炭と天然ガスに関するKR2.4、クリーン・エコノミーに関するKR2.7）は発電からの排出量を減らし、暖房や調理の脱・化石燃料化に向けた進捗を追跡する具体的指標だ。

ギガトン単位の削減は、ゼロエミッションに関するKR2.1、メタンガス削減に関するKR2.5、暖房と調理に関するKR2.6によって実現する。

エネルギー 

セクターの内訳	現在の排出量（$GtCO_2e$）	削減後（$GtCO_2e$）
発電（発電と発熱）	**14.0**	**1.9**
石炭	10.1	0.5
石油	0.6	0.2
天然ガス	3.1	1.1
その他	0.2	0.1
その他エネルギー産業	**1.6**	**0.4**
建物（住宅と商業ビル、公共サービス）	**2.9**	**0.9**
石炭	0.4	0.0
石油	0.8	0.3
天然ガス	1.6	0.6
その他	0.1	0.0
その他および一時的放出	**5.9**	**0.3**
合計	24.4	3.5

KR2.1（ゼロエミッション）2025年には世界の電力の50%をゼロエミッションの電源でまかない、2035年までにその比率を90%にする（2020年は38%）→16.5ギガトンの排出削減

KR2.5（メタンガス排出）2025年までに石炭、石油、天然ガスの採掘場でメタンガスの漏出、ベント（直接放出）、フレア（燃焼）をゼロにする
→3ギガトンの排出削減

KR2.6（暖房と調理）2040年までに暖房と調理でのガスや石油の使用を半減させる→1.5ギガトンの排出削減

私たちのモデルでは、2050年までにほぼすべての石炭使用は終了し、排出量は95%削減できると想定している。天然ガスは量が多く、信頼性が高く、コストが低いため、再生可能エネルギーに置き換えるのははるかに難しい。このため最善のシナリオとして2050年までに排出量を65%削減することを想定している。最後に、石油について検討した。石油使用の大部分は交通セクターで対処しているが、電力と建物のサブセクターに1ギガトン強の排出が残されている。これについてはKR2.1とKR2.6で70%削減できると想定している。この追加的排出についてはKR2.1で対処している。メタンガス漏出については、既存のテクノロジーによって80%削減できると想定している。

この主要な結果を合算すると、21ギガトンの排出削減につながる。

農業→食料の見直し

農業

セクターの内訳	現在の排出量（$GtCO_2e$）	削減後（$GtCO_2e$）
農業生産	**6.9**	**2.8**
家畜の腸内発酵	2.3	1.4
エネルギー（農場）	1.5	0.1
コメ（メタン）	1.1	0.5
土壌肥料	0.9	0.4
堆肥管理	0.6	0.2
放牧地での家畜廃棄物	0.5	0.2
農地の土壌	**0.0**	-2.0
エネルギー（農業エネルギー源）	**0.4**	**0.0**
廃棄物	**1.6**	**0.9**
合計	8.9	1.7

このセクターの排出量を減らすためには、**食料の見直し**が必要だ。ここには農業システムと消費の変革が含まれる。この目標は5つの

主要な結果で構成され、すべてがギガトン単位の削減に直結している。

KR 3.1（農地の土壌） 表土の炭素含有量を最低 3% に引き上げるような活動を通じて土壌の健全性を高める → 2 ギガトンを吸収

KR 3.2（肥料） 2050 年までに肥料からの排出量を半減するため、窒素系肥料の過剰な使用をやめ、よりグリーンな代替品を開発する → 0.5 ギガトンの排出削減

KR 3.3（消費） 排出量の少ないタンパク源を普及させ、牛肉と乳製品の年間消費量を 2030 年までに 25%、2050 年までに 50% 削減する → 3 ギガトンの排出削減

KR 3.4（コメ） 稲作農業からのメタンガスと亜酸化窒素の排出量を 2050 年までに 50% 削減する → 0.5 ギガトンの排出削減

KR3.5（食品廃棄物） 食料生産に占める食品廃棄物の割合を、現在の 33% から 10% に引き下げる → 1 ギガトンの排出削減

私たちのモデルは、人々は肉や乳製品の消費をやめないが、よりGHGの排出が少ないタンパク源への移行を奨励することで、排出を60%削減できると想定している。農業のあり方を改善することがきわめて重要だ。土壌の炭素含有量を増やすことで、炭素吸収量を2ギガトン増やすことができると見ている。土壌の炭素吸収の潜在力に関する研究では、かなり楽観的な結果が出ているが、私たちはもう少し保守的に見ている。施肥の精緻化と「グリーン肥料」への転換により、肥料からの排出を50%削減できる。食品の3分の1は廃棄されている。これを抑えるためには農場、保管、輸送、そして家庭やレストランでの調理段階での変革が求められる。私たちの計画では、2050年までに食品廃棄物を10%から50%以上減らし、1ギガトンの排出につなげる。FAOなど他の報告書は、食品廃棄の削減の可

能性をもっと多く見ている。ただこうした報告書の計算には発電網の転換や土地使用の変革による排出削減も含まれているのに対し私たちはそれを別の目標に含めている。

こうした主要な結果を合算すると7ギガトンの削減につながる。このうち5ギガトンが排出抑制によるもの、残り2ギガトンが炭素吸収によるものだ。

自然→自然保護

国連の報告書によると、土地利用変化による排出は6ギガトンと、世界の排出量全体のおよそ10%を占める。このセクターは「人為的な土地利用、土地利用方法の変更、森林伐採に直接起因するGHGの排出や除去を含む」。

自然

セクターの内訳	現在の排出量（$GtCO_2e$）	削減量（$GtCO_2e$）
土地利用変化（LUC）	**5.9**	-5.9
合計	5.9	-5.9

このセクターからの排出を削減するためには自然保護が必要だ。ギガトン単位の削減と吸収を推進するため、2つの主要な結果を設定した。

KR 4.1（森林） 2030年までに森林破壊のネットゼロを達成する
→6ギガトンの排出削減

KR 4.2（海洋） 深海底引き網漁を廃止し、2030年までに少なくとも30%、2050年までに50%の海洋を保護する →1ギガトンの排出削減

より多くの陸地と海洋を保護し（50%）、森林伐採をやめることで、土地利用変化による排出を削減し、自然をカーボンシンクに戻すこ

とを目指す。

主要な結果を合算すると、7ギガトンの排出削減につながる。

産業→産業をクリーンにする

国連の報告書によると、産業セクターの排出量は12ギガトン、世界全体のGHG排出量の約20%を占める。さらに詳細な分析は、2019年版「国連環境計画エミッション・ギャップ報告書」を参考にした。

産業 

セクターの内訳	現在の排出量（$GtCO_2e$）	削減後（$GtCO_2e$）
鉄鋼	**3.8**	**0.9**
セメント	**3.0**	**1.2**
その他素材	**5.0**	**1.7**
化学（プラスチックとゴム）	1.4	0.4
その他鉱物	1.1	0.4
木材製品	0.9	0.3
アルミニウム	0.7	0.3
その他金属	0.5	0.2
ガラス	0.4	0.1
合計	11.8	3.8

このセクターの排出量を削減するには、産業をクリーンにする必要がある。この目標には、産業界の排出量をギガトン単位で削減するための3つの主要な結果を設定した。

KR 5.1（鉄鋼） 鉄鋼生産の炭素集約度（CI）を2030年までに50%、2040年までに90%削減する→3ギガトンの排出削減

KR 5.2（セメント） セメント生産の炭素集約度を2030年までに25%、2040年までに90%削減する→2ギガトンの排出削減

KR 5.3（その他産業） その他の産業（プラスチック、化学、製紙、アルミ、ガラス、アパレル）からの排出を 2050 年までに 80% 削減する → 3 ギガトンの排出削減

ここに挙げた排出源は、脱炭素化が難しいだろう。スケールできるような新たなイノベーションがたくさん必要だ。主要な結果が実現し、産業からの炭素排出が2050年までに3分の2減少する見込みだ。

3つの主要な結果を足し合わせると、合計8ギガトンの排出削減につながる。

残る炭素排出→炭素を除去する

スピード&スケール計画は希望に満ちているものの現実的でもある。すべての炭素排出をゼロにする努力を進める一方、排出抑制が困難なセクターもあることを認めなければならない。途上国は当面、成長を支えるための化石燃料に頼ることになるだろう。

炭素を除去する 

セクターの内訳	現在の排出量（$GtCO_2e$）	削減量（$GtCO_2e$）
自然由来の除去	0.0	-5.0
人工的除去	0.0	-5.0
合計	0.0	-10.0

こうした削減不足を埋めるためには、炭素を除去する必要がある。削減を推進するため、2つの主要な結果を設定した。

KR6.1（自然由来の除去） 2025 年まで毎年少なくとも 1 ギガトン、2030 年までに 3 ギガトン、2050 年までに 5 ギガトンを除去する → 5 ギガトンの除去

KR6.2（人工的除去） 2030 年までに少なくとも 1 ギガトン、2040

年までに3ギガトン、2050年までに5ギガトンを除去する → 5ギガトンの除去

私たちのモデルは、世界は排出をゼロにすることを優先し、エネルギー使用の効率化を推進することを想定している。しかしそれだけでは十分ではない。10ギガトンを達成するためには、さまざまな炭素除去ソリューションが必要だ。なかには自然由来の方法、人工的方法、そして両者のハイブリッドもあるだろう。

まとめ

スピード＆スケール計画——削減の総量

	目標	削減量（$GtCO_2e$）
	交通の電化	6
	電力の脱炭素化	21
	食料の見直し	7
	自然保護	7
	産業をクリーンにする	8
	炭素除去	10
	合計	59

資料2

アメリカが採択すべき政策

Policy Needed in the United States

スピード&スケール計画には、気候変動対策を加速し、2050年までにネットゼロを達成するために各国と政府が取り組むべき重要な政策についての目標と主要な結果（OKR）が含まれている。

KR7.1　コミットメント　各国がそれぞれ2050年までに炭素排出ネットゼロを達成するためのコミットメントを法制化し、2030年までに少なくとも目標の半分を達成する。

KR7.1.1　電力　電力業界に2025年までに炭素排出を50%、2030年までに80%、2035年までに90%、2040年までに100%削減することを義務づける。

KR7.1.2　交通　新たに製造される乗用車、バス、トラックは2035年までに、貨物船は2030年までに、大型トラックは2045年までに脱炭素化し、2040年までにフライトの40%をカーボン・ニュートラルにする。

KR7.1.3　建築　ゼロエミッション建築基準を新築の住宅には2025年までに、新築の商業用建物には2030年までに施行し、2030年までに電気式ではない建物用設備の販売を禁止する。

KR7.1.4　産業　工業プロセスでの化石燃料の使用を段階的に削減し、2040年までに50%減、2050年までに完全にゼロにする。

KR7.1.5　炭素表示　すべての商品に炭素排出量の表示を義務づける。

KR7.1.6　漏出　メタンガスのフレア（燃焼）を抑制し、ベント（直接放出）を禁止し、漏出を迅速に制限することを義務づける。

KR7.2　補助金　化石燃料会社、および有害な農業活動への直接的・

間接的補助金を打ち切る。

KR7.3　炭素価格の設定　国家として温室効果ガス排出に1トンあたり最低55ドルの価格を設定し、毎年5%ずつ引き上げていく。

KR7.4　国際的禁止　冷媒としてのハイドロフルオロカーボン（HFC）の使用を禁止し、医療目的以外での使い捨てプラスチックの使用を全面禁止する。

KR7.5　政府による研究開発　研究開発への公共投資を2倍（以上）に増やす。アメリカでは5倍に増やす。

ここに挙げた目標に合致しない政策を実施している国は、おそらくネットゼロ目標を達成できないだろう。

ここに挙げたOKRを策定する際には、さまざまなツールを活用した。とりわけ優れたツールが、エナジー・イノベーションが開発した「エネルギー政策シミュレーター」だ。

このシミュレーターは、個別の政策の効果と他の政策との相互作用の両方をモデル化している。それぞれの政策が、現状と比べてどれだけ炭素排出を減らせるかを示す。

モデル全体がオープンソースで、ウェブブラウザ上で使うことができる。結果はすぐに表示され、綿密に文書化もされている。3つの国立研究所と半ダースほどの大学の研究者のピアレビューも受けている。

このモデルからは次のような結果が浮かび上がった。

テクノロジー面では追い風が吹いている　省エネ性能がきわめて高い家電や住宅設備など、多くのゼロカーボン技術のコストはここ10年で劇的に下落し、今後もさらに下落が続く見通しだ。その結果、脱炭素への移行は実現可能で、また安価になる。

クリーンエネルギーへの移行は放っておいては起こらない　追加的政策を実施しなければ、気候変動に関する政府間パネル（IPCC）が示したスケジュールどおりに脱炭素への移行が進まないのは明らかだ。必要なペースで技術変化を推進できるのは、綿密に設計された政策だけだ。

複合的政策が必要である　それぞれのセクターに対応した政策パッケージが必要だ。炭素削減に万能薬はない。経済のあらゆる部分を変革する必要がある。

エネルギー政策シミュレーターはすでに8カ国で採用され、政策立案者が最も効果の高い気候政策やエネルギー政策を選択し、それが自国の気候目標の達成にどのように貢献するかを見きわめるのに役立っている。

スピード＆スケールOKRをエネルギー政策シミュレーターにかけてみる

スピード＆スケール計画の有効性を検証するため、ここに挙げた主要な結果と合致した政策をアメリカで実施した場合の効果をシミュレートした。その結果は以下のとおりだ。

グレーの線はアメリカで現在の排出状態が続いた場合のシナリオで、年間の排出量は6ギガトンほどだ。それぞれ色分けした部分が、炭素排出のための政策を実施した場合の影響を表す。こうした野心的かつ必要な政策を実施した場合、排出量は0.5ギガトンまで低下する。この残った排出量は自然由来あるいは人工的な炭素除去技術によって相殺されると期待している。

ぜひシミュレーターをお試しいただきたい。
https://energypolicy.solutions

アメリカの炭素排出量

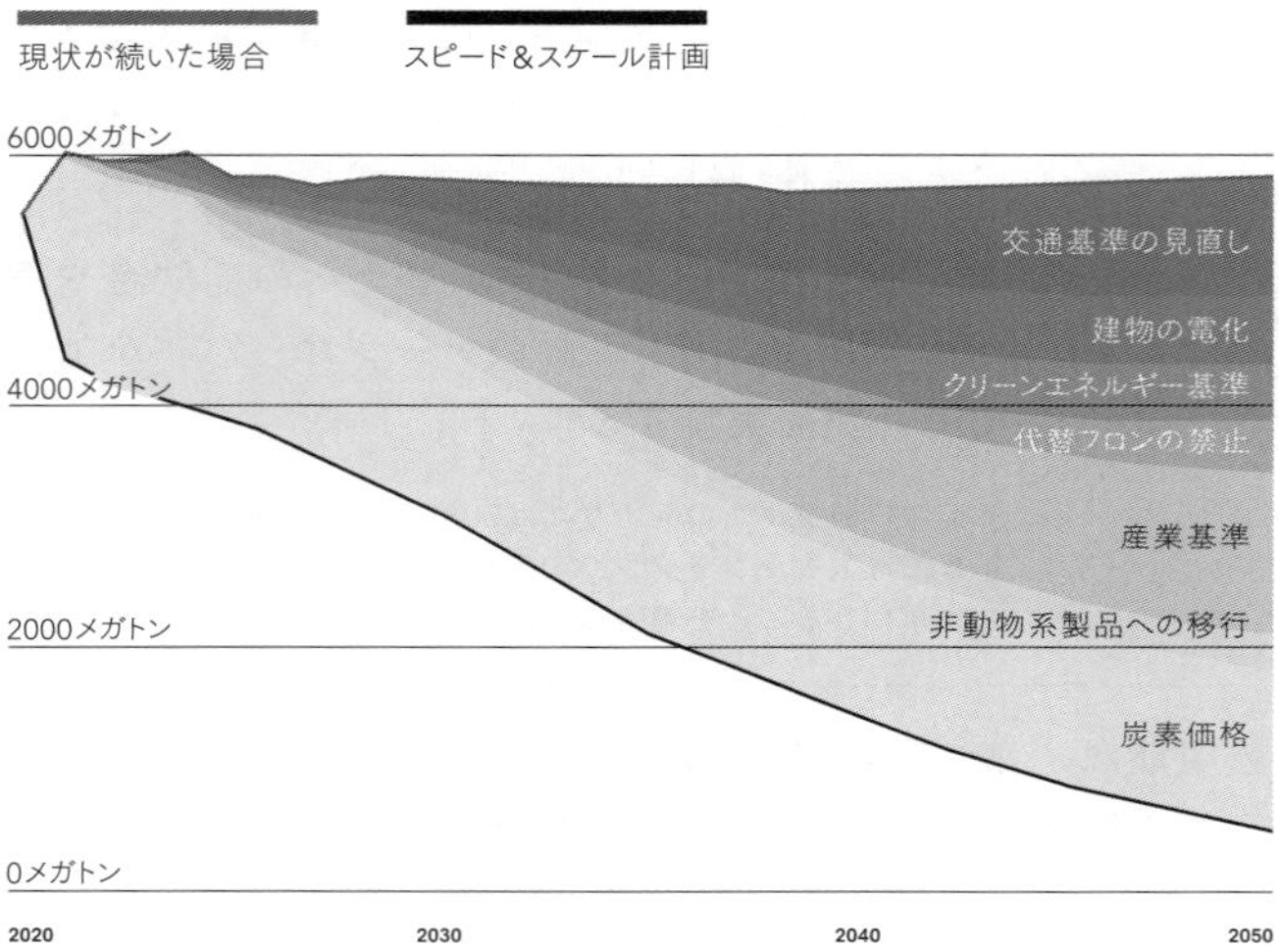

主要な排出削減政策

電力

クリーンエネルギー基準

クリーン電力基準を施行し、排出を少なくとも2025年までに50%、2030年までに80%、2035年までに90%、2040年までに40%削減する。

上記を支援するため、送電システムの構築、系統用蓄電池やデマンドレスポンスといった柔軟性を高めるリソースの採用に向けた政策を実施する。

モデルの前提:このシナリオは2040年には100%ゼロカーボン電力(再生可能エネルギー、原子力、CCSを備えた少量の天然ガス)となることを想定している。また2050年までに送電システムを現状の2倍にし、蓄電容量510ギガワット、デマンドレスポンス450ギガワットも含む。

車両基準	排出ゼロの車両基準を施行する。2035年までに乗用車、バス、トラックを、2045年までに大型トラックを、2030年までに船舶を100%排出ゼロにすることを義務づける。 上記を支援するため、買い替えへの補助金や廃車への奨励金など、車両のターンオーバーを加速させる政策を実施する。 モデルの前提：このシナリオは2035年までに乗用車とバス、2045年までに大型トラック、2030年までに船舶の新規販売がすべて無公害車になることを想定している。
持続可能な航空業の推進	航空業が使用すべきカーボン・ニュートラル燃料の下限を定めた基準を施行する。 モデルの前提：このシナリオは2040年までにカーボン・ニュートラル燃料が全体の40%を占めることを想定している。

建物

建築基準	2030年までに新築の建物の設備をすべて電化するための建築基準と設備基準を施行する。 住宅改修に奨励金を出し、こうした基準を補完する。 モデルの前提：このシナリオは建築基準によって2030年までに新築建物の設備をすべて電化することを想定している。

産業

産業用燃料の転換	2050年までに産業界の燃料消費を完全に排出ゼロの電源に転換するため、基準やインセンティブ制度を施行する。ここには水素などゼロカーボン燃料の生産が含まれる。 モデルの前提：このシナリオは各業界の電化の可能性に応じて、2050年までに産業用化石燃料の使用を100%電気と水素に移行させることを想定している。すべての水素は、電気を使って水を水素と酸素に分解する「電気分解」によって製造するものとする。

輸送

メタン漏出を止める	メタンの漏出・放出の根絶、フレアの制御を義務づける基準を制定する。 モデルの前提：このシナリオは2030年までにIEAが指摘したメタン抑制対策をすべて実施することを想定している。
代替フロンの禁止	モントリオール議定書キガリ改正の規定に従い、代替フロン（HFC）の製造・消費規制を制定し、施行する。 モデルの前提：このシナリオはモントリオール議定書キガリ改正の順守を想定している。

農業

食肉と乳製品の需要抑制	食品業界に製品の包装資材にカーボン・フットプリントの印字を義務づけ、消費者に炭素排出の少ない食品を選ぶための情報を提供する。 モデルの前提：栄養成分表示は消費者の食生活を変えた。炭素表示の効果を示す調査・研究結果は不十分だ。私たちは表示によって消費者行動が有意に変化すると期待している。このシナリオは動物を原料とする製品の消費が50%減少することを想定している。

セクター横断型政策

炭素価格	経済の全域で炭素価格を採用する。1トンあたり55ドルから開始し、毎年5%ずつ価格を引き上げる。 モデルの前提：このシナリオは、炭素価格が2021年に1トン55ドルで導入され、その後毎年5%ずつ上昇すると想定している。この炭素価格はすべての温室効果ガスに適用される。

資料3

参考文献

For Further Reading

気候危機を理解する

Thank You for Being Late, Thomas Friedman(New York: Farrar, Straus and Giroux, 2016)（トーマス・フリードマン『遅刻してくれて、ありがとう——常識が通じない時代の生き方（上・下）』伏見威蕃訳、日本経済新聞出版、2018年）

Hot, Flat, and Crowded, Thomas Friedman(New York: Farrar, Straus and Giroux, 2008)（トーマス・フリードマン『グリーン革命——温暖化、フラット化、人口過密化する世界（上・下）』伏見威蕃訳、日本経済新聞出版、2010年）

An Inconvenient Sequel, Al Gore(Emmaus, PA: Rodale, 2017)（アル・ゴア『不都合な真実2』枝廣淳子訳、実業之日本社、2017年）

An Inconvenient Truth, Al Gore(Emmaus, PA: Rodale, 2006)（アル・ゴア『不都合な真実』枝廣淳子訳、実業之日本社、2017年）

Under a White Sky, Elizabeth Kolbert(New York: Crown, 2021)

The Physics of Climate Change, Lawrence Krauss(New York: Post Hill Press, 2021)

How to Prepare for Climate Change, David Pogue(New York: Simon & Schuster, 2021)

Climate Change, Joseph Romm(New York: Oxford University Press, 2018)

Energy & Civilization, Vaclav Smil(Cambridge, MA: MIT Press, 2018)（バーツラフ・シュミル『エネルギーの人類史（上・下）』塩原通緒訳、青土社、2019年）

排出ネットゼロのための戦略

How to Avoid a Climate Disaster, Bill Gates(New York: Knopf, 2021)（ビル・ゲイツ『地球の未来のため僕が決断したこと——気候大災害は防げる』山田文訳、早川書房、2021年）

The 100% Solution, Solomon Goldstein-Rose(Melville House, 2020)

The Big Fix, Hal Harvey and Justin Gillis(New York: Simon & Schuster, 2022)

Drawdown, Paul Hawken et al.(New York: Penguin Books, 2017)（ポール・ホーケン編著『ドローダウン——地球温暖化を逆転させる100の方法』江守正多監訳、東出顕子訳、山と溪谷社、2020年）

自然を生かした気候対策

Sunlight and Seaweed, Tim Flannery(Washington, DC: Swann House, 2017)

Growing a Revolution, David Montgomery(New York: W. W. Norton, 2017)（デイビッド・モントゴメリー『土・牛・微生物——文明の衰退を食い止める土の話』片岡夏実訳、築地書館、2018年）

The Nature of Nature, Enric Sala (Washington, DC: National Geographic, 2020)

Lo-TEK: Design by Radical Indigenism, Julia Watson(Cologne, Germany: Taschen, 2019)

Half-Earth, Edward O. Wilson(New York: Liveright, 2016)

政策とムーブメント

Designing Climate Solutions, Hal Harvey(Washington, DC: Island Press, 2018)

All We Can Save, Ayana Elizabeth Johnson et al.(London: One World, 2020)

The New Climate War, Michael Mann(New York: PublicAffairs, 2021)

Falter, Bill McKibben(New York: Henry Holt, 2019)

Winning the Green New Deal, Varshini Prakash et al.(New York: Simon & Schuster, 2020)（ヴァルシニ・プラカシュ、ギド・ジルジェンティ編著『グリーン・ニューディールを勝ち取れ——気候危機、貧困、差別に立ち向かうサンライズ・ムーブメント』朴勝俊ほか訳、那須里山舎、2021年）

Short Circuiting Policy, Leah Stokes(New York: Oxford University Press, 2020)

リーダーシップ

Invent & Wander, Jeff Bezos with Walter Isaacson(Cambridge, MA: Harvard Business Review Press, 2020)（ジェフ・ベゾス寄稿『Invent & Wander——ジェフ・ベゾス Collected Writings』関美和訳、ダイヤモンド社、2021年）

BE 2.0, Jim Collins et al.(New York: Penguin/Portfolio, 2020)（ジム・コリ

ンズ、ビル・ラジアー『ビジョナリー・カンパニーZERO――ゼロから事業を生み出し、偉大で永続的な企業になる』土方奈美訳、日経BP、2021年）

Good to Great, Jim Collins et al.(New York: Penguin/Portfolio, 2001)（ジム・コリンズ『ビジョナリー・カンパニー2　飛躍の法則』山岡洋一訳、日経BP社、2001年）

Freedom’s Forge, Arthur Herman(New York: Random House, 2012)

No One Is Too Small to Make a Difference, Greta Thunberg(New York: Penguin, 2018)

Made in America, Sam Walton(New York: Doubleday, 1992)（サム・ウォルトン『私のウォルマート商法――すべて小さく考えよ』渥美俊一、桜井多恵子監訳、講談社、2002年）

ウェブ・リソース

Speed & Scale—Tracking the OKRs, speedandscale.com

AAAS, whatweknow.aaas.org

Bloomberg New Energy Finance, bnef.com

Breakthrough Energy innovation, breakthroughenergy.org

Carbon Dioxide Removal Primer, cdrprimer.org

CarbonPlan, carbonplan.org

Carbon Tracker, carbontracker.org

COP26 U.N. Climate Change Conference, unfccc.int

International Energy Agency Report, iea.org/reports/net-zero-by-2050

IPCC Report from the Intergovernmental Panelon Climate Change, ipcc.ch

Measure What Matters—Resource on OKRs, whatmatters.com

NASA, climate.nasa.gov/evidence/

National Geographic Climate Coverage, natgeo.com/climate

Our World in Data, ourworldindata.org

Paris Agreement, unfccc.int/sites/default/files/english_paris_agreement.pdf

TED Countdown—Videos and Event, countdown.ted.com

アドボカシー団体

350.org
Agora Energiewende (Germany)
C40 Cities
Center for Biological Diversity
Climate Power
Climate Reality Project
Coalition for Rainforest Nations
Conservation International
EarthJustice
Energy Foundation
Environmental Defense Fund
European Climate Foundation
Institute of Public & Environmental Affairs (China)
National Resources Defense Council
Nature Conservancy
Rainforest Action Network
Rainforest Alliance
Renewable Energy Institute (Japan)
RMI
Sierra Club
Sunrise Movement
U.S. Climate Action Network
World Resources Institute
World Wildlife Fund

気候問題に力を入れる財団

Climate Foundations
Bezos Earth Fund
Campaign for Nature
Children's Investment Fund Foundation

Hewlett Foundation

IKEA Foundation

MacArthur Foundation

McKnight Foundation

Michael Bloomberg

Packard Foundation

Quadrature

Sequoia Foundation

気候問題に力を入れる投資会社

Breakthrough Energy Ventures

Climate and Nature Fund (Unilever)

Climate Innovation Fund (Microsoft)

Climate Pledge Fund (Amazon.com)

Congruent Ventures

DBL (Double Bottom Line) Partners

Earthshot Ventures

Elemental Excelerator

The Engine (built by MIT)

Generation Investment Management

G2 Venture Partners

Green Climate Fund

Greenhouse Capital Partners

Khosla Ventures

Kleiner Perkins

Imperative Science Ventures

Incite

Lowercarbon Capital

OGCI Climate Investments

Pale Blue Dot

Prime Impact Fund

Prelude Ventures

S2G Ventures

Sequoia Capital

Union Square Ventures

Y Combinator

※詳細は以下を参照。*climate50.com*

資料4

開示事項および投資先

Disclosures & Investments

本書に登場する企業のうち、クライナー・パーキンス、ブレークスルー・エナジー・ベンチャーズ、ジョン・ドーア個人が投資しているところは以下のとおりである。

Alphabet / Google
Amazon
Beyond Meat
Bloom Energy
Chargepoint
Charm Industrial
Commonwealth Fusion Systems
Cypress Semiconductor
Enphase
Farmer's Business Network
Fisker
G2 Venture Partners
Generation Investment Management
Nest (Googleが買収)
OPower (Oracleが買収)
Proterra
QuantumScape
Redwood Materials
Solidia
Stripe
Tradesy
Watershed

原註

Notes

原註

はじめに

1. Apple. “Apple launches iPhone SDK.” 6 March 2008, www.speedandscale.com/ifund.
2. “Salvation (and Profit) in Greentech.” Ted, uploaded by TEDxTalks, 1 March 2007, www.ted.com/talks/john_doerr_salvation_and_profit_in_greentech/transcript.
3. Alberts, Elizabeth. “ ‘Off the Chart’: CO_2 from California Fires Dwarf State’s Fossil Fuel Emissions.” Mongabay.com, 18 September 2020, news.mongabay.com/2020/09/off-the-chart-co2-from-california-fires-dwarf-states-fossil-fuel-emissions.

Introduction　計画を示そう

1. “Climate and Earth’s Energy Budget.” NASA Earth Observatory, earthobservatory.nasa.gov/features/EnergyBalance/page6.php.（2021年6月14日にアクセス）
2. European Environment Agency. “Atmospheric Greenhouse Gas Concentrations.” European Environment Agency, 4 October 2020, www.eea.europa.eu/data-and-maps/indicators/atmospheric-greenhouse-gas-concentrations-7/assessment.
3. “NOAA Global Monitoring Laboratory—The NOAA Annual Greenhouse Gas Index (AGGI).” NOAA Annual Greenhouse Gas Index (AGGI), 2021, gml.noaa.gov/aggi/aggi.html.
4. Conlen, Matt. “Visualizing the Quantities of Climate Change.” Global Climate Change: Vital Signs of the Planet, 12 March 2020, climate.nasa.gov/news/2933/visualizing-the-quantities-of-climate-change.
5. 二酸化炭素換算量（CO_2e）は通常ギガトン（10億トン）単位で表す。“Greenhouse Gas Equivalencies Calculator.” U.S. Environmental Protection Agency, 26 May 2021, www.epa.gov/energy/greenhouse-gas-equivalencies-calculator.
6. “World of Change: Global Temperatures.” NASA Earth Observatory, earthobservatory.nasa.gov/world-of-change/global-temperatures.（2021年6月13日にアクセス）
7. Stainforth, Thorfinn. “More Than Half of All CO_2 Emissions Since 1751 Emitted in the Last 30 Years.” Institute for European Environmental Policy, 29 April 2020, ieep.eu/news/more-than-half-of-all-co2-emissions-since-1751-emitted-in-the-last-30-years.
8. Roston, Eric. “Economists Warn That a Hotter World Will Be Poorer and More Unequal.” *Bloomberg Green*, 7 July 2020, www.bloomberg.com/news/articles/2020-07-07/global-gdp-could-fall-20-as-climate-change-heats-up.
9. Beatles. “Revolution 1.” Recorded 1968. By John Lennon and Paul McCartney. Apple Records, 1968.

10. “Salvation (and Profit) in Greentech.” Doerr, John. TEDxTalk, 1 March 2007, www.ted.com/talks/john_doerr_salvation_and_profit_in_greentech/transcript.

11. “Temperatures.” Climate Action Tracker, 4 May 2021, climateactiontracker.org/global/temperatures.

12. UNEP and UNEP DTU Partnership. “UNEP Report—The Emissions Gap Report 2020.” *Management of Environmental Quality: An International Journal*, 2020, www.unep.org/emissions-gap-report-2020.

13. UNEP and UNEP DTU Partnership. “UNEP Report—The Emissions Gap Report 2020.”

14. The Energy & Climate Intelligence Unit and Oxford Net Zero. “Taking Stock: A Global Assessment of Net Zero Targets.” The Energy & Climate Intelligence Unit, 2021, ca1-eci.edcdn.com/reports/ECIU-Oxford_Taking_Stock.pdf.

15. Tollefson, Jeff. “COVID Curbed Carbon Emissions in 2020—but Not by Much.” *Nature* 589, no. 7842, 2021, 343, doi:10.1038/d41586-021-00090-3.

Chapter 1　交通を電化する

1. Tesla. “All Our Patent Are Belong to You.” Tesla, 12 June 2014, www.tesla.com/blog/all-our-patent-are-belong-you.

2. “EV Sales.” BloombergNEF, www.bnef.com/interactive-datasets/2d5d59acd9000014?data-hub=11.（2021年6月13日にアクセス）

3. “Q4 and FY2020 Update.” Tesla, 2020, tesla-cdn.thron.com/static/1LRLZK_2020_Q4_Quarterly_Update_Deck_-_Searchable_LVA2GL.pdf?xseo=&response-content-disposition=inline%3Bfilename%3D%22TSLA-Q4-2020-Update.pdf%22.

4. TSLA Stock Price, Tesla Inc. Stock Quote (U.S.: Nasdaq). MarketWatch, 20 June 2021, www.marketwatch.com/investing/stock/tsla.

5. Degen, Matt. “2012 Fisker Karma Review.” Kelly Blue Book, 23 December 2019, www.kbb.com/fisker/karma.

6. Lavrinc, Damon. “At Least 16 Fisker Karmas Drown, Catch Fire at New Jersey Port.” *Wired*, 30 October 2012, www.wired.com/2012/10/fisker-fire-new-jersey.

7. “Fisker Says $30 Million in Luxury Cars Destroyed by Sandy in NJ Port.” Reuters, 7 November 2012, www.reuters.com/article/us-fisker-sandy/fisker-says-30-million-in-luxury-cars-destroyed-by-sandy-in-nj-port-idUSBRE8A603820121107.

8. Frangoul, Anmar. “Global Electric Vehicle Numbers Set to Hit 145 Million by End of the Decade, IEA Says.” CNBC, 29 April 2021, www.cnbc.com/2021/04/29/global-electric-vehicle-numbers-set-to-hit-145-million-by-2030-iea-.html.

9. “New Energy Outlook 2020.” BloombergNEF, 20 April 2021, about.bnef.com/new-energy-outlook-2020.

10. Budd, Ken. “How Today’s Cars Are Built to Last.” AARP, 1 November 2018, www.aarp.org/auto/trends-lifestyle/info-2018/how-long-do-cars-last.html.

11. Harvard University et al. “Fossil Fuel Air Pollution Responsible for 1 in 5 Deaths

Worldwide." C-CHANGE, Harvard T. H. Chan School of Public Health, 9 February 2021, www.hsph.harvard.edu/c-change/news/fossil-fuel-air-pollution-responsible-for-1-in-5-deaths-worldwide.

12. Integrated Science Assessment (ISA) for Particulate Matter (Final Report, December 2019). U.S. Environmental Protection Agency, Washington, DC, EPA/600/R-19/188, 2019.

13. "Who Is Willing to Pay More for Renewable Energy?" Yale Program on Climate Change Communication, 16 July 2019, climatecommunication.yale.edu/publications/who-is-willing-to-pay-more-for-renewable-energy; Walton, Robert. "Americans Could Pay More for Clean Energy. But Will They Really?" Utility Dive, 9 March 2015, www.utilitydive.com/news/americans-could-pay-more-for-clean-energy-but-will-they-really/372381.

14. "Electric Power Monthly." U.S. Energy Information Administration (EIA), www.eia.gov/electricity/monthly/epm_table_grapher.php.（2021年6月13日にアクセス）; Matasci, Sara. "Understanding Your Sunrun Solar Lease, PPA and Solar Contract Agreement." Solar News, 15 July 2020, https://news.energysage.com/sunrun-solar-lease-ppa-solar-contract-agreement/.

15. "Google." Google Search—2021 Chevy Bolt MSRP, www.google.com.（2021年6月23日にアクセス）; "Google." Google Search—2021 Toyota Camry MSRP, www.google.com.（2021年6月23日にアクセス）

16. "Alternative Fuel Price Report." U.S. Department of Energy, January 2021, afdc.energy.gov/fuels/prices.html.

17. "IBISWorld—Industry Market Research, Reports, and Statistics." IBISWorld, www.ibisworld.com/us/bed/price-of-cement/190.（2021年6月22日にアクセス）; "Jet Fuel Price Monitor." IATA, www.iata.org/en/publications/economics/fuel-monitor.（2021年6月14日にアクセス）

18. "Jet Fuel Price Monitor." IATA, www.iata.org/en/publications/economics/fuel-monitor.（2021年6月14日にアクセス）; Robinson, Daisy. "Sustainable Aviation Fuel (Part 1): Pathways to Production." BloombergNEF, 29 March 2021, www.bnef.com/insights/25925?query=eyJxdWVyeSI6IlNBRiIsInBhZ2UiOjEsIm9yZGVyIjoicmVsZXZhbmNlIn0%3D.

19. "Google." Travel, www.google.com/travel/unsupported?ucpp=CiVodHRwczovL3d3dy5nb29nbGUuY29tL3RyYXZlbC9mbGlnaHRz.（2021年5月4日にアクセス）

20. "Average Retail Food and Energy Prices, U.S. and Midwest Region: Mid-Atlantic Information Office: U.S. Bureau of Labor Statistics." U.S. Bureau of Labor Statistics, www.bls.gov/regions/mid-atlantic/data/averageretailfoodandenergyprices_usandmidwest_table.htm.（2021年6月20日にアクセス）

21. 60ページの表を参照。さらに以下を参照。Breakthrough Energy. "The Green Premium." Breakthrough Energy, 2020, www.breakthroughenergy.org/our-challenge/the-green-premium.

22. "Trends and Developments in Electric Vehicle Markets—Global EV Outlook 2021—Analysis." International Energy Agency, 2021, www.iea.org/reports/global-ev-outlook-2021/trends-and-developments-in-electric-vehicle-markets.

23. "Transportation: In China's Biggest Cities, 1 in 5 Cars Sold Is Electric." E&E News, 11 May 2021, www.eenews.net/energywire/2021/05/11/stories/1063732167.

24. Rauwald, Christoph. "VW Boosts Tech Spending Within $177 Billion Investment Plan." *Bloomberg Green*, 13 November 2020, www.bloomberg.com/news/articles/2020-11-13/vw-boosts-tech-spending-in-177-billion-budget-amid-virus-hit.

25. "Electric Vehicle Outlook." BloombergNEF, www.bnef.com/interactive-datasets/2d5d59acd900003d?data-hub=11&tab=Buses.（2021年6月13日にアクセス）

26. "Transport Sector CO_2 Emissions by Mode in the Sustainable Development Scenario, 2000–2030—Charts—Data & Statistics." IEA, www.iea.org/data-and-statistics/charts/transport-sector-co2-emissions-by-mode-in-the-sustainable-development-scenario-2000-2030.（2021年6月13日にアクセス）

27. "Electric Vehicle Outlook."

28. Gallucci, Maria. "At Last, the Shipping Industry Begins Cleaning Up Its Dirty Fuels." Yale E360, Yale Environment 260, 28 June 2018, e360.yale.edu/features/at-last-the-shipping-industry-begins-cleaning-up-its-dirty-fuels.

29. "Review of Maritime Transport 2011, Chapter 2." United Nations Conference on Trade and Development, 2011, unctad.org/system/files/official-document/rmt2011ch2_en.pdf.

30. Gallucci, Maria. "At Last, the Shipping Industry Begins Cleaning Up Its Dirty Fuels."

31. Strohl, Daniel. "Fact Check: Did a GM President Really Tell Congress 'What's Good for GM Is Good for America?'" Hemmings, 5 September 2019, www.hemmings.com/stories/2019/09/05/fact-check-did-a-gm-president-really-tell-congress-whats-good-for-gm-is-good-for-america.

32. "Twelve U.S. States Urge Biden to Back Phasing Out Gas-Powered Vehicle Sales by 2035." Reuters, 21 April 2021, www.reuters.com/business/twelve-us-states-urge-biden-back-phasing-out-gas-powered-vehicle-sales-by-2035-2021-04-21.

33. Huang, Echo. "How Much Financial Help Does China Give EV Maker BYD?" Quartz, 27 March 2019, qz.com/1579568/how-much-financial-help-does-china-give-ev-maker-byd.

34. Vincent, Danny. "The Uncertain Future for China's Electric Car Makers." BBC News, 27 March 2020, www.bbc.com/news/business-51711019.

35. Quarles, Neil, et al. "Costs and Benefits of Electrifying and Automating Bus Transit Fleets." Multidisciplinary Digital Publishing Institute, 2020, www.caee.utexas.edu/prof/kockelman/public_html/TRB18AeBus.pdf.

36. Gilpin, Lyndsey. "These City Bus Routes Are Going Electric—and Saving Money." Inside Climate News, 23 October 2017, insideclimatenews.org/news/23102017/these-city-bus-routes-are-going-all-electric.
37. "Revolutionizing Commercial Vehicle Electrification." Proterra, April 2021, www.proterra.com/wp-content/uploads/2021/04/PTRA-ACTC-Analyst-Day-Presentation-4.8.21-FINAL-1.pdf.
38. "Long-Term Electric Vehicle Outlook 2021." BloombergNEF, 9 June 2021, www.bnef.com/insights/26533/view.
39. Bui, Quan, et al. "Statistical Basis for Predicting Technological Progress." Santa Fe Institute, 5 July 2012, www.santafe.edu/research/results/working-papers/statistical-basis-for-predicting-technological-pro.
40. "Evolution of Li-Ion Battery Price, 1995–2019—Charts—Data & Statistics." IEA, 30 June 2020, www.iea.org/data-and-statistics/charts/evolution-of-li-ion-battery-price-1995-2019.（2021年6月13日にアクセス）
41. Gold, Russell, and Ben Foldy. "The Battery Is Ready to Power the World." *Wall Street Journal*, 5 February 2021, www.wsj.com/articles/the-battery-is-ready-to-power-the-world-11612551578.
42. Boudette, Neal. "Ford's Electric F-150 Pickup Aims to Be the Model T of E.V.s." *New York Times*, 19 May 2021, www.nytimes.com/2021/05/19/business/ford-electric-vehicle-f-150.html.
43. Watson, Kathryn. "Biden Drives Electric Vehicle and Touts It as the 'Future of the Auto Industry.' " CBS News, 18 May 2021, www.cbsnews.com/news/biden-ford-electric-car-plant-michigan-watch-live-stream-today-05-18-2021.
44. "The Ford Electric F-150 Lightning's Astonishing Price." *Atlantic*, 19 May 2021, www.theatlantic.com/technology/archive/2021/05/f-150-lightning-fords-first-electric-truck/618932.
45. "Car Prices in India—Latest Models & Features 23 Jun 2021." BankBazaar, www.bankbazaar.com/car-loan/car-prices-in-india.html.（2021年6月22日にアクセス）; Mehra, Jaiveer. "Best Selling Cars in November 2020: Maruti Swift Remains Top Seller." Autocar India, 5 December 2020, www.autocarindia.com/car-news/best-selling-cars-in-november-2020-maruti-swift-remains-top-seller-419341.
46. "2020 Global Automotive Consumer Study." Deloitte, 2020, www2.deloitte.com/content/dam/Deloitte/us/Documents/manufacturing/us-2020-global-automotive-consumer-study-global-focus-countries.pdf.

Chapter 2　電力の脱炭素化

1. Newton, James D. *Uncommon Friends: Life with Thomas Edison, Henry Ford, Harvey Firestone, Alexis Carrel, & Charles Lindbergh*. New York: Mariner Books, 1989.
2. Schwartz, Evan. "The German Experiment." *MIT Technology Review*, 22 June

2010, www.technologyreview.com/2010/06/22/26637/the-german-experiment; "Feed-in Tariffs in Germany." Wikipedia, 21 March 2021, en.wikipedia.org/wiki/Feed-in_tariffs_in_Germany.

3. Schwartz, Evan. "The German Experiment."

4. *Nova*. PBS, 24 April 2007, www.pbs.org/wgbh/nova/video/saved-by-the-sun.

5. Schwartz, Evan. "The German Experiment."

6. Buchholz, Katharina. "China Dominates All Steps of Solar Panel Production." Statista Infographics, 21 April 2021, www.statista.com/chart/24687/solar-panel-global-market-shares-by-production-steps.

7. Sun, Xiaojing. "Solar Technology Got Cheaper and Better in the 2010s. Now What?" Wood Mackenzie, 18 December 2019, www.woodmac.com/news/opinion/solar-technology-got-cheaper-and-better-in-the-2010s.-now-what.

8. "Renewables Meet 46.3% of Germany's 2020 Power Consumption, up 3.8 Pts." Reuters, 14 December 2020, www.reuters.com/article/germany-power-renewables-idUKKBN28O1AH.

9. Randowitz, Bernd. "Germany's Renewable Power Share Surges to 56% amid Covid-19 Impact." Recharge, July 2020, www.rechargenews.com/transition/germany-s-renewable-power-share-surges-to-56-amid-covid-19-impact/2-1-837212.

10. "U.S. Nuclear Industry." U.S. Energy Information Administration (EIA), 6 April 2021, www.eia.gov/energyexplained/nuclear/us-nuclear-industry.php.

11. "World Energy Outlook 2020—Analysis." IEA, October 2020, www.iea.org/reports/world-energy-outlook-2020.

12. "Renewable Energy Market Update 2021," World Energy Outlook 2020—Analysis, IEA, www.iea.org/reports/renewable-energy-market-update-2021/renewable-electricity; "New Global Solar PV Installations to Increase 27% to Record 181 GW This Year," IHS Markit, 29 March 2021, www.reuters.com/business/energy/new-global-solar-pv-installations-increase-27-record-181-gw-this-year-ihs-markit-2021-03-29.

13. Brandily, Tifenn, and Amar Vasdev. "2H 2020 LCOE Update." BloombergNEF, 10 December 2020, www.bnef.com/login?r=%2Finsights%2F24999%2Fview.

14. "Net Zero by 2050—Analysis." International Energy Agency, May 2021, www.iea.org/reports/net-zero-by-2050.

15. "Net Zero by 2050—Analysis."

16. Piper, Elizabeth, and Markus Wacket. "In Climate Push, G7 Agrees to Stop International Funding for Coal." Reuters, 21 May 2021, www.reuters.com/business/energy/g7-countries-agree-stop-funding-coal-fired-power-2021-05-21.

17. "Net Zero by 2050—Analysis."

18. "Methane Emissions from Oil and Gas—Analysis." International Energy Agency, www.iea.org/reports/methane-emissions-from-oil-and-gas.（2021年6月18日にアクセス）

19. McKenna, Claire, et al. "It's Time to Incentivize Residential Heat Pumps." RMI, 22 July 2020, rmi.org/its-time-to-incentivize-residential-heat-pumps.

20. "Solar Energy Basics." National Renewable Energy Laboratory, 2021, www.nrel.gov/research/re-solar.html.

21. "Renewable Energy Market Update 2021." IEA, 2021, www.iea.org/reports/renewable-energy-market-update-2021/renewable-electricity.

22. "Net Metering." Solar Energy Industries Association, May 2017, www.seia.org/initiatives/net-metering.

23. "U.S. Solar Market Insight." Solar Energy Industries Association, 2021, www.seia.org/us-solar-market-insight. Updated 16 March 2021.

24. "India Exceeding Paris Targets; to Achieve 450 GW Renewable Energy by 2030: PM Modi at G20 Summit." *Business Today*, 22 November 2020, www.businesstoday.in/current/economy-politics/india-exceeding-paris-targets-to-achieve-450-gw-renewable-energy-by-2030-pm-modi-at-g20-summit/story/422691.html.

25. Russi, Sofia. "Global Wind Report 2021." Global Wind Energy Council, 30 April 2021, gwec.net/global-wind-report-2021.

26. Besta, Shankar. "Profiling Ten of the Biggest Onshore Wind Farms in the World." NS Energy, 9 December 2019, www.nsenergybusiness.com/features/worlds-biggest-onshore-wind-farms.

27. Gross, Samantha. "Renewables, Land Use, and Local Opposition in the United States." Brookings Institution, January 2020, www.brookings.edu/wp-content/uploads/2020/01/FP_20200113_renewables_land_use_local_opposition_gross.pdf.

28. "Natural Gas Prices—Historical Chart." MacroTrends, 2021, www.macrotrends.net/2478/natural-gas-prices-historical-chart.

29. ヴェスタスは 1987 年に風力発電に注力しはじめた。"Vestas History." Vestas, 2021, www.vestas.com/en/about/profile#!from-1987-1998.

30. "Our Green Business Transformation: What We Did and Lessons Learned." Ørsted, April 2021, orsted.com/en/about-us/whitepapers/green-transformation-lessons-learned.

31. Scott, Mike. "Top Company Profile: Denmark's Ørsted Is 2020's Most Sustainable Corporation." Corporate Knights, 21 January 2020, www.corporateknights.com/reports/2020-global-100/top-company-profile-orsted-sustainability-15795648.

32. "Satellite Data Reveals Extreme Methane Emissions from Permian Oil & Gas Operations; Shows Highest Emissions Ever Measured from a Major U.S. Oil and Gas Basin." Environmental Defense Fund, 22 April 2020, www.edf.org/media/satellite-data-reveals-extreme-methane-emissions-permian-oil-gas-operations-shows-highest.

33. Chung, Tiy. "Global Assessment: Urgent Steps Must Be Taken to Reduce Methane Emissions This Decade." United Nations Environment Programme

(UNEP), 6 May 2021, www.unep.org/news-and-stories/press-release/global-assessment-urgent-steps-must-be-taken-reduce-methane.

34. Plant, Genevieve. "Large Fugitive Methane Emissions from Urban Centers Along the U.S. East Coast." *AGU Journals*, 28 July 2019, agupubs.onlinelibrary.wiley.com/doi/full/10.1029/2019GL082635; Lebel, Eric D., et al. "Quantifying Methane Emissions from Natural Gas Water Heaters." ACS Publications, 6 April 2020, pubs.acs.org/doi/10.1021/acs.est.9b07189; "Major U.S. Cities Are Leaking Methane at Twice the Rate Previously Believed." *Science* | AAAS, 19 July 2019, www.sciencemag.org/news/2019/07/major-us-cities-are-leaking-methane-twice-rate-previously-believed.

35. "Gas Leak Detection & Repair." MBS Engineering, 2021, www.mbs.engineering/gas-leak-detection-repair.html; "Perform Valve Leak Repair During Pipeline Replacement." U.S. Environmental Protection Agency, 31 August 2016, www.epa.gov/sites/production/files/2016-06/documents/performleakrepairduringpipelinereplacement.pdf.

36. Lipton, Eric, and Hiroko Tabuchi. "Driven by Trump Policy Changes, Fracking Booms on Public Lands." *New York Times,* 27 October 2018, www.nytimes.com/2018/10/27/climate/trump-fracking-drilling-oil-gas.html; Davenport, Coral. "Trump Eliminates Major Methane Rule, Evenas Leaks Are Worsening," updated 18 April 2021, www.nytimes.com/2020/08/13/climate/trump-methane.html.

37. "Natural Gas Flaring and Venting: State and Federal Regulatory Overview, Trends and Impacts." Office of Fossil Energy (FE) of the U.S. Department of Energy, June 2019, www.energy.gov/sites/prod/files/2019/08/f65/Natural%20Gas%20Flaring%20and%20Venting%20Report.pdf.

38. Jacobs, Nicole. "New Poll: Natural Gas Still the Top Choice for Cooking." Energy in Depth, 16 February 2021, www.energyindepth.org/new-poll-natural-gas-still-the-top-choice-for-cooking.

39. National Renewable Energy Laboratory, 2020, www.nrel.gov/state-local-tribal/basics-net-metering.html.

40. "Net Zero by 2050—Analysis."

41. Popovich, Nadja. "America's Light Bulb Revolution." *New York Times*, 8 March 2019, www.nytimes.com/interactive/2019/03/08/climate/light-bulb-efficiency.html.

42. Lovins, Amory B. "How Big Is the Energy Efficiency Resource?" IOP Science, IOP Publishing Ltd, 18 September 2018, iopscience.iop.org/article/10.1088/1748-9326/aad965/pdf.

43. Carmichael, Cara, and Eric Harrington. "Project Case Study: Empire State Building." Rocky Mountain Institute, 2009, rmi.org/wp-content/uploads/2017/04/Buildings_Retrofit_EmpireStateBuilding_CaseStudy_2009.pdf.

44. "Quadrennial Technology Review, Chapter 5: Increasing Efficiency of Building Systems and Technologies." United States Department of Energy, September

2015, www.energy.gov/sites/prod/files/2017/03/f34/qtr-2015-chapter5.pdf.
45. "How Much Does an Electric Furnace Cost to Install?" Modernize Home Services, 2021, modernize.com/hvac/heating-repair-installation/furnace/electric.
46. "ENERGY STAR Impacts." ENERGY STAR, 2019, www.energystar.gov/about/origins_mission/impacts.
47. Castro-Alvarez, Fernando, et al. "The 2018 International Energy Efficiency Scorecard." ©American Council for an Energy-Efficient Economy, June 2018, www.aceee.org/sites/default/files/publications/researchreports/i1801.pdf.
48. Komanoff, Charles, et al. "California Stars Lighting the Way to a Clean Energy Future." Natural Resources Defense Council, May 2019, www.nrdc.org/sites/default/files/california-stars-clean-energy-future-report.pdf.

Chapter 3　食料の見直し

1. Ontl, Todd A., and Lisa A. Schulte. "Soil Carbon Storage." Knowledge Project, Nature Education, 2012, www.nature.com/scitable/knowledge/library/soil-carbon-storage-84223790/.
2. "Global Plans of Action Endorsed to Halt the Escalating Degradation of Soils." Food and Agriculture Organization of the United Nations, 24 July 2014, www.fao.org/news/story/en/item/239341/icode.
3. Tian, Hanqin, et al. "A Comprehensive Quantification of Global Nitrous Oxide Sources and Sinks." *Nature*, 7 October 2020, www.nature.com/articles/s41586-020-2780-0.
4. UNEP and UNEP DTU Partnership. "UNEP Report—The Emissions Gap Report 2020." *Management of Environmental Quality: An International Journal*, 2020, www.unep.org/emissions-gap-report-2020.
5. Ranganathan, Janet, et al. "How to Sustainably Feed 10 Billion People by 2050, in 21 Charts." World Resources Institute, 5 December 2018, www.wri.org/insights/how-sustainably-feed-10-billion-people-2050-21-charts.
6. Zomer, Robert. "Global Sequestration Potential of Increased Organic Carbon in Cropland Soils." *Scientific Reports*, 14 November 2017, www.nature.com/articles/s41598-017-15794-8?error=cookies_not_supported&code=4f2be93e-fd6c-4958-814b-d7ea0649ee8e.
7. "Worldwide Food Waste." UN Environment Programme, 2010, www.unep.org/thinkeatsave/get-informed/worldwide-food-waste.
8. Ott, Giffen. "We're a Climate Fund—Why Start with Waste?" FullCycle, www.fullcycle.com/insights/were-a-climate-fund-why-start-with-waste.（2021年6月13日にアクセス）
9. Funderburg, Eddie. "What Does Organic Matter Do in Soil?" Noble Research Institute, 31 July 2001, www.noble.org/news/publications/ag-news-and-views/2001/august/what-does-organic-matter-do-in-soil.

10. Kautz, Timo. "Research on Subsoil Biopores and Their Functions in Organically Managed Soils: A Review," *Renewable Agriculture and Food Systems,* Cambridge University Press, 15 January 2014, www.cambridge.org/core/journals/renewable-agriculture-and-food-systems/article/research-on-subsoil-biopores-and-their-functions-in-organicallymanaged-soils-a-review/A72F0E0E7B86FE904A5EC5EE37F6D6C9.
11. Plumer, Brad. "No-Till Farming Is on the Rise. That's Actually a Big Deal." *Washington Post,* 9 November 2013, www.washingtonpost.com/news/wonk/wp/2013/11/09/no-till-farming-is-on-the-rise-thats-actually-a-big-deal; Claassen, Roger. "USDA ERS—No-Till and Strip-Till Are Widely Adopted but Often Used in Rotation with Other Tillage Practices." Economic Research Service, U.S. Department of Agriculture, www.ers.usda.gov/amber-waves/2019/march/no-till-and-strip-till-are-widely-adopted-but-often-used-in-rotation-with-other-tillage-practices.
（2021年6月13日にアクセス）
12. Creech, Elizabeth. "Saving Money, Time and Soil: The Economics of No-Till Farming." U.S. Department of Agriculture, 30 November 2017, www.usda.gov/media/blog/2017/11/30/saving-money-time-and-soil-economics-no-till-farming.
13. Gianessi, Leonard. "Importance of Herbicides for No-Till Agriculture in South America." CropLife International, 16 November 2014, croplife.org/case-study/importance-of-herbicides-for-no-till-agriculture-in-south-america.
14. Smil, Vaclav. *Energy and Civilization: A History.* Boston: The MIT Press, 2018.
（バーツラフ・シュミル『エネルギーの人類史』塩原通緒訳、青土社、2019年）
15. Poeplau, Christopher, and Axel Don. "Carbon Sequestration in Agricultural Soils via Cultivation of Cover Crops—A Meta-Analysis." *Agriculture, Ecosystems & Environment* 200, 2015, 33–41, doi:10.1016/j.agee.2014.10.024.
16. Ahmed, Amal. "Last Year's Historic Floods Ruined 20 Million Acres of Farmland." *Popular Science*, 26 April 2021, www.popsci.com/story/environment/2019-record-floods-midwest.
17. UNEP and UNEP DTU Partnership. "UNEP Report—The Emissions Gap Report 2020." *Management of Environmental Quality: An International Journal*, 2020, https://www.unep.org/emissions-gap-report-2020.
18. Waite, Richard, and Alex Rudee. "6 Ways the US Can Curb Climate Change and Grow More Food." World Resources Institute, 20 August 2020, www.wri.org/insights/6-ways-us-can-curb-climate-change-and-grow-more-food.
19. Boerner, Leigh Krietsch. "Industrial Ammonia Production Emits More CO_2 than Any Other Chemical-Making Reaction. Chemists Want to Change That." *Chemical & Engineering News*, 15 June 2019, cen.acs.org/environment/green-chemistry/Industrial-ammonia-production-emits-CO2/97/i24.
20. Tullo, Alexander H. "Is Ammonia the Fuel of the Future?" *Chemical & Engineering News*, 8 March 2021, cen.acs.org/business/petrochemicals/ammonia

-fuel-future/99/i8.

21. "Agricultural Output—Meat Consumption—OECD Data." OECD.org, 2020, data.oecd.org/agroutput/meat-consumption.htm.

22. Durisin, Megan, and Shruti Singh. "Americans Will Eat a Record Amount of Meat in 2018." *Bloomberg*, 2 January 2018, www.bloomberg.com/news/articles/2018-01-02/have-a-meaty-new-year-americans-will-eat-record-amount-in-2018.

23. Wood, Laura. "Fast Food Industry Analysis and Forecast 2020–2027." Business Wire, 16 July 2020, www.businesswire.com/news/home/20200716005498/en/Fast-Food-Industry-Analysis-and-Forecast-2020-2027---ResearchAndMarkets.com.

24. "Key Facts and Findings." Food and Agriculture Organization of the United Nations, 2020, www.fao.org/news/story/en/item/197623/icode.

25. "Tackling Climate Change Through Livestock." Food and Agriculture Organization of the United Nations, 2013, www.fao.org/3/i3437e/i3437e.pdf.

26. "Which Is a Bigger Methane Source: Cow Belching or Cow Flatulence?" Global Climate Change: Vital Signs of the Planet, 2021, climate.nasa.gov/faq/33/which-is-a-bigger-methane-source-cow-belching-or-cow-flatulence.

27. "Animal Manure Management." U.S. Department of Agriculture, December 1995, www.nrcs.usda.gov/wps/portal/nrcs/detail/null/?cid=nrcs143_014211.

28. Ritchie, Hannah. "How Much of the World's Land Would We Need in Order to Feed the Global Population with the Average Diet of a Given Country?" Our World in Data, 3 October 2017, ourworldindata.org/agricultural-land-by-global-diets.

29. "How Much of the World's Land Would We Need in Order to Feed the Global Population with the Average Diet of a Given Country?"

30. Nelson, Diane. "Feeding Cattle Seaweed Reduces Their Greenhouse Gas Emissions 82 Percent." University of California, Davis, 17 March 2021, www.ucdavis.edu/news/feeding-cattle-seaweed-reduces-their-greenhouse-gas-emissions-82-percent.

31. Shangguan, Siyi, et al. "A Meta-Analysis of Food Labeling Effects on Consumer Diet Behaviors and Industry Practices." *American Journal of Preventive Medicine* 56, no. 2, 2019, 300–314, doi:10.1016/j.amepre.2018.09.024.

32. Camilleri, Adrian, et al. "Consumers Underestimate the Emissions Associated with Food but Are Aided by Labels." *Nature Climate Change* 9, 17 December 2018, www.nature.com/articles/s41558-018-0354-z.

33. Donnellan, Douglas. "Climate Labels on Food to Become a Reality in Denmark." Food Tank, 11 April 2019, foodtank.com/news/2019/04/climate-labels-on-food-to-become-a-reality-in-denmark.

34. "RELEASE: New 'Cool Food Meals' Badge Hits Restaurant Menus Nationwide, Helping Consumers Act on Climate Change." World Resources Institute, 14 October 2020, www.wri.org/news/release-new-cool-food-meals-badge-hits-restaurant-menus-nationwide-helping-consumers-act.

35. "How Much Would Giving Up Meat Help the Environment?" *Economist*, 15 November 2019, www.economist.com/graphic-detail/2019/11/15/how-much-would-giving-up-meat-help-the-environment; Kim, Brent F., et al. "Country-Specific Dietary Shifts to Mitigate Climate and Water Crises." ScienceDirect, May 2020, www.sciencedirect.com/science/article/pii/S0959378018306101.
36. O'Connor, Anahad. "Fake Meat vs. Real Meat." *New York Times*, 2 December 2020, www.nytimes.com/2019/12/03/well/eat/fake-meat-vs-real-meat.html.
37. Mount, Daniel. "Retail Sales Data: Plant-Based Meat, Eggs, Dairy." Good Food Institute, 9 June 2021, gfi.org/marketresearch/#:%7E:text.
38. Poinski, Megani. "Plant-Based Food Sales Outpace Growth in Other Categories during Pandemic." Food Dive, 27 May 2020, www.fooddive.com/news/plant-based-food-sales-outpace-growth-in-other-categories-during-pandemic/578653.
39. Lucas, Amelia. "Beyond Meat Unveils New Version of Its Meat-Free Burgers for Grocery Stores." CNBC, 27 April 2021, www.cnbc.com/2021/04/27/beyond-meat-unveils-new-version-of-its-meat-free-burgers-in-stores.html.
40. Card, Jon. "Lab-Grown Food: 'The Goal Is to Remove the Animal from Meat Production.' " *Guardian*, 9 August 2018, www.theguardian.com/small-business-network/2017/jul/24/lab-grown-food-indiebio-artificial-intelligence-walmart-vegetarian.
41. Mount, Daniel. "U.S. Retail Market Data for Plant-Based Industry."
42. Ritchie, Hannah. "You Want to Reduce the Carbon Footprint of Your Food? Focus on What You Eat, Not Whether Your Food Is Local." Our World in Data, 24 January 2020, ourworldindata.org/food-choice-vs-eating-local.
43. University of Adelaide. "Potential for Reduced Methane from Cows." ScienceDaily, 8 July 2019, www.sciencedaily.com/releases/2019/07/190708112514.htm.
44. "System of Rice Intensification." Project Drawdown, 7 August 2020, drawdown.org/solutions/system-of-rice-intensification.
45. Proville, Jeremy, and K. Kritee. "Global Risk Assessment of High Nitrous Oxide Emissions from Rice Production." Environmental Defense Fund, 2018, www.edf.org/sites/default/files/documents/EDF_White_Paper_Global_Risk_Analysis.pdf.
46. "Overview of Greenhouse Gases." U.S. Environmental Protection Agency, 20 April 2021, www.epa.gov/ghgemissions/overview-greenhouse-gases#nitrous-oxide.
47. "Nitrous Oxide Emissions from Rice Farms Are a Cause for Concern for Global Climate." Environmental Defense Fund, 10 September 2018, www.edf.org/media/nitrous-oxide-emissions-rice-farms-are-cause-concern-global-climate.
48. Dawson, Fiona. "Mars Food Works to Deliver Better Food Today." Mars, 2020, www.mars.com/news-and-stories/articles/how-mars-food-works-to-deliver-better-food-today-for-a-better-world-tomorrow.
49. "Cattle Population Worldwide 2012–2021." Statista, 20 April 2021, www.statista.com/statistics/263979/global-cattle-population-since-1990.
50. Nepveux, Michael. "USDA Report: U.S. Dairy Farm Numbers Continue to De-

cline." American Farm Bureau Federation, 26 February 2021, fb.org/market-intel/usda-report-u.s.-dairy-farm-numbers-continue-to-decline.
51. Calder, Alice. "Agricultural Subsidies: Everyone's Doing It." Hinrich Foundation, 15 October 2020, www.hinrichfoundation.com/research/article/protectionism/agricultural-subsidies/#:%7E:text.
52. "Food Loss and Food Waste." Food and Agriculture Organization of the United Nations, 2021, www.fao.org/food-loss-and-food-waste/flw-data.
53. "World Hunger Is Still Not Going Down After Three Years and Obesity Is Still Growing—UN Report." World Health Organization, 15 July 2019, www.who.int/news/item/15-07-2019-world-hunger-is-still-not-going-down-after-three-years-and-obesity-is-still-growing-un-report.
54. Center for Food Safety and Applied Nutrition. "Food Loss and Waste." U.S. Food and Drug Administration, 23 February 2021, www.fda.gov/food/consumers/food-loss-and-waste.
55. Yu, Yang, and Edward C. Jaenicke. "Estimating Food Waste as Household Production Inefficiency." *American Journal of Agricultural Economics* 102, no. 2, 2020, 525–47, doi:10.1002/ajae.12036; Bandoim, Lana. "The Shocking Amount of Food U.S. Households Waste Every Year." *Forbes*, 26 January 2020, www.forbes.com/sites/lanabandoim/2020/01/26/the-shocking-amount-of-food-us-households-waste-every-year.
56. "Is France's Groundbreaking Food-Waste Law Working?" PBS *NewsHour*, 31 August 2019, www.pbs.org/newshour/show/is-frances-groundbreaking-food-waste-law-working.
57. "United States Summary and State Data." U.S. Department of Agriculture, April 2019, www.nass.usda.gov/Publications/AgCensus/2017/Full_Report/Volume_1,_Chapter_1_US/usv1.pdf.
58. Capper, J. L. "The Environmental Impact of Beef Production in the United States: 1977 Compared with 2007." *Journal of Animal Science* 89, no. 12, 2011, 4249–61, doi:10.2527/jas.2010-3784.
59. Ranganathan, Janet. "How to Sustainably Feed 10 Billion People by 2050, in 21 Charts." World Resources Institute, www.wri.org/insights/how-sustainably-feed-10-billion-people-2050-21-charts.（2021年6月18日にアクセス）

Chapter 4　自然保護

1. Schädel, Christina. "Guest Post: The Irreversible Emissions of a Permafrost 'Tipping Point.' " Carbon Brief, 12 February 2020, www.carbonbrief.org/guest-post-the-irreversible-emissions-of-a-permafrost-tipping-point.
2. Prentice, I. C. "The Carbon Cycle and Atmospheric Carbon Dioxide." IPCC, www.ipcc.ch/site/assets/uploads/2018/02/TAR-03.pdf.
3. Betts, Richard. "Met Office: Atmospheric CO_2 Now Hitting 50% Higher than

Pre-Industrial Levels." Carbon Brief, 16 March 2021, www.carbonbrief.org/met-office-atmospheric-co2-now-hitting-50-higher-than-pre-industrial-levels.

4. Wilson, Edward O. *Half-Earth*. New York: Liveright, 2017.

5. Mark, Jason. "A Conversation with E. O. Wilson." *Sierra*, 28 December 2019, www.sierraclub.org/sierra/conversation-eo-wilson.

6. Roddy, Mike. "We Lost a Football Pitch of Primary Rainforest Every 6 Seconds in 2019." *Global Forest Watch* (Blog), 2 June 2020, www.globalforestwatch.org/blog/data-and-research/global-tree-cover-loss-data-2019/.

7. Gibbs, David, et al. "By the Numbers: The Value of Tropical Forests in the Climate Change Equation." World Resources Institute, 4 October 2018, www.wri.org/insights/numbers-value-tropical-forests-climate-change-equation; Mooney, Chris, et al. "Global Forest Losses Accelerated Despite the Pandemic, Threatening World's Climate Goals." *Washington Post*, 31 March 2021, www.washingtonpost.com/climate-environment/2021/03/31/climate-change-deforestation.

8. Helmholtz Centre for Environmental Research. "The Forests of the Amazon Are an Important Carbon Sink." ScienceDaily, 18 November 2019, www.sciencedaily.com/releases/2019/11/191118100834.htm.

9. "By the Numbers: The Value of Tropical Forests in the Climate Change Equation."

10. Cullenward, Danny, and David Victor. *Making Climate Policy Work*. Polity, 2020.

11. Ritchie, Hannah. "Deforestation and Forest Loss." Our World in Data, 2020, ourworldindata.org/deforestation.

12. "Kraft's Annual Report 2001." Kraft, 2001, www.annualreports.com/HostedData/AnnualReportArchive/m/NASDAQ_mdlz_2001.pdf.

13. Kraft Foods, "Kraft Foods Maps Its Total Environmental Footprint." PR Newswire, 14 December 2011, www.prnewswire.com/news-releases/kraft-foods-maps-its-total-environmental-footprint-135585188.html.

14. "Carbon Emissions from Forests down by 25% Between 2001–2015." Food and Agriculture Organization of the United Nations, 20 March 2015, www.fao.org/news/story/en/item/281182/icode.

15. "Return on Sustainability Investment (ROSI™)." New York University Stern School of Business, 2021, www.stern.nyu.edu/experience-stern/about/departments-centers-initiatives/centers-of-research/center-sustainable-business/research/return-sustainability-investment-rosi.

16. "Paris Agreement." United Nations Framework Convention on Climate Change, 12 December 2015, unfccc.int/sites/default/files/english_paris_agreement.pdf.

17. "Where We Focus: Global." Climate and Land Use Alliance, 16 November 2018, www.climateandlandusealliance.org/initiatives/global.

18. "Indigenous Peoples." World Bank, 2020, www.worldbank.org/en/topic/indigenouspeoples.

19. "Indigenous Peoples' Forest Tenure." Project Drawdown, 30 June 2020, www.drawdown.org/solutions/indigenous-peoples-forest-tenure.

20. Blackman, Allen. "Titled Amazon Indigenous Communities Cut Forest Carbon Emissions." ScienceDirect, November 2018, www.sciencedirect.com/science/article/abs/pii/S0921800917309746.

21. Veit, Peter, and Katie Reytar. "By the Numbers: Indigenous and Community Land Rights." World Resources Institute, 20 March 2017, www.wri.org/insights/numbers-indigenous-and-community-land-rights.

22. "New Study Finds 55% of Carbon in Amazon Is in Indigenous Territories and Protected Lands, Much of It at Risk." Environmental Defense Fund, www.edf.org/media/new-study-finds-55-carbon-amazon-indigenous-territories-and-protected-lands-much-it-risk.（2021年6月18日にアクセス）

23. "How Much Oxygen Comes from the Ocean?" National Oceanic and Atmospheric Administration, 26 February 2021, oceanservice.noaa.gov/facts/ocean-oxygen.html.

24. Sabine, Chris. "Ocean-Atmosphere CO_2 Exchange Dataset, Science on a Sphere." National Oceanic and Atmospheric Administration, 2020, sos.noaa.gov/datasets/ocean-atmosphere-co2-exchange.

25. Thomas, Ryan. *Marine Biology: An Ecological Approach*. Waltham Abbey, U.K.: ED-TECH Press, 2019.

26. "The Ocean as a Solution to Climate Change." World Resources Institute: Ocean Panel Secretariat, 2019, live-oceanpanel.pantheonsite.io/sites/default/files/2019-10/19_4PAGER_HLP_web.pdf.

27. Diaz, Cristobal. "Open Ocean." National Oceanic and Atmospheric Administration, 26 February 2021, oceana.org/marine-life/marine-science-and-ecosystems/open-ocean.

28. "The Carbon Cycle." NASA Earth Observatory, earthobservatory.nasa.gov/features/CarbonCycle.（2021年6月22日にアクセス）

29. Sala, Enric, et al. "Protecting the Global Ocean for Biodiversity, Food and Climate." *Nature* 592, no. 7854, 2021, 397–402, doi:10.1038/s41586-021-03371-z.

30. Sala, Enric, et al. "Protecting the Global Ocean for Biodiversity, Food and Climate."

31. Cave, Damien, and Justin Gillis. "Large Sections of Australia's Great Reef Are Now Dead, Scientists Find." *New York Times*, 22 August 2020, www.nytimes.com/2017/03/15/science/great-barrier-reef-coral-climate-change-dieoff.html.

32. Sala, Enric. "Let's Turn the High Seas into the World's Largest Nature Reserve." TED Talks, 28 June 2018, www.ted.com/talks/enric_sala_let_s_turn_the_high_seas_into_the_world_s_largest_nature_reserve.

33. Bland, Alastair. "Could a Ban on Fishing in International Waters Become a Reality?" NPR, 14 September 2018, www.npr.org/sections/thesalt/2018/09/14/647441547/could-a-ban-on-fishing-in-international-waters-become-a-reality.
34. "The Economics of Fishing the High Seas." *Science Advances* 4, no. 6, 6 June 2018, advances.sciencemag.org/content/4/6/eaat2504.
35. Bland, Alastair. "Could a Ban on Fishing in International Waters Become A Reality?"
36. Hurlimann, Sylvia. "How Kelp Naturally Combats Global Climate Change." Science in the News, 4 July 2019, sitn.hms.harvard.edu/flash/2019/how-kelp-naturally-combats-global-climate-change.
37. Hawken, Paul. *Drawdown: The Most Comprehensive Plan Ever Proposed to Reverse Global Warming*. New York: Penguin Books, 2017（ポール・ホーケン編著『ドローダウン――地球温暖化を逆転させる 100 の方法』江守正多監訳、東出顕子訳、山と溪谷社、2020 年）
38. Bryce, Emma. "Can the Forests of the World's Oceans Contribute to Alleviating the Climate Crisis?" GreenBiz, 16 July 2020, www.greenbiz.com/article/can-forests-worlds-oceans-contribute-alleviating-climate-crisis.
39. "Peatland Protection and Rewetting." Project Drawdown, 1 March 2020, www.drawdown.org/solutions/peatland-protection-and-rewetting.
40. Günther, Anke, et al. "Prompt Rewetting of Drained Peatlands Reduces Climate Warming despite Methane Emissions." Nature Communications, 2 April 2020, www.nature.com/articles/s41467-020-15499-z.
41. Zimmer, Carl. "How Many Species? A Study Says 8.7 Million, but It's Tricky." *New York Times*, 23 August 2011, www.nytimes.com/2011/08/30/science/30species.html.
42. "UN Report: Nature's Dangerous Decline 'Unprecedented'; Species Extinction Rates 'Accelerating.' " United Nations Sustainable Development Group, 6 May 2019, www.un.org/sustainabledevelopment/blog/2019/05/nature-decline-unprecedented-report.
43. "50 Countries Announce Bold Commitment to Protect at Least 30% of the World's Land and Ocean by 2030." Campaign for Nature, 10 June 2021, www.campaignfornature.org/50-countries-announce-bold-commitment-to-protect-at-least-30-of-the-worlds-land-and-ocean-by-2030.

Chapter 5　産業をクリーンにする

1. "King Kibe Meets the Guy behind #BANPLASTICKE, James Wakibia." YouTube, 13 September 2017, www.youtube.com/watch?v=a0MSp-IssHU.
2. "Meet James Wakibia, the Campaigner Behind Kenya's Plastic Bag Ban." United Nations Environment Programme, 4 May 2018, www.unep.org/news-and-stories/story/meet-james-wakibia-campaigner-behind-kenyas-plastic-bag-ban.

3. Reality Check Team. "Has Kenya's Plastic Bag Ban Worked?" BBC News, 28 August 2019, www.bbc.com/news/world-africa-49421885.
4. Reality Check Team. "Has Kenya's Plastic Bag Ban Worked?"
5. "Meet James Wakibia, the Campaigner behind Kenya's Plastic Bag Ban."
6. Nichols, Mike. *The Graduate*. Los Angeles: Embassy Pictures, 1967.
7. Parker, Laura. "The World's Plastic Pollution Crisis Explained." *National Geographic*, 7 June 2019, www.nationalgeographic.com/environment/article/plastic-pollution.
8. "Emissions Gap Report 2019." United Nations Environment Programme, 2019, www.unep.org/resources/emissions-gap-report-2019.
9. "Emissions Gap Report 2019."
10. Leahy, Meredith. "Aluminum Recycling in the Circular Economy." Rubicon, 11 September 2019, www.rubicon.com/blog/aluminum-recycling.
11. Joyce, Christopher. "Where Will Your Plastic Trash Go Now That China Doesn't Want It?" NPR, 13 March 2019, www.npr.org/sections/goatsandsoda/209/03/13/702501726/where-will-your-plastic-trash-go-now-that-china-doesnt-want-it.
12. Joyce, Christopher. "Where Will Your Plastic Trash Go Now That China Doesn't Want It?"
13. Sullivan, Laura. "How Big Oil Misled the Public into Believing Plastic Would Be Recycled." NPR, 11 September 2020, www.npr.org/2020/09/11/897692090/how-big-oil-misled-the-public-into-believing-plastic-would-be-recycled.
14. Hocevar, John. "Circular Claims Fall Flat: Comprehensive U.S. Survey of Plastics Recyclability." Greenpeace, 18 February 2020, www.greenpeace.org/usa/research/report-circular-claims-fall-flat.
15. Katz, Cheryl. "Piling Up: How China's Ban on Importing Waste Has Stalled Global Recycling." Yale Environment 360, 7 March 2019, e360.yale.edu/features/piling-up-how-chinas-ban-on-importing-waste-has-stalled-global-recycling.
16. Herring, Chris. "Coke's New Bottle Is Part Plant." *Wall Street Journal*, 24 January 2010, www.wsj.com/articles/SB10001424052748703672104574654212774510476.
17. Cho, Renee. "The Truth About Bioplastics." Columbia Climate School, 13 December 2017, news.climate.columbia.edu/2017/12/13/the-truth-about-bioplastics.
18. Oakes, Kelly. "Why Biodegradables Won't Solve the Plastic Crisis." BBC Future, 5 November 2019, www.bbc.com/future/article/20191030-why-biodegradables-wont-solve-the-plastic-crisis.
19. Oakes, Kelly. "Why Biodegradables Won't Solve the Plastic Crisis."
20. Geyer, Roland, et al. "Production, Use, and Fate of All Plastics Ever Made." *Science Advances* 3, no. 7, 2017, p. e1700782, doi:10.1126/sciadv.1700782.
21. "Plastic Pollution Affects Sea Life Throughout the Ocean." Pew Charitable Trusts, 24 September 2018, www.pewtrusts.org/en/research-and-analysis/articles/

2018/09/24/plastic-pollution-affects-sea-life-throughout-the-ocean; "New UN Report Finds Marine Debris Harming More Than 800 Species, Costing Countries Millions." 5 December 2016, news.un.org/en/story/2016/12/547032-new-un-report-finds-marine-debris-harming-more-800-species-costing-countries.
22. Leung, Hillary. "E.U. Sets Standard with Ban on Single-Use Plastics by 2021." *Time*, 28 March 2019, time.com/5560105/european-union-plastic-ban.
23. Excell, Carole. "127 Countries Now Regulate Plastic Bags. Why Aren't We Seeing Less Pollution?" World Resources Institute, 11 March 2019, www.wri.org/insights/127-countries-now-regulate-plastic-bags-why-arent-we-seeing-less-pollution.
24. Thomas, Dana. "The High Price of Fast Fashion." *Wall Street Journal*, 29 August 2019, www.wsj.com/articles/the-high-price-of-fast-fashion-11567096637.
25. Webb, Bella. "Fashion and Carbon Emissions: Crunch Time." Vogue Business, 26 August 2020, www.voguebusiness.com/sustainability/fashion-and-carbon-emissions-crunch-time.
26. Schwartz, Evan. "Anchoring OKRs to Your Mission." What Matters, 26 June 2020, www.whatmatters.com/articles/okrs-mission-statement-allbirds-sustainability.
27. Verry, Peter. "Allbirds Is Making Its Carbon Footprint Calculator Open-Source Ahead of Earth Day." Footwear News, 18 April 2021, footwearnews.com/2021/business/sustainability/allbirds-carbon-footprint-calculator-open-source-earth-day-1203132233; "Carbon Footprint Calculator & Tools." Allbirds, 2021, www.allbirds.com/pages/carbon-footprint-calculator.
28. Bellevrat, Elie, and Kira West. "Clean and Efficient Heat for Industry." International Energy Agency, 23 January 2018, www.iea.org/commentaries/clean-and-efficient-heat-for-industry.
29. Roelofsen, Occo, et al. "Plugging in: What Electrification Can Do for Industry." McKinsey & Company, 28 May 2020, www.mckinsey.com/industries/electric-power-and-natural-gas/our-insights/plugging-in-what-electrification-can-do-for-industry#.
30. "1H 2021 Hydrogen Levelized Cost Update." BloombergNEF, www.bnef.com/insights/26011.（2021年6月14日にアクセス）
31. "Available and Emerging Technologies for Reducing Greenhouse Gas Emissions from the Portland Cement Industry." U.S. Environmental Protection Agency, October 2010, www.epa.gov/sites/production/files/2015-12/documents/cement.pdf.
32. "Investors Call on Cement Companies to Address Business-Critical Contribution to Climate Change." Institutional Investors Group on Climate Change, 22 July 2019, www.iigcc.org/news/investors-call-on-cement-companies-to-address-business-critical-contribution-to-climate-change.
33. Frangoul, Anmar. " 'We Have to Improve Our Operations to Be More Sustain-

able,’ LafargeHolcim CEO Says.” CNBC, 31 July 2020, www.cnbc.com/2020/07/31/lafargeholcim-ceo-stresses-importance-of-sustainability.html.
34. “LafargeHolcim Signs Net Zero Pledge with Science-Based Targets.” BusinessWire, 21 September 2020, www.businesswire.com/news/home/20200921005750/en/LafargeHolcim-Signs-Net-Zero-Pledge-with-Science-Based-Targets.
35. “Steel Production.” American Iron and Steel Institute, 2 November 2020, www.steel.org/steel-technology/steel-production; Hites, Becky. “The Growth of EAF Steelmaking.” Recycling Today, 30 April 2020, www.recyclingtoday.com/article/the-growth-of-eaf-steelmaking.
36. “Steel Statistical Yearbook 2020 Concise Version.” WorldSteel Association, www.worldsteel.org/en/dam/jcr:5001dac8-0083-46f3-aadd-35aa357acbcc/Steel%2520Statistical%2520Yearbook%25202020%2520%2528concise%2520version%2529.pdf.（2021年6月21日にアクセス）
37. “First in the World to Heat Steel Using Hydrogen.” Ovako, 2021, www.ovako.com/en/newsevents/stories/first-in-the-world-to-heat-steel-using-hydrogen.
38. Collins, Leigh. “ ‘Ridiculous to Suggest Green Hydrogen Alone Can Meet World’s H2 Needs.’ ” Recharge, 27 April 2020, www.rechargenews.com/transition/-ridiculous-to-suggest-green-hydrogen-alone-can-meet-world-s-h2-needs-/2-1-797831.
39. “Speech by Prime Minister Stefan Löfven at Inauguration of New HYBRIT Pilot Plant.” Government Offices of Sweden, 31 August 2020, www.government.se/speeches/2020/08/speech-by-prime-minister-stefan-lofven-at-inauguration-of-new-hybrit-pilot-plant.
40. “HYBRIT: SSAB, LKAB and Vattenfall to Start up the World’s First Pilot Plant for Fossil-Free Steel.” SSAB, 21 August 2020, www.ssab.com/news/2020/08/hybrit-ssab-lkab-and-vattenfall-to-start-up-the-worlds-first-pilot-plant-for-fossilfree-steel.

Chapter 6　炭素を除去する

1. Wilcox, J., et al. “CDR Primer.” CDR, 2021, cdrprimer.org/read/concepts.
2. Cembalest, Michael. “Eye on the Market: 11th Annual Energy Paper.” J.P. Morgan Assset Management, 2021, am.jpmorgan.com/us/en/asset-management/institutional/insights/market-insights/eye-on-the-market/annual-energy-outlook.
3. Wilcox, J., et al. “CDR Primer.”
4. Sönnichsen, N. “Distribution of Primary Energy Consumption in 2019, by Country.” Statista, 2021, www.statista.com/statistics/274200/countries-with-the-largest-share-of-primary-energy-consumption.
5. Lebling, Katie. “Direct Air Capture: Resource Considerations and Costs for Carbon Removal.” World Resources Institute, 6 January 2021, www.wri.org/insights/direct-air-capture-resource-considerations-and-costs-carbon-removal.
6. Masson-Delmotte, Valérie. “Global Warming of 1.5℃.” Intergovernmental

Panel on Climate Change, 2018, www.ipcc.ch/site/assets/uploads/sites/2/2019/06/SR15_Full_Report_Low_Res.pdf.
7. Wilcox, J., et al. "CDR Primer."
8. Badgley, Grayson, et al. "Systematic Over-Crediting in California's Forest Carbon Offsets Program." BioRxiv, doi.org/10.1101/2021.04.28.441870.
9. Gates, Bill. *How to Avoid a Climate Disaster: The Solutions We Have and the Breakthroughs We Need.* New York: Knopf, 2021（ビル・ゲイツ『地球の未来のため僕が決断したこと――気候大災害は防げる』山田文訳、早川書房、2021 年）
10. Welz, Adam. "Are Huge Tree Planting Projects More Hype than Solution?" Yale Environment 360, 8 April 2021, e360.yale.edu/features/are-huge-tree-planting-projects-more-hype-than-solution.
11. Gertner, Jon. "The Tiny Swiss Company That Thinks It Can Help Stop Climate Change." *New York Times*, 12 February 2019, www.nytimes.com/2019/02/12/magazine/climeworks-business-climate-change.html.
12. Doyle, Alister. "Scared by Global Warming? In Iceland, One Solution Is Petrifying." Reuters, 4 February 2021, www.reuters.com/article/us-climate-change-technology-emissions-f-idUSKBN2A415R.
13. Carbon Engineering Ltd. "Carbon Engineering Breaks Ground at Direct Air Capture Innovation Centre." Oceanfront Squamish, 11 June 2020, oceanfrontsquamish.com/stories/carbon-engineering-breaking-ground-on-their-innovation-centre.
14. Gertner, Jon. "The Tiny Swiss Company That Thinks It Can Help Stop Climate Change."
15. "Stripe Commits $8M to Six New Carbon Removal Companies." Stripe, 26 May 2021, stripe.com/newsroom/news/spring-21-carbon-removal-purchases.
16. Smith, Brad. "Microsoft Will Be Carbon Negative by 2030." *Official Microsoft Blog*, 16 January 2020, blogs.microsoft.com/blog/2020/01/16/microsoft-will-be-carbon-negative-by-2030.
17. "Microsoft Carbon Removal: Lessons from an Early Corporate Purchase." Microsoft, 2021, query.prod.cms.rt.microsoft.com/cms/api/am/binary/RE4MDlc.

Chapter 7　政治と政策で勝つ

1. "Investing in Green Technology as a Strategy for Economic Recovery." U.S. Senate Committee on Environment and Public Works, 2009, www.epw.senate.gov/public/index.cfm/2009/1/full-committee-briefing-entitled-investing-in-green-technology-as-a-strategy-for-economic-recovery.
2. Editors of Encyclopaedia Britannica, "United Nations Conference on Environment and Development | History & Facts." Britannica.com, 27 May 2021, www.britannica.com/event/United-Nations-Conference-on-Environment-and-Development.
3. Palmer, Geoffrey. "The Earth Summit: What Went Wrong at Rio?" *Washington University Law Review* 70, no. 4, 1992, openscholarship.wustl.edu/cgi/viewcontent.cgi?a

rticle=1867&context=law_lawreview.
4. Palmer, Geoffrey. "The Earth Summit: What Went Wrong at Rio?"
5. Plumer, Brad. "The 1992 Earth Summit Failed. Will This Year's Edition Be Different?" *Washington Post*, 7 June 2012, www.washingtonpost.com/blogs/ezra-klein/post/the-1992-earth-summit-failed-will-this-years-edition-be-different/2012/06/07/gJQAARikLV_blog.html.
6. Dewar, Helen, and Kevin Sullivan. "Senate Republicans Call Kyoto Pact Dead." *Washington Post*, 11 December 1997, www.washingtonpost.com/wp-srv/inatl/longterm/climate/stories/clim121197b.htm.
7. "Paris Agreement." United Nations Framework Convention on Climate Change (UNFCCC), December 2015, cop23.unfccc.int/sites/default/files/english_paris_agreement.pdf.
8. Lustgarten, Abraham. "John Kerry, Biden's Climate Czar, Talks About Saving the Planet." *ProPublica*, 18 December 2020, www.propublica.org/article/john-kerry-biden-climate-czar.
9. "Achieving Energy Efficiency," California Energy Commission, www.energy.ca.gov/about/core-responsibility-fact-sheets/achieving-energy-efficiency.（2021年6月22日にアクセス）
10. "California's Energy Efficiency Success Story: Saving Billions of Dollars and Curbing Tons of Pollution." Natural Resources Defense Council, July 2013, www.nrdc.org/sites/default/files/ca-success-story-FS.pdf.
11. "Methane Emissions from Oil and Gas—Analysis." International Energy Agency. www.iea.org/reports/methane-emissions-from-oil-and-gas.（2021年6月21日にアクセス）
12. Coady, David, et al. "Global Fossil Fuel Subsidies Remain Large: An Update Based on Country-Level Estimates." International Monetary Fund, 2 May 2019, www.imf.org/en/Publications/WP/Issues/2019/05/02/Global-Fossil-Fuel-Subsidies-Remain-Large-An-Update-Based-on-Country-Level-Estimates-46509.
13. Coady, David, et al. "Global Fossil Fuel Subsidies Remain Large: An Update Based on Country-Level Estimates."
14. DiChristopher, Tom. "US Spends $81 Billion a Year to Protect Global Oil Supplies, Report Estimates." CNBC, 21 September 2018, www.cnbc.com/2018/09/21/us-spends-81-billion-a-year-to-protect-oil-supplies-report-estimates.html.
15. UNEP and UNEP DTU Partnership. "UNEP Report—The Emissions Gap Report 2020." *Management of Environmental Quality: An International Journal*, 2020, www.unep.org/emissions-gap-report-2020.
16. "Summary of GHG Emissions for Russian Federation." United Nations Framework Convention on Climate Change, 2018, di.unfccc.int/ghg_profiles/annexOne/RUS/RUS_ghg_profile.pdf.
17. "Average Car Emissions Kept Increasing in 2019, Final Data Show." European

Environment Agency, 1 June 2021, www.eea.europa.eu/highlights/average-car-emissions-kept-increasing.

18. Frangoul, Anmar. “President Xi Tells UN That China Will Be ‘Carbon Neutral’ within Four Decades.” CNBC, 23 September 2020, www.cnbc.com/2020/09/23/china-claims-it-will-be-carbon-neutral-by-the-year-2060.html; “FACT SHEET: President Biden Sets 2030 Greenhouse Gas Pollution Reduction Target Aimed at Creating Good-Paying Union Jobs and Securing U.S. Leadership on Clean Energy Technologies.” White House, 22 April 2021, www.whitehouse.gov/briefing-room/statements-releases/2021/04/22/fact-sheet-president-biden-sets-2030-greenhouse-gas-pollution-reduction-target-aimed-at-creating-good-paying-union-jobs-and-securing-u-s-leadership-on-clean-energy-technologies; “2050 Long-Term Strategy.” European Commission, 23 November 2016, ec.europa.eu/clima/policies/strategies/2050_en.

19. “China’s Xi Targets Steeper Cut in Carbon Intensity by 2030.” Reuters, 12 December 2020, www.reuters.com/world/china/chinas-xi-targets-steeper-cut-carbon-intensity-by-2030-2020-12-12; Shields, Laura. “State Renewable Portfolio Standards and Goals.” National Conference of State Legislatures, 7 April 2021, www.ncsl.org/research/energy/renewable-portfolio-standards.aspx; “2030 Climate & Energy Framework.” European Commission, 16 February 2017, ec.europa.eu/clima/policies/strategies/2030_en; “India Targeting 40% of Power Generation from Non-Fossil Fuel by 2030: PM Modi.” *Economic Times*, 2 October 2018, economictimes.indiatimes.com/industry/energy/power/india-targeting-40-of-power-generation-from-non-fossil-fuel-by-2030-pm-modi/articleshow/66043374.cms?from=mdr.

20. “Electric Vehicles.” Guide to Chinese Climate Policy, 2021, chineseclimatepolicy.energypolicy.columbia.edu/en/electric-vehicles; Tabeta, Shunsuke. “China Plans to Phase Out Conventional Gas-Burning Cars by 2035.” Nikkei Asia, 27 October 2020, asia.nikkei.com/Business/Automobiles/China-plans-to-phase-out-conventional-gas-burning-cars-by-2035; “Overview—Electric Vehicles: Tax Benefits & Purchase Incentives in the European Union.” ACEA—European Automobile Manufacturers’ Association, 9 July 2020, www.acea.auto/fact/overview-electric-vehicles-tax-benefits-purchase-incentives-in-the-european-union; “Faster Adoption and Manufacturing of Hybrid and EV (FAME) II.” International Energy Agency, 30 June 2020, www.iea.org/policies/7450-faster-adoption-and-manufacturing-of-hybrid-and-ev-fame-ii; Kireeva, Anna. “Russia Cancels Import Tax for Electric Cars in Hopes of Enticing Drivers.” Bellona, 16 April 2020, bellona.org/news/transport/2020-04-russia-cancels-import-tax-for-electric-cars-in-hopes-of-enticing-drivers.

21. “A New Industrial Strategy for Europe.” European Commission, 10 March 2020, ec.europa.eu/info/sites/default/files/communication-eu-industrial-strategy-march-2020_en.pdf.

22. “Zero Net Energy.” California Public Utilities Commission, 2021, www.cpuc.ca.

gov/zne; Energy Efficiency Division. "High Performance Buildings." Mass.gov, 2021, www.mass.gov/high-performance-buildings; "Nzeb." European Commission, 17 October 2016, ec.europa.eu/energy/content/nzeb-24_en.

23. University of Copenhagen Faculty of Science. "Carbon Labeling Reduces Our CO_2 Footprint—Even for Those Who Try to Remain Uninformed." ScienceDaily, 29 March 2021, www.sciencedaily.com/releases/2021/03/210329122841.htm.

24. Adler, Kevin. "US Considers Stepping up Methane Emissions Reductions." IHS Markit, 7 April 2021, ihsmarkit.com/research-analysis/us-considers-stepping-up-methane-emissions-reductions.html; "Press Corner." European Commission, 14 October 2020, ec.europa.eu/commission/presscorner/detail/en/QANDA_20_1834.

25. Coady, David, et al. "Global Fossil Fuel Subsidies Remain Large: An Update Based on Country-Level Estimates." IMF Working Papers 19, no. 89, 2019, 1, doi:10.5089/9781484393178.001.

26. Buckley, Chris. "China's New Carbon Market, the World's Largest: What to Know." *New York Times*, 26 July 2021, www.nytimes.com/2021/07/16/business/energy-environment/china-carbon-market.html.

27. "EU Legislation to Control F-Gases." Climate Action—European Commission, 16 February 2017, ec.europa.eu/clima/policies/f-gas/legislation_en.

28. "R&D and Technology Innovation—World Energy Investment 2020." World Energy Investment, 2020, www.iea.org/reports/world-energy-investment-2020/rd-and-technology-innovation; "India 2020: Energy Policy Review." International Energy Agency, 2020, iea.blob.core.windows.net/assets/2571ae38-c895-430e-8b62-bc19019c6807/India_2020_Energy_Policy_Review.pdf.

29. "The Secret Origins of China's 40-Year Plan to End Carbon Emissions." *Bloomberg Green*, 22 November 2020, www.bloomberg.com/news/features/2020-11-2/china-s-2060-climate-pledge-inside-xi-jinping-s-secret-plan-to-end-emissions.

30. "International—China." U.S. Energy Information Administration (EIA), www.eia.gov/international/analysis/country/CHN.（2021年6月18日にアクセス）

31. Feng, Hao. "2.3 Million Chinese Coal Miners Will Need New Jobs by 2020." China Dialogue, 7 August 2017, chinadialogue.net/en/energy/9967-2-3-million-chinese-coal-miners-will-need-new-jobs-by-2-2.

32. McSweeney, Eoin. "Chinese Coal Projects Threaten to Wreck Plans for a Renewable Future in Sub-Saharan Africa." CNN, 9 December 2020, edition.cnn.com/2020/12/09/business/africa-coal-energy-goldman-prize-dst-hnk-intl/index.html.

33. "The Secret Origins of China's 40-Year Plan to End Carbon Emissions."

34. "CORRECTED: Smog Causes an Estimated 49,000 Deaths in Beijing, Shanghai in 2020—Tracker." Reuters, 9 July 2020, www.reuters.com/article/china-pollution/corrected-smog-causes-an-estimated-49000-deaths-in-beijing-shanghai-in-2020-

tracker-idUSL4N2EG1T5.
35. Statista. "Global Cumulative CO_2 Emissions by Country 1750–2019." Statista, 29 March 2021, www.statista.com/statistics/1007454/cumulative-co2-emissions-worldwide-by-country.
36. Goldenberg, Suzanne. "The Worst of Times: Bush's Environmental Legacy Examined." *Guardian*, 16 January 2009, www.theguardian.com/politics/2009/jan/16/greenpolitics-georgebush.
37. Clark, Corrie E. "Renewable Energy R&D Funding History: A Comparison with Funding for Nuclear Energy, Fossil Energy, Energy Efficiency, and Electric Systems R&D." Congressional Research Service Report, 2018, fas.org/sgp/crs/misc/RS22858.pdf.
38. "Use of Gasoline." U.S. Energy Information Administration (EIA), 26 May 2021, www.eia.gov/energyexplained/gasoline/use-of-gasoline.php.
39. "Salty Snacks: U.S. Market Trends and Opportunities: Market Research Report." Packaged Facts, 21 June 2018, www.packagedfacts.com/Salty-Snacks-Trends-Opportunities-11724010.
40. "National Institutes of Health (NIH) Funding: FY1995-FY2021." Congressional Research Service, 2021, fas.org/sgp/crs/misc/R43341.pdf.
41. Frangoul, Anmar. "EU Leaders Agree on 55% Emissions Reduction Target, but Activist Groups Warn It Is Not Enough." CNBC, 11 December 2020, www.cnbc.com/2020/12/11/eu-leaders-agree-on-55percent-greenhouse-gas-emissions-reduction-target.html.
42. "EU." Climate Action Tracker, 2020, climateactiontracker.org/countries/eu.
43. Jordans, Frank. "Germany Maps Path to Reaching 'Net Zero' Emissions by 2045."AP News, 12 May 2021, apnews.com/article/europe-germany-climate-business-environment-and-nature-6437e64891d8117a9c0bff7cabb200eb.
44. Amelang, Sören. "Europe's 55% Emissions Cut by 2030: Proposed Target Means Even Faster Coal Exit." Energy Post, 5 October 2020, energypost.eu/europes-55-emissions-cut-by-2030-proposed-target-means-even-faster-coal-exit.
45. Manish, Sai. "Coronavirus Impact: Over 100 Million Indians Could Fall Below Poverty Line." *Business Standard*, 2020, www.business-standard.com/article/economy-policy/coronavirus-impact-over-100-million-indians-could-fall-below-poverty-line-120041700906_1.html.
46. "India Exceeding Paris Targets; to Achieve 450 GW Renewable Energy by 2030: PM Modi at G20 Summit." *Business Today*, 22 November 2020, www.businesstoday.in/current/economy-politics/india-exceeding-paris-targets-to-achieve-450-gw-renewable-energy-by-2030-pm-modi-at-g20-summit/story/422691.html.
47. Ritchie, Hannah. "Who Has Contributed Most to Global CO_2 Emissions?" Our World in Data, 1 October 2019, ourworldindata.org/contributed-most-global-co2.

48. Jaiswal, Anjali. "Climate Action: All Eyes on India." Natural Resources Defense Council, 12 December 2020, www.nrdc.org/experts/anjali-jaiswal/climate-action-all-eyes-india.

49. "Russia's Putin Says Climate Change in Arctic Good for Economy." CBC, 30 March 2017, www.cbc.ca/news/science/russia-putin-climate-change-beneficial-economy-1.4048430.

50. Agence France-Presse. "Russia Is 'Warming 2.5 Times Quicker' Than the Rest of the World." The World, 25 December 2015, www.theworld.org/stories/2015-12-25/russia-warming-25-times-quicker-rest-world.

51. Struzik, Ed. "How Thawing Permafrost Is Beginning to Transform the Arctic." Yale Environment 360, 21 January 2020, e360.yale.edu/features/how-melting-permafrost-is-beginning-to-transform-the-arctic.

52. Alekseev, Alexander N., et al. "A Critical Review of Russia's Energy Strategy in the Period Until 2035." *International Journal of Energy Economics and Policy* 9, no. 6, 2019, 95–102, doi:10.32479/ijeep.8263.

53. Ross, Katie. "Russia's Proposed Climate Plan Means Higher Emissions Through 2050." World Resources Institute, 13 April 2020, www.wri.org/insights/russias-proposed-climate-plan-means-higher-emissions-through-2050.

54. "California Leads Fight to Curb Climate Change." Environmental Defense Fund, 2021, www.edf.org/climate/california-leads-fight-curb-climate-change.

55. Weiss, Daniel. "Anatomy of a Senate Climate Bill Death." Center for American Progress, 12 October 2010, www.americanprogress.org/issues/green/news/2010/10/12/8569/anatomy-of-a-senate-climate-bill-death.

56. Song, Lisa. "Cap and Trade Is Supposed to Solve Climate Change, but Oil and Gas Company Emissions Are Up." *ProPublica*, 15 November 2019, www.propublica.org/article/cap-and-trade-is-supposed-to-solve-climate-change-but-oil-and-gas-company-emissions-are-up.

57. Descant, Skip. "In a Maryland County, the Yellow School Bus Is Going Green." Government Technology, 17 June 2021, www.govtech.com/fs/in-a-maryland-county-the-yellow-school-bus-is-going-green.

58. Beyer, Scott. "How the U.S. Government Destroyed Black Neighborhoods." Catalyst, 2 April 2020, catalyst.independent.org/2020/04/02/how-the-u-s-government-destroyed-black-neighborhoods.

59. "Exxon's Climate Denial History: A Timeline." Greenpeace, 16 April 2020, www.greenpeace.org/usa/ending-the-climate-crisis/exxon-and-the-oil-industry-knew-about-climate-change/exxons-climate-denial-history-a-timeline; Mayer, Jane. " 'Kochland' Examines the Koch Brothers' Early, Crucial Role in Climate-Change Denial." *New Yorker*, 13 August 2019, www.newyorker.com/news/daily-comment/kochland-examines-how-the-koch-brothers-made-their-fortune-and-the-influence-it-bought.

60. Westervelt, Amy. "How the Fossil Fuel Industry Got the Media to Think Climate Change Was Debatable." *Washington Post*, 10 January 2019, www.washingtonpost.com/outlook/2019/01/10/how-fossil-fuel-industry-got-media-think-climate-change-was-debatable.

61. Newport, Frank. "Americans' Global Warming Concerns Continue to Drop." Gallup, 11 March 2010, news.gallup.com/poll/126560/americans-global-warming-concerns-continue-drop.aspx.

62. Funk, Cary, and Meg Hefferon. "U.S. Public Views on Climate and Energy." Pew Research Center, 25 November 2019, www.pewresearch.org/science/2019/11/25/u-s-public-views-on-climate-and-energy.

63. "Net Zero by 2050—Analysis." International Energy Agency, May 2021, www.iea.org/reports/net-zero-by-2050.

Chapter 8　ムーブメントをアクションに変える

1. Workman, James. " 'Our House Is on Fire.' 16-Year-Old Greta Thunberg Wants Action." World Economic Forum, 25 January 2019, www.weforum.org/agenda/2019/01/our-house-is-on-fire-16-year-old-greta-thunberg-speaks-truth-to-power.

2. Sengupta, Somini. "Protesting Climate Change, Young People Take to Streets in a Global Strike." *New York Times*, 20 September 2019, www.nytimes.com/2019/09/20/climate/global-climate-strike.html.

3. "Transcript: Greta Thunberg's Speech at the U.N. Climate Action Summit." NPR, 23 September 2019, www.npr.org/2019/09/23/763452863/transcript-greta-thunbergs-speech-at-the-u-n-climate-action-summit.

4. Department for Business, Energy & Industrial Strategy, and Chris Skidmore. "UK Becomes First Major Economy to Pass Net Zero Emissions Law." GOV.UK, 27 June 2019, www.gov.uk/government/news/uk-becomes-first-major-economy-to-pass-net-zero-emissions-law.

5. Alter, Charlotte, et al. "Greta Thunberg: TIME's Person of the Year 2019." *Time*, 11 December 2019, time.com/person-of-the-year-2019-greta-thunberg.

6. Prakash, Varshini, and Guido Girgenti, eds. *Winning the Green New Deal: Why We Must, How We Can*. New York: Simon & Schuster, 2020（ヴァルシニ・プラカシュ、ギド・ジルジェンティ編著『グリーン・ニューディールを勝ち取れ――気候危機、貧困、差別に立ち向かうサンライズ・ムーブメント』朴勝俊ほか訳、那須里山舎、2021 年）

7. Glass, Andrew. "FDR Signs National Labor Relations Act, July 5, 1935." *Politico*, 5 July 2018, www.politico.com/story/2018/07/05/fdr-signs-national-labor-relations-act-july-5-1935-693625.

8. Nicholasen, Michelle. "Nonviolent Resistance Proves Potent Weapon." *Harvard Gazette*, 4 February 2019, news.harvard.edu/gazette/story/2019/02/why-nonviolent-resistance-beats-violent-force-in-effecting-social-political-change.

9. Saad, Lydia. "Gallup Election 2020 Coverage." Gallup, 29 October 2020, news.gallup.com/opinion/gallup/321650/gallup-election-2020-coverage.aspx.
10. "Europeans and the EU Budget." Standard Eurobarometer 89, 2018, publications.europa.eu/resource/cellar/9cacfd6b-9b7d-11e8-a408-01aa75ed71a1.0002.01/DOC_1.
11. "Autumn 2019 Standard Eurobarometer: Immigration and Climate Change Remain Main Concerns at EU Level." European Commission, 20 December 2019, ec.europa.eu/commission/presscorner/detail/en/IP_19_6839.
12. Rooij, Benjamin van. "The People vs. Pollution: Understanding Citizen Action against Pollution in China." Taylor & Francis, 27 January 2010, www.tandfonline.com/doi/full/10.1080/10670560903335777.
13. "China: National Air Quality Action Plan (2013)." Air Quality Life Index, 10 July 2020, aqli.epic.uchicago.edu/policy-impacts/china-national-air-quality-action-plan-2014.
14. Greenstone, Michael. "Four Years After Declaring War on Pollution, China Is Winning." *New York Times*, 12 March 2018, www.nytimes.com/2018/03/12/upshot/china-pollution-environment-longer-lives.html.
15. "Climate Change in the Chinese Mind Survey Report 2017." Energy Foundation China, 2017, www.efchina.org/Attachments/Report/report-comms-20171108/Climate_Change_in_the_Chinese_Mind_2017.pdf.
16. Crawford, Alan. "Here's How Climate Change Is Viewed Around the World." *Bloomberg*, 25 June 2019, www.bloomberg.com/news/features/2019-06-26/here-s-how-climate-change-is-viewed-around-the-world.
17. First-Arai, Leanna. "Varshini Prakash Has a Blueprint for Change." *Sierra*, 5 July 2019, www.sierraclub.org/sierra/2019-4-july-august/act/varshini-prakash-has-blueprint-for-change.
18. Prakash, Varshini. "Varshini Prakash on Redefining What's Possible." *Sierra*, 22 December 2020, www.sierraclub.org/sierra/2021-1-january-february/feature/varshini-prakash-redefining-whats-possible.
19. Friedman, Lisa. "What Is the Green New Deal? A Climate Proposal, Explained." *New York Times*, 21 February 2019, www.nytimes.com/2019/02/21/climate/green-new-deal-questions-answers.html.
20. Krieg, Gregory. "The Sunrise Movement Is an Early Winner in the Biden Transition. Now Comes the Hard Part." CNN, 2 January 2021, edition.cnn.com/2021/01/02/politics/biden-administration-sunrise-movement-climate/index.html.
21. "2020 Presidential Candidates on Energy and Environmental Issues." Ballotpedia, 2021, ballotpedia.org/2020_presidential_candidates_on_energy_and_environmental_issues.
22. Krieg, Gregory. "The Sunrise Movement Is an Early Winner in the Biden Transi-

tion. Now Comes the Hard Part."
23. Hattam, Jennifer. "The Club Comes Together." *Sierra*, 2005, vault.sierraclub.org/sierra/200507/bulletin.asp.
24. Bloomberg, Michael, and Carl Pope. *Climate of Hope*. New York: St. Martin's Press, 2017.（マイケル・ブルームバーグ、カール・ポープ『HOPE――都市・企業・市民による気候変動総力戦』国谷裕子監訳、大里真理子訳、ダイヤモンド社、2018 年）
25. "Bruce Nilles." Energy Innovation: Policy and Technology, 7 January 2021, energyinnovation.org/team-member/bruce-nilles.
26. Riley, Tess. "Just 100 Companies Responsible for 71% of Global Emissions, Study Says." *Guardian*, 10 July 2017, www.theguardian.com/sustainable-business/2017/jul/10/100-fossil-fuel-companies-investors-responsible-71-global-emissions-cdp-study-climate-change.
27. "American Business Act on Climate Pledge." White House, 2016, obamawhitehouse.archives.gov/climate-change/pledge.
28. Hölzle, Urs. "Google Achieves Four Consecutive Years of 100% Renewable Energy." Google Cloud Blog, cloud.google.com/blog/topics/sustainability/google-achieves-four-consecutive-years-of-100-percent-renewable-energy.（2021年6月21日にアクセス）
29. Jackson, Lisa. "Environmental Progress Report." Apple, 2020, www.apple.com/environment/pdf/Apple_Environmental_Progress_Report_2021.pdf.
30. "Net zero emissions." Glossary, Intergovernmental Panel on Climate Change, 2021, www.ipcc.ch/sr15/chapter/glossary.
31. "Foundations for Science Based Net-Zero Target Setting in the Corporate Sector." Science Based Targets, September 2020, sciencebasedtargets.org/resources/legacy/2020/09/foundations-for-net-zero-full-paper.pdf.
32. Day, Matt. "Amazon Tries to Make the Climate Its Prime Directive." *Bloomberg Green*, 21 September 2020, www.bloomberg.com/news/features/2020-09-21/amazon-made-a-climate-promise-without-a-plan-to-cut-emissions.
33. Palmer, Annie. "Jeff Bezos Unveils Sweeping Plan to Tackle Climate Change." CNBC, 19 September 2019, www.cnbc.com/2019/09/19/jeff-bezos-speaks-about-amazon-sustainability-in-washington-dc.html.
34. "The Climate Pledge." Amazon Sustainability, 2021, sustainability.aboutamazon.com/about/the-climate-pledge.
35. "Colgate-Palmolive." Climate Pledge, 2021, www.theclimatepledge.com/us/en/Signatories/colgate-palmolive.
36. "PepsiCo Announces Bold New Climate Ambition." PepsiCo, 14 January 2021, www.pepsico.com/news/story/pepsico-announces-bold-new-climate-ambition.
37. "Business Roundtable Redefines the Purpose of a Corporation to Promote 'An Economy That Serves All Americans.' " Business Roundtable, 19 August 2019,

www.businessroundtable.org/business-roundtable-redefines-the-purpose-of-a-corporation-to-promote-an-economy-that-serves-all-americans.
38. Walton, Sam, and John Huey. *Sam Walton: Made in America*. New York: Bantam Books, 1993.（サム・ウォルトン『私のウォルマート商法——すべて小さく考えよ』渥美俊一、桜井多恵子監訳、講談社、2002 年）
39. “About Us.” BlackRock, 2021, www.blackrock.com/sg/en/about-us.
40. Fink, Larry. “Larry Fink’s 2021 Letter to CEOs.” BlackRock, 2021, www.blackrock.com/corporate/investor-relations/larry-fink-ceo-letter.
41. Engine No. 1, LLC. “Letter to the ExxonMobil Board of Directors.” Reenergize Exxon, 7 December 2020, reenergizexom.com/materials/letter-to-the-board-of-directors.
42. Engine No. 1, LLC. “Letter to the ExxonMobil Board of Directors.”
43. Merced, Michael. “How Exxon Lost a Board Battle with a Small Hedge Fund.” *New York Times*, 28 May 2021, www.nytimes.com/2021/05/28/business/energy-environment/exxon-engine-board.html.
44. Krauss, Clifford, and Peter Eavis. “Climate Change Activists Notch Victory in ExxonMobil Board Elections.” *New York Times*, 26 May 2021, www.nytimes.com/2021/05/26/business/exxon-mobil-climate-change.html.
45. Sengupta, Somini. “Big Setbacks Propel Oil Giants Toward a ‘Tipping Point.’ ” *New York Times*, 29 May 2021, www.nytimes.com/2021/05/29/climate/fossil-fuel-courts-exxon-shell-chevron.html.
46. Herz, Barbara, and Gene Sperling. *What Works in Girls’ Education: Evidence and Policies from the Developing World*. New York: Council on Foreign Relations, 2004.
47. Sperling, Gene, et al. “What Works in Girls’ Education: Evidence for the World’s Best Investment.” Brookings Institution Press, 2015.
48. “Malala Fund Publishes Report on Climate Change and Girls’ Education.” Malala Fund, 2021, malala.org/newsroom/archive/malala-fund-publishes-report-on-climate-change-and-girls-education.
49. Evans, David K., and Fei Yuan. “What We Learn about Girls’ Education from Interventions That Do Not Focus on Girls.” Policy Research Working Papers, 2019, doi:10.1596/1813-9450-8944.
50. Cohen, Joel E. “Universal Basic and Secondary Education.” American Academy of Arts and Sciences, 2006, www.amacad.org/sites/default/files/publication/downloads/ubase_universal.pdf.
51. Sperling, Gene, et al. “What Works in Girls’ Education: Evidence for the World’s Best Investment.” Brookings Institution Press, 2015.
52. “Health and Education.” Project Drawdown, 12 February 2020, drawdown.org/solutions/health-and-education/technical-summary.
53. Chaisson, Clara. “Fossil Fuel Air Pollution Kills One in Five People.” NRDC,

www.nrdc.org/stories/fossil-fuel-air-pollution-kills-one-five-people.（2021年6月20日にアクセス）
54. Pandey, Anamika, et al. "Health and Economic Impact of Air Pollution in the States of India: The Global Burden of Disease Study 2019." *Lancet Planetary Health* 5, no. 1, 2021, e25–38, doi:10.1016/s2542-5196(20)30298-9.
55. Mikati et al. "Disparities in Distribution of Particulate Matter Emission Sources by Race and Poverty Status." *American Journal of Public Health* 108, 2018, 480–85, ajph.aphapublications.org/doi/pdf/10.2105/AJPH.2017.304297.
56. "Unlocking the Inclusive Growth Story of the 21st Century." New Climate Economy, 2018, newclimateeconomy.report/2018/key-findings.
57. "Unlocking the Inclusive Growth Story of the 21st Century." New Climate Economy, 2018.
58. "Countdown." TED, 2021, www.ted.com/series/countdown.
59. Krznaric, Roman. "How to Be a Good Ancestor." TED Countdown, 10 October 2020, www.ted.com/talks/roman_krznaric_how_to_be_a_good_ancestor.
60. Supreme Court of Pakistan. *D. G. Khan Cement Company Ltd. Versus Governmentof Punjab through its Chief Secretary, Lahore, etc.* 2021. Climate Change Litigation Databases, climatecasechart.com/climate-change-litigation/non-us-case/d-g-khan-cement-company-v-government-of-punjab/.
61. "24 Hours of Reality: 'Earthrise' by Amanda Gorman." YouTube, 4 December 2018, www.youtube.com/watch?v=xwOvBv8RLmo.

Chapter 9　イノベーションを起こせ！

1. Lyon, Matthew, and Katie Hafner. *Where Wizards Stay Up Late: The Origins of the Internet.* New York: Simon & Schuster, 1996.（ケイティ・ハフナー、マシュー・リオン『インターネットの起源』加地永都子、道田豪訳、アスキー、2000 年）
2. "Paving the Way to the Modern Internet." Defense Advanced Research Projects Agency, 2021, www.darpa.mil/about-us/timeline/modern-internet.
3. "Where the Future Becomes Now." Defense Advanced Research Projects Agency, 2021, www.darpa.mil/about-us/darpa-history-and-timeline.
4. Henry-Nickie, Makada, et al. "Trends in the Information Technology Sector." Brookings Institution, 29 March 2019, www.brookings.edu/research/trends-in-the-information-technology-sector.
5. "ARPA-E History." ARPA-E, 2021, arpa-e.energy.gov/about/arpa-e-history.
6. Clark, Corrie E. "Renewable Energy R&D Funding History: A Comparison with Funding for Nuclear Energy, Fossil Energy, Energy Efficiency, and Electric Systems R&D." Congressional Research Service Report, 2018, fas.org/sgp/crs/misc/RS22858.pdf.
7. "ARPA-E: Accelerating U.S. Energy Innovation." ARPA-E, 2021, arpa-e.energy.gov/technologies/publications/arpa-e-accelerating-us-energy-innovation.

8. Gates, Bill. "Innovating to Zero!" TED, 18 February 2010, www.ted.com/talks/bill_gates_innovating_to_zero.
9. Wattles, Jackie. "Bill Gates Launches Multi-Billion Dollar Clean Energy Fund." CNN Money, 30 November 2015, money.cnn.com/2015/11/29/news/economy/bill-gates-breakthrough-energy-coalition.
10. "2020 Battery Day Presentation Deck." Tesla, 22 September 2019, tesla-share.thron.com/content/?id=96ea71cf-8fda-4648-a62c-753af436c3b6&pkey=S1dbei4.
11. "BU-101: When Was the Battery Invented?" Battery University, 14 June 2019, batteryuniversity.com/learn/article/when_was_the_battery_invented.
12. Field, Kyle. "BloombergNEF: Lithium-Ion Battery Cell Densities Have Almost Tripled Since 2010." CleanTechnica, 19 February 2020, cleantechnica.com/2020/02/19/bloombergnef-lithium-ion-battery-cell-densities-have-almost-tripled-since-2010.
13. Heidel, Timothy, and Kate Chesley. "The All-Electron Battery." ARPA-E, 29 April 2010, arpa-e.energy.gov/technologies/projects/all-electron-battery.
14. "Volkswagen Partners with QuantumScape to Secure Access to Solid-State Battery Technology." Volkswagen AG, 21 June 2018, www.volkswagenag.com/en/news/2018/06/volkswagen-partners-with-quantumscape-.html.
15. Korosec, Kirsten. "Volkswagen-Backed QuantumScape to Go Public via SPAC to Bring Solid-State Batteries to EVs." *TechCrunch*, 3 September 2020, techcrunch.com/2020/09/03/vw-backed-quantumscape.
16. Xu, Chengjian, et al. "Future Material Demand for Automotive Lithium-Based Batteries." *Communications Materials* 1, no. 1, 2020, doi:10.1038/s43246-020-00095-x, www.nature.com/articles/s43246-020-00095-x.
17. "Tesla Gigafactory." Tesla, 14 November 2014, www.tesla.com/gigafactory.
18. Lambert, Fred. "Tesla Increases Hiring Effort at Gigafactory 1 to Reach Goal of 35 GWh of Battery Production." Electrek, 3 January 2018, electrek.co/2018/01/03/tesla-gigafactory-hiring-effort-battery-production.
19. Mack, Eric. "How Tesla and Elon Musk's 'Gigafactories' Could Save the World." *Forbes*, 30 October 2016, www.forbes.com/sites/ericmack/2016/10/30/how-tesla-and-elon-musk-could-save-the-world-with-gigafactories/?sh=67e44ead2de8.
20. "Welcome to the Gigafactory:| Before the Flood." YouTube, 27October 2016, www.youtube.com/watch?v=iZm_NohNm6I&ab_channel=NationalGeographic.
21. Frankel, Todd C., et al. "The Cobalt Pipeline." *Washington Post*, 30 September 2016, www.washingtonpost.com/graphics/business/batteries/congo-cobalt-mining-for-lithium-ion-battey.
22. Harvard John A. Paulson School of Engineering and Applied Sciences. "A Long-Lasting, Stable Solid-State Lithium Battery: Researchers Demonstrate a Solution to a 40-Year Problem." ScienceDaily, 12 May 2021, www.sciencedaily.com

/releases/2021/05/210512115651.htm.

23. Webber, Michael E. “Opinion: What’s Behind the Texas Power Outages?” MarketWatch, 16 February 2021, www.marketwatch.com/story/whats-behind-the-texas-power-outages-11613508031#.

24. “Texas: Building Energy Codes Program.” U.S. Department of Energy, 2 August 2018, www.energycodes.gov/adoption/states/texas.

25. Steele, Tom. “Number of Texas Deaths Linked to Winter Storm Grows to 151, Including 23 in Dallas-Fort Worth Area.” *Dallas News*, 30 April 2021, www.dallasnews.com/news/weather/2021/04/30/number-of-texas-deaths-linked-to-winter-storm-grows-to-151-including-23-in-dallas-fort-worth-area.

26. “Energy Storage Projects.” BloombergNEF, www.bnef.com/interactive-datasets/2d5d59acd900000c?data-hub=17.（2021年6月14日にアクセス）

27. “Bath County Pumped Storage Station.” Dominion Energy, 2020, www.dominionenergy.com/projects-and-facilities/hydroelectric-power-facilities-and-projects/bath-county-pumped-storage-station.

28. Energy Vault. energyvault.com.

29. Baker, David R. “Bloom Energy Surges After Expanding into Hydrogen Production.” *Bloomberg Green*, 15 July 2020, www.bloomberg.com/news/aricles/2020-07-15/fuel-cell-maker-bloom-energy-now-wants-to-make-hydrogen-too.

30. “Safety of Nuclear Reactors.” World Nuclear Association, March 2021, www.world-nuclear.org/information-library/safety-and-security/safety-of-plants/safety-of-nuclear-power-reactors.aspx.

31. “Fukushima Daiichi Accident—World Nuclear Association.” World Nuclear Association, www.world-nuclear.org/information-library/safety-and-security/safety-of-plants/fukushima-daiichi-accident.aspx.（2021年6月20日にアクセス）

32. “The Reality of the Fukushima Radioactive Water Crisis.” Greenpeace East Asia and Greenpeace Japan, October 2020, storage.googleapis.com/planet4-japan-stateless/2020/10/5768c541-the-reality-of-the-fukushima-radioactive-water-crisis_en_summary.pdf.

33. Garthwaite, Josie. “Would a New Nuclear Plant Fare Better than Fukushima?” *National Geographic*, 23 May 2011, www.nationalgeographic.com/science/article/110323-fukushima-japan-new-nuclear-plant-design.

34. Bulletin of the Atomic Scientists. “Can North America’s Advanced Nuclear Reactor Companies Help Save the Planet?” Pulitzer Center, 7 February 2017, pulitzercenter.org/stories/can-north-americas-advanced-nuclear-reactor-companies-help-save-planet.

35. “TerraPower, CNNC Team Up on Travelling Wave Reactor.” World Nuclear News, 25 September 2015, www.world-nuclear-news.org/NN-TerraPower-CNNC-team-up-on-travelling-wave-reactor-250915 1.html.

36. “Bill Gates: How the World Can Avoid a Climate Disaster.” *60 Minutes*, CBS

News, 15 February 2021, www.cbsnews.com/news/bill-gates-climate-change-disaster-60-minutes-2021-02-14.

37. Gardner, Timothy, and Valerie Volcovici. “Bill Gates’ Next Generation Nuclear Reactor to Be Built in Wyoming.” Reuters, 2 June 2021, www.reuters.com/business/energy/utility-small-nuclear-reactor-firm-select-wyoming-next-us-site-2021-06-02.

38. Kiger, Patrick, and Craig C. Freudenrich. “How Nuclear Fusion Reactors Work.” HowStuffWorks, 21 January 2021, science.howstuffworks.com/fusion-reactor1.htm.

39. Commonwealth Fusion Systems, 2021, cfs.energy.

40. “DOE Explains . . . Deuterium-Tritium Fusion Reactor Fuel.” Office of Science, Department of Energy, 2021, www.energy.gov/science/doe-explainsdeuterium-tritium-fusion-reactor-fuel.

41. Gertner, Jon. *The Idea Factory: Bell Labs and the Great Age of American Innovation*. New York: Penguin Press, 2020.（ジョン・ガードナー『世界の技術を支配する　ベル研究所の興亡』土方奈美訳、2013 年）

42. “LCFS Pathway Certified Carbon Intensities: California Air Resources Board.” CA.Gov, ww2.arb.ca.gov/resources/documents/lcfs-pathway-certified-carbon-intensities.（2021年6月24日にアクセス）

43. “Economics of Biofuels.” U.S. Environmental Protection Agency, 4 March 2021, www.epa.gov/environmental-economics/economics-biofuels.

44. “Estimated U.S. Consumption in 2020: 92.9 Quads.” Lawrence Livermore National Laboratory, 2020, flowcharts.llnl.gov/content/assets/images/energy/us/Energy_US_2020.png.

45. “I3 and I3s Electric Sedan Features and Pricing.” BMW USA, 2021, www.bmwusa.com/vehicles/bmwi/i3/sedan/pric ng-features.html.

46. Boudette, Neal. “Ford Bet on Aluminum Trucks, but Is Still Looking for Payoff.” *New York Times*,1 March 2018, www.nytimes.com/2018/03/01/business/ford-f150-aluminum-trucks.html.

47. “LED Adoption Report.” Energy.Gov, www.energy.gov/eere/ssl/led-adoption-report.（2021年6月24にアクセス）

48. “Environmental Progress Report.” Apple, 2020, www.apple.com/environment/pdf/Apple_Environmental_Progress_Report_2021.pdf.

49. Gannon, Megan. “Oldest Known Seawall Discovered Along Submerged Mediterranean Villages.” *Smithsonian*, 18 December 2019, www.smithsonianmag.com/history/oldest-known-seawall-discovered-along-submerged-mediterranean-villages-180973819.

50. Oppenheimer, Clive. “Climatic, Environmental and Human Consequences of the Largest Known Historic Eruption: Tambora Volcano (Indonesia) 1815.” *Progress in Physical Geography: Earth and Environment* 27, no. 2, 2003, 230–59, doi:10.11

91/0309133303pp379ra.
51. Stothers, R. B. "The Great Tambora Eruption in 1815 and Its Aftermath." *Science* 224, no. 4654, 1984, 1191–98, doi:10.1126/science.224.4654.1191.
52. Briffa, K. R., et al. "Influence of Volcanic Eruptions on Northern Hemisphere Summer Temperature over the Past 600 Years." *Nature* 393, no. 6684, 1998, 450–55, doi:10.1038/30943.
53. "Volcano Under the City: Deadly Volcanoes." *Nova*, 2021, www.pbs.org/wgbh/nova/volcanocity/dead-nf.html.
54. "David Keith." Harvard's Solar Geoengineering Research Program, 2021, geoengineering.environment.harvard.edu/people/david-keith.
55. Kolbert, Elizabeth. *Under a White Sky.* New York: Crown Publishers 2021.
56. Kolbert, Elizabeth. *Under a White Sky.*
57. "The World's Cities in 2018." United Nations, 2018, www.un.org/en/events/citiesday/assets/pdf/the_worlds_cities_in_2018_data_booklet.pdf.
58. Hawkins, Amy. "The Grey Wall of China: Inside the World's Concrete Superpower." *Guardian*, 28 February 2019, www.theguardian.com/cities/2019/feb/28/the-grey-wall-of-china-inside-the-worlds-concrete-superpower.
59. Campbell, Iain, et al. "Near-Zero Carbon Zones in China." Rocky Mountain Institute, 2019, rmi.org/insight/near-zero-carbon-zones-in-china.
60. Bagada, Kapil. "Palava: An Innovative Answer to India's Urbanisation Conundrum." Palava, 21 January 2019, www.palava.in/blogs/An-innovative-answer-to-Indias-Urbanisation-conundrum; Stone, Laurie. "Designing the City of the Future and the Pursuit of Happiness." RMI, 22 July 2020, rmi.org/designing-the-city-of-the-future-and-the-pursuit-of-happiness.
61. Coan, Seth. "Designing the City of the Future and the Pursuit of Happiness." Rocky Mountain Institute, 16 September 2019, rmi.org/designing-the-city-of-the-future-and-the-pursuit-of-happiness.
62. Sengupta, Somini, and Charlotte Fuente. "Copenhagen Wants to Show How Cities Can Fight Climate Change." *New York Times*, 25 March 2019, www.nytimes.com/2019/03/25/climate/copenhagen-climate-change.html.
63. Kirschbaum, Erik. "Copenhagen Has Taken Bicycle Commuting to a Whole New Level." *Los Angeles Times*, 8 August 2019, www.latimes.com/world-nation/story/2019-08-07/copenhagen-has-taken-bicycle-commuting-to-a-new-level.
64. Monsere, Christopher, et al. "Lessons from the Green Lanes: Evaluating Protected Bike Lanes in the U.S." PDXScholar, June 2014, pdxscholar.library.pdx.edu/cgi/viewcontent.cgi?article=1143&context=cengin_fac.
65. O'Sullivan, Feargus. "Barcelona Will Supersize Its Car-Free 'Superblocks.' " *Bloomberg*, 11 November 2020, www.bloomberg.com/news/articles/2020-11-11/barcelona-s-new-car-free-superblock-will-be-big.
66. Burgen, Stephen. "Barcelona to Open Southern Europe's Biggest Low-

Emissions Zone." *Guardian*, 31 December 2019, www.theguardian.com/world/2019/dec/31/barcelona-to-open-southern-europes-biggest-low-emissions-zone.
67. Ong, Boon Lay. "Green Plot Ratio: An Ecological Measure for Architecture and Urban Planning." *Landscape and Urban Planning* 63, no. 4, 2003, 197–211, doi:10.1016/s0169-2046(02)00191-3.
68. "Health and Medical Care." Urban Redevelopment Authority, 15 January 2020, www.ura.gov.sg/Corporate/Guidelines/Development-Control/Non-Residential/HMC/Greenery.
69. Wong, Nyuk Hien, et al. "Greenery as a Mitigation and Adaptation Strategy to Urban Heat." *Nature Reviews Earth & Environment* 2, no. 3, 2021, 166–81, doi:10.1038/s43017-020-00129-5.
70. The High Line, 11 June 2021, www.thehighline.org.
71. Shankman, Samantha. "10 Ways Michael Bloomberg Fundamentally Changed How New Yorkers Get Around." *Business Insider*, 7 August 2013, www.businessinsider.com/how-bloomberg-changed-nyc-transportation-2013-8.
72. Hu, Winnie, and Andrea Salcedo. "Cars All but Banned on One of Manhattan's Busiest Streets." *New York Times*, 3 October 2019, www.nytimes.com/2019/10/03/nyregion/car-ban-14th-street-manhattan.html.
73. "Inventory of New York City Greenhouse Gas Emissions in 2016." City of New York, December 2017, www1.nyc.gov/assets/sustainability/downloads/pdf/publications/GHG%20Inventory%20Report%20Emission%20Year%202016.pdf.
74. "New York City's Roadmap to 80 x 50." New York City Mayor's Office of Sustainability, www1.nyc.gov/assets/sustainability/downloads/pdf/publications/New%20York%20City's%20Roadmap%20to%2080%20x%2050.pdf.（2021年6月23日にアクセス）
75. Sinatra, Frank. "(Theme from) New York New York." *Trilogy: Past Present Future*. Capitol, June 21, 1977.

Chapter 10　投資せよ！

1. Eilperin, Juliet. "Why the Clean Tech Boom Went Bust." *Wired*, 20 January 2012, www.wired.com/2012/01/ff_solyndra.
2. Marinova, Polina. "How the Kleiner Perkins Empire Fell." Fortune, 23 April 2019, fortune.com/longform/kleiner-perkins-vc-fall.
3. "The Iconic Think Different Apple Commercial Narrated by Steve Jobs." Farnam Street, 5 February 2021, fs.blog/2016/03/steve-jobs-crazy-ones.
4. Shanker, Deena, et al. "Beyond Meat's Value Soars to $3.8 Billion in Year's Top U.S. IPO." *Bloomberg*, 1 May 2019, www.bloomberg.com/news/articles/2019-05-01/beyond-meat-ipo-raises-241-million-as-veggie-foods-grow-fast.
5. Taylor, Michael. "Evolution in the Global Energy Transformation to 2050." International Renewable Energy Agency, 2020, www.irena.org/-/media/Files/IRENA/

Agency/Technical-Papers/IRENA_Energy_subsidies_2020.pdf.
6. "National Institutes of Health (NIH) Funding: FY1995-FY2021." Congressional Research Service, updated 12 May 2020, crsreports.congress.gov/product/pdf/R/R43341/39.
7. Johnson, Paula D. "Global Philanthropy Report: Global Foundation Sector." Harvard University's John F. Kennedy School of Government, April 2018, cpl.hks.harvard.edu/files/cpl/files/global_philanthropy_report_final_april_2018.pdf.
8. Taylor, Michael. "Evolution in the Global Energy Transformation to 2050."
9. Smil, Vaclav. *Energy Myths and Realities*. Washington, D.C., AEI Press, 2010.（バーツラフ・シュミル『エネルギーの不都合な真実』立木勝訳、エクスナレッジ、2012 年）
10. Taylor, Michael. "Energy Subsidies: Evolution in the Global Energy Transformation to 2050."
11. "10th Annual National Solar Jobs Census 2019." Solar Foundation, February 2020, www.thesolarfoundation.org/wp-content/uploads/2020/03/SolarJobsCensus2019.pdf.
12. "Financing Options for Energy Infrastructure." Loan Programs Office, Department of Energy, May 2020, www.energy.gov/sites/default/files/2020/05/f74/DOE-LPO-Brochure-May2020.pdf.
13. "TESLA." 2021, Loan Programs Office, Department of Energy, www.energy.gov/lpo/tesla.
14. Koty, Alexander Chipman. "China's Carbon Neutrality Pledge: Opportunities for Foreign Investment in Renewable Energy." China Briefing News, 6 May 2021, www.china-briefing.com/news/chinas-carbon-neutrality-pledge-new-opportunities-for-foreign-investment-in-renewable-energy.
15. Rapoza, Kenneth. "How China's Solar Industry Is Set Up to Be the New Green OPEC." *Forbes*, 14 March 2021, www.forbes.com/sites/kenrapoza/2021/03/14/how-chinas-solar-industry-is-set-up-to-be-the-new-green-opec/?sh=2cfec9f91446.
16. Analysis by Ryan Panchadsaram, data from Crunchbase.com.
17. Devashree, Saha and Mark Muro. "Cleantech Venture Capital: Continued Declines and Narrow Geography Limit Prospects." Brookings Institution, 1 December 2017, www.brookings.edu/research/cleantech-venture-capital-continued-declines-and-narrow-geography-limit-prospects.
18. Devashree, Saha and Mark Muro. "Cleantech Venture Capital: Continued Declines and Narrow Geography Limit Prospects."
19. "Technology Radar, Climate-Tech Investing." BloombergNEF, 16 February 2021, www.bnef.com/login?r=%2Finsights%2F25571%2Fview.
20. Special Purpose Acquisition Company Database: SPAC Research. www.spacresearch.com.
21. Guggenheim Sustainability SPAC Market Update. June 6, 2021.

22. Alm, Richard, and W. Michael Cox. “Creative Destruction.” Library of Economics and Liberty, 2019, www.econlib.org/library/Enc/CreativeDestruction.html.
23. “Energy Transition Investment.” BloombergNEF, www.bnef.com/interactive-datasets/2d5d59acd9000005.（2021年6月14日にアクセス）
24. “Achieving Our 100% Renewable Energy Purchasing Goal and Going Beyond.” Google, December 2016, static.googleusercontent.com/media/www.google.com/en//green/pdf/achieving-100-renewable-energy-purchasing-goal.pdf.
25. Porat, Ruth. “Alphabet Issues Sustainability Bonds to Support Environmental and Social Initiatives.” Google, 4 August 2020, blog.google/alphabet/alphabet-issues-sustainability-bonds-support-environmental-and-social-initiatives.
26. Kenis, Anneleen, and Matthias Lievens. *The Limits of the Green Economy: From Re-Inventing Capitalism to Re-Politicising the Present* (Routledge Studies in Environmental Policy). Abingdon, Oxfordshire, U.K.: Routledge, 2015.
27. Roeyer, Hannah, et al. “Funding Trends: Climate Change Mitigation Philanthropy.” ClimateWorks Foundation, 11 June 2021, www.climateworks.org/report/funding-trends-climate-change-mitigation-philanthropy.
28. “FAQ.” IKEA Foundation, 6 January 2021, ikeafoundation.org/faq.
29. Palmer, Annie. “Jeff Bezos Names First Recipients of His $10 Billion Earth Fund for Combating Climate Change.” CNBC, 16 November 2020, www.cnbc.com/2020/11/16/jeff-bezos-names-first-recipients-of-his-10-billion-earth-fund.html.
30. Daigneau, Elizabeth. “From Worst to First: Can Hawaii Eliminate Fossil Fuels?” Governing, 30 June 2016, www.governing.com/archive/gov-hawaii-fossil-fuels-renewable-energy.html.
31. “Hawaii Clean Energy Initiative 2008–2018.” Hawai’i Clean Energy Initiative, Jan. 2018, energy.hawaii.gov/wp-content/uploads/2021/01/HCEI-10Years.pdf.
32. “Hawaiian Electric Hits Nearly 35% Renewable Energy, Exceeding State Mandate.” Hawaiian Electric, 15 February 2021, www.hawaiianelectric.com/hawaiian-electric-hits-nearly-35-percent-renewable-energy-exceeding-state-mandate.

結論

1. “Bell Labs.” Engineering and Technology History Wiki, 1 August 2016, ethw.org/Bell_Labs.
2. Herman, Arthur. Freedom’s Forge: How American Business Produced Victory in World War II. New York: Random House, 2012.
3. Connolly, Kate. “ ‘Historic’ German Ruling Says Climate Goals Not Tough Enough.” Guardian, 29 April 2021, www.theguardian.com/world/2021/apr/29/historic-german-ruling-says-climate-goals-not-tough-enough.

謝 辞

1. “Paul Simon—You Can Call Me Al (Official Video).” YouTube, 16 June 2011, www.youtube.com/watch?v=uq-gYOrU8bA.

写真・図表出典
Image Credits

Introduction　計画を示そう

Page 23	Photo: President Franklin D. Roosevelt grabbed a cocktail napkin	Photo courtesy of Jay S. Walker's Library of Human Imagination, Ridgefield, Connecticut.
Page 26	Infographic: Carbon dioxide in the atmosphere has risen dramatically over the last 200 years	Adapted from Max Roser and Hannah Ritchie, "Atmospheric Concentrations," Our World in Data, ourworldindata.org/atmospheric-concentrations.
Page 29	Infographic: Policy scenarios, emissions, and temperature range projections	Adapted from "Temperatures," Climate Action Tracker, 4 May 2021, climateactiontracker.org/global/temperatures.
Page 35	Infographic: How our greenhouse gas emissions add up	Adapted from UNEP and UNEP DTU Partnership, "UNEP Report—The Emissions Gap Report 2020," *Management of Environmental Quality: An International Journal*, 2020, www.unep.org/emissions-gap-report-2020.
Page 42	Photo: Slide from Exxon Research and Engineering Co. from 1978	Slide by James F. Black and Exxon Research and Engineering Co.

Chapter 1　交通を電化する

Page 55	Infographic: Electric vehicles are growing in popularity	Adapted from "EV Sales," BloombergNEF, www.bnef.com/interactive-datasets/2d5d59acd9000014?data-hub=11.
Page 57	Photo: Cars on road	Photo by Michael Gancharuk/Shutterstock.com.
Page 61	Infographic: Miles driven by electric vehicles lags across categories	Adapted from Max Roser and Hannah Ritchie, "Technological Progress," Our World in Data, 11 May 2013, ourworldindata.org/technological-progress; Wikipedia contributors, "Transistor Count," Wikipedia, 1 June 2021, en.wikipedia.org/wiki/Transistor_count.

Page 73	Photo: BYD fleet/charging in China	Photo by Qilai Shen/*Bloomberg* via Getty Images.
Page 87	Photo: Proterra bus	Photo courtesy of Proterra.
Page 89	Infographic: Moore's Law demonstrates exponential growth	Adapted from Max Roser and Hannah Ritchie, "Technological Progress," Our World in Data, 11 May 2013, ourworldindata.org/technological-progress; Wikipedia contributors, "Transistor Count," Wikipedia, 1 June 2021, en.wikipedia.org/wiki/Transistor_count.
Page 91	Infographic: Wright's Law in Action: Solar	Adapted from Max Roser, "Why Did Renewables Become so Cheap so Fast? And What Can We Do to Use This Global Opportunity for Green Growth?" Our World in Data, 1 December 2020, ourworldindata.org/cheap-renewables-growth. Licensed under CC-BY by the author Max Roser.
Page 92	Infographic: Wright's Law in Action: Batteries	Adapted from "Evolution of Li-Ion Battery Price, 1995-2019—Charts—Data & Statistics," IEA, 30 June 2020, www.iea.org/data-and-statistics/charts/evolution-of-li-ion-battery-price-1995-2019.
Page 94	Photo: President Biden test-driving an all-electric F-150.	Photo by NICHOLAS KAMM/AFP via Getty Images.

Chapter 2　電力の脱炭素化

Page 103	Infographic: As solar prices fell, demand soared	Adapted from "The Solar Pricing Struggle," Renewable Energy World, 23 August 2013, www.renewableenergyworld.com/solar/the-solar-pricing-struggle/#gref.

Page 111	Infographic: Renewables are winning as prices drop and installed capacity grows	Adapted from Max Roser, "Why Did Renewables Become so Cheap so Fast? And What Can We Do to Use This Global Opportunity for Green Growth?" Our World in Data, 1 December 2020, ourworldindata.org/cheap-renewables-growth.
Page 115	Infographic: Europe generates more economic output with fewer emissions	Adapted from "Statistical Review of World Energy," BP, 2020, www.bp.com/en/global/corporate/energy-economics/statistical-review-of-world-energy.html; "GDP per Capita (Current US$)," The World Bank, 2021, data.worldbank.org/indicator/NY.GDP.PCAP.CD; "Population, Total," The World Bank, 2021, data.worldbank.org/indicator/SP.POP.TOTL.
Page 123	Photo: Sunrun	Photo by Mel Melcon/*Los Angeles Times* via Getty Images.
Page 132	Photo: Vindeby Offshore Wind Farm	Photo courtesy of Wind Denmark, formerly the Danish Wind Industry Association.
Pages 140–141	Infographic: Size Matters: Ørsted's Wind Turbines Produce More Power as They Get Larger	Adapted from "Ørsted.Com—Love Your Home," Ørsted, Orsted.com.
Page 153	Photo: Induction range	Photo by iStock.com/LightField Studios.

Chapter 3　食料の見直し

Page 165	Photo: Al Gore from Edible	Photo by Hartmann Studios.
Page 167	Photo: Dust Bowl	Photo by PhotoQuest via Getty Images.

Page 172	Infographic: Less tilling creates healthier roots and soil	Adapted from Ontario Ministry of Agriculture, Food and Rural Affairs, "No-Till: Making it Work," Best Management Practices Series BMP 11E, Government of Ontario, Canada, 2008, available online at: www.omafra.gov.on.ca/english/environment/bmp/no-till.htm (verified 14 January 2009). © 2008 Queen's Printer for Ontario. Adapted by Joel Gruver, Western Illinois University.
Page 173	Infographic: Regenerative agriculture explained	Adapted from "Can Regenerative Agriculture Replace Conventional Farming?" EIT Food, www.eitfood.eu/blog/post/can-regenerative-agriculture-replace-conventional-farming.
Page 179	Infographic: Emissions by kilogram of food	Adapted from "You Want to Reduce the Carbon Footprint of Your Food? Focus on What You Eat, Not Whether Your Food Is Local," Our World in Data, 24 January 2020, ourworldindata.org/food-choice-vs-eating-local.
Page 183	Infographic: A climate-friendly diet: lots of fruits and vegetables, limited animal-based proteins	Adapted from "Which Countries Have Included Sustainability Within Their National Dietary Guidelines?" Dietary Guidelines, Plant-Based Living Initiative, themouthful.org/article-sustainable-dietary-guidelines.
Page 191	Photo: Beyond Burger	Photo courtesy of Beyond Burger.
Pages 196–197	Photo: Rice cultivation	Photo by BIJU BORO/AFP via Getty Images.

Chapter 4　自然保護

Pages 208–209	Infographic: Carbon moves through the land, atmosphere, and oceans	Adapted from "The Carbon Cycle," NASA: Earth Observatory, 2020, earthobservatory.nasa.gov/features/CarbonCycle.
Pages 218–219	Photo: Forest loss	Photo by Universal Images Group via Getty Images.
Page 221	Infographic: Tropical deforestation drives global forest loss	Adapted from Hannah Ritchie, "Deforestation and Forest Loss," Our World in Data, 2020, ourworldindata.org/deforestation.
Page 224	Photo: RainForest Alliance	Photo courtesy of the RainForest Alliance.
Page 240	Photo: Deep sea bottom trawling	Photo by Jeff J Mitchell via Getty Images.
Page 243	Photo: Kelp farm	Photo by Gregory Rec/*Portland Press Herald* via Getty Images.
Page 245	Photo: Peat	Photo by Muhammad A.F/ Anadolu Agency via Getty Images.

Chapter 5　産業をクリーンにする

Page 254	Photo: James Wakibia	Photo courtesy of James Wakibia.
Page 261	Infographic: Instructive labels can help consumers make the right recycling decisions	Adapted from "How2Recycle—A Smarter Label System," How2Recycle, how2recycle.info.
Page 263	Photo: PLA	Photo by Brian Brainerd/*The Denver Post* via Getty Images.
Page 264	Infographic: Plastic pollutes at every stage of its lifestyle	Adapted from Roland Geyer et al., "Production, Use, and Fate of All Plastics Ever Made," *Science Advances*, vol. 3, no. 7, 2017, p. e1700782. Crossref, doi: 10.1126/sciadv.1700782.

Page 269	Infographic: Replacing fossil fuels in many industrial processes is possible	Adapted from Occo Roelofsen et al., "Plugging In: What Electrification Can Do for Industry," McKinsey & Company, 28 May 2020, www.mckinsey.com/industries/electric-power-ad-natural-gas/our-insights/plugging-in-what-electrification-can-do-for-industry.
Pages 284–285	Photo: Steel production	Photo by Sean Gallup via Getty Images.

Chapter 6　炭素を除去する

Page 295	Infographic: Carbon removal: the many ways to do it	Adapted from J. Wilcox et al., "CDR Primer," CDR, 2021, cdrprimer.org/read/chapter-1.
Pages 304–305	Photo: Climeworks	Photo courtesy of Climeworks.
Page 313	Photo: Watershed	Photo courtesy of Watershed.

Chapter 7　政治と政策で勝つ

Pages 328–329	Photo: Paris Agreement	Photo by Arnaud BOUISSOU/COP 21/Anadolu Agency via Getty Images.
Page 342	Infographic: Over two thirds of emissions come from just five countries	Adapted from UNEP and UNEP DTU Partnership, "UNEP Report—The Emissions Gap Report 2020," *Management of Environmental Quality: An International Journal*, 2020, www.unep.org/emissions-gap-report-2020.
Page 349	Photo: China	Photo by Costfoto/Barcroft Media via Getty Images.
Page 357	Photo: India solar	Photo by Pramod Thakur/*Hindustan Times* via Getty Images.

Chapter 8　ムーブメントをアクションに変える

Page 386	Photo: Greta Thunberg	Photo by Sarah Silbiger via Getty Images.
Page 397	Photo: Sunrise Movement	Photo by Rachael Warriner/ Shutterstock.com.
Page 404	Photo: Beyond Coal	Photo courtesy of the Sierra Club.
Page 409	Photo: Arnold Schwarzenegger meets with Michael Bloomberg	Photo by Susan Watts-Pool via Getty Images.

Chapter 9　イノベーションを起こせ！

Pages 516–517	Photo: New York City's High Line	Photo by Alexander Spatari via Getty Images.

Chapter 10　投資せよ！

Page 533	Infographic: The first decade of early stage cleantech investing: from boom to bust	Adapted from Benjamin Gaddy et al., "Venture Capital and Cleantech: The Wrong Model for Clean Energy Innovation," MIT Energy Initiative, July 2016, energy.mit.edu/wp-content/uploads/2016/07/MITEI-WP-2016-06.pdf.
Page 557	Infographic: Project financing for clean energy is on the rise	Adapted from "Energy Transition Investment," BloombergNEF, www.bnef.com/interactive-datasets/2d5d59acd9000005.
Page 577	Infographic: Foundations are rising to the moment to fight climate change	Adapted from Climate Leadership Initiative, climatelead.org.

ジョン・ドーア

John Doerr

世界的ベンチャー・キャピタル、クライナー・パーキンスの会長。40年以上にわたり、その楽観主義とアイデアで起業家たちを励まし、彼らが強力なチームと革新的な企業を築き上げる手助けをしてきた。GoogleとAmazonの最初期の投資家、取締役でもあり、両社の成長を通じて100万人規模の雇用を生み出した。シリコンバレーにおけるクリーンテック投資の先駆けであり、2006年からゼロエミッション技術に対して投資している。クライナー・パーキンスにおける職責以外では、気候変動、保健、公教育といった問題に関心を寄せる社会起業家と共に活動している。

土方奈美

Nami Hijikata

翻訳家。日本経済新聞、日経ビジネスなどの記者を務めたのち、2008年に独立。2012年モントレー国際大学院にて修士号（翻訳）取得。米国公認会計士、ファイナンシャル・プランナー。訳書にジョン・ドーア『Measure What Matters』、リード・ヘイスティングス、エリン・メイヤー『NO RULES 世界一「自由」な会社、NETFLIX』、ジム・コリンズ他『ビジョナリー・カンパニー ZERO』、ジリアン・テット『Anthro Vision』、エリック・シュミット他『How Google Works』、ヘンリー・キッシンジャー、エリック・シュミット他『AIと人類』など多数。

Speed & Scale

スピード・アンド・スケール

気候危機を解決するための
アクションプラン

2022年11月18日　1版1刷

著者	ジョン・ドーア
訳者	土方奈美
発行者	國分正哉
発行	株式会社日経BP 日本経済新聞出版
発売	株式会社日経BPマーケティング 〒105-8308　東京都港区虎ノ門4-3-12
装幀	新井大輔 中島里夏（装幀新井）
DTP	アーティザンカンパニー
印刷・製本	中央精版印刷株式会社

ISBN 978-4-296-11548-8

本書籍に関するお問い合わせ、ご連絡は下記にて承ります。

https://nkbp.jp/booksQA
Printed in Japan

carbonize the Gr

olitics and Policy

od Protect Nature

arbon  Clean U

Action Plan for S

n Up Industry R

ove 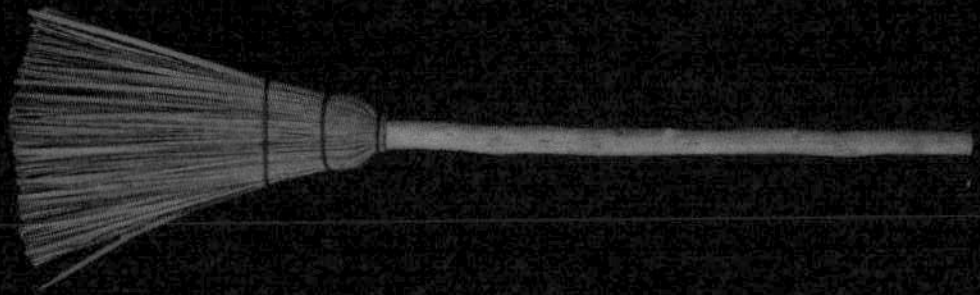 Carbo

nsportation Inno

Health and  E

Protect Nature